广义分式优化理论
及其在雷达信号处理中的应用

梁军利 著

科学出版社
北京

内 容 简 介

本书系统阐述并分析了现有的分式优化理论，在此基础上发展了广义分式优化理论，解决了包含复杂分式约束、复杂分式目标函数的优化难题，并将其应用于雷达信号处理问题中。全书共9章，主要包括广义分式优化理论、自适应波束形成、雷达通信一体化波形设计、多基站（协同）波形及接收机联合设计、多普勒容忍以及增强目标模式可分性的波形设计等雷达信号处理应用。在对应的问题研究中，本书侧重数学层面的推导，从基础出发，注重方法的研究和创新，并结合工程需求，以实际问题驱动研究，知识结构完整，列举了大量的工程实例。

本书可供信号处理与优化、电子信息领域的研究人员以及高校相关专业师生参考，也可供雷达信号处理应用的工程技术人员参考使用。

图书在版编目（CIP）数据

广义分式优化理论及其在雷达信号处理中的应用 / 梁军利著. --北京：科学出版社，2025. 6. -- ISBN 978-7-03-081875-1

I. TN957.51

中国国家版本馆 CIP 数据核字第 2025PC3220 号

责任编辑：闫 悦 曹景旭 / 责任校对：胡小洁
责任印制：师艳茹 / 封面设计：陈 敬

科学出版社 出版
北京东黄城根北街 16 号
邮政编码：100717
http://www.sciencep.com
北京中石油彩色印刷有限责任公司印刷
科学出版社发行 各地新华书店经销
*
2025 年 6 月第 一 版 开本：720×1000 1/16
2025 年 6 月第一次印刷 印张：14 1/2 插页：3
字数：292 000

定价：149.00 元

（如有印装质量问题，我社负责调换）

前　言

电子信息领域存在着大量以信噪比、信干比、信干噪比、似然比、增益、衰减、相对电平、效率、传递函数、瑞利熵等比率或除式形式的分式建模与优化需求。然而，近年来国内外对分式优化的研究并没有实质性的突破，仍属于20世纪60～70年代Marto、Dinkelbach、Charnes、Cooper等专家提出的分式优化算法的变种。

本书通过分子和分母解耦、分式约束项裂变与简化、分式消除、求解步骤并行化等机制，以期形成一套通用的、能够解决目标函数和/或约束集存在分式项的分式优化问题的分式优化理论体系与算法框架，并应用于存在分式项的雷达信号处理问题中。全书共9章，主要内容为广义分式优化理论及其在雷达信号处理中的应用，具体包括广义分式优化理论发展、基于雷达克拉默-拉奥下界和通信总速率指标的多输入多输出双功能雷达通信（multiple-input multiple-output dual-function radar-communication，MIMO-DFRC）系统波形设计、基于精细克拉默-拉奥下界和通信符号/距离判别的MIMO-DFRC波形设计、发射系统不完美体系下的MIMO-DFRC波形设计、基于分式及高次多项式混合优化的MIMO超低旁瓣波束及通信多用户干扰（multi-user interference，MUI）指标的波形设计、超低零陷自适应波束形成、增强目标模式可分离性的雷达波形设计、多基站（协同）波形及接收机联合设计、具有多普勒容忍特性的波形设计等雷达信号处理应用。

本书针对具体的工程需求，提出对应的模型和求解思路，形成适应工程实际应用的特定算法，并进行充分的仿真实验，以说明方法的有效性和优势。本书理论依据充分，数学推导翔实，对相关的学术和工程领域的研究也有一定的指导作用。本书是《约束集分离与简约ADMM及其在雷达信号处理中的应用》的姊妹篇。

在撰写本书的过程中，博士研究生郭堡熙、陈梓浩、汪涛、王佳行、吴一璠，硕士研究生涂宇、刘琦、钱汇、王子豪、张朕云鹏、李亦桐、张钰斌和刘孜毅参与了文稿的整理和制图工作。香港城市大学的So Hing Cheung教授从理论的提出到雷达信号处理算法的发展均参与了讨论，西北工业大学数学学院赵俊峰教授对本书第1章广义分式优化理论的数学专业措辞进行了修订，另外，赵俊峰教授的西北工业大学课程“科研中的数学问题答疑课程”对广义分式优化理论进行了推广，在此一并表示感谢。

本书出版得到了国家自然科学基金项目“62271403”及2024年度西北工业大学精品著作出版计划的资助，在此表示衷心的感谢！同时对支持、关心本书出版工作的所有人员一并表示感谢。

书中难免存在不足之处，敬请读者批评指正。

作　者

2024年9月

于西北工业大学

目　　录

彩图

第 1 章　广义分式优化理论

本章首先介绍分式优化的应用及研究现状，其次讨论当前分式优化面临的挑战，最后引入广义分式优化理论与算法框架。

1.1　分式优化的应用及研究现状

分式优化（fractional programming，FP）是指目标函数或约束集包含比率项（ratio）的一类数学优化问题[1−4]。该问题在信号处理、通信、机器学习、图像处理等领域具有广泛的应用。例如，在无线通信系统中，考虑在给定时间内，从发射端可靠地传输到接收端的数据量与所消耗能量之比来评价通信系统的效率[4]；在信号处理中，考虑处理前后信号功率与干扰、噪声、干扰加噪声功率之比，即信干比、信噪比、信干噪比的提高来评价信号处理方法的优劣[5]；在机器学习领域中，线性判别分析方法以类内散度与类间散度之比作为指标进行样本的特征提取与降维[6]；在图像处理中，以椭圆拟合误差平方与椭圆方程限制项之比构造广义瑞利熵形式的优化问题，利用广义特征值分解进行椭圆拟合[7]。除此之外，分式优化也是经济学、管理科学等众多学科的重要与核心技术之一[8]。

信号与信息处理领域广泛采用信噪比（或干信比）、似然比、增益系数、衰减系数、相对电平、效率指标、传递函数以及瑞利熵等分式形式的数学表征，这些以比值或除法关系构建的模型及其优化需求，充分展现了分式优化方法在该领域的重要应用价值。但需要指出的是，当前分式优化理论的研究进展仍显滞后，国内外学者近年的研究成果本质上仍未突破 20 世纪 60～70 年代由 Marto、Dinkelbach、Charnes 和 Cooper 等学者奠定的理论框架[9−11]，现有方法仅适用于目标函数显含分式结构的简单优化问题。另外，直接求解带有分式约束的优化问题通常被认为是不可能的，导致面对分式约束工程问题时只能采取“近似”“松弛”分式或者“回避”分式的策略[12−18]，往往不能挖掘出原始问题的最优特性或者在建模时就已经偏离了工程问题的本源，导致最终获得的结果并不理想。

接下来以具体分式优化模型进行讨论与分析，简要介绍国内外的相关研究现状及发展动态。综合考虑国内外著名的分式优化文献[1～44]可以得知，一般分式优化问题具有如下形式：

$$\min_{x} \frac{f(\boldsymbol{x})}{g(\boldsymbol{x})} \qquad (1.1)$$
$$\text{s.t. } \boldsymbol{x} \in \chi$$

式中，目标函数的分子 $f(\boldsymbol{x})$ 和分母 $g(\boldsymbol{x}) \neq 0$ 分别为向量 $\boldsymbol{x}$ 的函数，而 $\boldsymbol{x}$ 的可行域[12]通常为 $\left\{|x_i|^2 \leqslant 1\right\}_{i=1}^{I}$ 、$\left\{\boldsymbol{x}^{\mathrm{H}}\boldsymbol{Q}_l\boldsymbol{x} \leqslant 1\right\}_{l=1}^{L}$ 、$\|\boldsymbol{x}\|^2 = 1$ 、$\left\{\boldsymbol{c}_m^{\mathrm{T}}\boldsymbol{x} \leqslant d_m\right\}_{m=1}^{M}$ 等非分式形式的简单约束。虽然分式优化在通信、信号处理、机器学习、图像处理等领域有着广泛的应用，但由于其同时具有非凸性和非线性这些难点，仍是数学优化领域具有挑战性的科学问题之一。现有的分式优化方法大致可以分为三类[9-24]。第一类是由 Martos 于 1964 年提出的双曲线规划（hyperbolic programming）算法[9]，但它仅能求解目标函数的分子和分母均为线性函数的分式优化问题，即

$$\begin{cases} f(\boldsymbol{x}) = \boldsymbol{a}^{\mathrm{T}}\boldsymbol{x} + b \\ g(\boldsymbol{x}) = \boldsymbol{c}^{\mathrm{T}}\boldsymbol{x} + d \end{cases} \qquad (1.2)$$

第二类是由丁克尔巴赫（Dinkelbach）于 1967 年提出的参数化方法[10]，通过引入比率辅助变量 λ 迭代求解一系列更容易求解的子问题：

$$\boldsymbol{x}_n^* = \arg\max_{\boldsymbol{x}\in\chi}\left\{f(\boldsymbol{x}) - \lambda_n g(\boldsymbol{x})\right\} \qquad (1.3)$$

然后更新 $\lambda_{n+1} = \dfrac{f(\boldsymbol{x}_n^*)}{g(\boldsymbol{x}_n^*)}$ 代入式（1.3）。

第三类是 1962 年以算法提出者名字命名的查恩斯（Charnes）-库珀（Cooper）变换为基础的算法[11]，通过变换：

$$\begin{cases} \boldsymbol{y} = \dfrac{\boldsymbol{x}}{g(\boldsymbol{x})} \\ z = \dfrac{1}{g(\boldsymbol{x})} \end{cases} \qquad (1.4)$$

将特定分式优化问题转换为等价凸问题。

现有的研究成果仍属于 20 世纪 60～70 年代专家们提出的这些经典方法的变种。国际方面，意大利的 Aubry 博士等近期推广了 Dinkelbach 算法，用于求解目标函数具有最小化最大值（minmax）形式的分式优化问题[24]，并成功应用于雷达波形和多普勒滤波器组联合设计问题；此外，他们针对分式分子和分母中的二次型矩阵具有特普利茨（Toeplitz）特点[25]，结合谱分解方法将分子和分母中的二次型转换为线性形式，进而直接利用 Charnes-Copper 变换[11]求解。文献[26,27]针对 Dinkelbach 算法发展了其对偶形式的参数化方法，并结合邻近点算法应用于求解极大极小化分式优化问题[27]。加拿大 Yu Wei 教授等扩展 Dinkelbach 思路发展了一种二次变换，用于求解比率和分式优化问题[28,29]，并推广至矩阵分式优化[30]，成功应用于通信系统的功率控制和波束形成等问题。意大利的 Zappone 博士等将 Dinkelbach 算法和 Charnes-Cooper 算法应用于通信中的能效最大化设计[4]，并在

Dinkelbach 框架下结合平方和构造分式多项式优化算法[31]。文献[32]将分式目标函数像 Dinkelbach 算法那样转换为减法运算，不同之处在于 Dinkelbach 算法中的比率辅助变量根据实际经验被赋予常量，并应用于目标定位中的传感器布设问题。美国加利福尼亚大学的 Bullo 教授等基于似然比检验用于多假设决策问题，构造了线性分式优化问题，用于最优目标检测的传感器选择问题[33]。香港科技大学的 Palomar 教授等构造了正则化功率比分式优化模型，结合 Dinkelbach 算法和最大最小化（majorization-minimizaiton，MM）算法用于谱约束的恒模波形设计[34]。

国内方面，广东工业大学的黄永伟教授等针对阵列信号处理中的导向矢量估计问题，利用半正定松弛将二次分式优化问题转换为线性分式优化问题，接着利用 Charnes-Cooper 变换进行分式优化问题求解[35,36]。宁波大学的 Wang 等构造了用于混合近场源和远场源定位的分式优化模型，并将分式分母限定为常数，本质是将 Dinkelbach 算法中的分式比率转移到约束集[37]。大连理工大学的 Liu 等构造了隐 Dinkelbach 算法求解以风险回报比为目标函数的分式优化模型[8]。成都电子科技大学的 Cui 等最大化输出端信干噪比进行发射波形和接收机的联合设计，发展了 Dinkelbach 形式的算法进行分式优化模型的求解[5]。浙江中青年学科带头人 Fang 等基于极大极小化信干噪比准则进行波束形成器的设计，并基于 Dinkelbach 算法进行分式优化模型的求解[38]，需要指出的是，该文献建立的数学模型的约束集中存在分式项，作者通过近似转换分式为非分式运算简化了整个算法的执行。中山大学的 Li 等采用 Dinkelbach 算法通过引入比率辅助变量去除分式运算，然后利用限制的凹-凸过程形成了半正定规划求解分式优化问题，并成功应用于认知协同波束形成[39]。西安电子科技大学的 Feng 等构造了广义瑞利熵分式优化模型，通过逆功率方法进行了自适应无限冲激响应（infinite impulse response，IIR）滤波器系数的求解[40]。西北工业大学的 Jing 等对包含谱特性的波形设计[41]（上述文献[34]采纳和跟随了文献[41]中的分式优化模型）、小动态范围激励幅度方向图综合[42,43]、MIMO 雷达方向图综合[44]等问题建立了目标函数中包含分式项的分式优化模型，在求解上借助了 Dinkelbach 算法比率辅助变量和转移辅助变量到约束集的思想，并结合非凸优化方法求解。由于篇幅有限以及作者从信号处理应用的角度考虑，关注点有限，可能会有疏漏。

现有文献的分式优化问题中，目标函数除了具有式（1.1）描述的单比率形式外，还具有如下复杂的比率和、比率积、极大极小化比率等多比率形式：

$$\min_{x} \sum_{k=1}^{K} \frac{f_k(\boldsymbol{x})}{g_k(\boldsymbol{x})} \tag{1.5}$$

$$\min_{x} \prod_{k=1}^{K} \frac{f_k(\boldsymbol{x})}{g_k(\boldsymbol{x})} \tag{1.6}$$

$$\min_{x} \max_{k} \frac{f_k(\boldsymbol{x})}{g_k(\boldsymbol{x})} \tag{1.7}$$

1.2 当前分式优化面临的挑战

从以上国内外研究现状可以看出：一方面，现有方法仅能求解如上所述的目标函数存在分式项的简单分式优化问题，仍无法处理约束集包含分式项、约束集和目标函数均包含分式项的分式优化问题；另一方面，比率作为一种常用的信号/信息评价指标、测度，不可能只作为目标函数，在实际应用中，比率项也可作为约束集中的约束[38]、其他指标或测度作为目标函数，这是可能的也是现实的，即约束集可能包含具有分式形式的约束，如

$$\left\{\boldsymbol{x}\in\mathbb{C}^n \,\middle|\, L_m\leqslant\frac{h_m(\boldsymbol{x})}{q_m(\boldsymbol{x})}\leqslant U_m,\ m=1,2,\cdots,M\right\} \tag{1.8}$$

$$\left\{\boldsymbol{x}\in\mathbb{C}^n \,\middle|\, L\leqslant\sum_{m=1}^{M}\frac{h_m(\boldsymbol{x})}{q_m(\boldsymbol{x})}\leqslant U\right\} \tag{1.9}$$

$$\left\{\boldsymbol{x}\in\mathbb{C}^n \,\middle|\, L\leqslant\prod_{m=1}^{M}\frac{h_m(\boldsymbol{x})}{q_m(\boldsymbol{x})}\leqslant U\right\} \tag{1.10}$$

其中，$\mathbb{C}$为复数集。

直接求解带有分式约束的优化问题通常被认为是不可能的，这导致面对分式约束工程问题时采取了“近似”“松弛”分式或者“回避”分式的策略[12–18]。例如，设计 IIR 滤波器时，松弛或采取一阶泰勒近似分式为多项式表达[12–14]；在天线阵列方向图综合时，评价标准采用激励的幅度动态范围比率（分式），但数学建模及求解的是最大幅度和最小幅度的差（非分式）[15]；在最优传感器布局问题中，评估采用费希尔（Fisher）信息矩阵的逆矩阵对应的克拉默-拉奥下界（Cramer-Rao lower bound，CRLB）（分式），而建模时却最大化 Fisher 信息矩阵的行列式值[45–47]或者优化 Fisher 信息矩阵的最大特征值[48]（非分式）。显然，在评价时以信（干）噪比、效率等分式指标作为标准，而在建模、求解时采取“近似”“松弛”分式或者“回避”分式的策略，不能挖掘出原始问题的最优特性或者在建模时就已经偏离了工程问题的本源，从而无法获得最佳效果。

随着第五代移动通信技术（5th generation mobile communication technology，5G）乃至未来第六代移动通信技术（6th generation mobile communication technology，6G）无线通信的发展，全球无线通信设备数量呈现爆炸式增长趋势，对无线频谱的需求日益迫切。2018 年 11 月 14 日，美国联邦通信委员会完成了第 1 次 5G 频段竞拍，其中，28GHz 频段以 6 亿美元成交。根据报道，至今全世界将有超过

7.5×10^{10} 台互联设备，这使发掘额外的频谱资源更加迫在眉睫。为了缓解这一矛盾，未来的通信系统将要探索与其他电子设备在同一频段下共存的可行性。雷达通信一体化（radar-communication integration，RadCom）应运而生[49–64]，旨在将雷达和通信功能通过同一套系统完成，降低硬件成本，节约频谱资源，这已成为当今研究的热点问题。

在雷达通信一体化系统中，既要保证雷达探测、感知的效果，同时还要保障通信性能。为了在更深层次上实现雷达和通信一体化，关键技术之一在于解决雷达通信一体化波形设计的问题。以双功能 MIMO 雷达通信系统的一体化波形设计为例，既要考虑 MIMO 通信系统的下行链路用户的总速率（sum-rate, SR）[16–18]，还要考虑 MIMO 雷达探测感知时不同目标方向估计的精度。在这些对可靠性、鲁棒性要求较高的系统或工程应用中，根据工程需求，为了集中变量的自由度，最大程度提升当前系统最为重要、影响最大的首要特性（“卡脖子”指标），需要对多个性能指标进行有界限定，避免现有加权多个性能指标形成所谓的“多目标优化”策略，无法精细化调控每一个性能的不足。除了上述“多目标优化”建模无法精细化调控每一性能指标的不足外，现有双功能集中式 MIMO 雷达通信一体化波形设计的研究还存在如下不足。

（1）尽管一些方案减小了下行链路 MUI 的能量（二次多项式），这直觉上增加了 SR，但 SR 本质上是一个复杂分式，二者并不等价。此外，现有的许多算法优化 MUI（非分式）作为目标函数，但在评价阶段又采用总速率（分式）作为评价标准[16–18]。显然，优化和评价标准的不一致从建模开始就已经注定无法从本源上解决问题获得最佳特性。

（2）克拉默-拉奥下界，以 Fisher 信息矩阵的逆矩阵的对角线元素作为雷达目标参数估计精度的标尺、极限。因此，如果基于波形构造的 CRLB 越小，意味着参数估计的潜在精度就越高。然而，现有优化 CRLB 的算法在建模时最大化 Fisher 信息矩阵的行列式值[47]或者优化 Fisher 信息矩阵的最大特征值[48]（非分式），但评价阶段评估 Fisher 信息矩阵的逆矩阵的对角线元素，即克拉默-拉奥下界（分式）。显然，这种优化模型和评价标准的不一致从建模开始就已经注定无法从本源上解决问题获得最佳特性。

因此，双功能集中式 MIMO 雷达通信系统的一体化波形设计研究，围绕 SR、CRLB 等分式性能指标进行数学建模及优化求解，迫切需要一套通用的分式优化理论与算法框架，既避免现有加权多个性能指标形成所谓的“多目标优化”策略，无法精细化调控每一个性能的不足，同时保证数学建模、优化求解时“忠实于”“硬刚”性能指标的分式本色，确保获得最佳效果。

1.3 广义分式优化理论与算法框架

1.3.1 广义分式优化理论

目标函数式（1.5）～式（1.7）和约束集式（1.8）～式（1.10）可构成若干广义分式优化模型（下文用式（*）+式（*）表示各目标函数和各约束集的组合）。由比率和、比率积、极大极小化比率问题分别结合分式双边约束构成优化问题的求解思路，即式（1.5）+式（1.8）、式（1.5）+式（1.9）和式（1.5）+式（1.10），可直接延伸至式（1.6）+式（1.8）、式（1.6）+式（1.9）、式（1.6）+式（1.10）、式（1.7）+式（1.8）、式（1.7）+式（1.9）、式（1.7）+式（1.10）等优化问题的求解。考虑篇幅原因，本书重点阐述广义分式优化问题式（1.5）+式（1.8）、式（1.6）+式（1.8）、式（1.7）+式（1.8）的求解，并基于此导出广义分式优化理论与算法框架。

首先讨论式（1.5）+式（1.8）：

$$
\begin{aligned}
&\min_{\boldsymbol{x}} \ \sum_{k=1}^{K}\frac{f_k(\boldsymbol{x})}{g_k(\boldsymbol{x})} \\
&\text{s.t. } L_m \leqslant \frac{h_m(\boldsymbol{x})}{q_m(\boldsymbol{x})} \leqslant U_m, \quad m=1,2,\cdots,M
\end{aligned} \tag{1.11}
$$

式中，广义双边约束 $L_m \leqslant \dfrac{h_m(\boldsymbol{x})}{q_m(\boldsymbol{x})} \leqslant U_m$ 包括约束 $\dfrac{h_m(\boldsymbol{x})}{q_m(\boldsymbol{x})} \leqslant U_m$ 和 $L_m \leqslant \dfrac{h_m(\boldsymbol{x})}{q_m(\boldsymbol{x})}$，即式（1.8）是双边约束的特例。除此之外，约束集还可包括式（1.1）描述的其他非分式形式的约束，如 $\left\{|x_i|^2 \leqslant 1\right\}_{i=1}^{I}$、$\left\{\boldsymbol{x}^{\mathrm{H}}\boldsymbol{Q}_l\boldsymbol{x} \leqslant 1\right\}_{l=1}^{L}$、$\|\boldsymbol{x}\|^2=1$、$\left\{\boldsymbol{c}_m^{\mathrm{T}}\boldsymbol{x} \leqslant d_m\right\}_{m=1}^{M}$ 等非分式形式的简单约束。这里不再详细区分讨论。

步骤 1：简化目标函数中复杂的比率和。

为目标函数中的分式项引入紧致上界 $\{\varepsilon_k\}_{k=1}^{K}$，即 $\dfrac{f_k(\boldsymbol{x})}{g_k(\boldsymbol{x})} \leqslant \varepsilon_k$，从而有

$$
\begin{aligned}
&\min_{\boldsymbol{x},\{\varepsilon_k\}} \ \sum_{k=1}^{K}\varepsilon_k \\
&\text{s.t. } L_m \leqslant \frac{h_m(\boldsymbol{x})}{q_m(\boldsymbol{x})} \leqslant U_m, \quad m=1,2,\cdots,M \\
&\qquad \frac{f_k(\boldsymbol{x})}{g_k(\boldsymbol{x})} \leqslant \varepsilon_k, \quad k=1,2,\cdots,K
\end{aligned} \tag{1.12}
$$

比较式（1.11）和式（1.12）容易发现：①原目标函数中所有 K 项都是向量

$\boldsymbol{x}$ 的函数，耦合在一起；经变换后目标函数不再存在分式项，且目标函数的 K 项都是变量 ε_k 的函数，此时目标函数转换为更简单、更容易处理的求和形式；②目标函数中向量变量 $\boldsymbol{x}$ 相关的分式项 $\left\{\frac{f_k(\boldsymbol{x})}{g_k(\boldsymbol{x})}\right\}$ 已经转移到约束集；③转换前，目标函数 $\sum_{k=1}^{K}\frac{f_k(\boldsymbol{x})}{g_k(\boldsymbol{x})}$ 和原约束集所有约束有关，因为它们都是向量 $\boldsymbol{x}$ 的函数，而转换后目标函数是 $\{\varepsilon_k\}_{k=1}^{K}$ 的线性函数且只和涉及变量 $\{\varepsilon_k\}_{k=1}^{K}$ 的约束项有关，弱化了目标函数和约束集的耦合关系。

步骤 2：分子和分母解耦、分式约束项裂变与简化。

（1）考虑到信号处理领域的频域功率描述或空域功率描述，分子和分母具有这样的形式：$h_m(\boldsymbol{x})=\left|\boldsymbol{a}_m^{\mathrm{T}}\boldsymbol{x}\right|^2$、$q_m(\boldsymbol{x})=\left|\boldsymbol{b}_m^{\mathrm{T}}\boldsymbol{x}\right|^2$、$f_k(\boldsymbol{x})=\left|\boldsymbol{c}_k^{\mathrm{T}}\boldsymbol{x}\right|^2$、$g_k(x)=\left|\boldsymbol{d}_k^{\mathrm{T}}\boldsymbol{x}\right|^2$。事实上，高次（大于二次）也可以进行类似扩展处理，引入辅助变量 $u_m=\boldsymbol{a}_m^{\mathrm{T}}\boldsymbol{x}$、$v_m=\boldsymbol{b}_m^{\mathrm{T}}\boldsymbol{x}$、$w_k=\boldsymbol{c}_k^{\mathrm{T}}\boldsymbol{x}$、$z_k=\boldsymbol{d}_k^{\mathrm{T}}\boldsymbol{x}$ 简化耦合的分子和分母，因为它们同为向量 $\boldsymbol{x}$ 的函数，不易处理。此时，复杂的关于向量 $\boldsymbol{x}$ 的不等式约束 $L_m\leqslant\frac{h_m(\boldsymbol{x})}{q_m(\boldsymbol{x})}\leqslant U_m$ 裂变为等式约束 $u_m=\boldsymbol{a}_m^{\mathrm{T}}\boldsymbol{x}$、$v_m=\boldsymbol{b}_m^{\mathrm{T}}\boldsymbol{x}$ 和仅包含两个变量 $\{u_m,v_m\}$ 的不等式约束 $L_m\leqslant\frac{|u_m|^2}{|v_m|^2}\leqslant U_m$。相似地，复杂的关于向量 $\boldsymbol{x}$ 的不等式约束 $\frac{f_k(\boldsymbol{x})}{g_k(\boldsymbol{x})}\leqslant\varepsilon_k$ 裂变为等式约束 $w_k=\boldsymbol{c}_k^{\mathrm{T}}\boldsymbol{x}$、$z_k=\boldsymbol{d}_k^{\mathrm{T}}\boldsymbol{x}$ 和仅包含两个变量 $\{w_k,z_k\}$ 的不等式约束 $\frac{|w_k|^2}{|z_k|^2}\leqslant\varepsilon_k$。这样，式（1.12）可转换为如下等价形式：

$$
\begin{aligned}
&\min_{\boldsymbol{x},\{\varepsilon_k,u_m,v_m,w_k,z_k\}} \quad \sum_{k=1}^{K}\varepsilon_k\\
&\text{s.t.}\ \ L_m\leqslant\frac{|u_m|^2}{|v_m|^2}\leqslant U_m,\quad m=1,2,\cdots,M\\
&\qquad u_m=\boldsymbol{a}_m^{\mathrm{T}}\boldsymbol{x},\quad v_m=\boldsymbol{b}_m^{\mathrm{T}}\boldsymbol{x},\quad m=1,2,\cdots,M\\
&\qquad \frac{|w_k|^2}{|z_k|^2}\leqslant\varepsilon_k,\quad k=1,2,\cdots,K\\
&\qquad w_k=\boldsymbol{c}_k^{\mathrm{T}}\boldsymbol{x},\quad z_k=\boldsymbol{d}_k^{\mathrm{T}}\boldsymbol{x},\quad k=1,2,\cdots,K
\end{aligned}
\tag{1.13}
$$

对比式（1.12）和式（1.13），可以看出：①变换前分子和分母同为向量变量 $\boldsymbol{x}$ 的函数，而变换后分子和分母分别为不同变量的函数，实现解耦；②复杂的分式不等式约束项裂变为等式约束和简单不等式约束项，不等式约束项变成两个简单变量的函数，更易于处理。

（2）若分子和分母具有齐次二次型形式（其他非齐次二次型也可以扩展转换），即 $h_m(\boldsymbol{x})=\boldsymbol{x}^{\mathrm{T}}\boldsymbol{A}_m\boldsymbol{x}$、$q_m(\boldsymbol{x})=\boldsymbol{x}^{\mathrm{T}}\boldsymbol{B}_m\boldsymbol{x}$、$f_k(\boldsymbol{x})=\boldsymbol{x}^{\mathrm{T}}\boldsymbol{C}_k\boldsymbol{x}$、$g_k(\boldsymbol{x})=\boldsymbol{x}^{\mathrm{T}}\boldsymbol{D}_k\boldsymbol{x}$（事实上，通过给向量 $\boldsymbol{x}$ 增加 1 个变量的方式容易扩展至 $h_m(\boldsymbol{x})=\boldsymbol{x}^{\mathrm{T}}\boldsymbol{A}_m\boldsymbol{x}+\boldsymbol{b}_m^{\mathrm{T}}\boldsymbol{x}+\boldsymbol{c}_m$ 等形式），半正定矩阵可分解为满秩矩阵及其转置的乘积，即 $\left\{\boldsymbol{A}_m=\bar{\boldsymbol{A}}_m\bar{\boldsymbol{A}}_m^{\mathrm{T}},\boldsymbol{B}_m=\tilde{\boldsymbol{B}}_m\tilde{\boldsymbol{B}}_m^{\mathrm{T}},\boldsymbol{C}_k=\widehat{\boldsymbol{C}}_k\widehat{\boldsymbol{C}}_k^{\mathrm{T}},\boldsymbol{D}_k=\breve{\boldsymbol{D}}_k\breve{\boldsymbol{D}}_k^{\mathrm{T}}\right\}$，则上述分子和分母具有这样的形式 $h_m(\boldsymbol{x})=\left\|\bar{\boldsymbol{A}}_m\boldsymbol{x}\right\|^2$、$q_m(\boldsymbol{x})=\left\|\tilde{\boldsymbol{B}}_m^{\mathrm{T}}\boldsymbol{x}\right\|^2$、$f_k(\boldsymbol{x})=\left\|\widehat{\boldsymbol{C}}_k^{\mathrm{T}}\boldsymbol{x}\right\|^2$、$g_k(\boldsymbol{x})=\left\|\breve{\boldsymbol{D}}_k^{\mathrm{T}}\boldsymbol{x}\right\|^2$，引入辅助向量变量 $\boldsymbol{u}_m=\bar{\boldsymbol{A}}_m^{\mathrm{T}}\boldsymbol{x}$、$\boldsymbol{v}_m=\tilde{\boldsymbol{B}}_m^{\mathrm{T}}\boldsymbol{x}$、$\boldsymbol{w}_k=\widehat{\boldsymbol{C}}_k^{\mathrm{T}}\boldsymbol{x}$、$\boldsymbol{z}_k=\breve{\boldsymbol{D}}_k^{\mathrm{T}}\boldsymbol{x}$，简化同为向量变量 $\boldsymbol{x}$ 的二次型，则式（1.12）可转换为如下等价形式：

$$
\begin{aligned}
&\min_{\boldsymbol{x},\{\varepsilon_k,\boldsymbol{u}_m,\boldsymbol{v}_m,\boldsymbol{w}_k,\boldsymbol{z}_k\}} \sum_{k=1}^{K}\varepsilon_k\\
&\text{s.t. } L_m\leqslant\frac{\|\boldsymbol{u}_m\|^2}{\|\boldsymbol{v}_m\|^2}\leqslant U_m,\quad m=1,2,\cdots,M\\
&\qquad \boldsymbol{u}_m=\bar{\boldsymbol{A}}_m^{\mathrm{T}}\boldsymbol{x},\quad \boldsymbol{v}_m=\tilde{\boldsymbol{B}}_m^{\mathrm{T}}\boldsymbol{x},\quad m=1,2,\cdots,M\\
&\qquad \frac{\|\boldsymbol{w}_k\|^2}{\|\boldsymbol{z}_k\|^2}\leqslant\varepsilon_k,\quad k=1,2,\cdots,K\\
&\qquad \boldsymbol{w}_k=\widehat{\boldsymbol{C}}_k^{\mathrm{T}}\boldsymbol{x},\quad \boldsymbol{z}_k=\breve{\boldsymbol{D}}_k^{\mathrm{T}}\boldsymbol{x},\quad k=1,2,\cdots,K
\end{aligned}
\tag{1.14}
$$

步骤 3：分式消除与简化。

考虑对数函数的单调性以及对数运算可以将除法计算转换为减法计算，对式（1.14）中的约束集中的分式执行对数运算，消除约束集中的分式项（式（1.13）可参考进行）：

$$
\begin{aligned}
&\min_{\boldsymbol{x},\{\varepsilon_k,\boldsymbol{u}_m,\boldsymbol{v}_m,\boldsymbol{w}_k,\boldsymbol{z}_k\}} \sum_{k=1}^{K}\varepsilon_k\\
&\text{s.t. } \lg(L_m)\leqslant 2\lg\|\boldsymbol{u}_m\|-2\lg\|\boldsymbol{v}_m\|\leqslant\lg(U_m),\quad m=1,2,\cdots,M\\
&\qquad \boldsymbol{u}_m=\bar{\boldsymbol{A}}_m^{\mathrm{T}}\boldsymbol{x},\quad \boldsymbol{v}_m=\tilde{\boldsymbol{B}}_m^{\mathrm{T}}\boldsymbol{x},\quad m=1,2,\cdots,M\\
&\qquad 2\lg\|\boldsymbol{w}_{\mathrm{k}}\|-2\lg\|\boldsymbol{z}_k\|\leqslant\lg(\varepsilon_k),\quad k=1,2,\cdots,K\\
&\qquad \boldsymbol{w}_k=\widehat{\boldsymbol{C}}_k^{\mathrm{T}}\boldsymbol{x},\quad \boldsymbol{z}_k=\breve{\boldsymbol{D}}_k^{\mathrm{T}}\boldsymbol{x},\quad k=1,2,\cdots,K
\end{aligned}
\tag{1.15}
$$

式中，从变量分离的角度看，$\lg(\cdot)$ 运算确实分离了分子和分母项，解耦了分子和分母项的优化变量。然而，该子问题的求解仍然需要具体问题具体对待，进行针对性的设计、调整。

步骤 4：非凸优化求解及并行化。

为了增加稳定性和收敛性，我们为式（1.15）中的目标函数引入吉洪诺夫（Tikhonov）正则项：

$$
\begin{aligned}
\min_{\boldsymbol{x},\{\varepsilon_k,\boldsymbol{u}_m,\boldsymbol{v}_m,\boldsymbol{w}_k,\boldsymbol{z}_k\}} \quad & \sum_{k=1}^{K}\left(\varepsilon_k+\frac{1}{2\gamma}\left\|\boldsymbol{w}_k-\boldsymbol{w}_k(t)\right\|^2+\frac{1}{2\gamma}\left\|\boldsymbol{z}_k-\boldsymbol{z}_k(t)\right\|^2\right) \\
& +\frac{1}{2\gamma}\sum_{m=1}^{M}\left(\left\|\boldsymbol{u}_m-\boldsymbol{u}_m(t)\right\|^2+\left\|\boldsymbol{v}_m-\boldsymbol{v}_m(t)\right\|^2\right) \\
\text{s.t.} \quad & \lg(L_m)\leqslant 2\lg\left\|\boldsymbol{u}_m\right\|-2\lg\left\|\boldsymbol{v}_m\right\|\leqslant \lg(U_m), \quad m=1,2,\cdots,M \\
& \boldsymbol{u}_m=\overline{\boldsymbol{A}}_m^{\mathrm{T}}\boldsymbol{x}, \quad \boldsymbol{v}_m=\tilde{\boldsymbol{B}}_m^{\mathrm{T}}\boldsymbol{x}, \quad m=1,2,\cdots,M \\
& 2\lg\left\|\boldsymbol{w}_k\right\|-2\lg\left\|\boldsymbol{z}_k\right\|\leqslant \lg(\varepsilon_k),\ k=1,2,\cdots,K \\
& \boldsymbol{w}_k=\widehat{\boldsymbol{C}}_k^{\mathrm{T}}\boldsymbol{x}, \quad \boldsymbol{z}_k=\breve{\boldsymbol{D}}_k^{\mathrm{T}}\boldsymbol{x}, \quad k=1,2,\cdots,K
\end{aligned} \tag{1.16}
$$

式中，$\frac{1}{2\gamma}$为正则项的系数，即惩罚参数；$\{\boldsymbol{w}_k(t),\boldsymbol{z}_k(t),\boldsymbol{u}_m(t),\boldsymbol{v}_m(t)\}$为上一轮相关参数迭代结果。

针对上述模型中的等式约束构造增广乘子项，形成特殊的拉格朗日函数：

$$
\begin{aligned}
& \ell_\rho\left(\boldsymbol{x},\varepsilon_k,\boldsymbol{u}_m,\boldsymbol{v}_m,\boldsymbol{w}_k,\boldsymbol{z}_k,\overline{\boldsymbol{\lambda}}_m,\tilde{\boldsymbol{\lambda}}_m,\widehat{\boldsymbol{\xi}}_k,\breve{\boldsymbol{\xi}}_k\right) \\
&=\sum_{k=1}^{K}\left(\varepsilon_k+\frac{1}{2\gamma}\left\|\boldsymbol{w}_k-\boldsymbol{w}_k(t)\right\|^2+\frac{1}{2\gamma}\left\|\boldsymbol{z}_k-\boldsymbol{z}_k(t)\right\|^2\right) \\
&\quad+\frac{1}{2\gamma}\sum_{m=1}^{M}\left(\left\|\boldsymbol{u}_m-\boldsymbol{u}_m(t)\right\|^2+\left\|\boldsymbol{v}_m-\boldsymbol{v}_m(t)\right\|^2\right) \\
&\quad+\sum_{m=1}^{M}\left(\overline{\boldsymbol{\lambda}}_m^{\mathrm{T}}(\boldsymbol{u}_m-\overline{\boldsymbol{A}}_m^{\mathrm{T}}\boldsymbol{x})+\frac{\rho}{2}\left\|\boldsymbol{u}_m-\overline{\boldsymbol{A}}_m^{\mathrm{T}}\boldsymbol{x}\right\|^2\right) \\
&\quad+\sum_{m=1}^{M}\left(\tilde{\boldsymbol{\lambda}}_m^{\mathrm{T}}(\boldsymbol{v}_m-\tilde{\boldsymbol{B}}_m^{\mathrm{T}}\boldsymbol{x})+\frac{\rho}{2}\left\|\boldsymbol{v}_m-\tilde{\boldsymbol{B}}_m^{\mathrm{T}}\boldsymbol{x}\right\|^2\right) \\
&\quad+\sum_{k=1}^{K}\left(\widehat{\boldsymbol{\xi}}_k^{\mathrm{T}}(\boldsymbol{w}_k-\widehat{\boldsymbol{C}}_k^{\mathrm{T}}\boldsymbol{x})+\frac{\rho}{2}\left\|\boldsymbol{w}_k-\widehat{\boldsymbol{C}}_k^{\mathrm{T}}\boldsymbol{x}\right\|^2\right) \\
&\quad+\sum_{k=1}^{K}\left(\breve{\boldsymbol{\xi}}_k^{\mathrm{T}}(\boldsymbol{z}_k-\breve{\boldsymbol{D}}_k^{\mathrm{T}}\boldsymbol{x})+\frac{\rho}{2}\left\|\boldsymbol{z}_k-\breve{\boldsymbol{D}}_k^{\mathrm{T}}\boldsymbol{x}\right\|^2\right) \\
&\text{s.t.}\quad \lg(L_m)\leqslant 2\lg\left\|\boldsymbol{u}_m\right\|-2\lg\left\|\boldsymbol{v}_m\right\|\leqslant \lg(U_m), \quad m=1,2,\cdots,M \\
&\qquad\ 2\lg\left\|\boldsymbol{w}_k\right\|-2\lg\left\|\boldsymbol{z}_k\right\|\leqslant \lg(\varepsilon_k), \quad k=1,2,\cdots,K
\end{aligned} \tag{1.17}
$$

式中，$\overline{\boldsymbol{\lambda}}_m$、$\tilde{\boldsymbol{\lambda}}_m$、$\widehat{\boldsymbol{\xi}}_k$、$\breve{\boldsymbol{\xi}}_k$为对应于等式约束$\boldsymbol{u}_m=\overline{\boldsymbol{A}}_m^{\mathrm{T}}\boldsymbol{x}$、$\boldsymbol{v}_m=\tilde{\boldsymbol{B}}_m^{\mathrm{T}}\boldsymbol{x}$、$\boldsymbol{w}_k=\widehat{\boldsymbol{C}}_k^{\mathrm{T}}\boldsymbol{x}$和$\boldsymbol{z}_k=\breve{\boldsymbol{D}}_k^{\mathrm{T}}\boldsymbol{x}$的拉格朗日乘子向量；$\rho$为增广拉格朗日项的步长。

结合道格拉斯-拉什福德（Douglas-Rachford）映射、交替方向乘子法（alternating direction method of multipliers，ADMM）、斯宾加恩（Spingarn）、戴克斯特拉（Dykstra）和布雷格曼（Bregman）等方法的设计思想，可以把式（1.17）分解为如下子问题进行迭代交替优化：

$$
\begin{aligned}
&\min_{\{\varepsilon_k,\boldsymbol{w}_k,\boldsymbol{z}_k\}} \sum_{k=1}^{K}\left(\varepsilon_k+\frac{1}{2\gamma}\left\|\boldsymbol{w}_k-\boldsymbol{w}_k(t)\right\|^2+\frac{1}{2\gamma}\left\|\boldsymbol{z}_k-\boldsymbol{z}_k(t)\right\|^2\right)\\
&\qquad+\sum_{k=1}^{K}\left(\widehat{\boldsymbol{\xi}}_k^{\mathrm{T}}(\boldsymbol{w}_k-\widehat{\boldsymbol{C}}_k^{\mathrm{T}}\boldsymbol{x})+\frac{\rho}{2}\left\|\boldsymbol{w}_k-\widehat{\boldsymbol{C}}_k^{\mathrm{T}}\boldsymbol{x}\right\|^2+\breve{\boldsymbol{\xi}}_k^{\mathrm{T}}(\boldsymbol{z}_k-\breve{\boldsymbol{D}}_k^{\mathrm{T}}\boldsymbol{x})+\frac{\rho}{2}\left\|\boldsymbol{z}_k-\breve{\boldsymbol{D}}_k^{T}\boldsymbol{x}\right\|^2\right)\\
&\text{s.t. } 2\lg\left\|\boldsymbol{w}_k\right\|-2\lg\left\|\boldsymbol{z}_k\right\|\leqslant\lg(\varepsilon_k),\quad k=1,2,\cdots,K
\end{aligned}
\tag{1.18}
$$

$$
\begin{aligned}
&\min_{\{\boldsymbol{u}_m,\boldsymbol{v}_m\}}\frac{1}{2\gamma}\sum_{m=1}^{M}\left(\left\|\boldsymbol{u}_m-\boldsymbol{u}_m(t)\right\|^2+\left\|\boldsymbol{v}_m-\boldsymbol{v}_m(t)\right\|^2\right)\\
&\qquad+\sum_{m=1}^{M}\left(\overline{\boldsymbol{\lambda}}_m^{\mathrm{T}}(\boldsymbol{u}_m-\overline{\boldsymbol{A}}_m^{\mathrm{T}}\boldsymbol{x})+\frac{\rho}{2}\left\|\boldsymbol{u}_m-\overline{\boldsymbol{A}}_m^{\mathrm{T}}\boldsymbol{x}\right\|^2+\tilde{\boldsymbol{\lambda}}_m^{\mathrm{T}}(\boldsymbol{v}_m-\tilde{\boldsymbol{B}}_m^{\mathrm{T}}\boldsymbol{x})+\frac{\rho}{2}\left\|\boldsymbol{v}_m-\tilde{\boldsymbol{B}}_m^{\mathrm{T}}\boldsymbol{x}\right\|^2\right)\\
&\text{s.t. } \lg(L_m)\leqslant 2\lg\left\|\boldsymbol{u}_m\right\|-2\lg\left\|\boldsymbol{v}_m\right\|\leqslant\lg(U_m),\quad m=1,2,\cdots,M
\end{aligned}
\tag{1.19}
$$

$$
\begin{aligned}
&\min_{\boldsymbol{x}}\sum_{m=1}^{M}\left(\overline{\boldsymbol{\lambda}}_m^{\mathrm{T}}(\boldsymbol{u}_m-\overline{\boldsymbol{A}}_m^{\mathrm{T}}\boldsymbol{x})+\frac{\rho}{2}\left\|\boldsymbol{u}_m-\overline{\boldsymbol{A}}_m^{\mathrm{T}}\boldsymbol{x}\right\|^2\right)+\sum_{m=1}^{M}\left(\tilde{\boldsymbol{\lambda}}_m^{\mathrm{T}}(\boldsymbol{v}_m-\tilde{\boldsymbol{B}}_m^{\mathrm{T}}\boldsymbol{x})+\frac{\rho}{2}\left\|\boldsymbol{v}_m-\tilde{\boldsymbol{B}}_m^{\mathrm{T}}\boldsymbol{x}\right\|^2\right)\\
&\qquad+\sum_{k=1}^{K}\left(\widehat{\boldsymbol{\xi}}_k^{\mathrm{T}}(\boldsymbol{w}_k-\widehat{\boldsymbol{C}}_k^{\mathrm{T}}\boldsymbol{x})+\frac{\rho}{2}\left\|\boldsymbol{w}_k-\widehat{\boldsymbol{C}}_k^{\mathrm{T}}\boldsymbol{x}\right\|^2\right)+\sum_{k=1}^{K}\left(\breve{\boldsymbol{\xi}}_k^{\mathrm{T}}(\boldsymbol{z}_k-\breve{\boldsymbol{D}}_k^{\mathrm{T}}\boldsymbol{x})+\frac{\rho}{2}\left\|\boldsymbol{z}_k-\breve{\boldsymbol{D}}_k^{\mathrm{T}}\boldsymbol{x}\right\|^2\right)
\end{aligned}
\tag{1.20}
$$

式中，符号 min 下的变量为该子问题中的待求变量，其他变量用上一轮迭代得到的变量值替换为常量。此外，拉格朗日乘子的更新以及步长的选择机制视具体问题而定，可以按照 Douglas-Rachford 映射、ADMM、Spingarn、Dykstra、Bregman 等算法中的步骤进行，这部分在后续收敛性分析部分中讨论。这样，式（1.18）～式（1.20）以及拉格朗日乘子更新步骤进行迭代直至收敛即可获得问题的解。

并行化：由于式（1.18）中的第 k 个约束 $2\lg\left\|\boldsymbol{w}_k\right\|-2\lg\left\|\boldsymbol{z}_k\right\|\leqslant\lg(\varepsilon_k)$ 以及目标函数求和项的第 k 个分量只与变量 $\{\boldsymbol{w}_k,\boldsymbol{z}_k,\varepsilon_k\}$ 有关，而与其他变量 $\{\boldsymbol{w}_l,\boldsymbol{z}_l,\varepsilon_l\}_{l=1,l\neq k}^{K}$ 无关，因此式（1.18）的求解可分解为 K 个并行执行的子问题：

$$
\begin{aligned}
&\min_{\varepsilon_k,\boldsymbol{w}_k,\boldsymbol{z}_k}\ \varepsilon_k+\frac{1}{2\gamma}\left\|\boldsymbol{w}_k-\boldsymbol{w}_k(t)\right\|^2+\frac{1}{2\gamma}\left\|\boldsymbol{z}_k-\boldsymbol{z}_k(t)\right\|^2\\
&\qquad+\widehat{\boldsymbol{\xi}}_k^{\mathrm{T}}(\boldsymbol{w}_k-\widehat{\boldsymbol{C}}_k^{\mathrm{T}}\boldsymbol{x})+\frac{\rho}{2}\left\|\boldsymbol{w}_k-\widehat{\boldsymbol{C}}_k^{\mathrm{T}}\boldsymbol{x}\right\|^2+\breve{\boldsymbol{\xi}}_k^{\mathrm{T}}(\boldsymbol{z}_k-\breve{\boldsymbol{D}}_k^{\mathrm{T}}\boldsymbol{x})+\frac{\rho}{2}\left\|\boldsymbol{z}_k-\breve{\boldsymbol{D}}_k^{\mathrm{T}}\boldsymbol{x}\right\|^2\\
&\text{s.t. } 2\lg\left\|\boldsymbol{w}_k\right\|-2\lg\left\|\boldsymbol{z}_k\right\|\leqslant\lg(\varepsilon_k)
\end{aligned}
\tag{1.21}
$$

同理，式（1.19）中的第 m 个约束 $\lg(L_m)\leqslant 2\lg\left\|\boldsymbol{u}_m\right\|-2\lg\left\|\boldsymbol{v}_m\right\|\leqslant\lg(U_m)$ 以及目标函数求和项的第 m 个分量只与变量 $\{\boldsymbol{u}_m,\boldsymbol{v}_m\}$ 有关，而与变量 $\{\boldsymbol{u}_l,\boldsymbol{v}_l\}_{l=1,l\neq m}^{M}$ 无关，因此，式（1.19）的求解可分解为 M 个并行执行的子问题：

$$\begin{aligned}\min_{u_m, v_m}\quad & \frac{1}{2\gamma}\left(\left\|\boldsymbol{u}_m-\boldsymbol{u}_m(t)\right\|^2+\left\|\boldsymbol{v}_m-\boldsymbol{v}_m(t)\right\|^2\right)\\ & +\bar{\boldsymbol{\lambda}}_m^{\mathrm{T}}(\boldsymbol{u}_m-\bar{\boldsymbol{A}}_m^{\mathrm{T}}\boldsymbol{x})+\frac{\rho}{2}\left\|\boldsymbol{u}_m-\bar{\boldsymbol{A}}_m^{\mathrm{T}}\boldsymbol{x}\right\|^2+\tilde{\boldsymbol{\lambda}}_m^{\mathrm{T}}(\boldsymbol{v}_m-\tilde{\boldsymbol{B}}_m^{\mathrm{T}}\boldsymbol{x})+\frac{\rho}{2}\left\|\boldsymbol{v}_m-\tilde{\boldsymbol{B}}_m^{\mathrm{T}}\boldsymbol{x}\right\|^2\\ \text{s.t.}\quad & \lg(L_m)\leqslant 2\lg\left\|\boldsymbol{u}_m\right\|-2\lg\left\|\boldsymbol{v}_m\right\|\leqslant\lg(U_m)\end{aligned}\tag{1.22}$$

而式（1.20）则可以通过配方法转换为最小二乘问题求解。

显然，引入的分子和分母解耦、分式约束项裂变与简化、分式消除、求解步骤并行化等机制，巧妙地处理了分式约束项，等价转换为容易求解的优化问题，大大简化了广义分式优化问题，在此基础上还可结合非凸优化理论与方法进行变换问题的求解（也可以结合多项式优化方法处理高次多项式描述的更复杂的分子、分母形式），构成了通用的、完善的广义分式优化理论与算法框架，可对约束集包含分式项、目标函数包含分式项、约束集和目标函数均包含分式项的分式优化问题进行求解，填补了现有分式优化方法无法求解约束集存在分式项、约束集和目标函数均存在分式项优化问题的空白。

1.3.2　基于上述广义分式优化理论与算法框架求解优化问题式（1.6）+式（1.8）

式（1.6）+式（1.8）构成如下优化问题，其目标函数为复杂的比率积形式：

$$\begin{aligned}\min_{\boldsymbol{x}}\quad & \prod_{k=1}^{K}\frac{f_k(\boldsymbol{x})}{g_k(\boldsymbol{x})}\\ \text{s.t.}\quad & L_m\leqslant\frac{h_m(\boldsymbol{x})}{q_m(\boldsymbol{x})}\leqslant U_m,\quad m=1,2,\cdots,M\end{aligned}\tag{1.23}$$

步骤 1： 为目标函数中的各分式项引入指数形式的紧致上界 e^{ε_k}，即 $\frac{f_k(\boldsymbol{x})}{g_k(\boldsymbol{x})}\leqslant e^{\varepsilon_k}$，从而有

$$\begin{aligned}\min_{\boldsymbol{x},\varepsilon_k}\quad & e^{\sum_{k=1}^{K}\varepsilon_k}\\ \text{s.t.}\quad & L_m\leqslant\frac{h_m(\boldsymbol{x})}{q_m(\boldsymbol{x})}\leqslant U_m,\quad m=1,2,\cdots,M\\ & \frac{f_k(\boldsymbol{x})}{g_k(\boldsymbol{x})}\leqslant e^{\varepsilon_k},\quad k=1,2,\cdots,K\end{aligned}\tag{1.24}$$

步骤 2： 考虑到指数函数的单调性，最小化 $e^{\sum_{k=1}^{K}\varepsilon_k}$ 等价于最小化 $\sum_{k=1}^{K}\varepsilon_k$。考虑对数运算可将除法计算转换为等价减法计算，对约束集中的分式执行对数运算：

$$\begin{aligned}&\min_{x,\varepsilon_k}\ \sum_{k=1}^{K}\varepsilon_k\\&\text{s.t.}\ \lg(L_m)\leqslant\lg(h_m(\boldsymbol{x}))-\lg(q_m(\boldsymbol{x}))\leqslant\lg(U_m),\quad m=1,2,\cdots,M\\&\qquad\lg(f_k(\boldsymbol{x}))-\lg(g_k(\boldsymbol{x}))\leqslant\varepsilon_k,\quad k=1,2,\cdots,K\end{aligned}\tag{1.25}$$

类似于式（1.11）～式（1.17），执行相似的步骤三和步骤四。

1.3.3　基于上述广义分式优化理论与算法框架求解优化问题式（1.7）+式（1.8）

式（1.7）+式（1.8）构成如下优化问题，其目标函数为复杂的极大极小化比率形式：

$$\begin{aligned}&\min_{\boldsymbol{x}}\ \max_{k}\ \frac{f_k(\boldsymbol{x})}{g_k(\boldsymbol{x})}\\&\text{s.t.}\ L_m\leqslant\frac{h_m(\boldsymbol{x})}{q_m(\boldsymbol{x})}\leqslant U_m,\quad m=1,2,\cdots,M\end{aligned}\tag{1.26}$$

引入目标函数中各项的紧致上界，即 $\dfrac{f_k(\boldsymbol{x})}{g_k(\boldsymbol{x})}\leqslant\varepsilon$，从而有

$$\begin{aligned}&\min_{\boldsymbol{x},\varepsilon}\ \varepsilon\\&\text{s.t.}\ L_m\leqslant\frac{h_m(\boldsymbol{x})}{q_m(\boldsymbol{x})}\leqslant U_m,\quad m=1,2,\cdots,M\\&\qquad\frac{f_k(\boldsymbol{x})}{g_k(\boldsymbol{x})}\leqslant\varepsilon,\quad k=1,2,\cdots,K\end{aligned}\tag{1.27}$$

类似于式（1.11）～式（1.17）的方法，执行步骤三和步骤四。相似地，以上的广义分式优化理论与算法框架可求解式（1.5）+式（1.9）、式（1.6）+式（1.9）、式（1.7）+式（1.9）、式（1.5）+式（1.10）、式（1.6）+式（1.10）、式（1.7）+式（1.10）等复杂分式优化问题。

但也需要强调，上述框架形成的子问题仍然需要具体问题具体对待，进行针对性的设计与调整。

拉格朗日乘子的更新依赖于 Douglas-Rachford 映射、ADMM、Spingarn、Dykstra、Bregman 方法的选取以及步长 ρ 的选择机制，记函数 $\text{fun}(\tau,\alpha,\cdot)$ 为误差表达式。例如，可以按函数 $\text{fun}(\tau,\alpha,\cdot)$ 的方式进行并行更新：

$$\begin{aligned}&\bar{\boldsymbol{\lambda}}_m(t+1)=\bar{\boldsymbol{\lambda}}_m(t)+\rho\text{fun}\left(\tau,\alpha,\boldsymbol{u}_m(t+1)-\bar{\boldsymbol{A}}_m^{\mathrm{T}}\boldsymbol{x}(t+1)\right)\\&\tilde{\boldsymbol{\lambda}}_m(t+1)=\tilde{\boldsymbol{\lambda}}_m(t)+\rho\text{fun}\left(\tau,\alpha,\boldsymbol{v}_m(t+1)-\tilde{\boldsymbol{B}}_m^{\mathrm{T}}\boldsymbol{x}(t+1)\right)\\&\hat{\boldsymbol{\xi}}_k(t+1)=\hat{\boldsymbol{\xi}}_k(t)+\rho\text{fun}\left(\tau,\alpha,\boldsymbol{w}_k(t+1)-\hat{\boldsymbol{C}}_k^{\mathrm{T}}\boldsymbol{x}(t+1)\right)\\&\breve{\boldsymbol{\xi}}_k(t+1)=\breve{\boldsymbol{\xi}}_k(t)+\rho\text{fun}\left(\tau,\alpha,\boldsymbol{z}_k(t+1)-\breve{\boldsymbol{D}}_k^{\mathrm{T}}\boldsymbol{x}(t+1)\right)\end{aligned}\tag{1.28}$$

令 $\left\{\overline{\boldsymbol{\lambda}}_m(t),\tilde{\boldsymbol{\lambda}}_m(t),\widehat{\xi}_k(t),\breve{\xi}_k(t),\boldsymbol{x}(t),\varepsilon_k(t),\boldsymbol{u}_m(t),\boldsymbol{v}_m(t),\boldsymbol{w}_k(t),\boldsymbol{z}_k(t)\right\}$ 表示为求解式（1.14）～式（1.16）、式（1.24）产生的序列，则式（1.13）增广拉格朗日函数存在下界，其值在每次迭代时下降，满足：

$$\begin{aligned}&\lim_{t\to\infty}\left\{\overline{\boldsymbol{\lambda}}_m(t),\tilde{\boldsymbol{\lambda}}_m(t),\widehat{\xi}_k(t),\breve{\xi}_k(t),\boldsymbol{x}(t),\varepsilon_k(t),\boldsymbol{u}_m(t),\boldsymbol{v}_m(t),\boldsymbol{w}_k(t),\boldsymbol{z}_k(t)\right\}\\&=\left\{\overline{\boldsymbol{\lambda}}_m^{(*)},\tilde{\boldsymbol{\lambda}}_m^{(*)},\widehat{\xi}_k^{(*)},\breve{\xi}_k^{(*)},\boldsymbol{x}^{(*)},\varepsilon_k^{(*)},\boldsymbol{u}_m^{(*)},\boldsymbol{v}_m^{(*)},\boldsymbol{w}_k^{(*)},\boldsymbol{z}_k^{(*)}\right\}\end{aligned}\tag{1.29}$$

式中，“*”表示局部最优解，且有

$$\begin{aligned}&\lg(L_m)\leqslant 2\lg\left\|\boldsymbol{u}_m^{(*)}\right\|-2\lg\left\|\boldsymbol{v}_m^{(*)}\right\|\leqslant\lg(U_m),\quad m=1,2,\cdots,M\\&\boldsymbol{u}_m^{(*)}=\overline{\boldsymbol{A}}_m^{\mathrm{T}}\boldsymbol{x}^{(*)},\quad \boldsymbol{v}_m^{(*)}=\tilde{\boldsymbol{B}}_m^{\mathrm{T}}\boldsymbol{x}^{(*)},\quad m=1,2,\cdots,M\\&2\lg\left\|\boldsymbol{w}_k^{(*)}\right\|-2\lg\left\|\boldsymbol{z}_k^{(*)}\right\|\leqslant\lg(\varepsilon_k^{(*)}),\quad k=1,2,\cdots,K\\&\boldsymbol{w}_k^{(*)}=\widehat{\boldsymbol{C}}_k^{\mathrm{T}}\boldsymbol{x}^{(*)},\quad \boldsymbol{z}_k^{(*)}=\breve{\boldsymbol{D}}_k^{\mathrm{T}}\boldsymbol{x}^{(*)},\quad k=1,2,\cdots,K\end{aligned}\tag{1.30}$$

依据式（1.24）～式（1.26），可详细推导得出参数的取值范围，以保证增广拉格朗日函数的值单调下降。同时推导得出增广拉格朗日函数存在下界的参数取值范围，即局部收敛性证明。

参考文献

[1] Tofallis C. Fractional programming: Theory, methods and applications[J]. Journal of the Operational Research Society, 1998, 49(8): 895.

[2] Bajalinov E. Linear-Fractional Programming Theory, Methods, Applications and Software[M]. Boston: Springer, 2003.

[3] Verma R U. New Trends in Fractional Programming[M]. Hauppauge: Nova Science Publishers, 2019.

[4] Zappone A, Jorswieck E. Energy efficiency in wireless networks via fractional programming theory[J]. Foundations and Trends in Communications and Information Theory, 2015, 11(3/4): 185-396.

[5] Cui G L, Yu X X, Carotenuto V, et al. Space-time transmit code and receive filter design for colocated MIMO radar[J]. IEEE Transactions on Signal Processing, 2017, 65(5): 1116-1129.

[6] Li Q, Schonfeld D. Multilinear discriminant analysis for higher-order tensor data classification[J]. IEEE Transactions on Pattern Analysis and Machine Intelligence, 2014, 36(12): 2524-2537.

[7] Fitzgibbon A, Pilu M, Fisher R B. Direct least square fitting of ellipses[J]. IEEE Transactions on Pattern Analysis and Machine Intelligence, 1999, 21(5): 476-480.

[8] Liu Y C, Meskarian R, Xu H F. Distributionally robust reward-risk ratio optimization with moment constraints[J]. SIAM Journal on Optimization, 2017, 27(2): 957-985.

[9] Martos B, Andrew, Whinston V. Hyperbolic programming[J]. Naval Research Logistics Quarterly, 1964, 11(2): 135-155.

[10] Dinkelbach W. On nonlinear fractional programming[J]. Management Science, 1967, 13(7): 492-498.

[11] Zionts S. Programming with linear fractional functionals[J]. Naval Research Logistics Quarterly, 1968, 15(3): 449-451.

[12] Lai X P, Lin Z P. Minimax design of IIR digital filters using a sequential constrained least-squares method[J]. IEEE Transactions on Signal Processing, 2010, 58(7): 3901-3906.

[13] Jiang A M, Kwan H K. Minimax design of IIR digital filters using iterative SOCP[J]. IEEE Transactions on Circuits and Systems I: Regular Papers, 2010, 57(6): 1326-1337.

[14] Chottera A, Jullien G. A linear programming approach to recursive digital filter design with linear phase[J]. IEEE Transactions on Circuits and Systems, 1982, 29(3): 139-149.

[15] Fuchs B, Rondineau S. Array pattern synthesis with excitation control via norm minimization[J]. IEEE Transactions on Antennas and Propagation, 2016, 64(10): 4228-4234.

[16] Liu F, Zhou L F, Masouros C, et al. Toward dual-functional radar-communication systems: Optimal waveform design[J]. IEEE Transactions on Signal Processing, 2018, 66(16): 4264-4279.

[17] Shi S N, Wang Z Y, He Z S, et al. Constrained waveform design for dual-functional MIMO radar-Communication system[J]. Signal Processing, 2020, 171: 107530.

[18] Tang B, Wang H, Qin L L, et al. Waveform design for dual-function MIMO radar-communication systems[C]//2020 IEEE 11th Sensor Array and Multichannel Signal Processing Workshop (SAM). IEEE, 2020: 1-5.

[19] Boyd S P, Vandenberghe L. Convex Optimization[M]. Cambridge: Cambridge University Press, 2004.

[20] Beck A, Ben-Tal A, Teboulle M. Finding a global optimal solution for a quadratically constrained fractional quadratic problem with applications to the regularized total least squares[J]. SIAM Journal on Matrix Analysis and Applications, 2006, 28(2): 425-445.

[21] Wang L F, Xia Y. A linear-time algorithm for globally maximizing the sum of a generalized Rayleigh quotient and a quadratic form on the unit sphere[J]. SIAM Journal on Optimization, 2019, 29(3): 1844-1869.

[22] Dur M, Horst R, Van Thoai N. Solving sum-of-ratios fractional programs using efficient points[J]. Optimization, 2001, 49(5/6): 447-466.

[23] Husain Z, Ahmad I, Sharma S. Second order duality for minmax fractional programming[J]. Optimization Letters, 2009, 3(2): 277-286.

[24] Aubry A, De Maio A, Naghsh M M. Optimizing radar waveform and Doppler filter bank via generalized fractional programming[J]. IEEE Journal of Selected Topics in Signal Processing,

2015, 9(8): 1387-1399.

[25] Aubry A, Carotenuto V, De Maio A. New results on generalized fractional programming problems with toeplitz quadratics[J]. IEEE Signal Processing Letters, 2016, 23(6): 848-852.

[26] Barros A I, Frenk J B G, Schaible S, et al. A new algorithm for generalized fractional programs[J]. Mathematical Programming, 1996, 72(2): 147-175.

[27] Boufi K, Roubi A. Duality results and dual bundle methods based on the dual method of centers for minimax fractional programs[J]. SIAM Journal on Optimization, 2019, 29(2): 1578-1602.

[28] Shen K M, Yu W. Fractional programming for communication systems: Part I: Power control and beamforming[J]. IEEE Transactions on Signal Processing, 2018, 66(10): 2616-2630.

[29] Shen K M, Yu W. Fractional programming for communication systems: Part II: Uplink scheduling via matching[J]. IEEE Transactions on Signal Processing, 2018, 66(10): 2631-2644.

[30] Shen K M, Yu W, Zhao L C, et al. Optimization of MIMO device-to-device networks via matrix fractional programming: A minorization-maximization approach[J]. ACM Transactions on Networking, 2019, 27(5): 2164-2177.

[31] Pizzo A, Zappone A, Sanguinetti L. Solving fractional polynomial problems by polynomial optimization theory[J]. IEEE Signal Processing Letters, 2018, 25(10): 1540-1544.

[32] Khalife J J, Kassas Z Z M. Optimal sensor placement for dilution of precision minimization via quadratically constrained fractional programming[J]. IEEE Transactions on Aerospace and Electronic Systems, 2019, 55(4): 2086-2096.

[33] Srivastava V, Plarre K, Bullo F. Randomized sensor selection in sequential hypothesis testing[J]. IEEE Transactions on Signal Processing, 2011, 59(5): 2342-2354.

[34] Wu L L, Palomar D P. Sequence design for spectral shaping via minimization of regularized spectral level ratio[J]. IEEE Transactions on Signal Processing, 2019, 67(18): 4683-4695.

[35] De Maio A, Huang Y W, Palomar D P, et al. Fractional QCQP with applications in ML steering direction estimation for radar detection[J]. IEEE Transactions on Signal Processing, 2011, 59(1): 172-185.

[36] De Maio A , Huang Y W . New results on fractional QCQP with applications to radar steering direction estimation[J]. IEEE Signal Processing Letters, 2014, 21(7): 895-898.

[37] Wang G, Ho K C. Convex relaxation methods for unified near-field and far-field TDOA-based localization[J]. IEEE Transactions on Wireless Communications, 2019, 18(4): 2346-2360.

[38] Fang Z X, Wang X, Yuan X J. Beamforming design for multiuser two-way relaying: A unified approach via max-min SINR[J]. IEEE Transactions on Signal Processing, 2013, 61(23): 5841-5852.

[39] Li Q Z, Zhang Q, Qin J Y. A special class of fractional QCQP and its applications on cognitive collaborative beamforming[J]. IEEE Transactions on Signal Processing, 2014, 62(8): 2151-2164.

[40] Feng D Z, Zheng W X. Fast RLS-type algorithm for unbiased equation-error adaptive IIR filtering based on approximate inverse-power iteration[J]. IEEE Transactions on Signal Processing, 2005, 53(11): 4169-4185.

[41] Jing Y, Liang J L, Zhou D Y, et al. Spectrally constrained unimodular sequence design without spectral level mask[J]. IEEE Signal Processing Letters, 2018, 25(7): 1004-1008.

[42] Fan X H, Liang J L, Zhang Y H, et al. Shaped power pattern synthesis with minimization of dynamic range ratio[J]. IEEE Transactions on Antennas and Propagation, 2019, 67(5): 3067-3078.

[43] Fan X H, Liang J L, So H C. Beampattern synthesis with minimal dynamic range ratio[J]. Signal Processing, 2018, 152: 411-416.

[44] Fan W, Liang J L, Li J. Constant modulus MIMO radar waveform design with minimum peak sidelobe transmit beampattern[J]. IEEE Transactions on Signal Processing, 2018, 66(16): 4207-4222.

[45] 蔡红艳. 带二次约束的非凸二次分式优化问题研究及其在认知无线网络中的应用[D]. 北京: 北京邮电大学, 2014.

[46] 朱红兰, 倪勤, 党创寅, 等. 求解无约束优化问题的分式模型信赖域算法[J]. 中国科学: 数学, 2018, 48(4): 531-546.

[47] Nguyen N H, Dogancay K. Optimal geometry analysis for multistatic TOA localization[J]. IEEE Transactions on Signal Processing, 2016, 64(16): 4180-4193.

[48] Rui L Y, Ho K C. Elliptic localization: Performance study and optimum receiver placement[J]. IEEE Transactions on Signal Processing, 2014, 62(18): 4673-4688.

[49] Sturm C, Wiesbeck W. Waveform design and signal processing aspects for fusion of wireless communications and radar sensing[J]. Proceedings of the IEEE, 2011, 99(7): 1236-1259.

[50] Hassanien A, Amin M G, Zhang Y D, et al. Dual-function radar-communications: Information embedding using sidelobe control and waveform diversity[J]. IEEE Transactions on Signal Processing, 2016, 64(8): 2168-2181.

[51] Liu F, Masouros C, Petropulu A P, et al. Joint radar and communication design: Applications, state-of-the-art, and the road ahead[J]. IEEE Transactions on Communications, 2020, 68(6): 3834-3862.

[52] Liu F, Masouros C, Li A, et al. MU-MIMO communications with MIMO radar: From co-existence to joint transmission[J]. IEEE Transactions on Wireless Communications, 2018, 17(4): 2755-2770.

[53] Shi C G, Wang F, Sellathurai M, et al. Power minimization-based robust OFDM radar waveform design for radar and communication systems in coexistence[J]. IEEE Transactions on Signal Processing, 2018, 66(5): 1316-1330.

[54] Qian J H, Lops M, Zheng L, et al. Joint system design for coexistence of MIMO radar and MIMO

communication[J]. IEEE Transactions on Signal Processing, 2018, 66(13): 3504-3519.

[55] Mishra K V, Shankar M R B, Koivunen V, et al. Toward millimeter-wave joint radar communications: A signal processing perspective[J]. IEEE Signal Processing Magazine, 2019, 36(5): 100-114.

[56] Zheng L, Lops M, Eldar Y C, et al. Radar and communication coexistence: An overview: A review of recent methods[J]. IEEE Signal Processing Magazine, 2019, 36(5): 85-99.

[57] Hassanien A, Amin M G, Aboutanios E, et al. Dual-function radar communication systems: A solution to the spectrum congestion problem[J]. IEEE Signal Processing Magazine, 2019, 36(5): 115-126.

[58] Ma D Y, Shlezinger N, Huang T Y, et al. Joint radar-communication strategies for autonomous vehicles: Combining two key automotive technologies[J]. IEEE Signal Processing Magazine, 2020, 37(4): 85-97.

[59] 刘凡, 袁伟杰, 原进宏, 等. 雷达通信频谱共享及一体化: 综述与展望[J]. 雷达学报, 2021, 10(3): 467-484.

[60] 肖博, 霍凯, 刘永祥. 雷达通信一体化研究现状与发展趋势[J]. 电子与信息学报, 2019, 41(3): 739-750.

[61] 梁兴东, 李强, 王杰, 等. 雷达通信一体化技术研究综述[J]. 信号处理, 2020, 36(10): 1615-1627.

[62] 张秋月, 张林让, 谷亚彬, 等. 恒包络 OFDM 雷达通信一体化信号设计[J]. 西安交通大学学报, 2019, 53(6): 77-84.

[63] 罗渝悦. 应用于车联网中通信雷达一体化系统的波束赋形技术研究[D]. 成都: 电子科技大学, 2020.

[64] 刘永军. 基于 OFDM 的雷达通信一体化设计方法研究[D]. 西安: 西安电子科技大学, 2019.

第2章　用于常模波形估计和干扰抑制的两阶段波束形成方法

本章首先给出自适应波束形成及波形提取的背景知识，其次建立基于两阶段分式优化的自适应波束形成新模型及算法，然后扩展至导向矢量不精确的场景，最后给出仿真结果，验证本章所提方法的有效性。

2.1　背景知识

波形提取或估计在阵列信号处理中发挥着重要作用，应用在雷达、声呐、天文学、通信以及医学成像等领域。迄今为止，波形估计已受到极大关注[1–10]。

作为最著名的波形估计方法之一，Capon 波束形成器[11]在满足感兴趣（方向上的）信号（signal of interest, SOI）无任何扭曲约束的前提下最小化阵列输出功率，进行权向量的自适应计算。因此，当所提供的感兴趣目标方向的导向矢量准确无误时，Capon 波束形成器具有较高的探测分辨率以及良好的干扰抑制能力。需要指出，尽管标准的Capon 波束形成器可以在目标方向上实现无扭曲响应，但其基于最小化输出功率的准则实质上是进行干扰抑制和输出噪声功率减少两种考虑的折中。如果当干扰方向（interference direction, ID）已知时[4,6]，在 Capon 波束形成器中引入 ID 上的完美线性零陷约束，则形成的线性约束最小方差（linearly constrained minimum variance, LCMV）波束形成器可以在 ID 上实现完美零陷的基础上，达到最小输出噪声功率。在实际中，提供的目标方向不准确或者存在阵列误差导致目标导向矢量不够精确，Capon 波束形成器可能会把目标信号当成干扰并加以抑制，输出结果中不再包含目标信号。为了避免这一情况发生，国内外学者发展了许多鲁棒波束形成方法。例如，文献[12]提出了一种基于对角加载（diagonal loading）[13]的鲁棒 Capon 波束形成方法。在该方法中，作者构建的导向矢量估计模型首先通过非线性方程求根，确定拉格朗日乘子，然后再获得准确的导向矢量。跟随这一工作，文献[14]引入控制白噪声增益的约束，形成双约束波束形成器。而文献[15]在满足椭球体内所有阵列响应增益超过“1”的基础上，最小化整体加权功率输出，然后通过拉格朗日乘子方法计算权向量。文献[16]将用于求解权向量的鲁棒 Capon 波束形成问题建模为二阶锥规划（second-order cone programming，SOCP）问题。在文献[17]中，通过 Capon 波束形成器获得的谱估计结果，集成除了目标之外的其他方向区域，进行干扰协方差矩阵的重建，然后利用重建的干扰协方差矩阵而不是样本协方差矩阵，构造鲁棒波束形成器。文献[18,19]在 Capon 波束形成器中引入了双边主瓣约束改善鲁棒性，并将其转换为半正定规划（semidefinite programming，SDP）问题[20]，最后通过谱分解（spectral factorization，SF）方法计算得到权向量。文献[21～25]引入了二次或线性约束形成凸的波束形成问题，并通过凸优化方法进行求解。文献[26]引入了两个二次约束确保给定角度范围内的阵列幅度响应均超过“1”，并导出相应非线性问题的解析解，进而计算得到对角加载因子。在文献[27]中，不确定的来波方向（direction-of-arrival，DOA）建模为具有给定先验概率密度函数的随机变量，在此基础上发展了基于贝叶斯理论的鲁棒波束形成方法，以抵制角度不确定带来的负面作用。文献[27]设计的方法无须非匹配向量的范数假设或者似然分布假设，可以估计实际和预指定的导向矢量之间的误差。文献[28]通过最大化波束形成器输出功率，估计实际导向矢量与假设导向矢量的差值，并以迭代的方式更新假设导向矢量，以求得稳健的波束形成器。然而，文献[29]基于导向矢量和数据协方差矩阵的双重不确定性，发展了可以应用到点源（秩 1）、分布式源或波动波前（高阶秩）的鲁棒波束形成方法。文献[30～32]研究了适用于非高斯信号、基于最小化分散无扭曲响应的波束形成方法，包括 l_p 范数方法、梯度下降法、唯相位方法。然而，文献[33,34]围绕鲁棒波束形成器构造了非凸二次约束的二次优化问题，并设计了二次矩阵不等式求解方法。除了上述线下方式外，文献[35～37]将鲁棒波束形成器构造为递归最小二乘滤波或者卡尔曼滤波问题，以便可以在线执行。最近，深度学习技术也应用于自适应波束形成问题[2,38]，其需要选择大批量的样本协方差矩阵和权向量分别作为复值卷积神经网络（complex-valued convolutional neural network，CVCNN）的输入和输出。事实上，关于波束形成的文献多达几千篇，由于篇幅原因，这里仅讨论和本章内容相关的文献。

在雷达和通信系统中，存在一大类具有常模特性的信号。例如，在雷达系统中，除了线性调频（linear frequency modulation，LFM）信号之外，恒模或者常幅是发射相位编码信号设计的一种标准需求，原因在于这两种性质的发射波形可以使功率放大器工作在饱和区，从而可以获得最佳的功效以及达到最大的敏感度[39–42]。而在通信系统中，恒模或者常幅的二进制相移键控（binary phase shift keying，BPSK）信号或者正交相移键控（quadrature phase shift keying，QPSK）信号由于具有产生和解码简单、较低的比特错误率而广泛使用。因此，我们通常会采用阵列输出的绝对值近似常模特性，来构造或发展常模波束形成算法[43–45]。可是，绝对值运算会破坏或没有充分利用高斯噪声的高斯性。为了估计存在阵列导向矢量不确定因素时的目标信号，文献[46]采用贝叶斯方法依次推导近似的最小均方误差估计子或者最大后验概率估计子。文献[47]构造了一个期望最小二乘策略形成一个简单的线性波束形成器，其功能类似于最大似然方法，且波束形成效果超出了基于信干噪比准则的方法。文献[47]也推导形成最小化均方误差准则的竞争波束形成方法[48,49]。

基于以上讨论和分析，目前的研究有必要重新审视常模波形自适应波束形成问题，发展能够用于常模波形提取和干扰抑制的自适应波束形成方法。

2.2 问题形成

令 $\boldsymbol{X} \in \mathbb{C}^{M \times N}$ 表示 M 个天线构成的天线阵列接收的 N 个快拍数据矩阵，即

$$\boldsymbol{X} = \boldsymbol{a}(\theta_0)\alpha_0 \boldsymbol{s}_0^{\mathrm{T}} + \sum_{i=1}^{I} \boldsymbol{a}(\theta_i)\boldsymbol{s}_i^{\mathrm{T}} + \boldsymbol{N} \tag{2.1}$$

式中，$\alpha_0 \boldsymbol{s}_0^{\mathrm{T}}$ 是来自方向为 θ_0、导向矢量为 $\boldsymbol{a}(\theta_0)$、幅度为 α_0、恒模波形为 $\boldsymbol{s}_0 = \left[s_0(1), s_0(2), \cdots, s_0(N)\right]^{\mathrm{T}}$ 的常幅信号；而 $\boldsymbol{s}_i^{\mathrm{T}}$ 是来自方向为 θ_i、导向矢量为 $\boldsymbol{a}(\theta_i)$ 的第 i 个干扰信号，注意这里对干扰信号 $\boldsymbol{s}_i^{\mathrm{T}}$ 没有幅度约束；除此之外，N 为 M 个天线上独立同分布的高斯白噪声矩阵，服从分布 $\mathrm{CN}(0,\sigma^2)$。

为了提取波形 $\boldsymbol{s}_0$，可采用众所周知的 Capon 波束形成方法。首先采用最小化输出功率准则确定最优权向量 $\boldsymbol{w}$：

$$\begin{aligned} \min_{\boldsymbol{w}} \quad & \boldsymbol{w}^{\mathrm{H}} \boldsymbol{R} \boldsymbol{w} \\ \text{s.t.} \quad & \boldsymbol{w}^{\mathrm{H}} \boldsymbol{a}(\theta_0) = 1 \end{aligned} \tag{2.2}$$

式中，$\boldsymbol{R}$ 表示阵列输出的协方差矩阵，或在实际中采用样本协方差矩阵 $\frac{1}{N}\boldsymbol{X}\boldsymbol{X}^{\mathrm{H}}$ 代替。接着使用权向量 $\boldsymbol{w}$ 对阵列输出进行加权，获得波形的估计值 $\boldsymbol{w}^{\mathrm{H}}\boldsymbol{X}$。

注意波束形成器输出信号 $\boldsymbol{w}^{\mathrm{H}}\boldsymbol{X}$ 的功率 $\boldsymbol{w}^{\mathrm{H}}\boldsymbol{R}\boldsymbol{w}$ 可表示为

$$\boldsymbol{w}^{\mathrm{H}}\boldsymbol{R}\boldsymbol{w} = \left|\alpha_0\right|^2 E\left\{\left|s_0(t)\right|^2\right\} + \sum_i \left|\alpha_i\right|^2 \left|\boldsymbol{w}^{\mathrm{H}}\boldsymbol{a}(\theta_i)\right|^2 E\left\{\left|s_i(t)\right|^2\right\} + \sigma^2 \boldsymbol{w}^{\mathrm{H}}\boldsymbol{w} \tag{2.3}$$

从式（2.3）可以看出，$\boldsymbol{w}^{\mathrm{H}}\boldsymbol{R}\boldsymbol{w}$ 中的第一项是和权向量 $\boldsymbol{w}$ 无关的常数项，而第二项和第三项和权向量 $\boldsymbol{w}$ 密切相关。因此，Capon 波束形成器本质上追求的是 $\sum_i \left|\alpha_i\right|^2 \left|\boldsymbol{w}^{\mathrm{H}}\boldsymbol{a}(\theta_i)\right|^2 E\left\{\left|s_i(t)\right|^2\right\} + \sigma^2 \boldsymbol{w}^{\mathrm{H}}\boldsymbol{w}$ 的最小化，即完成的是对干扰抑制和输出噪声功率减小的一种折中，无法实现充分的干扰抑制。

如果已知 ID $\{\theta_i\}_{i=1}^{I}$，则在 Capon 波束形成器中引入线性约束 $\{\boldsymbol{w}^{\mathrm{H}}\boldsymbol{a}(\theta_i) = 0\}_{i=1}^{I}$，形成如下 LCMV 波束形成器：

$$\begin{aligned} \min_{\boldsymbol{w}} \quad & \boldsymbol{w}^{\mathrm{H}} \boldsymbol{R} \boldsymbol{w} \\ \text{s.t.} \quad & \boldsymbol{w}^{\mathrm{H}} \boldsymbol{a}(\theta_0) = 1 \\ & \boldsymbol{w}^{\mathrm{H}} \boldsymbol{a}(\theta_i) = 0, \quad i = 1, 2, \cdots, I \end{aligned} \tag{2.4}$$

此时，可以实现对所有干扰的完美抑制，同时还可以保证获得最小的噪声功率输出。因此，输出端可以获得最优信干噪比（signal-to-interference-plus-noise ratio，SINR）。

可是在实际应用中，ID 未知，仅感兴趣信号的方向已知。针对这样的挑战，本章首次考虑如下的干扰噪声与噪声比（interference-plus-noise-to-noise ratio，INNR），即

$$\begin{aligned}&\frac{\sum_i\left|\boldsymbol{w}^{\mathrm{H}}\boldsymbol{a}(\theta_i)\right|^2 E\left\{\left|s_i(n)\right|^2\right\}+\sigma^2\boldsymbol{w}^{\mathrm{H}}\boldsymbol{w}}{\sigma^2\boldsymbol{w}^{\mathrm{H}}\boldsymbol{w}}\\&=\frac{\sum_i\left|\boldsymbol{w}^{\mathrm{H}}\boldsymbol{a}(\theta_i)\right|^2 E\left\{\left|s_i(n)\right|^2\right\}}{\sigma^2\boldsymbol{w}^{\mathrm{H}}\boldsymbol{w}}+1\end{aligned}\tag{2.5}$$

显然，最小化 INNR 等价于最小化干扰与噪声功率之比：

$$\frac{\sum_i\left|\boldsymbol{w}^{\mathrm{H}}\boldsymbol{a}(\theta_i)\right|^2 E\left\{\left|s_i(n)\right|^2\right\}}{\sigma^2\boldsymbol{w}^{\mathrm{H}}\boldsymbol{w}}\tag{2.6}$$

其最小值在满足条件 $\boldsymbol{w}^{\mathrm{H}}\boldsymbol{a}(\theta_i)=0,\ i=1,2,\cdots,I$ 时获得。换句话说，INNR 最小化准则暗含 $\boldsymbol{w}^{\mathrm{H}}\boldsymbol{a}(\theta_i)=0,\ i=1,2,\cdots,I$。因此，在 ID 未知情况下可以采用 INNR 最小化准则逼近 LCMV 完美的 ID 零陷功能，后者是在 ID 已知时获得的。

为了实现 INNR 最小化准则，考虑用有限快拍数据的统计值代替数学期望。一方面，在高斯噪声假设下，仍使用 $\sigma^2\boldsymbol{w}^{\mathrm{H}}\boldsymbol{w}$ 表示 INNR 准则分母中的噪声功率。另一方面，对于 INNR 准则中的分子，考虑采用波束形成器输出 $\boldsymbol{w}^{\mathrm{H}}\boldsymbol{X}$ 与常模信号 $\alpha_0\boldsymbol{s}_0^{\mathrm{T}}$ 的差的经验功率值来代替相应的数学期望，即

$$\frac{1}{N}\left\|\sum_i\boldsymbol{w}^{\mathrm{H}}\boldsymbol{a}(\theta_i)\boldsymbol{s}_i^{\mathrm{T}}+\boldsymbol{w}^{\mathrm{H}}\boldsymbol{N}\right\|^2=\frac{1}{N}\left\|\boldsymbol{w}^{\mathrm{H}}\boldsymbol{X}-\alpha_0\boldsymbol{s}_0^{\mathrm{T}}\right\|^2\tag{2.7}$$

此处应用了波束形成器输出：

$$\boldsymbol{w}^{\mathrm{H}}\boldsymbol{X}=\alpha_0\boldsymbol{s}_0^{\mathrm{T}}+\sum_i\boldsymbol{w}^{\mathrm{H}}\boldsymbol{a}(\theta_i)\boldsymbol{s}_i^{\mathrm{T}}+\boldsymbol{w}^{\mathrm{H}}\boldsymbol{N}\tag{2.8}$$

以及目标方向单位增益约束 $\boldsymbol{w}^{\mathrm{H}}\boldsymbol{a}(\theta_0)=1$。

这样，式（2-6）可表示为如下形式：

$$\frac{\left\|\boldsymbol{w}^{\mathrm{H}}\boldsymbol{X}-\alpha_0\boldsymbol{s}_0^{\mathrm{T}}\right\|^2}{\sigma^2\boldsymbol{w}^{\mathrm{H}}\boldsymbol{w}}\tag{2.9}$$

其等价于

$$\frac{\left\|\boldsymbol{w}^{\mathrm{H}}\boldsymbol{X}-\alpha_0\boldsymbol{s}_0^{\mathrm{T}}\right\|^2}{\boldsymbol{w}^{\mathrm{H}}\boldsymbol{w}}\tag{2.10}$$

式（2.10）对应的数学期望为

$$E\left\{\frac{\left\|\boldsymbol{w}^{\mathrm{H}}\boldsymbol{X}-\alpha_0\boldsymbol{s}_0^{\mathrm{T}}\right\|^2}{\boldsymbol{w}^{\mathrm{H}}\boldsymbol{w}}\right\}=\sigma^2+\frac{\sum_i\left|\boldsymbol{w}^{\mathrm{H}}\boldsymbol{a}(\theta_i)\right|^2E\left\{\left|s_i(n)\right|^2\right\}}{\boldsymbol{w}^{\mathrm{H}}\boldsymbol{w}} \tag{2.11}$$

其最小值依然在满足条件 $\boldsymbol{w}^{\mathrm{H}}\boldsymbol{a}(\theta_i)=0,\ i=1,2,\cdots,I$ 时获得。因此，本章依然称式（2.10）为 INNR 准则。

基于以上讨论和分析，本章构造如下最小化 INNR 的数学模型，进行常模波形的估计以及干扰的抑制：

$$\begin{aligned}&\min_{\boldsymbol{w},\alpha_0,\boldsymbol{s}_0}\ \frac{\left\|\boldsymbol{w}^{\mathrm{H}}\boldsymbol{X}-\alpha_0\boldsymbol{s}_0^{\mathrm{T}}\right\|^2}{\boldsymbol{w}^{\mathrm{H}}\boldsymbol{w}}\\&\text{s.t.}\ \ \boldsymbol{w}^{\mathrm{H}}\boldsymbol{a}(\theta_0)=1\\&\qquad\left|s_0(n)\right|=1,\quad n=1,2,\cdots,N\end{aligned} \tag{2.12}$$

从式（2.12）容易发现，α_0 和 $\{\boldsymbol{w},\boldsymbol{s}_0\}$ 密切相关。当 $\{\boldsymbol{w},\boldsymbol{s}_0\}$ 已知时，可得到 α_0 的闭合表达式：

$$\alpha_0=\frac{\boldsymbol{w}^{\mathrm{H}}\boldsymbol{X}\boldsymbol{s}_0^*}{N} \tag{2.13}$$

其暗含 θ_0 方向处的功率估计可表示为 $\left|\alpha_0\right|^2=\left|\boldsymbol{w}^{\mathrm{H}}\boldsymbol{X}\boldsymbol{s}_0^*\right|^2/N^2$。将式（2.13）代入式（2.12），将其转换为仅包含 $\{\boldsymbol{w},\boldsymbol{s}_0\}$ 的优化问题：

$$\begin{aligned}&\min_{\boldsymbol{w},\boldsymbol{s}_0}\ \frac{\boldsymbol{w}^{\mathrm{H}}\boldsymbol{X}\left(\boldsymbol{I}_N-\frac{1}{N}\boldsymbol{s}_0^*\boldsymbol{s}_0^{\mathrm{T}}\right)\boldsymbol{X}^{\mathrm{H}}\boldsymbol{w}}{\boldsymbol{w}^{\mathrm{H}}\boldsymbol{w}}\\&\text{s.t.}\ \ \boldsymbol{w}^{\mathrm{H}}\boldsymbol{a}(\theta_0)=1\\&\qquad\left|s_0(n)\right|=1,\quad n=1,2,\cdots,N\end{aligned} \tag{2.14}$$

事实上，如果任意向量 $\boldsymbol{w}$ 满足：

$$\begin{aligned}&\boldsymbol{w}^{\mathrm{H}}\boldsymbol{a}(\theta_0)=1\\&\boldsymbol{w}^{\mathrm{H}}\boldsymbol{a}(\theta_i)=0,\quad i=1,2,\cdots,I\end{aligned} \tag{2.15}$$

则从数学期望的角度，该向量 $\boldsymbol{w}$ 一定是式（2.14）对应优化问题的解，能够估计得到波形 $\boldsymbol{s}_0$，且达到目标函数下界，即 INNR 边界。由于线性约束个数 $I+1$ 小于向量 $\boldsymbol{w}$ 的维数 M，则式（2.14）存在许多解，均能准确估计波形且有效抑制干扰。因此，本章在式（2.14）优化的基础（第一阶段）上，考虑如下分式约束的优化问题，进一步减小输出噪声功率（第二阶段）：

$$\begin{aligned}&\min_{\boldsymbol{w},\boldsymbol{s}_0}\ \boldsymbol{w}^{\mathrm{H}}\boldsymbol{w}\\&\text{s.t.}\ \frac{\boldsymbol{w}^{\mathrm{H}}\boldsymbol{X}\left(\boldsymbol{I}_N-\dfrac{1}{N}\boldsymbol{s}_0^*\boldsymbol{s}_0^{\mathrm{T}}\right)\boldsymbol{X}^{\mathrm{H}}\boldsymbol{w}}{\boldsymbol{w}^{\mathrm{H}}\boldsymbol{w}}\leqslant\hat{\sigma}^2\\&\quad\ \ \boldsymbol{w}^{\mathrm{H}}\boldsymbol{a}(\theta_0)=1\\&\quad\ \ |s_0(n)|=1,\quad n=1,2,\cdots,N\end{aligned}\tag{2.16}$$

式中，$\hat{\sigma}^2$ 为式（2.14）优化问题的目标函数值，作为式（2.16）中分式约束的上界。

基于该分式约束，第二阶段本质上继承了第一阶段的最小 INNR。根据数学期望，第二阶段是在第一阶段 $\hat{\sigma}^2$ 限制的解空间中提纯权向量 $\boldsymbol{w}$ 的优化。因此，两阶段的协同优化在 ID 未知的情况下，逼近 LCMV 波束形成器在 ID 已知情况下的完美干扰抑制功能以及最小化输出噪声功率功能。

进一步讨论式（2.16）的物理意义。令 $\boldsymbol{w}_1$ 和 $\boldsymbol{w}_2$ 分别表示式（2.14）和式（2.16）优化问题获得的权向量。根据式（2.14）的目标函数以及式（2.16）的分式约束，可以得出：

$$\frac{\sum_i\left|\boldsymbol{w}_2^{\mathrm{H}}\boldsymbol{a}(\theta_i)\right|^2E\left\{|s_i(n)|^2\right\}}{\boldsymbol{w}_2^{\mathrm{H}}\boldsymbol{w}_2}\leqslant\frac{\sum_i\left|\boldsymbol{w}_1^{\mathrm{H}}\boldsymbol{a}(\theta_i)\right|^2E\left\{|s_i(n)|^2\right\}}{\boldsymbol{w}_1^{\mathrm{H}}\boldsymbol{w}_1}$$

此外，由于式（2.14）没有关于权向量能量的约束，而式（2.16）的目标函数最小化权向量的能量，因此 $\boldsymbol{w}_2^{\mathrm{H}}\boldsymbol{w}_2\leqslant\boldsymbol{w}_1^{\mathrm{H}}\boldsymbol{w}_1$。最后结合：

$$\frac{\sum_i\left|\boldsymbol{w}_2^{\mathrm{H}}\boldsymbol{a}(\theta_i)\right|^2E\left\{|s_i(n)|^2\right\}}{\boldsymbol{w}_2^{\mathrm{H}}\boldsymbol{w}_2}\leqslant\frac{\sum_i\left|\boldsymbol{w}_1^{\mathrm{H}}\boldsymbol{a}(\theta_i)\right|^2E\left\{|s_i(n)|^2\right\}}{\boldsymbol{w}_1^{\mathrm{H}}\boldsymbol{w}_1}$$

和

$$\boldsymbol{w}_2^{\mathrm{H}}\boldsymbol{w}_2\leqslant\boldsymbol{w}_1^{\mathrm{H}}\boldsymbol{w}_1$$

则有 $\sum_i\left|\boldsymbol{w}_2^{\mathrm{H}}\boldsymbol{a}(\theta_i)\right|^2E\left\{|s_i(n)|^2\right\}\leqslant\sum_i\left|\boldsymbol{w}_1^{\mathrm{H}}\boldsymbol{a}(\theta_i)\right|^2E\left\{|s_i(n)|^2\right\}$。

因此，借助于第一阶段提供的 $\hat{\sigma}^2$，第二阶段可以获得比第一阶段更深的干扰零陷以及更高的信干噪比、信干比以及信噪比。

因此，本章的主要任务为通过两阶段分式优化估计波形 $\boldsymbol{s}_0$ 以及权向量 $\boldsymbol{w}$，即执行式（2.14）获得 $\hat{\sigma}^2$，接着执行式（2.16）获得 $\boldsymbol{s}_0$ 和 $\boldsymbol{w}$。

2.3 问题求解

式（2.14）和式（2.16）形成了导向矢量已知情况下的常模波形估计和干扰

抑制方法（waveform estimation and interference suppression algorithm with known steering vector, WEIS）。在本节中，我们首先为算法 WEIS 导出式（2.14）的解，接着导出式（2.16）的解。

2.3.1 求解式（2.14）

对式（2.14）中的 $\boldsymbol{w}$ 和 $\boldsymbol{s}_0$ 的联合优化可以通过如下交替优化（alternating optimization，AO）方法来实现，即

$$
\begin{aligned}
\boldsymbol{s}_0(k) &= \arg\min_{\boldsymbol{s}_0} \frac{\boldsymbol{w}^{\mathrm{H}}(k-1)\boldsymbol{X}\left(\boldsymbol{I}_N - \frac{1}{N}\boldsymbol{s}_0^*\boldsymbol{s}_0^{\mathrm{T}}\right)\boldsymbol{X}^{\mathrm{H}}\boldsymbol{w}(k-1)}{\boldsymbol{w}^{\mathrm{H}}(k-1)\boldsymbol{w}(k-1)} \\
&= \arg\min_{\boldsymbol{s}_0} \frac{\boldsymbol{w}^{\mathrm{H}}(k-1)\boldsymbol{X}\boldsymbol{X}^{\mathrm{H}}\boldsymbol{w}(k-1)}{\boldsymbol{w}^{\mathrm{H}}(k-1)\boldsymbol{w}(k-1)} + \frac{-\frac{1}{N}\boldsymbol{w}^{\mathrm{H}}(k-1)\boldsymbol{X}\boldsymbol{s}_0^*\boldsymbol{s}_0^{\mathrm{T}}\boldsymbol{X}^{\mathrm{H}}w(k-1)}{\boldsymbol{w}^{\mathrm{H}}(k-1)\boldsymbol{w}(k-1)} \\
&= \arg\min_{\boldsymbol{s}_0} \frac{-\frac{1}{N}\left\|\boldsymbol{w}^{\mathrm{H}}(k-1)\boldsymbol{X}\boldsymbol{s}_0^*\right\|^2}{\boldsymbol{w}^{\mathrm{H}}(k-1)\boldsymbol{w}(k-1)} \\
&= \arg\max_{\boldsymbol{s}_0} \left\|\boldsymbol{w}^{\mathrm{H}}(k-1)\boldsymbol{X}\boldsymbol{s}_0^*\right\|^2 \\
&= \mathrm{e}^{\mathrm{j}\angle(\boldsymbol{w}^{\mathrm{H}}(k-1)\boldsymbol{X})} \\
&\quad \text{s.t.} \quad |s_0(n)| = 1, \quad n = 1, 2, \cdots, N
\end{aligned} \tag{2.17}
$$

$$
\begin{aligned}
\boldsymbol{w}(k) &= \arg\min_{\boldsymbol{w}} \frac{\boldsymbol{w}^{\mathrm{H}}\boldsymbol{X}(\boldsymbol{I}_N - \frac{1}{N}\boldsymbol{s}_0^*(k)\boldsymbol{s}_0^{\mathrm{T}}(k))\boldsymbol{X}^{\mathrm{H}}\boldsymbol{w}}{\boldsymbol{w}^{\mathrm{H}}\boldsymbol{w}} \\
&= \arg\min_{\boldsymbol{w}} \frac{\boldsymbol{w}^{\mathrm{H}}\boldsymbol{X}\boldsymbol{X}^{\mathrm{H}}\boldsymbol{w}}{\boldsymbol{w}^{\mathrm{H}}\boldsymbol{w}} - \frac{\frac{1}{N}\left\|\boldsymbol{w}^{\mathrm{H}}\boldsymbol{X}\boldsymbol{s}_0^*(k)\right\|^2}{\boldsymbol{w}^{\mathrm{H}}\boldsymbol{w}} \\
&\quad \text{s.t.} \quad \boldsymbol{w}^{\mathrm{H}}\boldsymbol{a}(\theta_0) = 1
\end{aligned} \tag{2.18}
$$

式中，k 表示迭代次数。重复执行上述 AO 过程，直至满足给定的终止准则。

式（2.17）描述的等价 max 运算，其本质上是寻求 $\boldsymbol{w}^{\mathrm{H}}\boldsymbol{X}$ 和 $\boldsymbol{s}_0^*$ 之间的最大相关性。因此，式（2.18）中的第一分量本质上是减去一个最大的第二分量。这样，式（2.17）和式（2.18）形成的 AO 过程使式（2.14）的目标函数呈现随迭代次数的非增趋势。显然，该 AO 过程呈收敛趋势。

通过式（2.17）可直接得到波形估计的闭合解析式，这里重点讨论式（2.18）如何获得权向量 $\boldsymbol{w}$ 。首先将式（2.18）重写为如下简化形式：

$$\begin{aligned}\min_{\boldsymbol{w}} \quad & \frac{\boldsymbol{w}^{\mathrm{H}}\boldsymbol{R}_1(k)\boldsymbol{w}}{\boldsymbol{w}^{\mathrm{H}}\boldsymbol{w}} \\ \text{s.t.} \quad & \boldsymbol{w}^{\mathrm{H}}\boldsymbol{a}(\theta_0)=1\end{aligned} \tag{2.19}$$

式中：

$$\boldsymbol{R}_1(k)=\boldsymbol{X}\left(\boldsymbol{I}_N-\frac{1}{N}\boldsymbol{s}_0^*(k)\boldsymbol{s}_0^{\mathrm{T}}(k)\right)\boldsymbol{X}^{\mathrm{H}} \tag{2.20}$$

引入尺度因子η确保$(\eta\boldsymbol{w})^{\mathrm{H}}(\eta\boldsymbol{w})=1$，将式（2.19）转换为如下等价形式：

$$\begin{aligned}\min_{\eta,\boldsymbol{w}} \quad & (\eta\boldsymbol{w})^{\mathrm{H}}\boldsymbol{R}_1(k)(\eta\boldsymbol{w}) \\ \text{s.t.} \quad & (\eta\boldsymbol{w})^{\mathrm{H}}(\eta\boldsymbol{w})=1 \\ & (\eta\boldsymbol{w})^{\mathrm{H}}\boldsymbol{a}(\theta_0)=\eta\end{aligned} \tag{2.21}$$

为了便于推导，定义如下两个增广向量：

$$\bar{\boldsymbol{w}}=[(\eta\boldsymbol{w})^{\mathrm{T}} \quad \eta]^{\mathrm{T}} \tag{2.22}$$

$$\bar{\boldsymbol{a}}(\theta_0)=[\boldsymbol{a}^{\mathrm{T}}(\theta_0) \quad -1]^{\mathrm{T}} \tag{2.23}$$

进而重新表示式（2.21）为

$$\begin{aligned}\min_{\bar{\boldsymbol{w}}} \quad & \bar{\boldsymbol{w}}^{\mathrm{H}}\bar{\boldsymbol{R}}_1(k)\bar{\boldsymbol{w}} \\ \text{s.t.} \quad & \bar{\boldsymbol{w}}^{\mathrm{H}}\bar{\boldsymbol{I}}_{M+1}\bar{\boldsymbol{w}}=1 \\ & \bar{\boldsymbol{w}}^{\mathrm{H}}\bar{\boldsymbol{a}}(\theta_0)=0\end{aligned} \tag{2.24}$$

式中：

$$\bar{\boldsymbol{R}}_1(k)=\begin{bmatrix}\boldsymbol{R}_1(k) & \boldsymbol{0}_{M\times 1} \\ \boldsymbol{0}_{1\times M} & 0\end{bmatrix} \tag{2.25}$$

$$\bar{\boldsymbol{I}}_{M+1}=\begin{bmatrix}\boldsymbol{I}_M & \boldsymbol{0}_{M\times 1} \\ \boldsymbol{0}_{1\times M} & 0\end{bmatrix} \tag{2.26}$$

注意，引入尺度因子η消除了分式，但又引入了一个非凸约束$\bar{\boldsymbol{w}}^{\mathrm{H}}\bar{\boldsymbol{I}}_{M+1}\bar{\boldsymbol{w}}=1$。这里考虑引入一致性向量：

$$\bar{\boldsymbol{w}}=\bar{\boldsymbol{v}} \tag{2.27}$$

将约束分为两组：一组关联向量$\bar{\boldsymbol{w}}$，另外一组关联向量$\bar{\boldsymbol{v}}$，使和复杂非凸约束$\bar{\boldsymbol{w}}^{\mathrm{H}}\bar{\boldsymbol{I}}_{M+1}\bar{\boldsymbol{w}}=1$关联的子问题容易求解。这样，式（2.24）可转换为如下等价问题：

$$\begin{aligned}\min_{\bar{\boldsymbol{w}},\bar{\boldsymbol{v}}} \quad & \bar{\boldsymbol{w}}^{\mathrm{H}}\bar{\boldsymbol{R}}_1(k)\bar{\boldsymbol{w}} \\ \text{s.t.} \quad & \bar{\boldsymbol{w}}^{\mathrm{H}}\bar{\boldsymbol{I}}_{M+1}\bar{\boldsymbol{w}}=1 \\ & \bar{\boldsymbol{w}}=\bar{\boldsymbol{v}} \\ & \bar{\boldsymbol{v}}^{\mathrm{H}}\bar{\boldsymbol{a}}(\theta_0)=0\end{aligned} \tag{2.28}$$

基于式（2.28），构造如下拉格朗日函数：

$$\mathcal{L}_1\left(\bar{\boldsymbol{w}},\bar{\boldsymbol{v}},\boldsymbol{\lambda}\right)=\bar{\boldsymbol{w}}^{\mathrm{H}}\bar{\boldsymbol{R}}_1(k)\bar{\boldsymbol{w}}+\Re\left(\boldsymbol{\lambda}^{\mathrm{H}}(\bar{\boldsymbol{w}}-\bar{\boldsymbol{v}})\right)+\frac{\rho}{2}\|\bar{\boldsymbol{w}}-\bar{\boldsymbol{v}}\|^2$$
$$\text{s.t.}\quad \bar{\boldsymbol{w}}^{\mathrm{H}}\bar{\boldsymbol{I}}_{M+1}\bar{\boldsymbol{w}}=1 \qquad (2.29)$$
$$\bar{\boldsymbol{v}}^{\mathrm{H}}\bar{\boldsymbol{a}}(\theta_0)=0$$

式中，$\boldsymbol{\lambda}$ 为对应一致性约束 $\bar{\boldsymbol{w}}=\bar{\boldsymbol{v}}$ 的拉格朗日乘子向量；ρ 为用户给定的步长。基于交替方向乘子法，本章通过如下迭代方法确定变量$\left(\bar{\boldsymbol{w}},\bar{\boldsymbol{v}},\boldsymbol{\lambda}\right)$。

步骤 1： 基于给定的$\{\bar{\boldsymbol{w}}(t),\boldsymbol{\lambda}(t)\}$更新变量$\bar{\boldsymbol{v}}(t+1)$：

$$\bar{\boldsymbol{v}}(t+1)=\arg\min_{\bar{\boldsymbol{v}}}\ \mathcal{L}_1\left(\bar{\boldsymbol{w}}(t),\bar{\boldsymbol{v}},\boldsymbol{\lambda}(t)\right)$$
$$\text{s.t.}\quad \bar{\boldsymbol{v}}^{\mathrm{H}}\bar{\boldsymbol{a}}(\theta_0)=0 \qquad (2.30)$$

配方和忽略常数项后，本章简化式（2.29）为

$$\min_{\bar{\boldsymbol{v}}}\ \|\bar{\boldsymbol{v}}-\tilde{\boldsymbol{v}}(t+1)\|^2$$
$$\text{s.t.}\quad \bar{\boldsymbol{v}}^{\mathrm{H}}\bar{\boldsymbol{a}}(\theta_0)=0 \qquad (2.31)$$

式中：

$$\tilde{\boldsymbol{v}}(t+1)=\bar{\boldsymbol{w}}(t)+\frac{\boldsymbol{\lambda}(t)}{\rho} \qquad (2.32)$$

式（2.31）的闭合解可表示为

$$\bar{\boldsymbol{v}}(t+1)=-\frac{\bar{\boldsymbol{a}}^{\mathrm{H}}(\theta_0)\tilde{\boldsymbol{v}}(t+1)}{\bar{\boldsymbol{a}}^{\mathrm{H}}(\theta_0)\bar{\boldsymbol{a}}(\theta_0)}\bar{\boldsymbol{a}}(\theta_0)+\tilde{\boldsymbol{v}}(t+1) \qquad (2.33)$$

步骤 2： 基于给定的$\left(\bar{\boldsymbol{v}}(t+1),\boldsymbol{\lambda}(t)\right)$更新$\bar{\boldsymbol{w}}(t+1)$：

$$\bar{\boldsymbol{w}}(t+1)=\arg\min_{\bar{\boldsymbol{w}}}\ \mathcal{L}_1\left(\bar{\boldsymbol{w}},\bar{\boldsymbol{v}}(t+1),\boldsymbol{\lambda}(t)\right)$$
$$\text{s.t.}\quad \bar{\boldsymbol{w}}^{\mathrm{H}}\bar{\boldsymbol{I}}_{M+1}\bar{\boldsymbol{w}}=1 \qquad (2.34)$$

配方和忽略常数项后，本章简化式（2.34）为

$$\min_{\bar{\boldsymbol{w}}}\ \bar{\boldsymbol{w}}^{\mathrm{H}}\bar{\boldsymbol{R}}_1(k)\bar{\boldsymbol{w}}+\frac{\rho}{2}\|\bar{\boldsymbol{w}}-\tilde{\boldsymbol{w}}(t+1)\|^2$$
$$\text{s.t.}\quad \bar{\boldsymbol{w}}^{\mathrm{H}}\bar{\boldsymbol{I}}_{M+1}\bar{\boldsymbol{w}}=1 \qquad (2.35)$$

式中：

$$\tilde{\boldsymbol{w}}(t+1)=\bar{\boldsymbol{v}}(t+1)-\frac{\boldsymbol{\lambda}(t)}{\rho} \qquad (2.36)$$

基于式（2.35）构造如下拉格朗日函数：

$$l_1(\bar{\boldsymbol{w}},\lambda_w)=\bar{\boldsymbol{w}}^{\mathrm{H}}\bar{\boldsymbol{R}}_2\bar{\boldsymbol{w}}-\frac{\rho}{2}\bar{\boldsymbol{w}}^{\mathrm{H}}\tilde{\boldsymbol{w}}-\frac{\rho}{2}\tilde{\boldsymbol{w}}^{\mathrm{H}}\bar{\boldsymbol{w}}+\lambda_w(\bar{\boldsymbol{w}}^{\mathrm{H}}\bar{\boldsymbol{I}}_{M+1}\bar{\boldsymbol{w}}-1) \qquad (2.37)$$

式中，为了便于表达，忽略 $\tilde{\boldsymbol{w}}(t+1)$ 的 $t+1$；λ_w 为对应约束 $\bar{\boldsymbol{w}}^{\mathrm{H}}\bar{\boldsymbol{I}}_{M+1}\bar{\boldsymbol{w}}=1$ 的拉格朗日乘子，且

$$\bar{\boldsymbol{R}}_2=\bar{\boldsymbol{R}}_1(k)+\frac{\rho}{2}\boldsymbol{I}_{M+1} \qquad (2.38)$$

式（2.37）对 $\bar{\boldsymbol{w}}$ 求偏导可得

$$2\left(\bar{\boldsymbol{R}}_2+\lambda_w\bar{\boldsymbol{I}}_{M+1}\right)\bar{\boldsymbol{w}}-\rho\tilde{\boldsymbol{w}}=0 \tag{2.39}$$

因此可得

$$\bar{\boldsymbol{w}}=\frac{\rho}{2}\left(\bar{\boldsymbol{R}}_2+\lambda_w\bar{\boldsymbol{I}}_{M+1}\right)^{-1}\tilde{\boldsymbol{w}} \tag{2.40}$$

将式（2.40）代入 $\bar{\boldsymbol{w}}^{\mathrm{H}}\bar{\boldsymbol{I}}_{M+1}\bar{\boldsymbol{w}}=1$，可得

$$\frac{\rho^2}{4}\tilde{\boldsymbol{w}}^{\mathrm{H}}(\bar{\boldsymbol{R}}_2+\lambda_w\bar{\boldsymbol{I}}_{M+1})^{-1}\bar{\boldsymbol{I}}_{M+1}(\bar{\boldsymbol{R}}_2+\lambda_w\bar{\boldsymbol{I}}_{M+1})^{-1}\tilde{\boldsymbol{w}}=1 \tag{2.41}$$

设矩阵束 $\left\{\bar{\boldsymbol{R}}_2,\ \bar{\boldsymbol{I}}_{M+1}\right\}$ 的广义特征值分解为

$$\bar{\boldsymbol{R}}_2=\sum_{m=1}^{M+1}\sigma_m\boldsymbol{u}_m\boldsymbol{u}_m^{\mathrm{H}},\quad \bar{\boldsymbol{I}}_{M+1}=\sum_{m=1}^{M+1}\bar{\sigma}_m\boldsymbol{u}_m\boldsymbol{u}_m^{\mathrm{H}} \tag{2.42}$$

式中，$\{\sigma_1,\sigma_2,\cdots,\sigma_{M+1}\}$ 和 $\{\bar{\sigma}_1,\bar{\sigma}_2,\cdots,\bar{\sigma}_{M+1}\}$ 分别是矩阵 $\bar{\boldsymbol{R}}_2$ 和 $\bar{\boldsymbol{I}}_{M+1}$ 对应特征向量 $\{\boldsymbol{u}_1,\boldsymbol{u}_2,\cdots,\boldsymbol{u}_{M+1}\}$ 的广义特征值。

将式（2.42）代入式（2.41），并记式（2.41）等号左边为 $g\left(\lambda_w\right)$，可得[12,15]

$$g(\lambda_w)=\frac{\rho^2}{4}\sum_{m=1}^{M+1}\frac{\bar{\sigma}_m\left|\tilde{\boldsymbol{w}}^{\mathrm{H}}\boldsymbol{u}_m\right|^2}{\left(\sigma_m+\lambda_w\bar{\sigma}_m\right)^2}=1 \tag{2.43}$$

显然，在区间 $\left[\max\limits_m-\frac{\sigma_m}{\bar{\sigma}_m},+\infty\right)$ 中，$g\left(\lambda_w\right)$ 为一个关于变量 λ_w 的单调递减函数。由于在该区间内的边界处存在 $\lim\limits_{\lambda_w\to+\infty}g(\lambda_w)=0$ 和 $\lim\limits_{\lambda_w\to\max_m-\frac{\sigma_m}{\bar{\sigma}_m}}g(\lambda_w)=+\infty$，因此在该区间中存在 λ_w 满足 $g(\lambda_w)=1$，并可以采用简单有效的二分法获得 λ_w，代入式（2.40）即可获得 $\bar{\boldsymbol{w}}=\frac{\rho}{2}\left(\bar{\boldsymbol{R}}_2+\lambda_w\bar{\boldsymbol{I}}_{M+1}\right)^{-1}\tilde{\boldsymbol{w}}$。

步骤3：更新拉格朗日乘子向量：

$$\boldsymbol{\lambda}(t+1)=\boldsymbol{\lambda}(t)+\rho\left(\bar{\boldsymbol{w}}(t+1)-\bar{\boldsymbol{v}}(t+1)\right) \tag{2.44}$$

重复上述步骤1～步骤3直至达到终止准则（stopping criterion，SC）。

一旦从上述ADMM过程中获得 $\bar{\boldsymbol{w}}(t+1)$，可以计算得到 $\boldsymbol{w}(k)$：

$$\boldsymbol{w}(k)=\frac{1}{\bar{w}_{M+1}}[\bar{w}_1,\bar{w}_2,\cdots,\bar{w}_M]^{\mathrm{T}} \tag{2.45}$$

式中，$\bar{w}_m$ 表示向量 $\bar{\boldsymbol{w}}(t+1)$ 的第 m 个元素。

在完成整个AO过程之后，将获得的 $\{\boldsymbol{w}(k),\boldsymbol{s}_0(k)\}$ 代入式（2.14）的目标函数，获得INNR边界值作为第二阶段的输入，即

$$\hat{\sigma}^2=\frac{\boldsymbol{w}^{\mathrm{H}}(k)\boldsymbol{X}\left(\boldsymbol{I}_M-\frac{1}{N}\boldsymbol{s}_0^*(k)\boldsymbol{s}_0^{\mathrm{T}}(k)\right)\boldsymbol{X}^{\mathrm{H}}\boldsymbol{w}(k)}{\boldsymbol{w}^{\mathrm{H}}(k)\boldsymbol{w}(k)} \tag{2.46}$$

2.3.2 求解式（2.16）

类似于第一阶段，第二阶段求解式（2.16）时也可以通过交替优化过程获得 $\boldsymbol{w}$ 和 $\boldsymbol{s}_0$，即固定 $\boldsymbol{w}$ 求 $\boldsymbol{s}_0$、固定 $\boldsymbol{s}_0$ 求 $\boldsymbol{w}$。类似于式（2.17），固定 $\boldsymbol{w}$ 求 $\boldsymbol{s}_0$ 具有闭合解析式，因此，重点关注固定 $\boldsymbol{s}_0$ 求 $\boldsymbol{w}$ 的子问题：

$$\begin{aligned}
&\min_{\boldsymbol{w}} \quad \boldsymbol{w}^{\mathrm{H}}\boldsymbol{w} \\
&\text{s.t.} \quad \frac{\boldsymbol{w}^{\mathrm{H}}\boldsymbol{R}_1(k)\boldsymbol{w}}{\boldsymbol{w}^{\mathrm{H}}\boldsymbol{w}} \leqslant \hat{\sigma}^2 \\
&\qquad\ \boldsymbol{w}^{\mathrm{H}}\boldsymbol{a}(\theta_0)=1
\end{aligned} \tag{2.47}$$

根据式（2.20），矩阵 $\boldsymbol{R}_1(k)=\boldsymbol{X}\left(\boldsymbol{I}_M-\dfrac{1}{N}\boldsymbol{s}_0^*(k)\boldsymbol{s}_0^{\mathrm{T}}(k)\right)\boldsymbol{X}^{\mathrm{H}}$ 为半正定矩阵，因此可分解为 $\boldsymbol{R}_1(k)=\boldsymbol{U}_k\boldsymbol{U}_k^{\mathrm{H}}$。在此基础上，引入辅助变量：

$$\boldsymbol{g}=\boldsymbol{w}^{\mathrm{H}}\boldsymbol{U}_k \tag{2.48}$$

$$\boldsymbol{h}=\boldsymbol{w} \tag{2.49}$$

将式（2.47）转换为如下等价形式：

$$\begin{aligned}
&\min_{\boldsymbol{w},\boldsymbol{g},\boldsymbol{h}} \quad \boldsymbol{w}^{\mathrm{H}}\boldsymbol{w} \\
&\text{s.t.} \quad \frac{\|\boldsymbol{g}\|^2}{\|\boldsymbol{h}\|^2} \leqslant \hat{\sigma}^2 \\
&\qquad\ \boldsymbol{g}=\boldsymbol{w}^{\mathrm{H}}\boldsymbol{U}_k \\
&\qquad\ \boldsymbol{h}=\boldsymbol{w} \\
&\qquad\ \boldsymbol{w}^{\mathrm{H}}\boldsymbol{a}(\theta_0)=1
\end{aligned} \tag{2.50}$$

基于式（2.50），构造如下拉格朗日函数：

$$\begin{aligned}
\mathcal{L}_2\left(\boldsymbol{w},\boldsymbol{g},\boldsymbol{h},\boldsymbol{\lambda}_g,\boldsymbol{\lambda}_h\right)=&\ \boldsymbol{w}^{\mathrm{H}}\boldsymbol{w}+\Re\left(\boldsymbol{\lambda}_g^{\mathrm{H}}(\boldsymbol{g}-\boldsymbol{w}^{\mathrm{H}}\boldsymbol{U}_k)\right) \\
&+\frac{\rho}{2}\left\|\boldsymbol{g}-\boldsymbol{w}^{\mathrm{H}}\boldsymbol{U}_k\right\|^2 \\
&+\Re\left(\boldsymbol{\lambda}_h^{\mathrm{H}}(\boldsymbol{h}-\boldsymbol{w})\right)+\frac{\rho}{2}\|\boldsymbol{h}-\boldsymbol{w}\|^2 \\
\text{s.t.}\ & \frac{\|\boldsymbol{g}\|^2}{\|\boldsymbol{h}\|^2}\leqslant\hat{\sigma},\quad \boldsymbol{w}^{\mathrm{H}}\boldsymbol{a}(\theta_0)=1
\end{aligned} \tag{2.51}$$

式中，$\boldsymbol{\lambda}_g$ 和 $\boldsymbol{\lambda}_h$ 为对应约束 $\boldsymbol{g}=\boldsymbol{w}^{\mathrm{H}}\boldsymbol{U}_k$ 和 $\boldsymbol{h}=\boldsymbol{w}$ 的拉格朗日乘子向量；ρ 为用户给定的步长。基于交替方向乘子法，本章通过如下迭代方法确定变量 $(\boldsymbol{w},\boldsymbol{g},\boldsymbol{h},\boldsymbol{\lambda}_g,\boldsymbol{\lambda}_h)$。

步骤 1：基于给定的 $(\boldsymbol{g}(t),\boldsymbol{h}(t),\boldsymbol{\lambda}_g(t),\boldsymbol{\lambda}_h(t))$ 更新变量 $\boldsymbol{w}(t+1)$：

$$\begin{aligned}
&\min_{\boldsymbol{w}} \ \mathcal{L}_2(\boldsymbol{w},\boldsymbol{g}(t),\boldsymbol{h}(t),\boldsymbol{\lambda}_g(t),\boldsymbol{\lambda}_h(t)) \\
&\text{s.t.}\ \boldsymbol{w}^{\mathrm{H}}\boldsymbol{a}(\theta_0)=1
\end{aligned} \tag{2.52}$$

其闭合解可表示为

$$\boldsymbol{w}(t+1)=\left(\left(\frac{2}{\rho}+1\right)\boldsymbol{I}_M+\boldsymbol{U}_k\boldsymbol{U}_k^{\mathrm{H}}\right)^{-1}\left(\boldsymbol{r}+\frac{\gamma^*}{2}\boldsymbol{a}(\theta_0)\right) \tag{2.53}$$

式中：

$$\boldsymbol{r}=\boldsymbol{U}_k\left(\boldsymbol{g}(t)+\frac{\boldsymbol{\lambda}_g(t)}{\rho}\right)^{\mathrm{H}}+\boldsymbol{h}(t)+\frac{\boldsymbol{\lambda}_h(t)}{\rho} \tag{2.54}$$

$$\gamma=\frac{2-2\boldsymbol{r}^{\mathrm{H}}((\frac{2}{\rho}+1)\boldsymbol{I}_M+\boldsymbol{U}_k\boldsymbol{U}_k^{\mathrm{H}})^{-1}\boldsymbol{a}(\theta_0)}{\boldsymbol{a}^{\mathrm{H}}(\theta_0)((\frac{2}{\rho}+1)\boldsymbol{I}_M+\boldsymbol{U}_k\boldsymbol{U}_k^{\mathrm{H}})^{-1}\boldsymbol{a}(\theta_0)} \tag{2.55}$$

步骤 2：基于给定的$\left(\boldsymbol{w}(t+1),\boldsymbol{\lambda}_g(t),\boldsymbol{\lambda}_h(t)\right)$更新$\left(\boldsymbol{g},\boldsymbol{h}\right)$：

$$\begin{aligned}&\min_{\boldsymbol{g},\boldsymbol{h}}\ \mathcal{L}_2\left(\boldsymbol{w}(t+1),\boldsymbol{g},\boldsymbol{h},\boldsymbol{\lambda}_g(t),\boldsymbol{\lambda}_h(t)\right)\\&\text{s.t.}\ \ \frac{\|\boldsymbol{g}\|^2}{\|\boldsymbol{h}\|^2}\leqslant\hat{\sigma}^2\end{aligned} \tag{2.56}$$

配方且忽略常数项，可得

$$\begin{aligned}&\min_{\boldsymbol{g},\boldsymbol{h}}\ \|\boldsymbol{g}-\hat{\boldsymbol{g}}\|^2+\|\boldsymbol{h}-\hat{\boldsymbol{h}}\|^2\\&\text{s.t.}\ \ \frac{\|\boldsymbol{g}\|^2}{\|\boldsymbol{h}\|^2}\leqslant\hat{\sigma}^2\end{aligned} \tag{2.57}$$

式中：

$$\hat{\boldsymbol{g}}=\boldsymbol{w}^{\mathrm{H}}\boldsymbol{U}_k-\frac{\boldsymbol{\lambda}_g(t)}{\rho} \tag{2.58}$$

$$\hat{\boldsymbol{h}}=\boldsymbol{w}(t+1)-\frac{\boldsymbol{\lambda}_h(t)}{\rho} \tag{2.59}$$

基于式（2.57）构造拉格朗日函数：

$$l_2(\boldsymbol{g},\boldsymbol{h},\mu)=\|\boldsymbol{g}-\hat{\boldsymbol{g}}\|^2+\|\boldsymbol{h}-\hat{\boldsymbol{h}}\|^2-\mu\left(\|\boldsymbol{h}\|^2\hat{\sigma}^2-\|\boldsymbol{g}\|^2\right) \tag{2.60}$$

式中，μ为相应的拉格朗日乘子。根据 KKT（Karush-Kuhn-Tucker）条件，有

$$\begin{aligned}&\frac{\partial l_2(\boldsymbol{g},\boldsymbol{h},\mu)}{\partial\boldsymbol{g}}=2(\boldsymbol{g}-\hat{\boldsymbol{g}}+\mu\boldsymbol{g})=\boldsymbol{0}\\&\frac{\partial l_2(\boldsymbol{g},\boldsymbol{h},\mu)}{\partial\boldsymbol{h}}=2(\boldsymbol{h}-\hat{\boldsymbol{h}}-\mu\hat{\sigma}^2\boldsymbol{h})=\boldsymbol{0}\\&\mu\left(\|\boldsymbol{h}\|^2\hat{\sigma}^2-\|\boldsymbol{g}\|^2\right)=\boldsymbol{0}\\&\|\boldsymbol{g}\|^2\leqslant\hat{\sigma}^2\|\boldsymbol{h}\|^2\end{aligned} \tag{2.61}$$

由此可得，$\boldsymbol{g}=\dfrac{\hat{\boldsymbol{g}}}{1+\mu}$，$\boldsymbol{h}=\dfrac{\hat{\boldsymbol{h}}}{1-\mu\hat{\sigma}^2}$。为了确定$\mu$，本章从以下两个方面进行讨论。

（1）如果$\mu=0$，$\|\boldsymbol{g}\|^2<\hat{\sigma}^2\|\boldsymbol{h}\|^2$，则有$\boldsymbol{g}=\hat{\boldsymbol{g}}$，$\boldsymbol{h}=\hat{\boldsymbol{h}}$。

（2）如果$\mu\neq 0$，$\|\boldsymbol{g}\|^2=\hat{\sigma}^2\|\boldsymbol{h}\|^2$，$\mu$则应满足以下条件：

$$\frac{\|\hat{\boldsymbol{g}}\|^2}{(1+\mu)^2}=\hat{\sigma}^2\frac{\|\hat{\boldsymbol{h}}\|^2}{(1-\mu\hat{\sigma}^2)^2} \tag{2.62}$$

则可以确定：

$$\mu=\frac{-(2A+2\hat{\sigma}^2)+\sqrt{8A\hat{\sigma}^2+4\hat{\sigma}^4A+4A}}{2(A-\hat{\sigma}^4)} \tag{2.63}$$

式中，$A=\dfrac{\|\hat{\boldsymbol{h}}\|^2\hat{\sigma}^2}{\|\hat{\boldsymbol{g}}\|^2}$。

步骤 3： 更新拉格朗日乘子：

$$\boldsymbol{\lambda}_g(t+1)=\boldsymbol{\lambda}_g(t)+\rho(\boldsymbol{g}(t+1)-\boldsymbol{w}^{\mathrm{H}}(t+1)\boldsymbol{U}_k) \tag{2.64}$$

$$\boldsymbol{\lambda}_h(t+1)=\boldsymbol{\lambda}_h(t)+\rho(\boldsymbol{h}(t+1)-\boldsymbol{w}(t+1)) \tag{2.65}$$

重复上述步骤 1～步骤 3 直至达到终止准则。

经过上述两个阶段的协同作用，第二阶段最终输出波形的估计值$\boldsymbol{s}_0$和用于干扰抑制的权向量$\boldsymbol{w}$。

2.4 扩展至导向矢量不精确场景

本节，考虑采用鲁棒波束形成方法解决不精确导向矢量情况下的波形$\boldsymbol{s}_0$估计和干扰抑制问题（waveform estimation and interference suppression via robust beamforming, WEIS-R）。类似于文献[15]中的不精确导向矢量模型，本节考虑将不精确的导向矢量$\boldsymbol{a}(\theta_0)$包含在椭球体内：$\{\boldsymbol{a}(\theta_0)\in \boldsymbol{A}\boldsymbol{u}+\bar{\boldsymbol{a}},\ \|\boldsymbol{u}\|\leqslant 1\}$。为了达到鲁棒效果，期望椭球体内的任意阵列响应均大于等于 1，即权值向量$\boldsymbol{w}$应满足如下约束：

$$\|\boldsymbol{A}^{\mathrm{H}}\boldsymbol{w}\|\leqslant|\bar{\boldsymbol{a}}^{\mathrm{H}}\boldsymbol{w}|-1 \tag{2.66}$$

这样，不精确导向矢量情况下的波形$\boldsymbol{s}_0$和加权矢量$\boldsymbol{w}$的联合优化问题可描述为

$$\begin{aligned}\min_{\boldsymbol{w},\boldsymbol{s}_0}\ &\frac{\boldsymbol{w}^{\mathrm{H}}\boldsymbol{X}(\boldsymbol{I}_N-\frac{1}{N}\boldsymbol{s}_0^*\boldsymbol{s}_0^{\mathrm{T}})\boldsymbol{X}^{\mathrm{H}}\boldsymbol{w}}{\boldsymbol{w}^{\mathrm{H}}\boldsymbol{w}}\\ \text{s.t.}\ &\|\boldsymbol{A}^{\mathrm{H}}\boldsymbol{w}\|\leqslant|\bar{\boldsymbol{a}}^{\mathrm{H}}\boldsymbol{w}|-1\\ &|s_0(n)|=1,\quad n=1,2,\cdots,N\end{aligned} \tag{2.67}$$

类似于式（2.14），式（2.67）可通过交替优化波形 $\boldsymbol{s}_0$ 和权向量 $\boldsymbol{w}$ 完成。由于波形的优化可通过式（2.17）完成，因此本节聚焦权向量 $\boldsymbol{w}$ 的优化。相似地，定义 $\boldsymbol{R}_1(k)=\boldsymbol{X}\left(\boldsymbol{I}_N-\frac{1}{N}\boldsymbol{s}_0^*(k)\boldsymbol{s}_0^{\mathrm{T}}(k)\right)\boldsymbol{X}^{\mathrm{H}}$，则权向量 $\boldsymbol{w}$ 的优化子问题可描述为

$$\begin{aligned}&\min_{\boldsymbol{w}}\ \frac{\boldsymbol{w}^{\mathrm{H}}\boldsymbol{R}_1(k)\boldsymbol{w}}{\boldsymbol{w}^{\mathrm{H}}\boldsymbol{w}}\\ &\text{s.t. }\ \|\boldsymbol{A}^{\mathrm{H}}\boldsymbol{w}\|\leqslant\Re(\bar{\boldsymbol{a}}^{\mathrm{H}}\boldsymbol{w})-1\\ &\qquad\Im(\bar{\boldsymbol{a}}^{\mathrm{H}}\boldsymbol{w})=0\end{aligned}\tag{2.68}$$

式中，$\Re\{.\}$、$\Im\{.\}$ 运算的引入是为了避免相位模糊问题[15]。

注意，式（2.68）的目标函数中分子和分母均包含 $\boldsymbol{w}$。为了解耦分子和分母，本节考虑引入辅助变量和等式约束进行问题简化：

$$\boldsymbol{c}=\boldsymbol{R}_1^{\frac{1}{2}}(k)\boldsymbol{w}\tag{2.69}$$

$$\boldsymbol{d}=\boldsymbol{w}\tag{2.70}$$

$$q=\bar{q}\tag{2.71}$$

$$p=\bar{p}\tag{2.72}$$

这样，式（2.68）可转换为如下等价问题：

$$\begin{aligned}&\min_{\boldsymbol{w},p,q,\bar{p},\bar{q},\boldsymbol{c},\boldsymbol{d}}\ \frac{\bar{q}}{\bar{p}}\\ &\text{s.t. }\boldsymbol{c}-\boldsymbol{R}_1^{\frac{1}{2}}(k)\boldsymbol{w}\\ &\qquad\boldsymbol{d}=\boldsymbol{w}\\ &\qquad\|\boldsymbol{c}\|^2\leqslant q\\ &\qquad\|\boldsymbol{d}\|^2\geqslant p\\ &\qquad q=\bar{q}\\ &\qquad p=\bar{p}\\ &\qquad\|\boldsymbol{A}^{\mathrm{H}}\boldsymbol{w}\|\leqslant\Re(\bar{\boldsymbol{a}}^{\mathrm{H}}\boldsymbol{w})-1\\ &\qquad\Im(\bar{\boldsymbol{a}}^{\mathrm{H}}\boldsymbol{w})=0\end{aligned}\tag{2.73}$$

基于式（2.73），构造如下拉格朗日函数：

$$\begin{aligned}&\mathcal{L}_3(\boldsymbol{w},p,q,\bar{p},\bar{q},\boldsymbol{c},\boldsymbol{d},\lambda,\kappa,\xi,\zeta)=\frac{\bar{q}}{\bar{p}}+\lambda(q-\bar{q})+\frac{\rho}{2}|q-\bar{q}|^2\\ &+\kappa(p-\bar{p})+\frac{\rho}{2}|p-\bar{p}|^2+\Re\{\boldsymbol{\xi}^{\mathrm{H}}(\boldsymbol{c}-\boldsymbol{R}_1^{\frac{1}{2}}(k)\boldsymbol{w})\}+\frac{\rho}{2}\left\|\boldsymbol{c}-\boldsymbol{R}_1^{\frac{1}{2}}(k)\boldsymbol{w}\right\|^2\\ &+\Re\{\boldsymbol{\zeta}^{\mathrm{H}}(\boldsymbol{d}-\boldsymbol{w})\}+\frac{\rho}{2}\|\boldsymbol{d}-\boldsymbol{w}\|^2\\ &\text{s.t. }\ \|\boldsymbol{c}\|^2\leqslant q,\ \|\boldsymbol{d}\|^2\geqslant p,\ \|\boldsymbol{A}^{\mathrm{H}}\boldsymbol{w}\|\leqslant\Re(\bar{\boldsymbol{a}}^{\mathrm{H}}\boldsymbol{w})-1,\quad\Im(\bar{\boldsymbol{a}}^{\mathrm{H}}\boldsymbol{w})=0\end{aligned}\tag{2.74}$$

式中，$\{\lambda,\kappa,\xi,\zeta\}$ 为对应约束 $q=\overline{q}$、$p=\overline{p}$、$\boldsymbol{c}=\boldsymbol{R}_1^{\frac{1}{2}}(k)\boldsymbol{w}$、$\boldsymbol{d}=\boldsymbol{w}$ 的拉格朗日乘子；ρ 为用户给定的步长。

基于 ADMM，本节通过如下迭代步骤求解式（2.74）。

步骤 1：基于上一轮迭代的 $\{p(t),q(t),\boldsymbol{c}(t),\boldsymbol{d}(t),\lambda(t),\kappa(t),\xi(t),\zeta(t)\}$，求解如下子问题，获得 $\{\boldsymbol{w}(t+1),\overline{p}(t+1),\overline{q}(t+1)\}$：

$$\begin{aligned}&\{\boldsymbol{w}(t+1),\overline{p}(t+1),\overline{q}(t+1)\}\\&=\arg\min_{\boldsymbol{w},\overline{p},\overline{q}}\mathcal{L}_3(\boldsymbol{w},p(t),q(t),\overline{p},\overline{q},\boldsymbol{c}(t),\boldsymbol{d}(t),\lambda(t),\kappa(t),\xi(t),\zeta(t))\\&\text{s.t.}\ \|\boldsymbol{A}^{\mathrm{H}}\boldsymbol{w}\|\leqslant\Re(\overline{\boldsymbol{a}}^{\mathrm{H}}\boldsymbol{w})-1\\&\quad\ \Im(\overline{\boldsymbol{a}}^{\mathrm{H}}\boldsymbol{w})=0\end{aligned}\tag{2.75}$$

完成配方和去除常数项后，该子问题可以分裂为两个更小的子问题。一个关于 $\{\overline{p},\overline{q}\}$：

$$\min_{\overline{p},\overline{q}}\ \frac{\overline{q}}{\overline{p}}+\frac{\rho}{2}(\check{q}(t+1)-\overline{q})^2+\frac{\rho}{2}(\check{p}(t+1)-\overline{p})^2\tag{2.76}$$

另外一个关于 $\boldsymbol{w}$：

$$\begin{aligned}&\min_{\boldsymbol{w}}\ \left\|\overline{\boldsymbol{c}}(t+1)-\boldsymbol{R}_1^{\frac{1}{2}}(n)\boldsymbol{w}\right\|^2+\left\|\overline{\boldsymbol{d}}(t+1)-\boldsymbol{w}\right\|^2\\&\text{s.t.}\ \|\boldsymbol{A}^{\mathrm{H}}\boldsymbol{w}\|\leqslant\Re(\overline{\boldsymbol{a}}^{\mathrm{H}}\boldsymbol{w})-1,\quad\Im(\overline{\boldsymbol{a}}^{\mathrm{H}}\boldsymbol{w})=0\end{aligned}\tag{2.77}$$

式中：

$$\check{q}(t+1)=q(t)+\frac{\lambda(t)}{\rho}\tag{2.78}$$

$$\check{p}(t+1)=p(t)+\frac{\kappa(t)}{\rho}\tag{2.79}$$

$$\overline{\boldsymbol{c}}(t+1)=\boldsymbol{c}(t)+\frac{\xi(t)}{\rho}\tag{2.80}$$

$$\overline{\boldsymbol{d}}(t+1)=\boldsymbol{d}(t)+\frac{\zeta(t)}{\rho}\tag{2.81}$$

由于式（2.77）为关于优化向量 $\boldsymbol{w}$ 的凸优化问题，可直接采用凸优化问题（convex optimization toolbox，CVX）工具包进行求解。这里重点讨论式（2.76）的求解思路。令式（2.76）分别对 $\overline{p}$ 和 $\overline{q}$ 进行偏微分，可得

$$\frac{1}{\overline{p}}+\rho(\overline{q}-\hat{q}(t+1))=0\Rightarrow\overline{q}=\hat{q}(t+1)-\frac{1}{\rho\overline{p}}\tag{2.82}$$

$$-\frac{\overline{q}}{p^2}+\rho(\overline{p}-\hat{p}(t+1))=0\tag{2.83}$$

将式（2.83）代入式（2.82），可得

$$\frac{\rho^2\bar{p}^4-\rho^2\hat{p}(t+1)\bar{p}^3-\rho\hat{q}(t+1)\bar{p}+1}{\rho\bar{p}^3}=0 \tag{2.84}$$

通过 MATLAB 的 roots 函数求解式（2.84）中一元四次方程 $\rho^2\bar{p}^4-\rho^2\hat{p}(t+1)\bar{p}^3-\rho\hat{q}(t+1)\bar{p}+1=0$ 的四个根，记为 $\{\bar{p}_1,\bar{p}_2,\bar{p}_3,\bar{p}_4\}$。将其代入式（2.82）获得与之对应的 $\{\bar{q}_1,\bar{q}_2,\bar{q}_3,\bar{q}_4\}$。从这四对 $\{\bar{p}_i,\bar{q}_i\}_{i=1}^4$ 中，挑出实的且使 $\frac{\bar{q}}{\bar{p}}+\frac{\rho}{2}(\hat{q}(t+1)-\bar{q})^2+\frac{\rho}{2}(\hat{p}(t+1)-\bar{p})^2$ 取得最小值的那对作为式（2.76）的解，记为 $\{\bar{p}(t+1),\bar{q}(t+1)\}$。

步骤 2：基于 $\{\boldsymbol{w}(t+1),\bar{p}(t+1),\bar{q}(t+1),\lambda(t),\kappa(t),\xi(t),\zeta(t)\}$，求解如下子问题，获得 $\{p(t+1),q(t+1),\boldsymbol{c}(t+1),\boldsymbol{d}(t+1)\}$：

$$\begin{aligned}&\min_{p,q,\boldsymbol{c},\boldsymbol{d}}\ \mathcal{L}_3(\boldsymbol{w}(t+1),p,q,\bar{p}(t+1),\bar{q}(t+1),\boldsymbol{c},\boldsymbol{d},\lambda(t),\kappa(t),\xi(t),\zeta(t))\\&\text{s.t.}\ \ \|\boldsymbol{c}\|^2\leqslant q\\&\qquad\|\boldsymbol{d}\|^2\geqslant p\end{aligned} \tag{2.85}$$

该子问题可以分裂为两个子问题：

$$\begin{aligned}&\min_{\boldsymbol{c},q}\ \ (q-\hat{q}(t+1))^2+\|\boldsymbol{c}-\hat{\boldsymbol{c}}(t+1)\|^2\\&\text{s.t.}\ \ \|\boldsymbol{c}\|^2\leqslant q\end{aligned} \tag{2.86}$$

和

$$\begin{aligned}&\min_{\boldsymbol{d},p}\ \ (p-\hat{p}(t+1))^2+\|\boldsymbol{d}-\hat{\boldsymbol{d}}(t+1)\|^2\\&\text{s.t.}\ \ \|\boldsymbol{d}\|^2\geqslant p\end{aligned} \tag{2.87}$$

式中：

$$\hat{q}(t+1)=\bar{q}(t+1)-\frac{\lambda(t)}{\rho} \tag{2.88}$$

$$\hat{\boldsymbol{c}}(t+1)=\boldsymbol{R}_1^{\frac{1}{2}}(k)\boldsymbol{w}(t+1)-\frac{\xi(t)}{\rho} \tag{2.89}$$

$$\hat{p}(t+1)=\bar{p}(t+1)-\frac{\kappa(t)}{\rho} \tag{2.90}$$

$$\hat{\boldsymbol{d}}(t+1)=\boldsymbol{w}(t+1)-\frac{\zeta(t)}{\rho} \tag{2.91}$$

由于式（2.86）的子问题为凸优化问题，可以直接通过 CVX 工具包解决。因此这里从以下两种情况讨论式（2.87）描述的非凸问题如何求解。

① 如果 $\|\hat{\boldsymbol{d}}(t+1)\|^2\geqslant\hat{p}(t+1)$，则可得

$$\begin{cases} \boldsymbol{d}(t+1)=\hat{\boldsymbol{d}}(t+1) \\ p(t+1)=\hat{p}(t+1) \end{cases} \tag{2.92}$$

② 如果$\left\|\hat{\boldsymbol{d}}(t+1)\right\|^2<\hat{p}(t+1)$，$\boldsymbol{d}(t+1)$可用$p$表示为

$$\boldsymbol{d}(t+1)=\frac{\hat{\boldsymbol{d}}(t+1)}{\left\|\hat{\boldsymbol{d}}(t+1)\right\|}\sqrt{p(t+1)} \tag{2.93}$$

将式（2.93）代入式（2.87），转换为单变量p的优化问题：

$$\min_{p}\quad (p-\hat{p}(t+1))^2+\left\|\frac{\hat{\boldsymbol{d}}(t+1)}{\left\|\hat{\boldsymbol{d}}(t+1)\right\|}\sqrt{p}-\hat{\boldsymbol{d}}(t+1)^2\right\| \tag{2.94}$$

为了避免根号运算，定义$\gamma=\sqrt{p}$，则式（2.94）可转换为变量γ的优化问题：

$$\begin{aligned} &\min_{\gamma}\quad \gamma^4+(1-2\hat{p}(t+1))\gamma^2-2\gamma\left\|\hat{\boldsymbol{d}}(t+1)\right\| \\ &\text{s.t.}\quad \gamma\geqslant 0 \end{aligned} \tag{2.95}$$

为了便于描述，定义符号$g(\gamma)$表示上式的目标函数。令其对变量γ的导数为0，即

$$\frac{\mathrm{d}g(\gamma)}{\mathrm{d}\gamma}=4\gamma^3+2(1-2\hat{p}(t+1))\gamma-2\left\|\hat{\boldsymbol{d}}(t+1)\right\|=0 \tag{2.96}$$

根据 Cardano 公式，式（2.96）的解可表示为

$$\gamma_1=\phi+\psi,\quad \gamma_2=\eta\phi+\eta^2\psi,\quad \gamma_3=\eta^2\phi+\eta\psi \tag{2.97}$$

式中：

$$\begin{aligned} \phi&=\sqrt[3]{\frac{\left\|\hat{\boldsymbol{d}}(t+1)\right\|}{4}+\sqrt{\frac{\left\|\hat{\boldsymbol{d}}(t+1)\right\|^2}{16}+\frac{(1-2\hat{p}(t+1))^3}{216}}} \\ \psi&=\sqrt[3]{\frac{\left\|\hat{\boldsymbol{d}}(t+1)\right\|}{4}-\sqrt{\frac{\left\|\hat{\boldsymbol{d}}(t+1)\right\|^2}{16}+\frac{(1-2\hat{p}(t+1))^3}{216}}} \\ \eta&=\frac{-1+\sqrt{3}\,\mathrm{j}}{2} \end{aligned} \tag{2.98}$$

这样，从$\{\gamma_1,\gamma_2,\gamma_3\}$中挑出非负的、使$\gamma^4+(1-2\hat{p}(t+1))\gamma^2-2\gamma\left\|\hat{\boldsymbol{d}}(t+1)\right\|$取得最小值的一个作为式（2.95）的解，记为$\gamma_{\mathrm{opt}}$。因此，$p(t+1)=\gamma_{\mathrm{opt}}^2$，而$\boldsymbol{d}(t+1)$可以通过将$p(t+1)$代入式（2.92）和式（2.93）得到。

步骤 3：更新拉格朗日乘子$\{\lambda(t+1),\kappa(t+1),\boldsymbol{\xi}(t+1),\boldsymbol{\zeta}(t+1)\}$：

$$\lambda(t+1)=\lambda(t)+\rho(q(t+1)-\overline{q}(t+1)) \tag{2.99}$$

$$\kappa(t+1)=\kappa(t)+\rho(p(t+1)-\overline{p}(t+1)) \tag{2.100}$$

$$\boldsymbol{\xi}(t+1)=\boldsymbol{\xi}(t)+\rho(\boldsymbol{c}(t+1)-\boldsymbol{R}_1^{\frac{1}{2}}(k)\boldsymbol{w}(t+1)) \tag{2.101}$$

$$\boldsymbol{\zeta}(t+1)=\boldsymbol{\zeta}(t)+\rho(\boldsymbol{d}(t+1)-\boldsymbol{w}(t+1)) \tag{2.102}$$

重复步骤 1～步骤 3 直至满足停止准则。类似于算法 WEIS 存在第一阶段和第二阶段两个阶段，算法 WEIS-R 也存在两个阶段。可以通过上述步骤 1～步骤 3 获得 $\{\boldsymbol{w}(k),\boldsymbol{s}_0(k)\}$。接着，将 $\{\boldsymbol{w}(k),\boldsymbol{s}_0(k)\}$ 代入式（2.67）的目标函数，获得 INNR 边界值 $\hat{\sigma}^2$，并作为如下第二阶段的输入：

$$\begin{aligned}\min_{\boldsymbol{w},\boldsymbol{s}_0}\quad & \boldsymbol{w}^{\mathrm{H}}\boldsymbol{w}\\ \text{s.t.}\quad & \frac{\boldsymbol{w}^{\mathrm{H}}\boldsymbol{X}(\boldsymbol{I}_N-\frac{1}{N}\boldsymbol{s}_0^{*}\boldsymbol{s}_0^{\mathrm{T}})\boldsymbol{X}^{\mathrm{H}}\boldsymbol{w}}{\boldsymbol{w}^{\mathrm{H}}\boldsymbol{w}}\leqslant\hat{\sigma}^2\\ & \|\boldsymbol{A}^{\mathrm{H}}\boldsymbol{w}\|\leqslant\Re(\overline{\boldsymbol{a}}^{\mathrm{H}}\boldsymbol{w})-1\\ & \Im(\overline{\boldsymbol{a}}^{\mathrm{H}}\boldsymbol{w})=0\end{aligned} \tag{2.103}$$

在此基础上，类似于求解式（2.16），求解式（2.103）获得导向矢量不精确时的波形及权向量。这样，式（2.67）和式（2.103）就形成了完整的 WEIS-R 算法。

2.5 仿真结果

考虑由半波长间距天线组成的均匀线阵。此外，实验设置的发射波形及干扰都是由随机相位形成的幅度为 1 的恒模信号。阵列噪声为独立同分布的、加性的、均值为 0 的、方差为 δ^2 的高斯白噪声。为了便于评估算法对波形的估计精准程度，采用 100 次蒙特卡罗运行获得的归一化均方根误差（normalized mean square error, NMSE）作为评价标准：

$$\mathrm{NMSE}=\frac{1}{L}\sum_{l=1}^{L}\frac{\|\hat{\boldsymbol{s}}_0(l)-\boldsymbol{s}_0(l)\|^2}{\|\boldsymbol{s}_0(l)\|^2} \tag{2.104}$$

式中，$\boldsymbol{s}_0(l)$ 和 $\hat{\boldsymbol{s}}_0(l)$ 表示第 l 次蒙特卡罗运行的波形真值和波形估计值。

2.5.1 算法 WEIS 的特性

1. 实验 1：收敛特性和迭代终止条件设定

设定目标方向为 $\theta_0=0^\circ$，干扰方向分别为 $\pm60^\circ$。除此之外，天线数量为 M=10，快拍数量为 N=200。同时，信噪比（signal-to-noise ratio，SNR）设定为 15dB，信干比（signal-to-interference ratio，SIR）以 2dB 为间隔，从−10dB 变化到 18dB。对于 WEIS 算法的第一阶段，即 WEIS-S1，惩罚参数 $\rho=0.05$，权向量 $\boldsymbol{w}$ 采用最小方差无失真响应（minimum variance distortionless response，MVDR）波束形成器结果进行初始化。而对于第二阶段，即 WEIS-S2 而言，将

WEIS-S1 的输出$\left\{\boldsymbol{s}_0,\hat{\sigma}^2\right\}$作为其输入；另外，设定惩罚参数$\rho=0.1$。对两个阶段的其他参数，如辅助变量或者拉格朗日乘子，进行随机初始化。这里我们为 AO 和 ADMM 迭代过程设定比较大的迭代次数并非作为迭代终止条件，而是为了便于观察和分析迭代过程的收敛特性。这里我们分别对 WEIS-S1 的 AO 和 ADMM 迭代设定较大迭代次数$K_{\text{AO}}^{\text{S1}}=500,\ T_{\text{ADMM}}^{\text{S1}}=500$；而 WEIS-S2 的 AO 和 ADMM 迭代的较大迭代次数设定为$K_{\text{AO}}^{\text{S2}}=100,\ T_{\text{ADMM}}^{\text{S2}}=2000$。

对于 AO 迭代过程，首先计算 WEIS-S1 的目标函数值（objective function values，OFVs）：

$$\frac{\boldsymbol{w}^{\text{H}}(k)\boldsymbol{X}\left(\boldsymbol{I}_N-\dfrac{1}{N}\boldsymbol{s}_0^*(k)\boldsymbol{s}_0^{\text{T}}(k)\right)\boldsymbol{X}^{\text{H}}\boldsymbol{w}(k)}{\boldsymbol{w}^{\text{H}}(k)\boldsymbol{w}(k)}$$

和连续 OFVs 的差值（difference of successive OFVs，DOFVs）：

$$\left|\frac{\boldsymbol{w}^{\text{H}}(k)\boldsymbol{X}(\boldsymbol{I}_N-\dfrac{1}{N}\boldsymbol{s}_0^*(k)\boldsymbol{s}_0^{\text{T}}(k))\boldsymbol{X}^{\text{H}}\boldsymbol{w}(k)}{\boldsymbol{w}^{\text{H}}(k)\boldsymbol{w}(k)}-\frac{\boldsymbol{w}^{\text{H}}(k-1)\boldsymbol{X}(\boldsymbol{I}_N-\dfrac{1}{N}\boldsymbol{s}_0^*(k-1)\boldsymbol{s}_0^{\text{T}}(k-1))\boldsymbol{X}^{\text{H}}\boldsymbol{w}(k-1)}{\boldsymbol{w}^{\text{H}}(k-1)\boldsymbol{w}(k-1)}\right|$$

以及为 WEIS-S2 的 AO 过程计算 OFVs：$\boldsymbol{w}^{\text{H}}(k)\boldsymbol{w}(k)$和 DOFVs：$\left|\boldsymbol{w}^{\text{H}}(k)\boldsymbol{w}(k)-\boldsymbol{w}^{\text{H}}(k-1)\boldsymbol{w}(k-1)\right|$。

其次计算 WEIS-S1 和 WEIS-S2 AO 过程的进程错误（progress errors, PEs），包括$\dfrac{1}{M}\left\|\boldsymbol{w}(k)-\boldsymbol{w}(k-1)\right\|$和$\dfrac{1}{N}\left\|\boldsymbol{s}_0(k)-\boldsymbol{s}_0(k-1)\right\|$。

而对于 WEIS-S1 的 ADMM 迭代过程，计算一致性错误（consensus errors, CEs）$\dfrac{1}{M+1}\left\|\bar{\boldsymbol{w}}(t)-\bar{\boldsymbol{v}}(t)\right\|$以及在不同$k$值$\left(k\in\{50,100,\cdots,500\}\right)$时的 DOFVs：$\left|\bar{\boldsymbol{w}}^{\text{H}}(t)\bar{\boldsymbol{R}}_1(k)\bar{\boldsymbol{w}}(t)-\bar{\boldsymbol{w}}^{\text{H}}(t-1)\bar{\boldsymbol{R}}_1(k)\bar{\boldsymbol{w}}(t-1)\right|$；而对于 WEIS-S2 的 ADMM 迭代过程，计算 CEs：$\dfrac{1}{M+1}\left\|\boldsymbol{g}(t)-\boldsymbol{w}^{\text{H}}(t)\boldsymbol{U}_k\right\|$；以及在不同$k$值$\left(k\in\{10,20,\cdots,100\}\right)$时的 DOFVs：$\left|\boldsymbol{w}^{\text{H}}(t)\boldsymbol{w}(t)-\boldsymbol{w}^{\text{H}}(t-1)\boldsymbol{w}(t-1)\right|$。

针对不同 SIR 情形，图 2.1（a）～图 2.1（d）中分别展示了 AO 过程的 OFVs、DOFVs、波形$\boldsymbol{s}_0$的 PEs 以及权向量$\boldsymbol{w}$的 PEs。特别地，当 SIR=10dB 时，图 2.2（a）和图 2.2（b）分别展示了 WEIS-S1 和 WEIS-S2 在不同k值时 ADMM 过程的 CEs 以及 DOFVs。从图 2.1 可以看出：①在不同 SIR 情况下，OFVs、DOFVs、波形$\boldsymbol{s}_0$的 PEs 以及权向量$\boldsymbol{w}$的 PEs 基本都随着迭代次数的增加而减小；②对于 WEIS-S1 而言，收敛后所有的 DOFVs 均小于$10^{-15.68}$，而波形$\boldsymbol{s}_0$的 PEs 以及权向量$\boldsymbol{w}$的 PEs 分别低于$10^{-9.84}$和$10^{-11.65}$；③对于 WEIS-S2 而言，所有的 DOFVs 收敛后的取值均小于$10^{-15.05}$，而波形$\boldsymbol{s}_0$的 PEs 以及权向量$\boldsymbol{w}$

的 PEs 分别低于 $10^{-15.06}$ 和 $10^{-16.79}$ 。而从图 2.2 可以看出：①CEs 和 DOFVs 在不同的外部交替优化迭代情况下均展示了下降和收敛趋势；②对于 WEIS-S1 的 ADMM 过程而言，CEs 和 DOFVs 在收敛后均不大于 $10^{-5.6}$ 和 $10^{-5.3}$ ；③对于 WEIS-S2 的 ADMM 过程而言，CEs 和 DOFVs 在收敛后均不大于 $10^{-15.93}$ 和 $10^{-14.48}$ 。

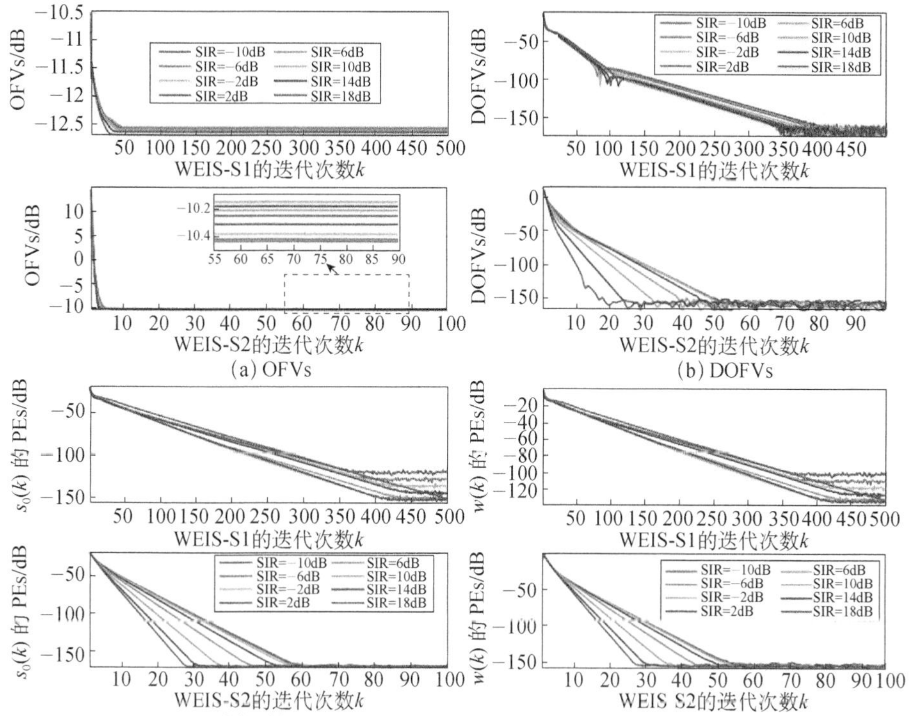

(a) OFVs　(b) DOFVs

(c) s_0的PEs　(d) w的PEs

图 2.1　WEIS 算法 AO 过程的收敛特性（见彩图）

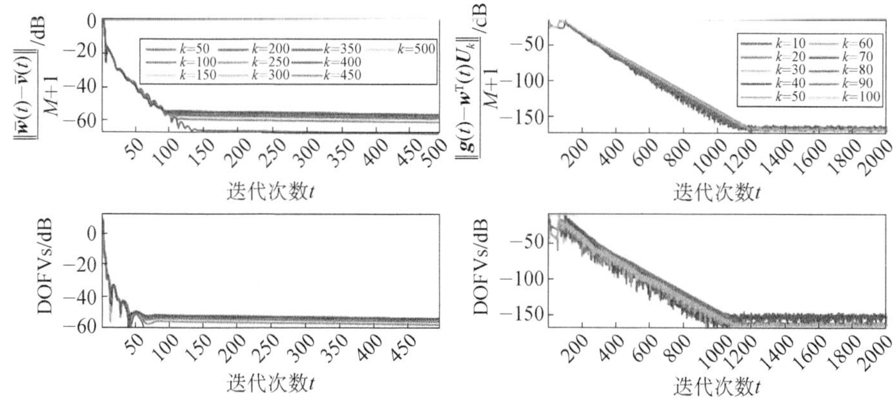

(a) WEIS-S1的CEs和DOFVs　(b) WEIS-S2的CEs和DOFVs

图 2.2　WEIS 算法 ADMM 过程的收敛特性（见彩图）

基于以上讨论，本章考虑为 WEIS 算法的四个迭代过程设定如下终止条件：①针对 WEIS-S1 的 AO 过程，终止条件设定为 DOFVs、波形 $\boldsymbol{s}_0$ 的 PEs 以及权向量 $\boldsymbol{w}$ 的 PEs 分别小于 10^{-15} 、10^{-11} 和 10^{-9} ，或当迭代次数达到 $K_{\text{AO}}^{S1}=500$ 时终止；②针对 WEIS-S2 的 AO 过程，终止条件设定为 DOFVs、波形 $\boldsymbol{s}_0$ 的 PEs 以及权向量 $\boldsymbol{w}$ 的 PEs 均分别小于 10^{-15} 、10^{-16} 和 10^{-15} ，或当迭代次数达到 $K_{\text{AO}}^{S2}=100$ 时终止；③而对于 WEIS-S1 的 ADMM 过程，终止条件设定为 DOFVs 和 CEs 均小于 10^{-5} ，或当迭代次数达到 $T_{\text{ADMM}}^{S1}=500$ 时终止；④而对于 WEIS-S2 的 ADMM 过程，终止条件设定为 DOFVs 和 CEs 分别小于 10^{-14} 和 10^{-15} ，或当迭代次数达到 $T_{\text{ADMM}}^{\text{S2}}=2000$ 时终止。

进一步地，为了评价收敛对功率和波形估计精度的影响，本章计算不同 SIR 情况下收敛时的功率估计错误（SOI-power estimation error，SOI-PEE）$\left||\hat{\alpha}_0|^2-|\alpha_0|^2\right|$ 以及 NMSE。这里 $\hat{\alpha}_0=\dfrac{\boldsymbol{w}^{\text{H}}\boldsymbol{X}\boldsymbol{s}_0^*}{N}$ 为 SOI 的幅度估计值。本章还使用对角加载 Capon 波束形成（loading Capon beamformer，LCAP）方法（这里对角因子采用 $10\delta^2$ ）[7]、MVDR 方法[11]、常模波束形成（constant modulus beamforming，CMA）算法[1]、特征空间（eigenspace-based，EIG）波束形成算法、基于样本协方差矩阵下三角（complex-valued convolutional neural networks-low triangular regular matrix，CVCNN-LR）算法、基于完整样本协方差矩阵（CVCNN-regular matrix，CVCNN-R）算法[38]作为比较。从图 2.3（a）和图 2.3（b）给出的结果可以看出：①就 SOI-PEE 指标而言，WEIS-S1 和 WEIS-S2 优于其他波束形成方法，可以提供准确的功率估计；②就 NMSE 指标而言，WEIS-S1 和 CMA 算法与 LCMV 算法的性能接近，而式（2.16）的提纯机制使 WEIS-S2 算法具有明显的 NMSE 改善，且具有更高的波形估计精度。作为直接的波形估计结果，图 2.4 给出了 SIR=6dB 时一次蒙特卡罗运行的波形估计的实部分量和虚部分量。

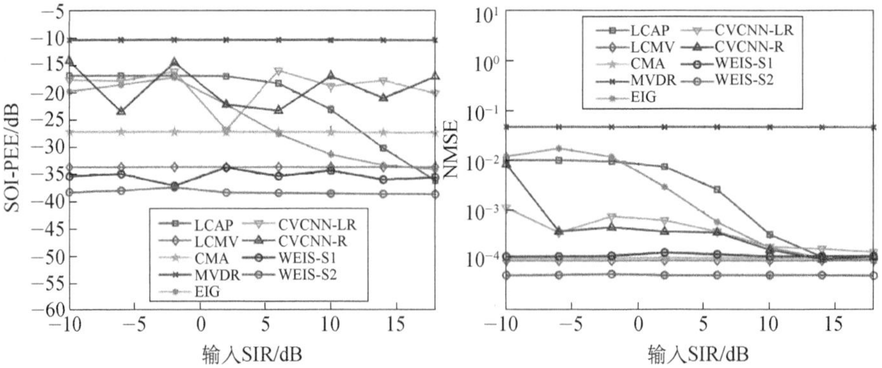

（a）WEIS-S1-ADMM的CEs和DOFVs　（b）WEIS-S2-ADMM的CEs和DOFVs

图 2.3　WEIS 算法功率和波形估计的 NMSE 特性

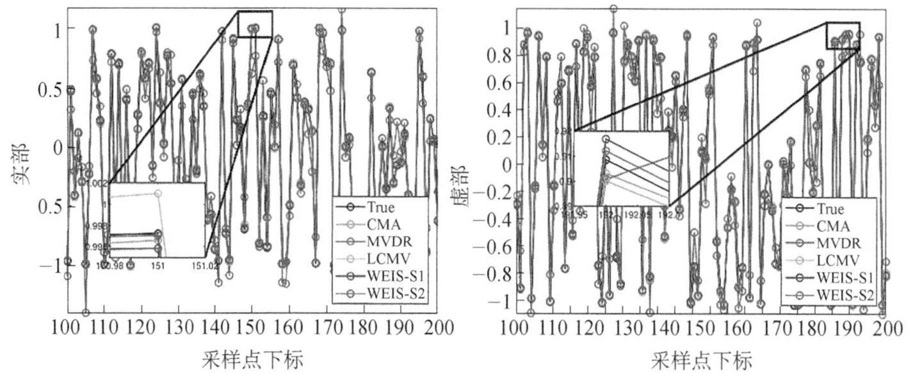

(a) 实部分量　　(b) 虚部分量

图 2.4　SOI 波形估计结果（见彩图）

2. 实验 2：WEIS 算法的输出和波束特性

设定目标方向为$\theta_0 = 0°$，两个干扰方向为$\{-50°, 70°\}$。除此之外，天线数量为$M = 15$。两个阶段采用的惩罚参数分别为$\rho = 0.05$和$\rho = 0.1$。采用和实验 1 相同的初始化以及迭代终止条件设定。

首先，调查输入 SNR、SIR 以及快拍数量对 WEIS 算法波形估计 NMSE 特性的影响。图 2.5 给出了不同 SNR、SIR、快拍数量配置情况下的波形估计 NMSE 的结果。其中，图 2.5（a）为快拍数量=300，输入 SIR=0dB，而输入 SNR 从−10dB 变化到 20dB 时估计得到的波形的 NMSE 结果；而图 2.5（b）为快拍数量=300，输入 SNR=10dB，而输入 SIR 从−10dB 变化到 20dB 时估计得到的波形的 NMSE 结果；图 2.5（c）为输入 SNR=10dB，输入 SIR=0dB，快拍数量从 80 变化到 280 时估计得到的波形的 NMSE 结果。

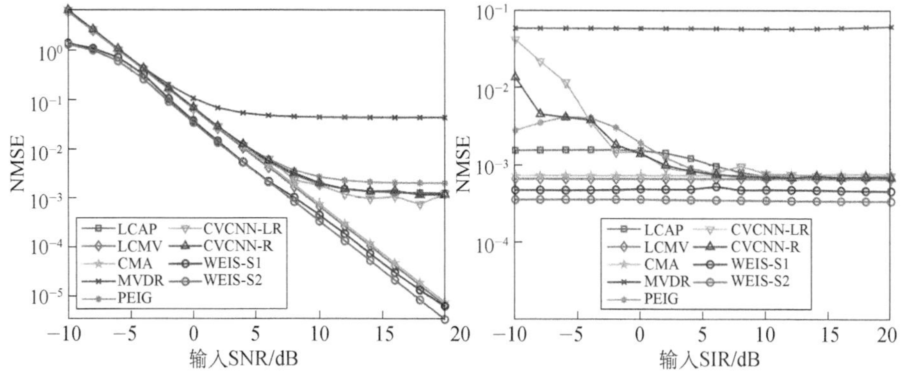

(a) NMSE随输入SNR变化曲线　　(b) NMSE随输入SIR变化曲线

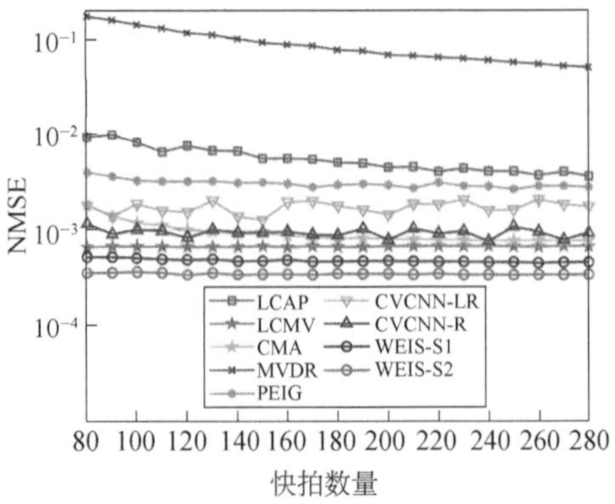

(c) NMSE随快拍数量变化曲线

图 2.5 NMSE 随输入 SNR、输入 SIR 以及快拍数量变化情况

除了 NMSE 特性外，实验 2 也调查输出 SINR、输出 SNR 和输入 SNR 之间的关系。图 2.6（a）和图 2.6（b）给出了相应的实验结果。从图 2.6 可以看出 WEIS-S1 和 WEIS-S2 的性能偶尔低于 EIG 算法、CVCNN-LR 算法、CVCNN-R 算法以及 LCMV 算法。但在输入 SNR 较高的区域，除了 LCMV 算法外，WEIS-S2 算法的输出 SINR 优于其他算法，极其接近于最优输出 SINR。但需要指出，LCMV 算法需要 ID 先验信息。进一步地，图 2.6（c）给出了输入 SNR=10dB 时的波束赋形结果，可以看出 WEIS-S2 算法在未知 ID 处产生更深的零陷，包括−50°方向处的−140.25dB 以及 70°方向处的−209.59dB。此外，WEIS-S2 算法还具有更好的旁瓣压制效果。

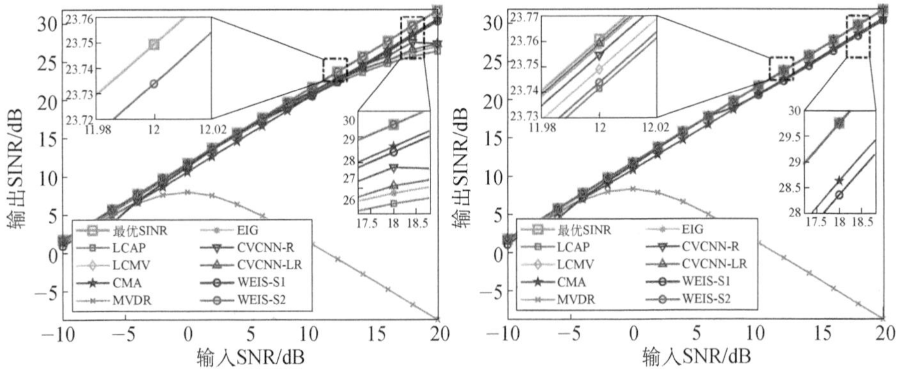

(a) 输出SINR随输入SNR变化的情况　　(b) 输出SNR随输入SNR变化的情况

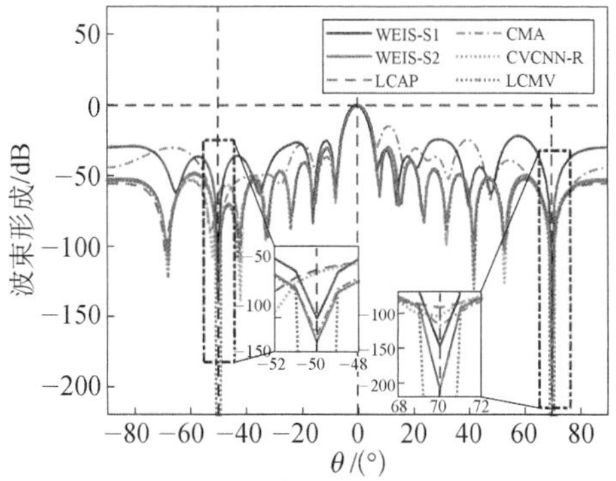

(c) 波束形成结果

图 2.6　输出 SINR、输出 SNR 以及波束形成结果（见彩图）

2.5.2　算法 WEIS-R 的特性

这里设定目标方向为$\theta_0 = 0°$，定义不准确的 DOA 集合为$\Omega_{\hat{\theta}} = \{\hat{\theta}_n\}$，其中，$\hat{\theta} \in [\theta_0 - \Delta, \theta_0 + \Delta]$。除此之外，考虑对区域$\hat{\theta} \in [\theta_0 - \Delta, \theta_0 + \Delta]$进行 200 个角度的均匀采样。在此基础上，计算不确定导向矢量的椭球中心$\bar{\boldsymbol{a}}$以及配置矩阵$\boldsymbol{A}$：

$$\bar{\boldsymbol{a}} = \frac{1}{\mathrm{Card}(\Omega_{\hat{\theta}})} \sum_{\theta_n \in \Omega_{\hat{\theta}}} \boldsymbol{a}(\theta_n) \tag{2.105}$$

$$\boldsymbol{A} = \frac{1}{\epsilon\,\mathrm{Card}(\Omega_{\hat{\theta}})} \sum_{\theta_n \in \Omega_{\hat{\theta}}} (\boldsymbol{a}(\theta_n) - \bar{\boldsymbol{a}})(\boldsymbol{a}(\theta_n) - \bar{\boldsymbol{a}})^{\mathrm{H}} \tag{2.106}$$

式中，$\mathrm{Card}(\Omega_{\hat{\theta}})$表示在期望方向区域的采样$\Omega_{\hat{\theta}}$的个数；归一化因子$\epsilon$定义为

$$\epsilon = \sup(\boldsymbol{a}(\theta_n) - \bar{\boldsymbol{a}})^{\mathrm{H}} \boldsymbol{A}^{-1} \sup(\boldsymbol{a}(\theta_n) - \bar{\boldsymbol{a}}), \quad \theta_n \in \Omega_{\hat{\theta}} \tag{2.107}$$

为了评估 WEIS-R 算法的特性，本章执行若干经典算法进行比较，包括 CMA 算法[1]、最小二乘（least-squares，LS）波束形成算法、主特征向量（principal eigenvector, PEIG）波束形成方法、鲁棒波束形成（robust beamforming，ROB）算法、最差性能最优化（worst-case performance optimization，WCPO）算法等。其中，LS 算法、PEIG 算法、ROB 算法的对角加载参数分别设定为 30、50、50。

1. 实验 3：收敛特性及 SC 设定

在本实验中，输入 SNR 和输入 SIR 固定，而快拍数量从 110 变化到 200。除此之外，$\Delta = 1$且在对应的角度区间内进行均匀采样。天线数量设定为 15，两个干扰对应的角度为±45°，输入 SNR=15dB，输入 SIR=0dB。对于 WEIS-R 的第一阶段和第二阶段，即 WEIS-R-S1 和 WEIS-R-S2，均设定$\rho = 0.1, K_{\mathrm{AO}} = 50$，$T_{\mathrm{ADMM}} = 200$，并采用和之前实验相似的初始化方式。

图 2.7 给出了 AO 迭代过程性能，从中可以看出：①两个阶段的 OFVs、DOFVs 以及 PEs 在不同快拍配置$\left(N \in \{110,120,\cdots,200\}\right)$时均随着迭代次数的增加呈现减小进而收敛的趋势；②对于 WEIS-R-S1 而言，所有的 DOFVs、波形 $\boldsymbol{s}_0$ 的 PEs 以及权向量 $\boldsymbol{w}$ 的 PEs 在收敛后分别小于$10^{-7.81}$、$10^{-9.99}$和$10^{-9.14}$；③对于 WEIS-R-S2 而言，所有的 DOFVs、波形 $\boldsymbol{s}_0$ 的 PEs 以及权向量 $\boldsymbol{w}$ 的 PEs 在收敛后分别小于$10^{-8.30}$、$10^{-10.14}$和$10^{-9.44}$。另外，针对不同外部 AO 迭代$k \in \{1,10,20,30,40,50\}$，图 2.8 给出了内部 ADMM 迭代过程特性。从图 2.8 可以看出：①两个阶段的 CEs 以及 DOFVs 均呈现递减以及收敛趋势；②对于 WEIS-R-S1 而言，所有的 CEs 以及 DOFVs 收敛后分别不大于$10^{-16.28}$和$10^{-10.04}$；③而对于 WEIS-R-S2 而言，所有的 CEs 以及 DOFVs 收敛后分别不大于$10^{-5.16}$和$10^{-5.67}$。

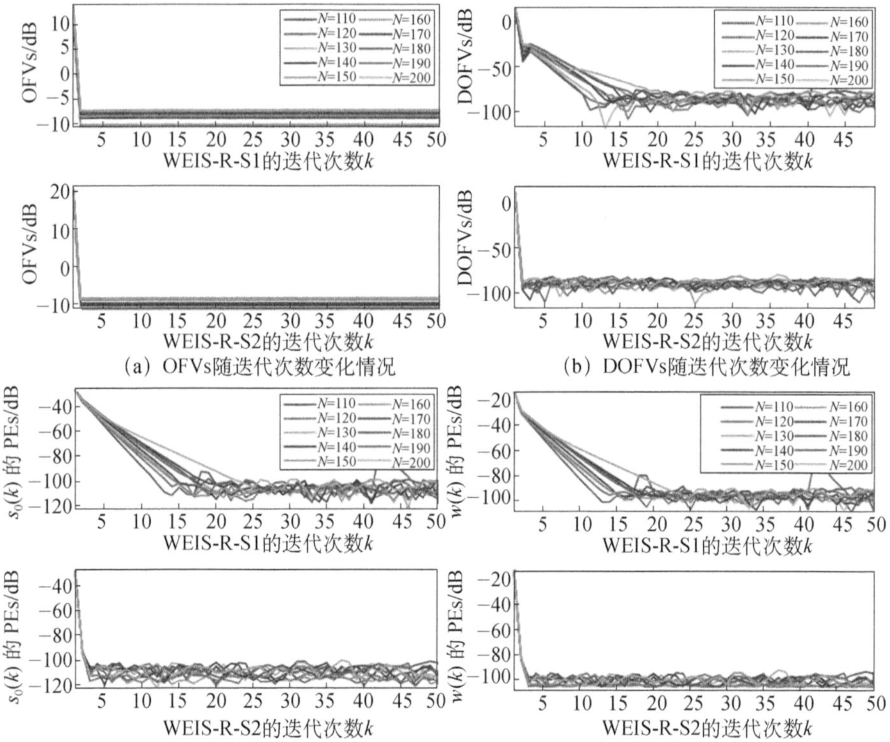

(a) OFVs随迭代次数变化情况　(b) DOFVs随迭代次数变化情况

(c) 波形的PEs随迭代次数变化情况　(d) 权向量的PEs随迭代次数变化情况

图 2.7　WEIS-R 算法的 AO 迭代过程性能（见彩图）

基于以上讨论，本章考虑为 WEIS-R 算法的四个迭代过程设定如下终止条件：①针对 WEIS-R-S1 的 AO 过程，终止条件设定为 DOFVs、波形 $\boldsymbol{s}_0$ 的 PEs 以及权向量 $\boldsymbol{w}$ 的 PEs 分别小于10^{-7}、10^{-9}和10^{-9}，或当迭代次数达到$K_{\mathrm{AO}}^{\mathrm{S1}}=50$时终止；②针对 WEIS-R-S2 的 AO 过程，终止条件设定为 DOFVs、波形 $\boldsymbol{s}_0$ 的 PEs 以及权向量 $\boldsymbol{w}$ 的 PEs 均分别小于10^{-8}、10^{-10}和10^{-9}，或当迭代次数达到$K_{\mathrm{AO}}^{\mathrm{S2}}=50$

时终止；③而对于 WEIS-R-S1 的 ADMM 过程，终止条件设定为 DOFVs 和 CEs 分别小于 10^{-10} 和 10^{-16}，或当迭代次数达到 $K_{\text{ADMM}}^{\text{S1}} = 200$ 时终止；④而对于 WEIS-R-S2 的 ADMM 过程，终止条件设定为 DOFVs 和 CEs 均小于 10^{-5}，或当迭代次数达到 $K_{\text{ADMM}}^{\text{S2}} = 200$ 时终止。

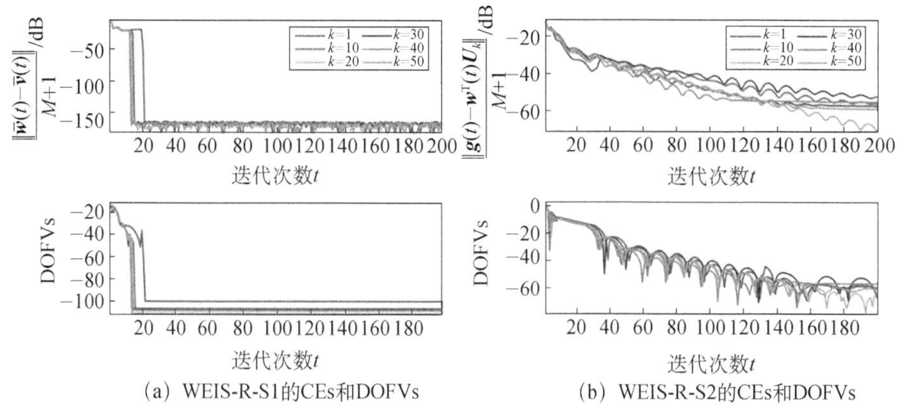

图 2.8　WEIS-R 算法的 ADMM 迭代过程特性（见彩图）

2. 实验 4：WEIS-R 算法输出和波束特性

图 2.9～图 2.11 给出的仿真结果在如下环境配置下取得：天线数量为 20，快拍数量为 200，SIR=0dB，两个干扰方向为$\{-40^\circ, 70^\circ\}$。为了评价两个阶段算法的特性，分别考虑了 $\Delta = 3$ 和 $\Delta = 6$ 两种情况。对于 $\Delta = 3$ 的情况，两个阶段的惩罚参数分别采用 $\rho = 10$ 和 $\rho = 20$；而对于 $\Delta = 6$ 的情况，两个阶段的惩罚参数分别采用 $\rho = 10$ 和 $\rho = 1$。

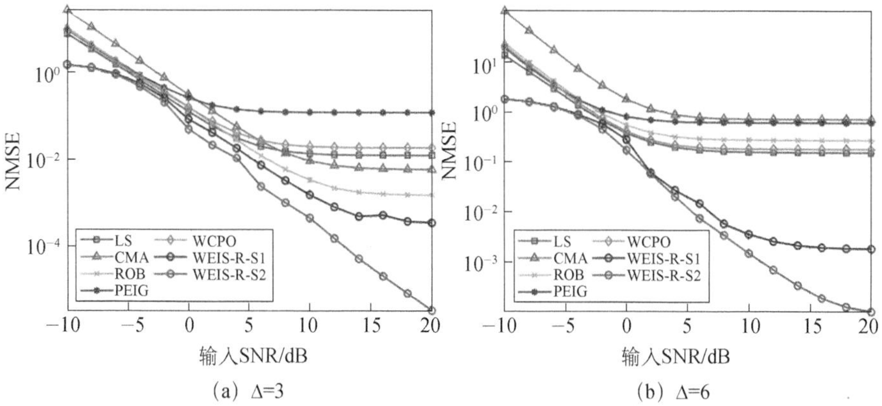

图 2.9　Δ 不同取值时 NMSE 随输入 SNR 变化曲线

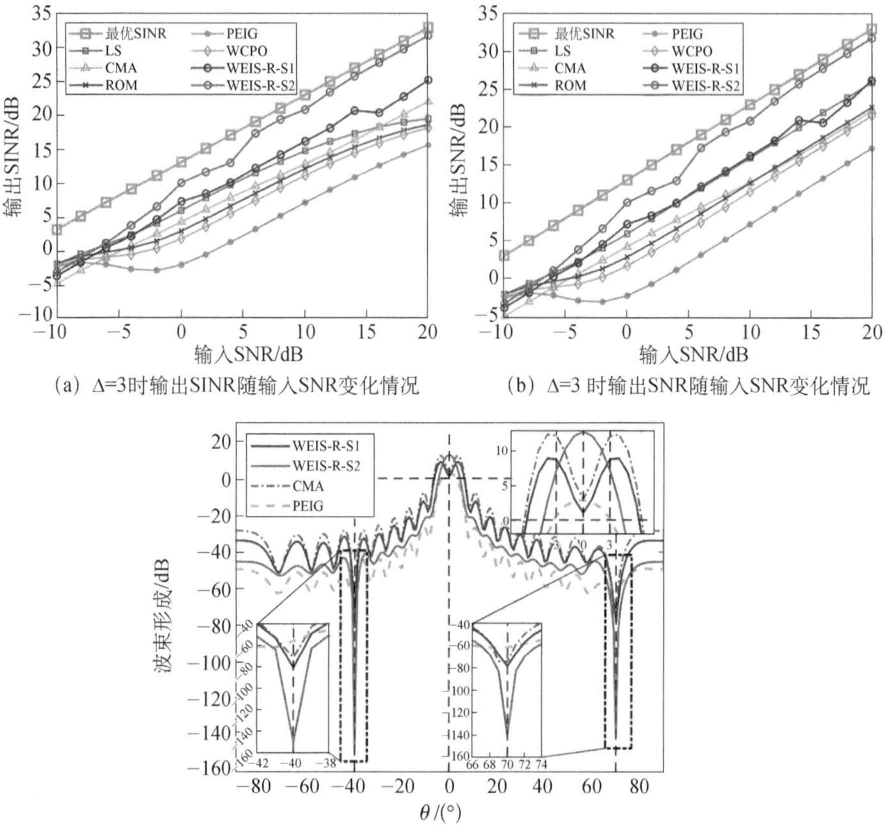

(a) Δ=3时输出SINR随输入SNR变化情况

(b) Δ=3 时输出SNR随输入SNR变化情况

(c) Δ=3波束形成结果

图 2.10　$\Delta = 3$ 时的输出 SINR、输出 SNR 以及波束形成结果

如图 2.9 所示，在中信噪比和高信噪比情形时，WEIS-R-S2 获得的波形的 NMSE 低于其他算法，表明 WEIS-R 算法可以准确地估计常模波形。图 2.10（a）和图 2.10（b）分别给出了 $\Delta = 3$ 时输出 SINR 和输出 SNR 随输入 SNR 的变化曲线。而图 2.11（a）和图 2.11（b）分别给出了 $\Delta = 6$ 时输出 SINR 和输出 SNR 随输入 SNR 的变化曲线。从这些结果可以看出，WEIS-R-S2 在输入 SNR 的中高区域具有比 WEIS-R-S1 和其他算法更高的输出 SINR 和输出 SNR 优势。

进一步地，对于 $\Delta = 3$ 情形，我们使用获得的权向量计算相应的波束，如图 2.10（c）所示。从结果可以看出，WEIS-R-S2 相较于其他算法具有更深的零陷，包括 -40° 方向处的-150.19dB 以及 70° 方向处的-141.23dB。

对于 $\Delta = 6$ 的情形，我们使用获得的权向量计算相应的波束，如图 2.11（c）所示。从结果可以看出，WEIS-R-S2 相较于其他算法具有更深的零陷，包括 -40° 方向处的-85.44dB 以及 70° 方向处的-90.68dB。对比图 2.10（c）和图 2.11（c），可以看出，由于 $\Delta = 6$ 导致了更宽的主瓣，消耗了权向量 $\boldsymbol{w}$ 更多的自由度，因此零陷不如 $\Delta = 3$ 情形时的深。

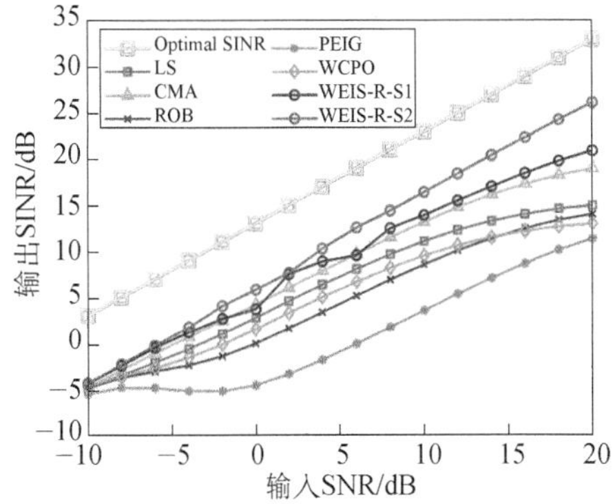

(a) Δ=6时输出SINR随输入SNR变化情况

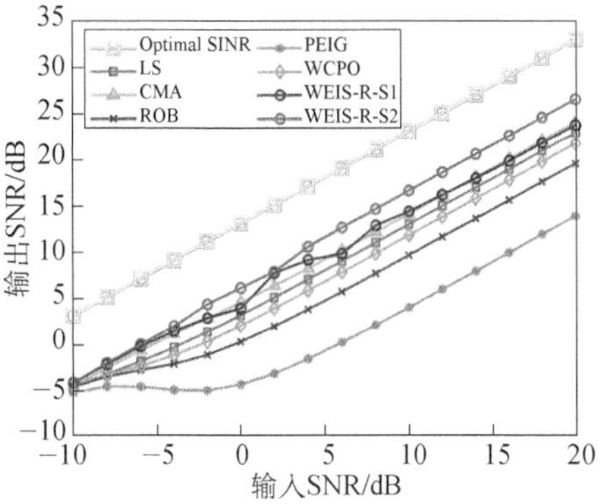

(b) Δ=6 时输出SNR随输入SNR变化情况

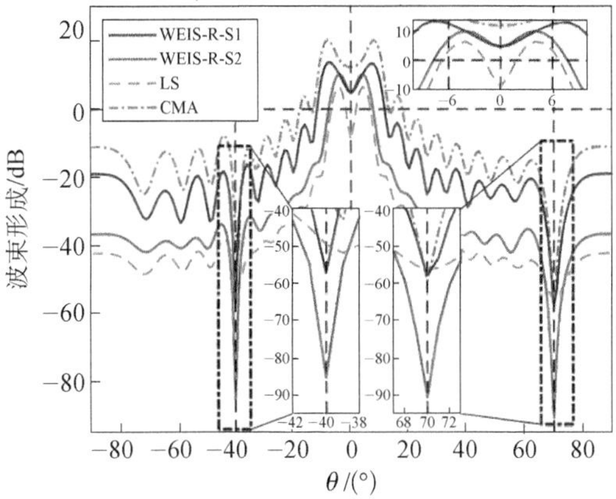

(c) Δ=6波束形成结果

图 2.11　输出 SINR、输出 SNR 以及波束形成结果

2.6 本 章 小 结

本章提出了两种用于常模波形估计及干扰压制的两阶段分式优化算法。其中第一个算法用于导向矢量精确情形，而第二个算法用于导向矢量非精确时情形。仿真结果表明，本章提出的算法在波形估计精度以及零陷深度方面具有优势。

参 考 文 献

[1] Li J, Stoica P. Robust Adaptive Beamforming[M]. Hoboken: Wiley, 2006.

[2] Elbir A M, Mishra K V, Vorobyov S A, et al. Twenty-five years of advances in beamforming: From convex and nonconvex optimization to learning techniques[J]. IEEE Signal Processing

Magazine, 2023, 40(4): 118-131.

[3] Ottersten B, Roy R, Kailath T. Signal waveform estimation in sensor array processing[C].Twenty-Third Asilomar Conference on Signals, Systems and Computers. IEEE, 1989: 787-791.

[4] Van Veen B D, Buckley K M. Beamforming: A versatile approach to spatial filtering[J]. IEEE ASSP Magazine, 1988, 5(2): 4-24.

[5] Cox H, Zeskind R, Owen M. Robust adaptive beamforming[J]. IEEE Transactions on Acoustics, Speech, and Signal Processing, 1987, 35(10): 1365-1376.

[6] Griffiths L, Jim C. An alternative approach to linearly constrained adaptive beamforming[J]. IEEE Transactions on Antennas and Propagation, 1982, 30(1): 27-34.

[7] Carlson B D. Covariance matrix estimation errors and diagonal loading in adaptive arrays[J]. IEEE Transactions on Aerospace Electronic Systems, 1988, 24: 397-401.

[8] Tong L, Inouye Y, Liu R W. Waveform-preserving blind estimation of multiple independent sources[J]. IEEE Transactions on Signal Processing, 1993, 41(7): 2461-2470.

[9] Liu H, Xu G H. A subspace method for signature waveform estimation in synchronous CDMA systems[J]. IEEE Transactions on Communications, 1996, 44(10): 1346-1354.

[10] Zarifi K, Gershman A B. Blind subspace-based signature waveform estimation in BPSK-modulated DS-CDMA systems with circular noise[J]. IEEE Transactions on Signal Processing, 2006, 54(9): 3592-3602.

[11] Capon J. High-resolution frequency-wavenumber spectrum analysis[J]. Proceedings of the IEEE, 1969, 57(8): 1408-1418.

[12] Li J, Stoica P, Wang Z S. On robust Capon beamforming and diagonal loading[J]. IEEE Transactions on Signal Processing, 2003, 51(7): 1702-1715.

[13] Elnashar A, Elnoubi S M, El-Mikati H A. Further study on robust adaptive beamforming with optimum diagonal loading[J]. IEEE Transactions on Antennas and Propagation, 2006, 54(12): 3647-3658.

[14] Li J, Stoica P, Wang Z S. Doubly constrained robust capon beamformer[J]. IEEE Transactions on Signal Processing, 2004, 52(9): 2407-2423.

[15] Lorenz R G, Boyd S P. Robust minimum variance beamforming[J]. IEEE Transactions on Signal Processing, 2005, 53(5): 1684-1696.

[16] Vorobyov S A, Gershman A B, Luo Z Q. Robust adaptive beamforming using worst-case performance optimization: A solution to the signal mismatch problem[J]. IEEE Transactions on Signal Processing, 2003, 51(2): 313-324.

[17] Gu Y J, Leshem A. Robust adaptive beamforming based on interference covariance matrix reconstruction and steering vector estimation[J]. IEEE Transactions on Signal Processing, 2012, 60(7): 3881-3885.

[18] Yu Z L, Ser W, Er M H, et al. Robust adaptive beamformers based on worst-case optimization and constraints on magnitude response[J]. IEEE Transactions on Signal Processing, 2009, 57(7): 2615-2628.

[19] Yu Z L, Gu Z H, Zhou J J, et al. A robust adaptive beamformer based on worst-case semi-definite programming[J]. IEEE Transactions on Signal Processing, 2010, 58(11): 5914-5919.

[20] Huang Y W, Palomar D P. Rank-constrained separable semidefinite programming with applications to optimal beamforming[J]. IEEE Transactions on Signal Processing, 2010, 58(2): 664-678.

[21] Van Veen B D. Minimum variance beamforming with soft response constraints[J]. IEEE Transactions on Signal Processing, 1991, 39(9): 1964-1972.

[22] Gershman A, Sidiropoulos N, Shahbazpanahi S, et al. Convex optimization-based beamforming [J]. IEEE Signal Processing Magazine, 2010, 27(3): 62-75.

[23] Stoica P, Wang Z S, Li J. Robust capon beamforming[J]. IEEE Signal Processing Letters, 2003, 10(6): 172-175.

[24] Liu J, Gershman A B, Luo Z Q, et al. Adaptive beamforming with sidelobe control: A second-order cone programming approach[J]. IEEE Signal Processing Letters, 2003, 10(11): 331-334.

[25] Jiang X, Zeng W J, Yasotharan A, et al. Robust beamforming by linear programming[J]. IEEE Transactions on Signal Processing, 2014, 62(7): 1834-1849.

[26] Chen C Y, Vaidyanathan P P. Quadratically constrained beamforming robust against direction-of-arrival mismatch[J]. IEEE Transactions on Signal Processing, 2007, 55(8): 4139-4150.

[27] Bell K L, Ephraim Y, Van Trees H L. A Bayesian approach to robust adaptive beamforming[J]. IEEE Transactions on Signal Processing, 2000, 48(2): 386-398.

[28] Hassanien A, Vorobyov S A, Wong K M. Robust adaptive beamforming using sequential quadratic programming: An iterative solution to the mismatch problem[J]. IEEE Signal Processing Letters, 2008, 15: 733-736.

[29] Shahbazpanahi S, Gershman A B, Luo Z Q, et al. Robust adaptive beamforming for general-rank signal models[J]. IEEE Transactions on Signal Processing, 2003, 51(9): 2257-2269.

[30] Jiang X, Zeng W J, Yasotharan A, et al. Minimum dispersion beamforming for non-Gaussian signals[J]. IEEE Transactions on Signal Processing, 2014, 62(7): 1879-1893.

[31] Jiang X, Zeng W J, Yasotharan A, et al. Quadratically constrained minimum dispersion beamforming via gradient projection[J]. IEEE Transactions on Signal Processing, 2015, 63(1): 192-205.

[32] Jiang X, Chen J Y, Liu X Z, et al. Phase-only robust minimum dispersion beamforming[J]. IEEE Transactions on Signal Processing, 2020, 68: 5664-5679.

[33] Huang Y W, Fu H, Vorobyov S A, et al. Robust adaptive beamforming via worst-case SINR maximization with nonconvex uncertainty sets[J]. IEEE Transactions on Signal Processing, 2023, 71: 218-232.

[34] Huang Y W, Vorobyov S A, Luo Z Q. Quadratic matrix inequality approach to robust adaptive beamforming for general-rank signal model[J]. IEEE Transactions on Signal Processing, 2020, 68: 2244-2255.

[35] Tian Z, Bell K L, Van Trees H L. A recursive least squares implementation for LCMP beamforming under quadratic constraint[J]. IEEE Transactions on Signal Processing, 2001, 49(6): 1138-1145.

[36] Chen Y H, Chiang C T. Adaptive beamforming using the constrained Kalman filter[J]. IEEE Transactions on Antennas and Propagation, 1993, 41(11): 1576-1580.

[37] El-Keyi A, Kirubarajan T, Gershman A B. Robust adaptive beamforming based on the Kalman filter[J]. IEEE Transactions on Signal Processing, 2005, 53(8): 3032-3041.

[38] Mohammadzadeh S, Nascimento V H, De Lamare R C, et al. Robust beamforming based on complex-valued convolutional neural networks for sensor arrays[J]. IEEE Signal Processing Letters, 2022, 29: 2108-2112.

[39] Stoica P, He H, Li J. New algorithms for designing unimodular sequences with good correlation properties[J]. IEEE Transactions on Signal Processing, 2009, 57(4): 1415-1425.

[40] He H, Stoica P, Li J. Designing unimodular sequence sets with good correlations-including an application to MIMO radar[J]. IEEE Transactions on Signal Processing, 2009, 57(11): 4391-4405.

[41] Fan W, Liang J L, Li J. Constant modulus MIMO radar waveform design with minimum peak sidelobe transmit beampattern[J]. IEEE Transactions on Signal Processing, 2018, 66(16): 4207-4222.

[42] Liang J L, So H C, Li J, et al. Unimodular sequence design based on alternating direction method of multipliers[J]. IEEE Transactions on Signal Processing, 2016, 64(20): 5367-5381.

[43] Van Der Veen A J, Paulraj A. An analytical constant modulus algorithm[J]. IEEE Transactions on Signal Processing, 1996, 44(5): 1136-1155.

[44] Van Der Veen A J. Statistical performance analysis of the algebraic constant modulus algorithm [J]. IEEE Transactions on Signal Processing, 2002, 50(12): 3083-3097.

[45] Van Der Veen A J. Asymptotic properties of the algebraic constant modulus algorithm[J]. IEEE Transactions on Signal Processing, 2001, 49(8): 1796-1807.

[46] Besson O, Monakov A A, Chalus C. Signal waveform estimation in the presence of uncertainties about the steering vector[J]. IEEE Transactions on Signal Processing, 2004, 52(9): 2432-2440.

[47] Eldar Y C, Nehorai A, La Rosa P S. An expected least-squares beamforming approach to signal

estimation with steering vector uncertainties[J]. IEEE Signal Processing Letters, 2006, 13(5): 288-291.

[48] Eldar Y C, Nehorai A, La Rosa P S. A competitive mean-squared error approach to beamforming[J]. IEEE Transactions on Signal Processing, 2007, 55(11): 5143-5154.

[49] Eldar Y C, Nehorai A. Mean-Squared Error Beamforming for Signal Estimation: A Competitive Approach, in Robust Adaptive Beamforming[M]. Hoboken: Wiley, 2006.

第 3 章　基于通信总速率及克拉默-拉奥下界的 MIMO-DFRC 系统波形设计

本章首先给出 MIMO-DFRC 系统波形设计的背景知识，其次提出基于通信总速率及雷达角度估计克拉默-拉奥下界指标的波形设计方法，最后给出仿真结果验证本章所提方法的有效性。

3.1　背 景 知 识

雷达探测和无线通信是近几十年来借助无线电信号最普遍的工业和军事应用[1-3]，包括自动驾驶、车连万物（vehicle-to-everything，V2X）、物联网（internet of things，IoT）[4-7]。随着越来越多的无线设备关联到网络中，以及雷达精确感知和高速无线通信越来越大的带宽需求，如何在雷达和通信设备之间分享和分配稀缺的频谱、时间以及空间资源变成一件极具挑战性的任务[7-10]。近期，将雷达和通信功能集成在一个统一平台的概念受到了极大关注，以期实现资源共享并同时完成探测和通信功能[11,12]。

广义上讲，集成雷达和通信系统的方法可以分为两类：①共存；②双功能。对于第一种方式而言，雷达方和通信方通过使用各自的发射波形和平台实现各自的功能[13-15]。一方面，雷达和通信系统的这种共存方式聚焦于联合设计发射和接收，以便最小化另外一方对自己的干扰或影响；另一方面，雷达或通信一方将另外一方视为合作者，形成大系统，以便利用互信息来改善双方的性能[16-18]。总的来说，这种共存方式需要控制中心收集来自雷达和通信系统的信息，并把优化好的参数传递给两个系统的发射机和接收机。

对于第二种方式而言，雷达方和通信方分享相同的双功能波形和发射平台[19-24]。例如，文献[20]为了同时提高雷达接收端的 SINR 特性以及通信端的 MUI 特性，构造空时约束设计双功能发射波形和接收滤波器。而文献[23]在设计 MIMO 雷达的方向图时，通过变化波束的旁瓣传输通信信息。这种思路被文献[22,24]扩展，用相移及码移键控信号嵌入通信信息。除此之外，文献[19]设计了一款基于调频信号的双功能雷达通信系统，增加了通信的符号速率。

可是，以上两种方式仍然存在着一些挑战和问题尚待解决。例如，对于第一种方式而言，频谱资源以及空间资源没有充分利用，雷达系统和通信系统之间的信息交换带来性能损失或额外的复杂度。第二种方式中不容易设计能够同时满足两种子系统需求的双功能波形。

最近，MIMO 雷达因其具备波形分集或空间分集的优势得到了相当多的关注。其通过多个天线发射和接收不同的波形，在目标检测能力、参数估计精度等方面优于传统的相控阵雷达。广义上讲，MIMO 雷达系统可以分为两种：集中式 MIMO 雷达和分布式 MIMO 雷达[25,26]。而本章聚焦于双静态集中式 MIMO 雷达体系[27]，这样的雷达系统的发射天线阵列和接收天线阵列距离较远，但各自的天线阵列是集中式的，使目标的离开方向（direction-of-departure, DOD）和 DOA 不同。近年来，双静态 MIMO 雷达系统的联合 DOD 和 DOA 估计问题受到颇多关注[27-29]，并采用 CRLB 来评价参数估计性能[30]。CRLB 越小意味着 DOA、DOD 估计精度越高[31,32]。另外，通信系统使用多个发射天线通过预编码的方式服务于多个用户[33,34]，并采用最大的 SR 来评价服务质量（quality-of-service, QoS）[35,36]。上述的 MIMO 雷达系统和通信系统集成起来，形成 MIMO-DFRC 系统。例如，文献[1,37,38]考虑了将多个 DOA 的 CRLB 用作雷达子系统的性能指标，而文献[12,20,39,40]将可达到的总速率作为通信子系统的性能指标。

事实上，正如文献[41～65]所阐述的，最小化 CRLB 或最大化 SR 面临着极具挑战性的分式优化问题，结果经常采用 Fisher 信息矩阵（Fisher information matrix，FIM）的行列式值（det（FIM））或 MUI 替代上述分式形式的指标，来避免复杂的分式优化问题[1,12,20,37-40]。尽管 MUI 和 det（FIM）具备容易执行的优势，但必须指出，MUI 和 det（FIM）已经偏离了真实的最大化 SR 和最小化 CRLB 指标。这种在设计阶段采用 MUI 和 det（FIM），而真正评估时采用 SR 和 CRLB 的方式无法保证设计出来的双功能波形具备最高的评分，也就是说这种方式无法获得最优波形。因此，需要基于真正的 SR 和 CRLB 指标进行双功能 MIMO-DFRC 系统的波形设计。

3.2 问题描述

考虑由 N_t 个、位置坐标为 $\{d_n\}_{n=1}^{N_t}$ 的发射天线构成的发射天线阵列，该阵列向感兴趣区域同时发射 N_t 个波形，并给下行通信用户传送期望符号。雷达子系统的接收端采用 N_r 个、位置坐标为 $\{b_r\}_{r=1}^{N_r}$ 的接收天线构成的线性接收阵列估计感兴趣目标的 DOD 和 DOA。此外，每个通信下行用户配置有单个天线[1,9,12]。

令 $\{\theta,\phi\}$ 表示目标相对于发射天线和接收天线的 DOD 和 DOA。这样，相应的发射导向矢量和接收导向矢量可分别表示为 $\boldsymbol{a}_t(\theta)=[\mathrm{e}^{\mathrm{j}\pi d_1\sin(\theta)},\mathrm{e}^{\mathrm{j}\pi d_2\sin(\theta)},\cdots,$

$\mathrm{e}^{\mathrm{j}\pi d_{N_t}\sin(\theta)}]^{\mathrm{T}}$ 和 $\boldsymbol{a}_r(\phi)=[\mathrm{e}^{\mathrm{j}\pi b_1\sin(\phi)},\mathrm{e}^{\mathrm{j}\pi b_2\sin(\phi)},\cdots,\mathrm{e}^{\mathrm{j}\pi b_{N_r}\sin(\phi)}]^{\mathrm{T}}$。令 $\boldsymbol{X}=[\boldsymbol{x}_1,\boldsymbol{x}_2,\cdots,\boldsymbol{x}_{N_t}]^{\mathrm{T}}\in\mathbb{C}^{N_t\times L}$ 表示 N_t 个天线发射的基带空时矩阵，则雷达子系统接收的 L 个快拍空时矩阵可表示为

$$\boldsymbol{R}=\beta\,\boldsymbol{a}_r(\phi)\,\boldsymbol{a}_t^{\mathrm{T}}(\theta)\boldsymbol{X}+\boldsymbol{Z} \tag{3.1}$$

式中，$\boldsymbol{R}=[\boldsymbol{r}_1,\boldsymbol{r}_2,\cdots,\boldsymbol{r}_L]\in\mathbb{C}^{N_r\times L}$；$\beta$ 表示由传输损耗以及目标反射系数造成的复路径损失，通常假设其在一个脉冲内为常数；$\boldsymbol{Z}=[\boldsymbol{z}_1,\boldsymbol{z}_2,\cdots,\boldsymbol{z}_{N_r}]^{\mathrm{T}}\in\mathbb{C}^{N_r\times L}$ 表示独立的加性噪声分量，其中，$\boldsymbol{z}_i$ 服从复高斯分布 $\mathrm{CN}(0,\sigma_r^2\boldsymbol{I}_L),\forall 1\leqslant i\leqslant N_r$。

基于上述复高斯分布，接收的空时观测矩阵 $\boldsymbol{R}$ 的概率密度函数可写为

$$p(\boldsymbol{R}\mid\Omega)=\left(2\pi\sigma_r^2\right)^{-\frac{N_rL}{2}}\exp\left\{-\frac{\left\|\boldsymbol{R}-\beta\,\boldsymbol{a}_r(\phi)\,\boldsymbol{a}_t^{\mathrm{T}}(\theta)\boldsymbol{X}\right\|^2}{2\sigma_r^2}\right\} \tag{3.2}$$

式中，$\Omega=[\phi,\theta]$。则针对参数 $\Omega=[\phi,\theta]$ 的 Fisher 信息矩阵可表示为

$$\boldsymbol{F}=-\begin{bmatrix} E\{\dfrac{\partial^2\ln p}{\partial\phi^2}\} & E\{\dfrac{\partial^2\ln p}{\partial\phi\partial\theta}\} \\ E\{\dfrac{\partial^2\ln p}{\partial\theta\partial\phi}\} & E\{\dfrac{\partial^2\ln p}{\partial\theta^2}\} \end{bmatrix} \tag{3.3}$$

则相应的 CRLB 可表示为

$$\mathrm{CRLB}=\frac{-\begin{bmatrix} E\{\dfrac{\partial^2\ln p}{\partial\theta^2}\} & -E\{\dfrac{\partial^2\ln p}{\partial\phi\partial\theta}\} \\ -E\{\dfrac{\partial^2\ln p}{\partial\theta\partial\phi}\} & E\{\dfrac{\partial^2\ln p}{\partial\phi^2}\} \end{bmatrix}}{E\{\dfrac{\partial^2\ln p}{\partial\phi^2}\}E\{\dfrac{\partial^2\ln p}{\partial\theta^2}\}-E\{\dfrac{\partial^2\ln p}{\partial\phi\partial\theta}\}E\{\dfrac{\partial^2\ln p}{\partial\theta\partial\phi}\}} \tag{3.4}$$

容易发现，CRLB 为评价雷达 DOD 和 DOA 参数估计特性的分式指标。

另外，考虑通信子系统服务于 K 个单天线用户。假设从第 i 个用户到第 j 个天线之间的信道参数 $G_{i,j}$ 已完全估计，则 K 个用户接收的 L 个帧可表示为

$$\boldsymbol{Y}=\boldsymbol{G}\boldsymbol{X}+\boldsymbol{W} \tag{3.5}$$

式中，$\boldsymbol{Y}=[\boldsymbol{y}_1,\boldsymbol{y}_2,\cdots,\boldsymbol{y}_L]\in\mathbb{C}^{K\times L}$；$\boldsymbol{W}=[\boldsymbol{w}_1,\boldsymbol{w}_2,\cdots,\boldsymbol{w}_K]^{\mathrm{T}}\in\mathbb{C}^{K\times L}$ 表示独立的加性噪声分量，其中，$\boldsymbol{w}_i$ 服从复高斯分布 $\mathrm{CN}(0,\sigma_c^2\boldsymbol{I}_L),\forall 1\leqslant i\leqslant K$。

假设 K 个用户期望接收的符号矩阵 $\boldsymbol{C}=[\boldsymbol{c}_1,\boldsymbol{c}_2,\cdots,\boldsymbol{c}_K]^{\mathrm{T}}\in\mathbb{C}^{K\times L}$，则 K 个用户接收的 L 个帧可重新表示为

$$\boldsymbol{Y}=\boldsymbol{C}+\boldsymbol{G}\boldsymbol{X}-\boldsymbol{C}+\boldsymbol{W} \tag{3.6}$$

式中，$\boldsymbol{G}\boldsymbol{X}-\boldsymbol{C}$ 就是所谓的 MUI。此时，对应于每帧的 SINR 可表示为

$$\mathrm{SINR}_k \triangleq \frac{E\left\{\left\|\boldsymbol{c}_k\right\|^2\right\}}{E\left\{\left\|\boldsymbol{X}^{\mathrm{T}}\boldsymbol{g}_k - \boldsymbol{c}_k\right\|^2\right\} + \sigma_c^2} \tag{3.7}$$

则总速率 SR 可表示为

$$\mathrm{SR} \triangleq \sum_{k=1}^{K} \log_2(1 + \mathrm{SINR}_k) \tag{3.8}$$

也容易发现，SR 为评价通信 QoS 特性的分式指标。

尽管 MIMO-DFRC 系统可以同时完成感知和通信任务，但实际应用中需要进行资源分配从而折中雷达参数估计性能和通信 QoS 性能。因此，本章形成如下分别以雷达和通信为优先级别的波形设计模型。

第一种考虑在总速率达到预指定的通信需求的基础上最小化 DOD 和 DOA 的联合克拉默-拉奥下界，即

$$\begin{aligned} &\min_{\boldsymbol{X}} \ \ \mathrm{tr}(\mathrm{CRLB}) \\ &\text{s.t.} \ \ \mathrm{SR} \geqslant \varepsilon_{\mathrm{sr}}, \quad \|\boldsymbol{X}\|^2 = E_s \end{aligned} \tag{3.9}$$

式中，$\varepsilon_{\mathrm{sr}}$ 表示预指定的总速率下限；E_s 表示总传输能量。

第二种考虑在 DOD 和 DOA 的联合克拉默-拉奥下界不大于给定的阈值 $\frac{\sigma_r^2}{|\beta|^2}\varepsilon_\Omega$ 的基础上，最大化通信总速率：

$$\begin{aligned} &\max_{\boldsymbol{X}} \ \ \mathrm{SR} \\ &\text{s.t.} \ \ \mathrm{tr}(\mathrm{CRLB}) \leqslant \frac{\sigma_r^2}{|\beta|^2}\varepsilon_\Omega, \quad \|\boldsymbol{X}\|^2 \leqslant E_s \end{aligned} \tag{3.10}$$

本章的主要任务为求解式（3.9）和式（3.10）设计双静态 MIMO-DFRC 系统的最优发射波形 $\boldsymbol{X}$ 。

3.3　算 法 发 展

本节围绕式（3.9）和式（3.10）描述的优化问题展开研究，发展了不同的求解方法。

3.3.1　式（3.9）对应问题求解

为了便于表达式（3.9）中的 tr（CRLB），结合本章附录定义如下五个矩阵：

$$\begin{aligned}\boldsymbol{\Psi}_1 &= \tilde{\boldsymbol{K}}_2(\phi,\theta)+\tilde{\boldsymbol{K}}_3(\phi,\theta)\\ \boldsymbol{\Psi}_2 &= \tilde{\boldsymbol{K}}_2(\phi,\theta)\\ \boldsymbol{\Psi}_3 &= \tilde{\boldsymbol{K}}_3(\phi,\theta)\\ \boldsymbol{\Psi}_4 &= \tilde{\boldsymbol{K}}_1(\phi,\theta)\\ \boldsymbol{\Psi}_5 &= \tilde{\boldsymbol{K}}_4(\phi,\theta)\end{aligned} \tag{3.11}$$

令 $\boldsymbol{s}=\mathrm{vec}(\boldsymbol{X})$，则 tr（CRLB）可表示为如下形式：

$$\mathrm{tr(CRLB)}=\frac{\boldsymbol{s}^{\mathrm{H}}\boldsymbol{\Psi}_1\boldsymbol{s}}{\boldsymbol{s}^{\mathrm{H}}\boldsymbol{\Psi}_2\boldsymbol{s}\boldsymbol{s}^{\mathrm{H}}\boldsymbol{\Psi}_3\boldsymbol{s}-\boldsymbol{s}^{\mathrm{H}}\boldsymbol{\Psi}_4\boldsymbol{s}\boldsymbol{s}^{\mathrm{H}}\boldsymbol{\Psi}_5\boldsymbol{s}} \tag{3.12}$$

这样，式（3.9）可以重新表示为如下等价形式：

$$\begin{aligned}&\min_{X}\quad -\frac{1}{\mathrm{tr(CRLB)}}\\ &\text{s.t.}\quad \mathrm{SR}\geqslant\varepsilon_{\mathrm{sr}},\quad \|\boldsymbol{X}\|^2=E_s\end{aligned} \tag{3.13}$$

进一步表示为显式形式：

$$\begin{aligned}&\min_{s}\quad \frac{\boldsymbol{s}^{\mathrm{H}}\boldsymbol{\Psi}_4\boldsymbol{s}\boldsymbol{s}^{\mathrm{H}}\boldsymbol{\Psi}_5\boldsymbol{s}-\boldsymbol{s}^{\mathrm{H}}\boldsymbol{\Psi}_2\boldsymbol{s}\boldsymbol{s}^{\mathrm{H}}\boldsymbol{\Psi}_3\boldsymbol{s}}{\boldsymbol{s}^{\mathrm{H}}\boldsymbol{\Psi}_1\boldsymbol{s}}\\ &\text{s.t.}\quad \sum_{k=1}^{K}\log_2\left(1+\frac{\|\boldsymbol{c}_k\|^2}{\left\|(\boldsymbol{I}_L\otimes\boldsymbol{g}_k^{\mathrm{T}})\boldsymbol{s}-\boldsymbol{c}_k\right\|^2+N_0}\right)\geqslant\varepsilon_{\mathrm{sr}}\\ &\qquad \|\boldsymbol{s}\|^2=E_s\end{aligned} \tag{3.14}$$

式中，$N_0=L\sigma_c^2$，$\otimes$ 代表矩阵间的克罗内克乘积。不难发现，式（3.14）是一个难以求解的非凸非线性优化问题，难点在于：①目标函数为分子和分母阶次不等的分式；②约束集中包含分式、log 运算、求和，其混叠在一起作为总速率约束。

为了解决上述问题，本章引入辅助变量 $t\neq 0$，在此基础上引入 $\boldsymbol{y}=t\boldsymbol{s}$，将上述优化问题重写为

$$\begin{aligned}&\min_{s,y,t}\quad \frac{\boldsymbol{s}^{\mathrm{H}}\boldsymbol{\Psi}_4\boldsymbol{y}\boldsymbol{y}^{\mathrm{H}}\boldsymbol{\Psi}_5\boldsymbol{s}-\boldsymbol{s}^{\mathrm{H}}\boldsymbol{\Psi}_2\boldsymbol{y}\boldsymbol{y}^{\mathrm{H}}\boldsymbol{\Psi}_3\boldsymbol{s}}{\boldsymbol{y}^{\mathrm{H}}\boldsymbol{\Psi}_1\boldsymbol{y}}\\ &\text{s.t.}\quad \sum_{k=1}^{K}\log_2\left(1+\frac{\|\boldsymbol{c}_k\|^2}{\left\|(\boldsymbol{I}_L\otimes\boldsymbol{g}_k^{\mathrm{T}})\boldsymbol{s}-\boldsymbol{c}_k\right\|^2+N_0}\right)\geqslant\varepsilon_{\mathrm{sr}}\\ &\qquad \|\boldsymbol{s}\|^2=E_s,\quad \boldsymbol{y}=t\boldsymbol{s},\quad t\neq 0\end{aligned} \tag{3.15}$$

由于 t 的引入，可以将式（3.15）目标函数中的分母调整为一个预先指定的正常数 Q，即 $\boldsymbol{y}^{\mathrm{H}}\boldsymbol{\Psi}_1\boldsymbol{y}=Q$。此时，可以将上述优化问题转换为如下目标函数简化了的优化问题：

$$\begin{aligned}&\min_{s,y,t}\ \frac{1}{Q}\left(s^{\mathrm{H}}\boldsymbol{\Psi}_4 yy^{\mathrm{H}}\boldsymbol{\Psi}_5 s - s^{\mathrm{H}}\boldsymbol{\Psi}_2 yy^{\mathrm{H}}\boldsymbol{\Psi}_3 s\right)\\&\text{s.t.}\ \sum_{k=1}^{K}\log_2\left(1+\frac{\|c_k\|^2}{\|(I_L\otimes g_k^{\mathrm{T}})s-c_k\|^2+N_0}\right)\geqslant\varepsilon_{\mathrm{sr}}\\&\qquad\|s\|^2=E_s,\quad y=ts,\quad t\neq0,\quad y^{\mathrm{H}}\boldsymbol{\Psi}_1 y=Q\end{aligned}\tag{3.16}$$

由于矩阵 $\boldsymbol{\Psi}_1$ 为对称正定矩阵，因此可以获得 t^2 的上限 $\overline{t}$：

$$t^2=\frac{Q}{s^{\mathrm{H}}\boldsymbol{\Psi}_1 s}\leqslant\frac{Q}{\lambda_{\min}(\boldsymbol{\Psi}_1)\|s\|^2}=\frac{Q}{\lambda_{\min}(\boldsymbol{\Psi}_1)E_s}=\overline{t}\tag{3.17}$$

基于以上讨论，去掉目标函数中的常数 $\frac{1}{Q}$，并引入辅助变量 $\{w_k,v_k,h_k\}$，简化式（3.16）为如下形式：

$$\begin{aligned}&\min_{s,y,t,\,v_k,w_k,h_k}\ s^{\mathrm{H}}\boldsymbol{\Psi}_4 yy^{\mathrm{H}}\boldsymbol{\Psi}_5 s - s^{\mathrm{H}}\boldsymbol{\Psi}_2 yy^{\mathrm{H}}\boldsymbol{\Psi}_3 s\\&\text{s.t.}\ \log_2\left(1+\frac{\|c_k\|^2}{\|h_k\|^2+N_0}\right)\geqslant w_k,\quad y^{\mathrm{H}}\boldsymbol{\Psi}_1 y=Q\\&\qquad v_k=w_k,\quad \sum_{k=1}^{K}v_k\geqslant\varepsilon_{\mathrm{sr}},\quad h_k=(I_L\otimes g_k^{\mathrm{T}})s-c_k\\&\qquad\|s\|^2=E_s,\quad y=ts,\quad t\neq0,t^2\leqslant\overline{t}\end{aligned}\tag{3.18}$$

基于式（3.18），构造如下增广拉格朗日函数：

$$\begin{aligned}&\mathcal{L}_1(s,y,t,h_k,v_k,w_k,\lambda,\kappa,\mu_k,\eta_k)=\Re\{s^{\mathrm{H}}\boldsymbol{\Psi}_4 yy^{\mathrm{H}}\boldsymbol{\Psi}_5 s-s^{\mathrm{H}}\boldsymbol{\Psi}_2 yy^{H}\boldsymbol{\Psi}_3 s\}\\&+\Re\{\lambda^*(y^{\mathrm{H}}\boldsymbol{\Psi}_1 y-Q)\}+\frac{\rho_1}{2}\|y^{\mathrm{H}}\boldsymbol{\Psi}_1 y-Q\|^2+\Re\{\kappa^{\mathrm{H}}(y-ts)\}+\frac{\rho_2}{2}\|y-ts\|^2\\&+\sum_{k=1}^{K}\left(\Re\{\mu_k^{\mathrm{H}}[h_k-(I\otimes g_k^{\mathrm{T}})s+c_k]\}+\frac{\rho_3}{2}\|h_k-(I\otimes g_k^{\mathrm{T}})s+c_k\|^2\right)\\&+\sum_{k=1}^{K}\left(\eta_k(v_k-w_k)+\frac{\rho_4}{2}|v_k-w_k|^2\right)\\&\text{s.t.}\ \log_2\left(1+\frac{\|c_k\|^2}{\|h_k\|^2+N_0}\right)\geqslant w_k,\quad\sum_{k=1}^{K}v_k\geqslant\varepsilon_{\mathrm{sr}},\quad\|s\|^2=E_s,\quad t\neq0,\quad t^2\leqslant\overline{t}\end{aligned}\tag{3.19}$$

式中，λ^* 指复数 λ 的共轭运算操作，$\{\lambda,\kappa,\mu_k,\eta_k\}$ 分别为对应于约束 $y^{\mathrm{H}}\boldsymbol{\Psi}_1 y=Q, y=ts, h_k=(I_L\otimes g_k^{\mathrm{T}})s-c_k, v_k=w_k$ 的拉格朗日乘子或乘子向量；此外，$\{\rho_1,\rho_2,\rho_3,\rho_4\}$ 为相应的惩罚参数。

本章考虑采用 ADMM 将上述大规模变量优化问题分解为小规模、容易求解的子问题。为了便于子问题划分和求解，首先将变量 $\{s,y,t,h_k,v_k,w_k,\lambda,\kappa,\mu_k,\eta_k\}$ 划分为三组，即 $\{s,t,v_k\}$、$\{y,h_k,w_k\}$ 和 $\{\lambda,\kappa,\mu_k,\eta_k\}$，然后针对这些变量组对应的子问题进行求解方法的设计，最后通过对这些子问题迭代求解获得最优解。

步骤 1： 基于给定的参数初始值或迭代值$\left\{\boldsymbol{y}^{(\tau)},\boldsymbol{h}_k^{(\tau)},w_k^{(\tau)},\lambda^{(\tau)},\boldsymbol{\kappa}^{(\tau)},\boldsymbol{\mu}_k^{(\tau)},\eta_k^{(\tau)}\right\}$求解如下子问题，确定$\left\{\boldsymbol{s}^{(\tau+1)},t^{(\tau+1)},v_k^{(\tau+1)}\right\}$：

$$\begin{aligned}&\min_{s,t,v_k}\ \mathcal{L}_1(\boldsymbol{s},t,v_k)\\&\text{s.t.}\ \sum_{k=1}^{K}v_k\geqslant\varepsilon_{\text{sr}},\quad\|\boldsymbol{s}\|^2=E_s,\quad t\neq0,\quad t^2\leqslant\overline{t}\end{aligned}\tag{3.20}$$

注意，本章描述的拉格朗日函数子问题$\mathcal{L}_1(\boldsymbol{s},t,v_k)$只包含了与该问题有关的变量，无关的变量没有在拉格朗日函数中表达。式（3.20）描述的问题进一步可分解为两个更小规模的子问题：

$$\begin{aligned}&\min_{s,t}\mathcal{L}_1(\boldsymbol{s},t)\\&\text{s.t.}\ \|\boldsymbol{s}\|^2=E_s,\quad t\neq0,\quad t^2\leqslant\overline{t}\end{aligned}\tag{3.21}$$

和

$$\begin{aligned}&\min_{v_k}\ \mathcal{L}_1(v_k)\\&\text{s.t.}\ \sum_{k=1}^{K}v_k\geqslant\varepsilon_{\text{sr}}\end{aligned}\tag{3.22}$$

由于式（3.21）描述的子问题中变量$\boldsymbol{s}$和t耦合在一起，难以求解。这里考虑消除变量t将双变量$\boldsymbol{s}$和t的优化问题转换为单变量$\boldsymbol{s}$的优化问题。当$\boldsymbol{s}$给定时，式（3.20）的优化问题退化为单变量t的优化问题：

$$\begin{aligned}&\min_{t}\ \frac{\rho_2}{2}\|\boldsymbol{s}\|^2t^2-\Re\{(\boldsymbol{\kappa}+\rho_2\boldsymbol{y})^{\mathrm{H}}\boldsymbol{s}\}t\\&\text{s.t.}\ t^2\leqslant\overline{t}\end{aligned}\tag{3.23}$$

引入辅助常数$t_1=\dfrac{\Re\{(\boldsymbol{\kappa}+\rho_2\boldsymbol{y})^{\mathrm{H}}\boldsymbol{s}\}}{\rho_2\|\boldsymbol{s}\|^2}$，然后从以下两种情况讨论式（3.21）的解。

情况 A：当$t_1^2\leqslant\overline{t}$时，则$t=t_1$是式（3.23）的解，代入$t=t_1$至式（3.21）可得

$$\begin{aligned}&\min_{s}\ \tilde{\boldsymbol{s}}^{\mathrm{H}}\boldsymbol{\varXi}\tilde{\boldsymbol{s}}+\Re\{\boldsymbol{\gamma}^{\mathrm{H}}\tilde{\boldsymbol{s}}\}\\&\text{s.t.}\ \|\tilde{\boldsymbol{s}}\|^2=2E_s,\qquad\tilde{\boldsymbol{s}}=\begin{bmatrix}\boldsymbol{s}\\\boldsymbol{s}^*\end{bmatrix}\end{aligned}\tag{3.24}$$

式中：

$$\boldsymbol{A}_1=\boldsymbol{\varPsi}_4\boldsymbol{y}\boldsymbol{y}^{\mathrm{H}}\boldsymbol{\varPsi}_5-\boldsymbol{\varPsi}_2\boldsymbol{y}\boldsymbol{y}^{\mathrm{H}}\boldsymbol{\varPsi}_3$$

$$\boldsymbol{B}_1=-\begin{bmatrix}(\boldsymbol{\kappa}+\rho_2\boldsymbol{y})(\boldsymbol{\kappa}^{\mathrm{H}}+\rho_2\boldsymbol{y}^{\mathrm{H}}) & (\boldsymbol{\kappa}+\rho_2\boldsymbol{y})(\boldsymbol{\kappa}^{\mathrm{T}}+\rho_2\boldsymbol{y}^{\mathrm{T}})\\(\boldsymbol{\kappa}^*+\rho_2\boldsymbol{y}^*)(\boldsymbol{\kappa}^{\mathrm{H}}+\rho_2\boldsymbol{y}^{\mathrm{H}}) & (\boldsymbol{\kappa}^*+\rho_2\boldsymbol{y}^*)(\boldsymbol{\kappa}^{\mathrm{T}}+\rho_2\boldsymbol{y}^{\mathrm{T}})\end{bmatrix}$$

$$\boldsymbol{\Xi}=\frac{1}{2}\begin{bmatrix}\boldsymbol{A}_1+\boldsymbol{A}_1^{\mathrm{H}} & \boldsymbol{O}_{(N_tL)\times(N_tL)}\\ \boldsymbol{O}_{(N_tL)\times(N_tL)} & \boldsymbol{O}_{(N_tL)\times(N_tL)}\end{bmatrix}+\frac{1}{8\rho_2\|\boldsymbol{s}\|^2}\boldsymbol{B}_1+$$
$$\sum_{k=1}^{K}\frac{\rho_3}{2}\begin{bmatrix}(\boldsymbol{I}_L^{\mathrm{H}}\otimes\boldsymbol{g}_k^*)(\boldsymbol{I}_L\otimes\boldsymbol{g}_k^{\mathrm{T}}) & \boldsymbol{O}_{(N_tL)\times(N_tL)}\\ \boldsymbol{O}_{(N_tL)\times(N_tL)} & \boldsymbol{O}_{(N_tL)\times(N_tL)}\end{bmatrix} \tag{3.25}$$
$$\boldsymbol{f}_k=-(\boldsymbol{I}_L\otimes\hat{\boldsymbol{g}}_k)(\boldsymbol{\mu}_k+\rho_3\boldsymbol{h}_k+\rho_3\boldsymbol{c}_k)$$
$$\gamma=\frac{1}{2}\sum_{k=1}^{K}\begin{bmatrix}\boldsymbol{f}_k\\ \boldsymbol{f}_k^*\end{bmatrix}$$

这样，式（3.24）描述的优化问题可以转换为如下实值描述的优化问题：

$$\begin{aligned}&\min_{\bar{\boldsymbol{s}}}\ \ \bar{\boldsymbol{s}}^{\mathrm{T}}\boldsymbol{A}\bar{\boldsymbol{s}}+\boldsymbol{b}^{\mathrm{T}}\bar{\boldsymbol{s}}\\ &\text{s.t.}\ \ \boldsymbol{C}_1\bar{\boldsymbol{s}}=\boldsymbol{0},\quad \|\bar{\boldsymbol{s}}\|^2=2E_s\end{aligned} \tag{3.26}$$

式中，$\bar{\boldsymbol{s}}=\bar{\boldsymbol{s}}^{\Re}$；$\boldsymbol{A}=\boldsymbol{\Xi}^{\Re}$；$\boldsymbol{b}=\gamma^{\Re}$；且

$$\boldsymbol{C}_1=\begin{bmatrix}\boldsymbol{Y}-\boldsymbol{I}_{2N_tL} & \boldsymbol{O}_{2N_tL\times 2N_tL}\\ \boldsymbol{O}_{2N_tL\times 2N_tL} & \boldsymbol{Y}+\boldsymbol{I}_{2N_tL}\end{bmatrix} \tag{3.27}$$

$$\boldsymbol{Y}=\begin{bmatrix}\boldsymbol{O}_{N_tL\times N_tL} & \boldsymbol{I}_{N_tL}\\ \boldsymbol{I}_{N_tL} & \boldsymbol{O}_{N_tL\times N_tL}\end{bmatrix} \tag{3.28}$$

令$\boldsymbol{N}_{\boldsymbol{C}_1}\in\mathbb{C}^{4N_tL\times 2N_tL}$表示矩阵$\boldsymbol{C}_1$的零空间正交基，则可以把$\bar{\boldsymbol{s}}$表示为$\bar{\boldsymbol{s}}=\boldsymbol{N}_{\boldsymbol{C}_1}\boldsymbol{d}$。根据$\boldsymbol{N}_{\boldsymbol{C}_1}^{\mathrm{T}}\boldsymbol{N}_{\boldsymbol{C}_1}=\boldsymbol{I}_{2N_tL}$，则式（3.26）可重新表示为

$$\begin{aligned}&\min_{\boldsymbol{d}}\ \ \boldsymbol{d}^{\mathrm{T}}\tilde{\boldsymbol{A}}\boldsymbol{d}+\tilde{\boldsymbol{b}}^{\mathrm{T}}\boldsymbol{d}\\ &\text{s.t.}\ \ \boldsymbol{d}^{\mathrm{T}}\boldsymbol{d}=2E_s\end{aligned} \tag{3.29}$$

式中，$\tilde{\boldsymbol{A}}=\boldsymbol{N}_{\boldsymbol{C}_1}^{\mathrm{T}}\boldsymbol{A}\boldsymbol{N}_{\boldsymbol{C}_1}$；$\tilde{\boldsymbol{b}}=\boldsymbol{N}_{\boldsymbol{C}_1}^{\mathrm{T}}\boldsymbol{b}$。事实上，式（3.29）描述的优化问题为隐凸优化问题，可以通过拉格朗日乘子法以及二分法有效求解，这里不再赘述。一旦获得$\boldsymbol{d}$，$\boldsymbol{s}$可以通过如下方式获得：

$$\boldsymbol{s}=\begin{bmatrix}\boldsymbol{I}_{N_tL} & \boldsymbol{0}_{N_tL\times N_tL} & \mathrm{j}\boldsymbol{I}_{N_tL} & \boldsymbol{0}_{N_tL\times N_tL}\end{bmatrix}\boldsymbol{N}_{\boldsymbol{C}_1}\boldsymbol{d} \tag{3.30}$$

情况B：当$t_1^2\geqslant\bar{t}$时，式（3.23）的解可表示为

$$t=\begin{cases}-\sqrt{\bar{t}}\ , & t_1<-\sqrt{\bar{t}}\\ \sqrt{\bar{t}}\ , & t_1>\sqrt{\bar{t}}\end{cases} \tag{3.31}$$

类似于情况①代入式（3.21）～式（3.31）获得情况②下的解。然后比较两种情况下的解，哪个解具有最小目标函数值就确定其为式（3.21）的最优解。

接着，求解式（3.22）对应的子问题的解。由于式（3.22）对应的子问题包含二次目标函数以及线性约束，因此可得到其闭合解为

$$\boldsymbol{v}=\bar{\boldsymbol{v}}-\frac{\min\{0,\bar{\boldsymbol{v}}^{\mathrm{T}}\boldsymbol{1}_{K\times1}-\varepsilon_{sr}\}}{K}\boldsymbol{1}_{K\times1} \tag{3.32}$$

式中，$\boldsymbol{v}=[v_1,v_2,\cdots,v_K]^{\mathrm{T}}$；$\bar{\boldsymbol{v}}=[\bar{v}_1,\bar{v}_2,\cdots,\bar{v}_K]^{\mathrm{T}}$；$\bar{v}_k=w_k-\frac{1}{\rho_4}\eta_k$。

步骤 2：基于给定的参数初始值或迭代值求解如下子问题：

$$\begin{aligned}&\min_{\boldsymbol{y},\boldsymbol{h}_k,w_k}\ \mathcal{L}_1(\boldsymbol{y},\boldsymbol{h}_k,w_k)\\&\text{s.t.}\ \log_2\left(1+\frac{\|\boldsymbol{c}_{\mathrm{k}}\|^2}{\|\boldsymbol{h}_k\|^2+N_0}\right)\geqslant w_k\end{aligned}\tag{3.33}$$

由于变量 $\boldsymbol{y}$ 和 $\{\boldsymbol{h}_k,w_k\}$ 相关的目标函数及约束集独立，因此将式（3.33）划分为如下子问题：

$$\min_{\boldsymbol{y}}\ \mathcal{L}_1(\boldsymbol{y})\tag{3.34}$$

$$\begin{aligned}&\min_{\boldsymbol{h}_k,w_k}\ \mathcal{L}_1(\boldsymbol{h}_k,w_k)\\&\text{s.t.}\ \log_2\left(1+\frac{\|\boldsymbol{c}_{\mathrm{k}}\|^2}{\|\boldsymbol{h}_k\|^2+N_0}\right)\geqslant w_k\end{aligned}\tag{3.35}$$

尽管式（3.34）描述的问题为关于 $\boldsymbol{y}$ 的高次多项式优化问题，但由于其没有约束，因此可以借助于 BFGS 法等牛顿梯度法有效解决。

然而，对于式（3.35）描述的优化问题而言，存在 log 和分式计算，很难解决。本章考虑进行函数设计和优化，将其转换为等价的、容易解决的问题。

将式（3.35）描述的问题重写为

$$\begin{aligned}&\min_{\boldsymbol{h}_k,w_k}\ \frac{\rho_3}{2}\|\boldsymbol{h}_k\|^2-\rho_3\Re\{[(\boldsymbol{I}_L\otimes\boldsymbol{g}_k^{\mathrm{T}})\boldsymbol{s}-\boldsymbol{c}_k-\frac{1}{\rho_2}\boldsymbol{\mu}_k]^{\mathrm{H}}\boldsymbol{h}_k\}\\&+\eta_k(v_k-w_k)+\frac{\rho_4}{2}|v_k-w_k|^2\\&\text{s.t.}\ \log_2\left(1+\frac{\|\boldsymbol{c}_k\|^2}{\|\boldsymbol{h}_k\|^2+N_0}\right)\geqslant w_k\end{aligned}\tag{3.36}$$

定义 $\hat{\boldsymbol{h}}_k=(\boldsymbol{I}_L\otimes\boldsymbol{g}_k^{\mathrm{T}})\boldsymbol{s}-\boldsymbol{c}_k-\frac{1}{\rho_3}\boldsymbol{\mu}_k$ 和 $\hat{w}_k=v_k+\frac{1}{\rho_4}\eta_k$，则可以将式（3.36）重写为如下紧凑形式：

$$\begin{aligned}&\min_{\boldsymbol{h}_k,w_k}\ \frac{\rho_3}{2}\|\boldsymbol{h}_k-\hat{\boldsymbol{h}}_k\|^2+\frac{\rho_4}{2}|w_k-\hat{w}_k|^2\\&\text{s.t.}\ \log_2\left(1+\frac{\|\boldsymbol{c}_k\|^2}{\|\boldsymbol{h}_k\|^2+N_0}\right)\geqslant w_k\end{aligned}\tag{3.37}$$

以下分为两种情况进行讨论，求出每种情况对应的局部最优值，然后从中挑选得出最优值。

情况 A：当 $\|\hat{\boldsymbol{h}}_k\|<s(w_k)$ 时，$\boldsymbol{h}_k$ 平行于向量 $\hat{\boldsymbol{h}}_k$。这样 $\boldsymbol{h}_k$ 的优化问题就转换为

向量 $\boldsymbol{h}_k$ 的幅度 $\|\boldsymbol{h}_k\|$ 的优化问题：

$$\begin{aligned}&\min_{\boldsymbol{h}_k, w_k} \quad \frac{\rho_3}{2}\left(\|\boldsymbol{h}_k\|-\|\hat{\boldsymbol{h}}_k\|\right)^2+\frac{\rho_4}{2}(w_k-\hat{w}_k)^2\\&\text{s.t.} \quad 0\leqslant\|\boldsymbol{h}_k\|\leqslant s(w_k)\end{aligned} \tag{3.38}$$

式中，$s(w_k)=\sqrt{\frac{\|\boldsymbol{c}_k\|^2}{2^{w_k}-1}-N_0}$。

此时，可以获得最优解的闭合解析式：

$$\boldsymbol{h}_k=(\boldsymbol{I}_L\otimes\boldsymbol{g}_k^{\mathrm{T}})\boldsymbol{s}-\boldsymbol{c}_k-\frac{1}{\rho_3}\boldsymbol{\mu}_k \tag{3.39}$$

$$w_k=\begin{cases}\log_2\left(1+\dfrac{\|\boldsymbol{c}_{\mathrm{k}}\|^2}{\|\hat{\boldsymbol{h}}_k\|^2+N_0}\right), & \log_2\left(1+\dfrac{\|\boldsymbol{c}_{\mathrm{k}}\|^2}{\|\hat{\boldsymbol{h}}_k\|^2+N_0}\right)<\hat{w}_k\\ \max\{\hat{w}_k,0\}, & \log_2\left(1+\dfrac{\|\boldsymbol{c}_{\mathrm{k}}\|^2}{\|\hat{\boldsymbol{h}}_k\|^2+N_0}\right)\geqslant\hat{w}_k\end{cases} \tag{3.40}$$

情况 B：当 $\|\hat{\boldsymbol{h}}_k\|\geqslant s(w_k)$ 时，最优解发生在约束 $0\leqslant\|\hat{\boldsymbol{h}}_k\|\leqslant s(w_k)$ 的边界处，即 $\|\boldsymbol{h}_k\|=s(w_k)$。此时，式（3.37）可重新表示为

$$\begin{aligned}&\min_{\boldsymbol{h}_k, w_k} \quad \frac{\rho_3}{2}\frac{\|\boldsymbol{c}_k\|^2}{2^{w_k}-1}+\frac{\rho_4}{2}w_k^2-(\rho_4 v_k+\eta_k)w_k-\rho_3\Re\{[(\boldsymbol{I}_L\otimes\boldsymbol{g}_k^{\mathrm{T}})\boldsymbol{s}-\boldsymbol{c}_k-\frac{1}{\rho_3}\boldsymbol{\mu}_k]^{\mathrm{H}}\boldsymbol{h}_k\}\\&\text{s.t.} \quad \|\boldsymbol{h}_k\|^2=\frac{\|\boldsymbol{c}_k\|^2}{2^{w_k}-1}-N_0\end{aligned} \tag{3.41}$$

当 w_k 已知时，式（3.41）变成关于唯一变量 $\boldsymbol{h}_k$ 的优化问题，此时该优化问题的最优解具有如下形式：

$$\boldsymbol{h}_k=\frac{(\boldsymbol{I}_L\otimes\boldsymbol{g}_k^{\mathrm{T}})\boldsymbol{s}-\boldsymbol{c}_k-\frac{1}{\rho_3}\boldsymbol{\mu}_k}{\left\|(\boldsymbol{I}_L\otimes\boldsymbol{g}_k^{\mathrm{T}})\boldsymbol{s}-\boldsymbol{c}_k-\frac{1}{\rho_3}\boldsymbol{\mu}_k\right\|}\sqrt{\frac{\|\boldsymbol{c}_k\|^2}{2^{w_k}-1}-N_0} \tag{3.42}$$

将式（3.42）代入式（3.41），将其转换为关于唯一变量 w_k 的优化问题：

$$\min_{w_k} \quad \frac{\rho_3}{2}\frac{\|\boldsymbol{c}_k\|^2}{2^{w_k}-1}+\frac{\rho_4}{2}w_k^2-(\rho_4 v_k+\eta_k)w_k-\rho_3\left\|(\boldsymbol{I}_L\otimes\boldsymbol{g}_k^{\mathrm{T}})\boldsymbol{s}-\boldsymbol{c}_k-\frac{1}{\rho_3}\mu_k\right\|\sqrt{\frac{\|\boldsymbol{c}_k\|^2}{2^{w_k}-1}-N_0} \tag{3.43}$$

为了简化上述存在的根号、指数运算，引入变量：

$$t_k = \sqrt{\frac{\|\boldsymbol{c}_k\|^2}{2^{w_k}-1} - N_0} \tag{3.44}$$

用式（3.44）替换 w_k，将式（3.43）转换为变量 t_k 的优化问题：

$$\begin{aligned} &\min_{t_k} \quad h(t_k) = a_k t_k^2 + b_k t_k + c\ln^2\left(\frac{d_k}{t_k^2+e}+1\right) + f_k \ln\left(\frac{d_k}{t_k^2+e}+1\right) \\ &\text{s.t.} \quad t_k \in [0, \hat{h}_k] \end{aligned} \tag{3.45}$$

式中，$\hat{h}_k = \|\hat{\boldsymbol{h}}_k\|$；$a_k = \frac{\rho_3}{2} > 0$；$b_k = -\rho_3 \left\|(\boldsymbol{I}_L \otimes \boldsymbol{g}_k^{\mathrm{T}})\boldsymbol{s} - \boldsymbol{c}_k - \frac{1}{\rho_3}\boldsymbol{\mu}_k\right\| \leqslant 0$；$c = \frac{\rho_4}{2(\ln 2)^2} > 0$；$d_k = \|\boldsymbol{c}_k\|^2 > 0$；$e = N_0 > 0$；$f_k = -\frac{1}{\ln 2}(\rho_4 v_k + \eta_k)$。

以下从两种情况讨论式（3.45）的解，然后从中选取使目标函数最小的情况作为最终解。

情况 B1：当 $t_k = 0$ 时，目标函数获得最小值：

$$h(0) = c\ln^2\left(\frac{d_k}{e}+1\right) + f_k \ln\left(\frac{d_k}{e}+1\right) \tag{3.46}$$

情况 B2：当 $0 < t_k \leqslant \hat{h}_k$ 时，可以得到 $h(t_k)$ 的一阶微分为

$$\begin{aligned} h'(t_k) &= \frac{t_k}{(t_k^2+e)(t_k^2+d_k+e)}\left(-4cd_k \ln\left(\frac{d_k}{t_k^2+e}+1\right) - 2d_k f_k \right. \\ &\quad \left. + \frac{(2a_k t_k + b_k)(t_k^2+e)(t_k^2+d_k+e)}{t_k}\right) \\ &= \frac{t_k}{(t_k^2+e)(t_k^2+d_k+e)} g(t_k) = 0, \quad t_k \in (0, \hat{h}_k] \end{aligned} \tag{3.47}$$

其暗含：

$$\begin{aligned} g(t_k) &= -4cd_k \ln\left(\frac{d_k}{t_k^2+e}+1\right) + \frac{(2a_k t_k + b_k)(t_k^2+e)(t_k^2+d_k+e)}{t_k} - 2d_k f_k \\ &= 2a_k t_k^4 + b_k t_k^3 + 2a_k(d_k+2e)t_k^2 + b_k(d_k+2e)t_k - 2d_k f_k + 2a_k e(d_k+e) \\ &\quad + \frac{eb_k(d_k+e)}{t_k} - 4cd_k \ln\left(\frac{d_k}{t_k^2+e}+1\right) \\ &= 0 \end{aligned} \tag{3.48}$$

事实上，式（3.48）的根仍然难以获得。这里考虑将区间划分为若干个不重叠的子集。对于每一子集，分析其凹凸性，通过二分法获得该区间相应的根。为了获得一个合理的区间划分，我们首先对函数 $\mathrm{g}(t_k)$ 求导：

$$
\begin{aligned}
g'(t_k) &= 8a_k t_k^3 + 3b_k t_k^2 + 4a_k(d_k+2e)t_k + b_k(d_k+2e) - \frac{eb_k(d_k+e)}{t_k^2} \\
&\quad + 8cd_k^2 \frac{t_k}{(t_k^2+e)(t_k^2+d_k+e)} \\
&= \frac{1}{t_k^2(t_k^2+e)(t_k^2+d_k+e)}(8a_k t_k^9 + 3b_k t_k^8 + 12a_k(d_k+2e)t_k^7 \\
&\quad + 4b_k(d_k+2e)t_k^6 + [8a_k e(d_k+e) + 4a_k(d_k+2e)^2]t_k^5 \\
&\quad + [2b_k e(d_k+e) + b_k(d_k+2e)^2]t_k^4 + [4a_k e(d_k+e)(d_k+2e) \\
&\quad + 8cd_k^2]t_k^3 - b_k[e(d_k+e)]^2) \\
&= \frac{1}{t_k^2(t_k^2+e)(t_k^2+d_k+e)} L(t_k) = 0
\end{aligned}
\tag{3.49}
$$

显然，有

$$
\begin{aligned}
L(t_k) &= 8a_k t_k^9 + 3b_k t_k^8 + 12a_k(d_k+2e)t_k^7 + 4b_k(d_k+2e)t_k^6 \\
&\quad + [8a_k e(d_k+e) + 4a_k(d_k+2e)^2]t_k^5 \\
&\quad + [2b_k e(d_k+e) + b_k(d_k+2e)^2]t_k^4 \\
&\quad + [4a_k e(d_k+e)(d_k+2e) + 8cd_k^2]t_k^3 - b_k[e(d_k+e)]^2 \\
&= 0
\end{aligned}
\tag{3.50}
$$

注意，不同于 $h(t_k)$ 和 $g(t_k)$，此时 $L(t_k)$ 为一个典型的多项式函数。因此，可以采用 MATLAB 的命令 roots 获得 $L(t_k)=0$ 的所有实根，这些根也是 $g'(t_k)=0$ 的根。假设在区间 $(0,\hat{h}_k]$ 中有 r_1 个根，表示为 $0<\sigma_1<\sigma_2,\cdots<\sigma_{r1}\leqslant\hat{h}_k$。这样区间 $(0,\hat{h}_k]$ 可以划分为 r_1+1 个子区间：$(0,\sigma_1]$，$(\sigma_1,\sigma_2]$，…，$(\sigma_{r+1},\hat{h}_k]$。在每一个区间中，$g'(t_k)$ 保持相同符号，要么为正，要么为负。假设在区间 $(\sigma_k,\sigma_{k+1}]$ 两端点处，σ_k 和 σ_{k+1} 满足 $g(\sigma_k)g(\sigma_{k+1})<0$，则在区间 $(\sigma_k,\sigma_{k+1}]$ 内必然存在唯一的一个根，满足 $g(t_k)=0$。由于在该子区间内 $g'(t_k)$ 保持相同符号，因此可以通过二分法获得该区间内使 $g(t_k)=h'(t_k)=0$ 的唯一根。这样我们可以获得区间 $(0,\hat{h}_k]$ 内所有满足 $h'(t_k)=0$ 的取值，并将其代入函数 $h(t_k)$ 选取最小值，即函数在区间 $(0,\hat{h}_k]$ 内的全局最小值。记全局最小值对应的自变量取值为 $\tilde{t}_k$，则在情况②时最优的 w_k 和 $\boldsymbol{h}_k$ 具有如下形式：

$$
w_k = \log_2\left(\frac{\|\boldsymbol{c}_k\|^2}{\tilde{t}_k^2 + N_0} + 1\right) \tag{3.51}
$$

$$
\boldsymbol{h}_k = \frac{(\boldsymbol{I}_L \otimes \boldsymbol{g}_k^{\mathrm{T}})\boldsymbol{s} - \boldsymbol{c}_k - \dfrac{1}{\rho_3}\boldsymbol{\mu}_k}{\left\|(\boldsymbol{I}_L \otimes \boldsymbol{g}_k^{\mathrm{T}})\boldsymbol{s} - \boldsymbol{c}_k - \dfrac{1}{\rho_3}\boldsymbol{\mu}_k\right\|}\tilde{t}_k \tag{3.52}
$$

将式（3.39）、式（3.40）、式（3.51）和式（3.52）的结果分别代入式（3.37）的目标函数中，取得最小值的解就确定为式（3.37）的最优解。

步骤 3： 更新拉格朗日乘子：

$$\begin{aligned}
&\lambda^{(\tau+1)} = \lambda^{(\tau)} + \rho_1((\boldsymbol{s}^{(\tau+1)})^{\mathrm{H}}\boldsymbol{\Psi}_1\boldsymbol{s}^{(\tau+1)} - Q)\\
&\boldsymbol{\kappa}^{(\tau+1)} = \boldsymbol{\kappa}^{(\tau)} + \rho_2(\boldsymbol{y}^{(\tau+1)} - t^{(\tau+1)}\boldsymbol{s}^{(\tau+1)})\\
&\boldsymbol{\mu}_k^{(\tau+1)} = \mu_k^{(\tau+1)} + \rho_3(\boldsymbol{h}_k^{(\tau+1)} - (\boldsymbol{I}_L \otimes \boldsymbol{g}_k^{\mathrm{T}})\boldsymbol{s}^{(\tau+1)} + \boldsymbol{c}_k)\\
&\eta_k^{(\tau+1)} = \eta_k^{(\tau)} + \rho_4(v_k^{(\tau+1)} - w_k^{(\tau+1)})
\end{aligned} \tag{3.53}$$

3.3.2 式（3.10）对应问题求解

针对式（3.10）描述的分式优化问题，考虑引入边界变量重新描述总速率目标函数。此外，将具有不同阶次分子和分母的分式形式对应的克拉默-拉奥下界限制转换为凸约束形式。

引入辅助变量：

$$\begin{aligned}
&a = \boldsymbol{s}^{\mathrm{H}}\tilde{\boldsymbol{K}}_2(\phi,\theta)\boldsymbol{s}\\
&b = \boldsymbol{s}^{\mathrm{H}}\tilde{\boldsymbol{K}}_3(\phi,\theta)\boldsymbol{s}\\
&c = \boldsymbol{s}^{\mathrm{H}}\tilde{\boldsymbol{K}}_1(\phi,\theta)\boldsymbol{s}\\
&\boldsymbol{h}_k = (\boldsymbol{I}_L \otimes \boldsymbol{g}_k^{\mathrm{T}})\boldsymbol{s} - \boldsymbol{c}_k\\
&v_k = w_k
\end{aligned} \tag{3.54}$$

则式（3.10）可以转换为如下等价问题：

$$\begin{aligned}
&\min_{\boldsymbol{s},a,b,c,\boldsymbol{h}_k,v_k,w_k} \quad \sum_{k=1}^{K} -v_k\\
&\text{s.t.} \quad a = \boldsymbol{s}^{\mathrm{H}}\tilde{\boldsymbol{K}}_2(\phi,\theta)\boldsymbol{s}, \quad b = \boldsymbol{s}^{\mathrm{H}}\tilde{\boldsymbol{K}}_3(\phi,\theta)\boldsymbol{s}, \quad c = \boldsymbol{s}^{\mathrm{H}}\tilde{\boldsymbol{K}}_1(\phi,\theta)\boldsymbol{s}\\
&\boldsymbol{h}_k = (\boldsymbol{I}_L \otimes \boldsymbol{g}_k^{\mathrm{T}})\boldsymbol{s} - \boldsymbol{c}_k, \quad v_k = w_k, \quad \|\boldsymbol{s}\|^2 \leqslant E_s\\
&\log_2\left(1 + \frac{\|\boldsymbol{c}_k\|^2}{\|\boldsymbol{h}_k\|^2 + N_0}\right) \geqslant w_k, \quad \frac{a+b}{a \cdot b - c^2} \leqslant \frac{\sigma_r^2}{|\beta|^2}\varepsilon_{\Omega}
\end{aligned} \tag{3.55}$$

基于式（3.55），构造如下的拉格朗日函数：

$$\begin{aligned}
&\mathcal{L}_2(\boldsymbol{s},a,b,c,\boldsymbol{h}_k,v_k,w_k,\lambda_a,\lambda_b,\lambda_c,\boldsymbol{\mu}_k,\eta_k)\\
&= \sum_{k=1}^{K} -v_k + \Re\{\lambda_a^*(a - \boldsymbol{s}^{\mathrm{H}}\tilde{\boldsymbol{K}}_2(\phi,\theta)\boldsymbol{s})\} + \frac{\rho_1}{2}\left|a - \boldsymbol{s}^{\mathrm{H}}\tilde{\boldsymbol{K}}_2(\phi,\theta)\boldsymbol{s}\right|^2\\
&+ \Re\{\lambda_b^*(b - \boldsymbol{s}^{\mathrm{H}}\tilde{\boldsymbol{K}}_3(\phi,\theta)\boldsymbol{s})\} + \frac{\rho_2}{2}\left|b - \boldsymbol{s}^{\mathrm{H}}\tilde{\boldsymbol{K}}_3(\phi,\theta)\boldsymbol{s}\right|^2\\
&+ \Re\{\lambda_c^*(c - \boldsymbol{s}^{\mathrm{H}}\tilde{\boldsymbol{K}}_1(\phi,\theta)\boldsymbol{s})\} + \frac{\rho_3}{2}\left|c - \boldsymbol{s}^{\mathrm{H}}\tilde{\boldsymbol{K}}_1(\phi,\theta)\boldsymbol{s}\right|^2
\end{aligned}$$

$$+\sum_{k=1}^{K}\left(\Re\left\{\boldsymbol{\mu}_k^{\mathrm{H}}\left[\boldsymbol{h}_k-\left(\boldsymbol{I}_L\otimes\boldsymbol{g}_k^{\mathrm{T}}\right)\boldsymbol{s}+\boldsymbol{c}_k\right]\right\}+\frac{\rho_4}{2}\left\|\boldsymbol{h}_k-\left(\boldsymbol{I}_L\otimes\boldsymbol{g}_k^{\mathrm{T}}\right)\boldsymbol{s}+\boldsymbol{c}_k\right\|^2\right)$$

$$+\sum_{k=1}^{K}(\eta_k(v_k-w_k)+\frac{\rho_5}{2}\left|v_k-w_k\right|^2) \tag{3.56}$$

$$\text{s.t.}\ \ \|\boldsymbol{s}\|^2\leqslant E_s,\quad \log_2\left(1+\frac{\|\boldsymbol{c}_k\|^2}{\|\boldsymbol{h}_k\|^2+N_0}\right)\geqslant w_k,\quad \frac{a+b}{a\cdot b-c^2}\leqslant\frac{\sigma_r^2}{|\beta|^2}\varepsilon_\Omega$$

式中，$\{\lambda_a,\lambda_b,\lambda_c,\boldsymbol{\mu}_k,\eta_k\}$ 分别为对应于约束 $a=\boldsymbol{s}^{\mathrm{H}}\tilde{\boldsymbol{K}}_2(\phi,\theta)\boldsymbol{s}$、$b=\boldsymbol{s}^{\mathrm{H}}\tilde{\boldsymbol{K}}_3(\phi,\theta)\boldsymbol{s}$、$c=\boldsymbol{s}^{\mathrm{H}}\tilde{\boldsymbol{K}}_1(\phi,\theta)\boldsymbol{s}$、$\boldsymbol{h}_k=(\boldsymbol{I}_L\otimes\boldsymbol{g}_k^{\mathrm{T}})\boldsymbol{s}-\boldsymbol{c}_k$ 和 $v_k=w_k$ 的拉格朗日乘子；$\{\rho_1,\rho_2,\cdots,\rho_5\}$ 为相应的惩罚参数或步长。

类似于 3.3.1 节中的算法求解，这里考虑将变量 $\{\boldsymbol{s},a,b,c,\boldsymbol{h}_k,v_k,w_k,\lambda_a,\lambda_b,\lambda_c,\boldsymbol{\mu}_k,\eta_k\}$ 划分为三组，即 $\{a,b,c,\boldsymbol{h}_k,w_k\}$、$\{\boldsymbol{s},v_k\}$ 和 $\{\lambda_a,\lambda_b,\lambda_c,\boldsymbol{\mu}_k,\eta_k\}$，进而采用如下迭代步骤进行求解。

步骤 1：求解如下优化问题，更新变量 $\{a,b,c,\boldsymbol{h}_k,w_k\}$：

$$\begin{aligned}&\min_{a,b,c,\boldsymbol{h}_k,w_k}\ \ \mathcal{L}_2(a,b,c,\boldsymbol{h}_k,w_k)\\&\text{s.t.}\ \ \log_2\left(1+\frac{\|\boldsymbol{c}_k\|^2}{\|\boldsymbol{h}_k\|^2+N_0}\right)\geqslant w_k,\quad \frac{a+b}{a\cdot b-c^2}\leqslant\frac{\sigma_r^2}{|\beta|^2}\varepsilon_\Omega\end{aligned} \tag{3.57}$$

该问题进一步可以分解为如下两个更小规模的子问题：

$$\begin{aligned}&\min_{a,b,c}\ \ \mathcal{L}_2(a,b,c)\\&\text{s.t.}\ \ \frac{a+b}{a\cdot b-c^2}\leqslant\frac{\sigma_r^2}{|\beta|^2}\varepsilon_\Omega\end{aligned} \tag{3.58}$$

$$\begin{aligned}&\min_{\boldsymbol{h}_k,w_k}\ \ \mathcal{L}_2(\boldsymbol{h}_k,w_k)\\&\text{s.t.}\ \ \log_2\left(1+\frac{\|\boldsymbol{c}_k\|^2}{\|\boldsymbol{h}_k\|^2+N_0}\right)\geqslant w_k\end{aligned} \tag{3.59}$$

式（3.59）求解和式（3.35）比较类似，可以采用同样的方法求解。因此，本步骤聚焦于求解问题式（3.58）。注意式（3.58）可以写为如下形式：

$$\begin{aligned}\min_{a,b,c}\ \ &\Re\{\lambda_a^*(a-\boldsymbol{s}^{\mathrm{H}}\tilde{\boldsymbol{K}}_2(\phi,\theta)\boldsymbol{s})\}+\frac{\rho_1}{2}\left|a-\boldsymbol{s}^{\mathrm{H}}\tilde{\boldsymbol{K}}_2(\phi,\theta)\boldsymbol{s}\right|^2\\&+\Re\{\lambda_b^*(b-\boldsymbol{s}^{\mathrm{H}}\tilde{\boldsymbol{K}}_3(\phi,\theta)\boldsymbol{s})\}+\frac{\rho_2}{2}\left|b-\boldsymbol{s}^{\mathrm{H}}\tilde{\boldsymbol{K}}_3(\phi,\theta)\boldsymbol{s}\right|^2\\&+\Re\{\lambda_c^*(c-\boldsymbol{s}^{\mathrm{H}}\tilde{\boldsymbol{K}}_1(\phi,\theta)\boldsymbol{s})\}+\frac{\rho_3}{2}\left|c-\boldsymbol{s}^{\mathrm{H}}\tilde{\boldsymbol{K}}_1(\phi,\theta)\boldsymbol{s}\right|^2\\\text{s.t.}\ \ &\frac{a+b}{a\cdot b-c^2}\leqslant\frac{\sigma_r^2}{|\beta|^2}\varepsilon_\Omega\end{aligned} \tag{3.60}$$

进一步表达为如下紧凑形式：

$$\begin{aligned}\min_{a,b,c}\quad & \frac{\rho_1}{2}|a-\bar{a}|^2+\frac{\rho_2}{2}|b-\bar{b}|^2+\frac{\rho_3}{2}|c-\bar{c}|^2\\ \text{s.t.}\quad & \frac{a+b}{a\cdot b-c^2}\leqslant\varepsilon\end{aligned}\tag{3.61}$$

式中，$\bar{a}=\boldsymbol{s}^{\mathrm{H}}\tilde{\boldsymbol{K}}_2(\phi,\theta)\boldsymbol{s}-\dfrac{1}{\rho_1}\lambda_a$；$\bar{b}=\boldsymbol{s}^{\mathrm{H}}\tilde{\boldsymbol{K}}_3(\phi,\theta)\boldsymbol{s}-\dfrac{1}{\rho_2}\lambda_b$；$\bar{c}=\boldsymbol{s}^{\mathrm{H}}\tilde{\boldsymbol{K}}_1(\phi,\theta)\boldsymbol{s}-\dfrac{1}{\rho_3}\lambda_c$；$\varepsilon=\dfrac{\sigma_r^2}{|\beta|^2}\varepsilon_{\mathrm{DOA/D}}$。

将约束 $\dfrac{a+b}{a\cdot b-c^2}\leqslant\varepsilon$ 重写为

$$c^2\leqslant ab-\frac{1}{\varepsilon}(a+b)\tag{3.62}$$

上式两边乘以 2，然后不等式两端加上 $a^2+b^2+\dfrac{1}{\varepsilon^2}$ 可得

$$\begin{aligned}& a^2+b^2+2c^2+\frac{1}{\varepsilon^2}\leqslant a^2+b^2+2ab-\frac{2}{\varepsilon}(a+b)+\frac{1}{\varepsilon^2}\Rightarrow\\ & \left\|\begin{bmatrix}a & b & c & \dfrac{1}{\varepsilon}\end{bmatrix}^{\mathrm{T}}\right\|^2\leqslant\left|a+b-\frac{1}{\varepsilon}\right|^2\end{aligned}\tag{3.63}$$

这样式（3.61）可重写为如下等价形式：

$$\begin{aligned}\min_{a,b,c}\quad & \frac{\rho_1}{2}|a-\bar{a}|^2+\frac{\rho_2}{2}|b-\bar{b}|^2+\frac{\rho_3}{2}|c-\bar{c}|^2\\ \text{s.t.}\quad & \left\|\begin{bmatrix}a & b & c & \dfrac{1}{\varepsilon}\end{bmatrix}^{\mathrm{T}}\right\|^2\leqslant\left|a+b-\frac{1}{\varepsilon}\right|^2\end{aligned}\tag{3.64}$$

针对上述优化问题的约束 $\left\|\begin{bmatrix}a & b & c & \dfrac{1}{\varepsilon}\end{bmatrix}^{\mathrm{T}}\right\|^2\leqslant\left|a+b-\dfrac{1}{\varepsilon}\right|^2$，要么 $\left\|\begin{bmatrix}a & b & c & \dfrac{1}{\varepsilon}\end{bmatrix}^{\mathrm{T}}\right\|^2\leqslant a+b-\dfrac{1}{\varepsilon}$ 发生，要么 $\left\|\begin{bmatrix}a & b & c & \dfrac{1}{\varepsilon}\end{bmatrix}^{\mathrm{T}}\right\|^2\leqslant -a-b+\dfrac{1}{\varepsilon}$ 发生。注意，这两种情况针对的优化问题均为凸的 SOCP 问题。因此可以分别求解这两种情况对应的解，然后判断哪种情况获得的解具有更小的目标函数值，即选择哪种情况的解为式（3.64）的解。

步骤 2：求解如下优化问题，更新变量 $\{\boldsymbol{s},v_k\}$：

$$\begin{aligned}\min_{\boldsymbol{s},v_k}\quad & \mathcal{L}_2(\boldsymbol{s},v_k)\\ \text{s.t.}\quad & \|\boldsymbol{s}\|^2\leqslant E_s,\quad 0\leqslant v_k\leqslant\bar{v}_k\end{aligned}\tag{3.65}$$

进一步可以分解为两个更小规模的子问题：

$$\begin{aligned}&\min_{s}\quad \mathcal{L}_2(s)\\&\text{s.t.}\quad \|s\|^2\leqslant E_s\end{aligned}\tag{3.66}$$

$$\begin{aligned}&\min_{v_k}\quad \mathcal{L}_2(v_k)\\&\text{s.t.}\quad 0\leqslant v_k\leqslant \overline{v}_k\end{aligned}\tag{3.67}$$

由于式（3.66）对应的子问题可以通过 MATLAB 中提供的用于序列二次规划（sequential quadratic programming, SQP）问题的命令 fmincon 求解；而式（3.67）对应的问题可以重写为

$$\begin{aligned}&\min_{v_k}\quad \sum_{k=1}^{K}-v_k+\eta_k(v_k-w_k)+\frac{\rho_5}{2}|v_k-w_k|^2\\&\text{s.t.}\quad 0\leqslant v_k\leqslant \overline{v}_k\end{aligned}\tag{3.68}$$

式中，$\hat{v}_k=\dfrac{1}{\rho_5}(\rho_5 w_k+1-\eta_k)$，则使式（3.68）的闭合解析式解表示为

$$v_k=\begin{cases}0, & \hat{v}_k<0\\ \overline{v}_k, & \hat{v}_k>\overline{v}_k\\ \hat{v}_k, & \text{其他}\end{cases}\tag{3.69}$$

步骤 3：更新拉格朗日乘子 $\{\lambda_a,\lambda_b,\lambda_c,\boldsymbol{\mu}_k,\eta_k\}$：

$$\begin{aligned}\lambda_a^{(\tau+1)}&=\lambda_a^{(\tau)}+\rho_1(a^{(\tau+1)}-(\boldsymbol{s}^{(\tau+1)})^{\mathrm{H}}\tilde{\boldsymbol{K}}_2(\phi,\theta)\boldsymbol{s}^{(\tau+1)})\\ \lambda_b^{(\tau+1)}&=\lambda_b^{(\tau)}+\rho_2(b^{(\tau+1)}-(\boldsymbol{s}^{(\tau+1)})^{\mathrm{H}}\tilde{\boldsymbol{K}}_3(\phi,\theta)\boldsymbol{s}^{(\tau+1)})\\ \lambda_c^{(\tau+1)}&=\lambda_c^{(\tau)}+\rho_3(c^{(\tau+1)}-(\boldsymbol{s}^{(\tau+1)})^{\mathrm{H}}\tilde{\boldsymbol{K}}_1(\phi,\theta)\boldsymbol{s}^{(\tau+1)})\\ \boldsymbol{\mu}_k^{(\tau+1)}&=\boldsymbol{\mu}_k^{(\tau)}+\rho_4(\boldsymbol{h}_k^{(\tau+1)}-(\boldsymbol{I}_L\otimes\boldsymbol{g}_k^{\mathrm{T}})\boldsymbol{s}^{(\tau+1)}+\boldsymbol{c}_k)\\ \eta_k^{(\tau+1)}&=\eta_k^{(\tau)}+\rho_5(v_k^{(\tau+1)}-w_k^{(\tau+1)})\end{aligned}\tag{3.70}$$

迭代执行步骤 1～步骤 3，直至达到最大迭代次数或算法收敛。

3.4　仿 真 实 验

本章考虑由 $N_t=5$ 个天线构成的双静态 MIMO 双功能雷达通信系统。雷达接收阵列由 $N_r=4$ 个天线构成。其中，每个脉冲的码元数为 $L=16$，最大发射功率为 E_s=N_tL。

对于雷达端而言，目标的 DOD 和 DOA 分别为 $\theta=13^\circ$ 和 $\phi=9^\circ$。目标的反射系数为 $|\beta|=0.99$，雷达接收端的加性高斯白噪声方差为 $\sigma_r^2=1$。而通信端服务于 $K=2$ 个单天线用户。期望的星座符号矩阵通过归一化单位功率 QPSK 信号进行调制。除此之外，通信信道建模为瑞利衰减过程，即独立的信道系数服从均值为 0、方差为 $\sigma_g^2=0.2$ 的复高斯分布。

本章实验引入几个评价准则来评估本章算法的特性。对于雷达端来说，DOD 和 DOA 的参数估计特性通过均方根误差（root mean square error, RMSE）来评估，即 $\mathrm{RMSE}_{\Omega}=\sqrt{\frac{1}{I}\sum_{i=1}^{I}\left[\left(\hat{\theta}_i-\theta_i\right)^2+\left(\hat{\phi}_i-\phi_i\right)^2\right]}$。这里 $\{\hat{\theta}_i,\hat{\phi}_i\}$ 表示在所有 I 次蒙特卡罗运行中，对 DOD θ 和 DOA ϕ 的第 i 次估计值。另外，对于通信端来说，可以达到的总速率作为评价指标。

1. 实验 1：关于收敛特性、初始化、惩罚参数

该实验将从收敛特性、初始化、惩罚参数等几个方面来评价本章所提算法的性能。在所有仿真中，对偶变量或辅助变量均初始化为 0，通信段对于两个用户的信噪比设置为 25dB。

（1）算法 1（3.3.1 节算法）：算法 1 的惩罚参数设置为 $\rho_1=\rho_2=1$、$\rho_3=\rho_4=0.2$，最大迭代次数设置为 $N_{\max}=2000$。除此之外，变量 $\boldsymbol{y}^{(0)}$ 初始化为 $\sqrt{E_s}\frac{\boldsymbol{a}}{\|\boldsymbol{a}\|}$，其中，向量 $\boldsymbol{a}$ 的各元素通过高斯分布产生；另外 $\varepsilon_{\mathrm{sr}}$ 设定为 8bit/（s·Hz）。

对于算法 1，计算相应的残余误差 $\|\boldsymbol{y}^{\mathrm{H}}\boldsymbol{\Psi}\boldsymbol{y}-Q\|$、$\|\boldsymbol{y}-t\boldsymbol{s}\|$、$\max\limits_k\|v_k-w_k\|$、$\max\limits_k\|\boldsymbol{h}_k-(\boldsymbol{I}_L\otimes\boldsymbol{g}_k^{\mathrm{H}})\boldsymbol{s}+\boldsymbol{c}_k\|$，并将它们展示在图 3.1（a）中。除此之外，每次迭代计算的 tr（CRLB）、总速率的取值显示在图 3.1（b）和图 3.1（c）中。从结果可以看出：①残余误差随着迭代次数增加而减少；②目标函数随着迭代次数的增加收敛到局部最优值；③在足够的迭代次数之后，算法 1 的总速率达到设定的阈值 $\varepsilon_{\mathrm{sr}}$。

我们进一步测试不同初始化对算法收敛性的影响。该实验中惩罚参数设定为 $\rho_1=\rho_2=1$、$\rho_3=\rho_4=0.2$。从图 3.2 给出的实验结果可以看出，不同初始化获得的 tr（CRLB）在 2000 次迭代后几乎达到相同的收敛取值，而相应的总速率也达到相同的预指定阈值。

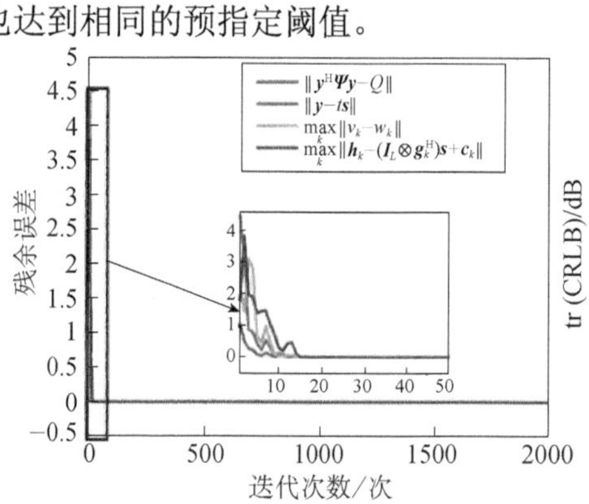

(a) 残余误差随迭代次数变化曲线（见彩图）

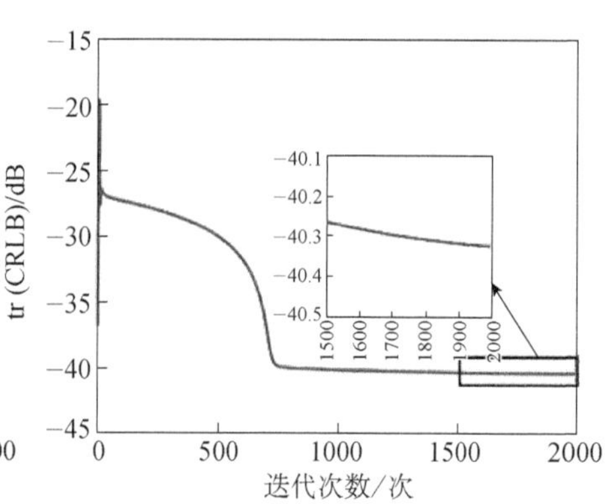

(b) tr(CRLB)随迭代次数变化曲线

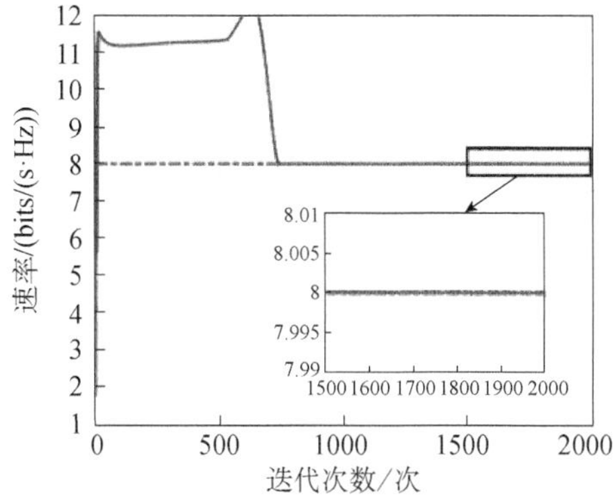

（c）SR随迭代次数变化曲线

图 3.1　算法 1 收敛特性测试

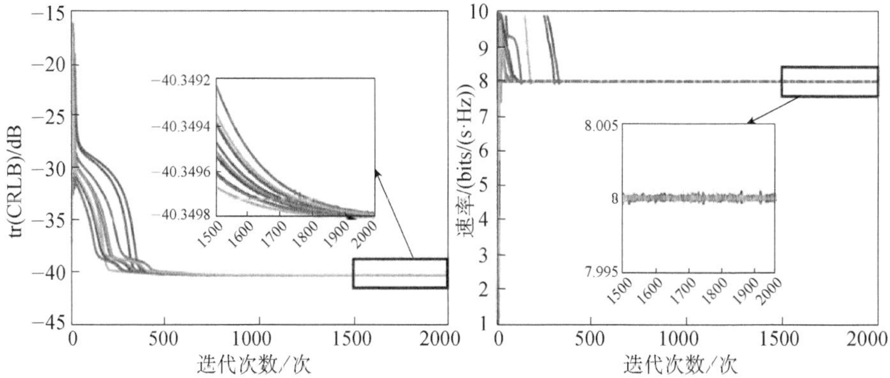

（a）不同初始化时tr(CRLB)随迭代次数变化曲线　（b）不同初始化时SR随迭代次数变化曲线

图 3.2　不同初始化对算法 1 影响分析

接下来测试惩罚参数对收敛特性的影响。本实验中的惩罚参数设定为 $\rho_1=\rho_2=\rho_0$、$\rho_3=\rho_4=0.2\rho_0$。最大迭代次数设定为 $N_{\max}=8000$。当 ρ_0 以步长 0.5 从 1 变化到 4.5 时，计算相应的 tr（CRLB）和 SR 值，并在图 3.3 中展示。从结果可以看出，算法对较宽范围的惩罚参数不敏感。

（2）算法 2（3.3.2 节算法）：对于算法 2，设定惩罚参数为 $\rho_1=10^{-2}$、$\rho_2=5\times10^{-3}$、$\rho_3=10^{-2}$、$\rho_4=\rho_5=10^{-1}$。最大迭代次数设定为 $N_{\max}=2500$。除此之外，将 $\varepsilon_{\text{DOA/DOD}}=-40\text{dB}$ 设定为 CRLB 的阈值。进一步地，变量 $\boldsymbol{s}^{(0)}$ 初始化为 $\dfrac{\sqrt{E_s}}{\|\boldsymbol{q}\|}\boldsymbol{q}$，其中，$\boldsymbol{q}$ 的各元素服从均值为 0、方差为 1 的高斯分布。

相似地，计算算法 2 获得的残余误差并显示在图 3.4（a）中；而 tr（CRLB）和 SR 值展示在图 3.4（b）和图 3.4（c）中。从结果可以看出：①残余误差随着迭代次数增加而减少；②迭代充分后，CRLB 可以达到相应的阈值；③SR 目标函数在充分迭代后收敛到局部最优值。

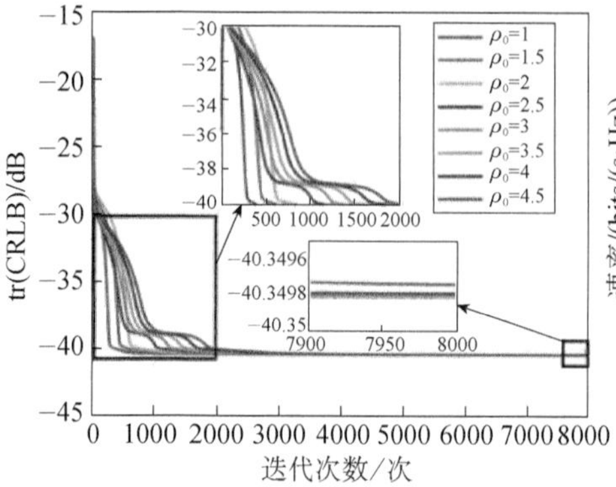

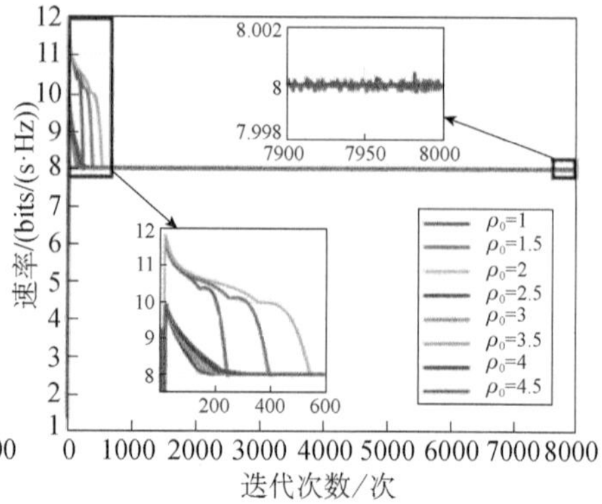

(a) 不同惩罚参数时tr(CRLB)随迭代次数变化曲线　(b) 不同惩罚参数时SR随迭代次数变化曲线

图 3.3　不同惩罚参数对算法 1 的影响分析（见彩图）

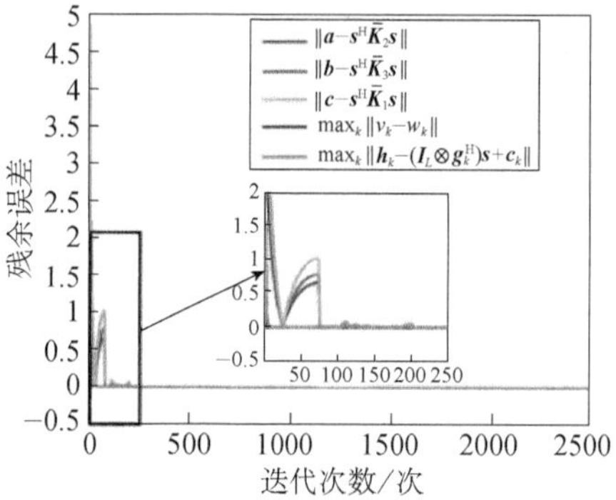

(a) 残余误差随迭代次数变化曲线（见彩图）

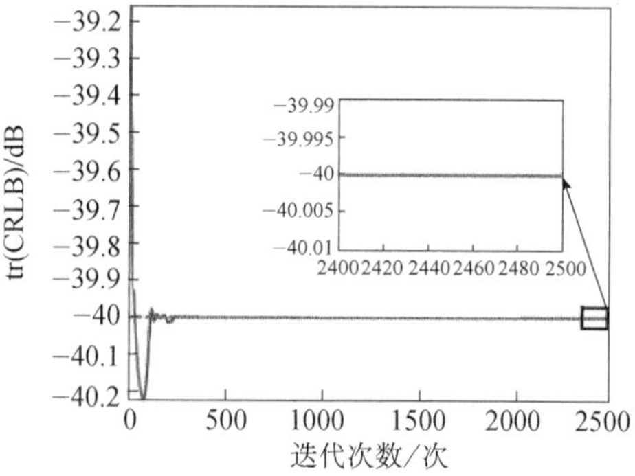

(b) tr(CRLB)随迭代次数变化曲线

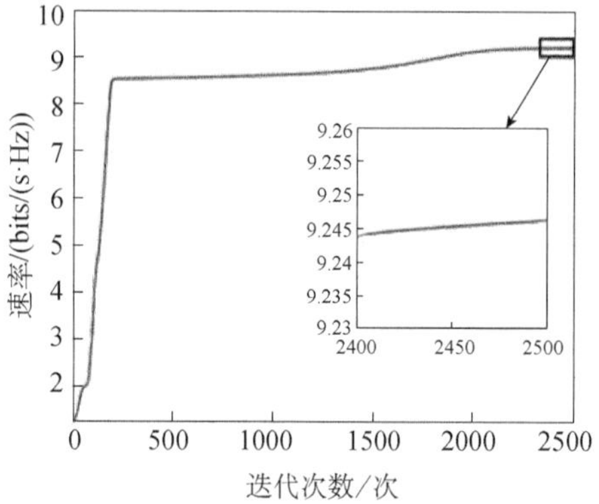

(c) SR随迭代次数变化曲线

图 3.4　算法 2 收敛特性测试

2. 实验 2：关于 CRLB、SR 和 RMSE 特性

该实验调查各个算法的 CRLB、SR 和 RMSE 特性。

(1) tr（CRLB）和 det（FIM）的比较：尽管 det（FIM）最大化准则易于执行，且经常用作 min（CRLB）的替代品，但本质上这两种准则并不等价。在本实验中，我们用 max det（FIM）替换式（3.13）中的目标函数，记为$\hat{P}_1$，进行仿真表明它们之间的差异，即

$$\begin{aligned}&\max_{X}\ \det(\boldsymbol{F})\\&\text{s.t.}\ \ \text{SR}\geqslant\varepsilon_{\text{sr}},\quad \|\boldsymbol{X}\|^2=E_s\end{aligned}\tag{3.71}$$

除ε_{sr}外，采用和实验 1 相同的参数配置执行算法 1。当ε_{sr}从 2 变化到 16 时，在不同通信 SNR 配置时（SNR=15dB，SNR=25dB），通过优化式（3.71）获得的波形计算相应的 CRLB，如图 3.5 所示。从结果可以看出：①通信 SNR 越高，则获得的 tr（CRLB）越小；②ε_{sr}越小，则获得的 tr（CRLB）越小；③当采用标准的 tr（CRLB）评价准则时，由于算法 1 优化时就采用的是这个准则，因此算法 1 可以获得比$\hat{P}_1$更好的性能指标。

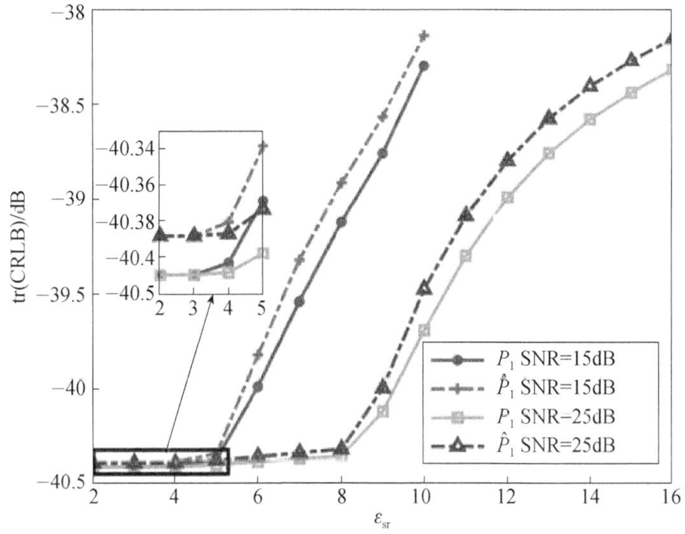

图 3.5　tr（CRLB）和 det（FIM）比较

接下来，当通信 SNR 设定为 25dB、ε_{sr}设定为 15 时，运行算法 1 和求解$\hat{P}_1$，将获得的 RMSE 值显示在图 3.6 中。从图中可以看出，算法 1 可以达到更好的 CRLB 以及更低的 RMSE。

（2）SR 和 MUI 的比较：尽管 MUI 经常用作 SR 的替代品，但他们本质上是不等价的。在该例子中，我们用 MUI 代替算法 2 中的目标函数，记为$\hat{P}_2$，即

$$\begin{aligned}&\min_{X}\ \text{MUI}\\&\text{s.t.}\ \ \text{tr(CRLB)}\leqslant\frac{\sigma_r^2}{|\beta|^2}\varepsilon_{\Omega},\quad \|\boldsymbol{X}\|^2\leqslant E_s\end{aligned}\tag{3.72}$$

和算法 2 进行合理比较。

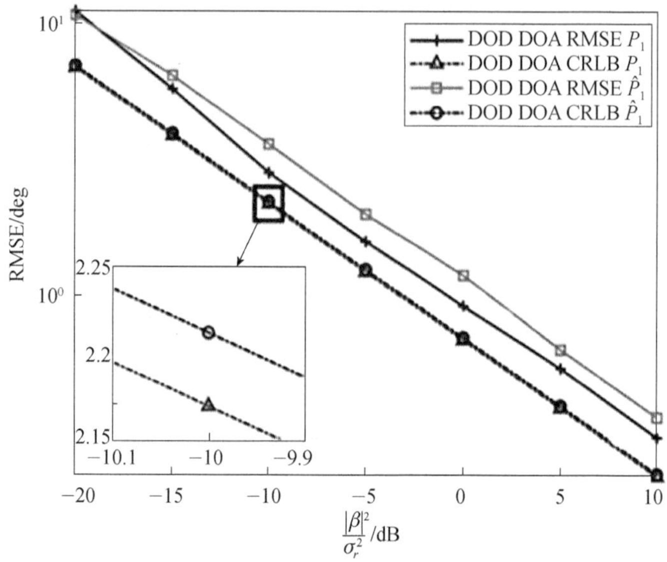

图 3.6　RMSE 随 SNR 变化曲线

当 ε_Ω 从 1.0×10^{-4} 变化到 1.7×10^{-4}，且通信 SNR 分别设定为 15dB 和 25dB 时，运行算法 2 和求解 $\hat{P}_2$，并将获得的 SR 显示在图 3.7 中。从结果可以看出：①通信 SNR 越高，获得的 SR 越大；②在 ε_Ω 取值较小的区域，算法 2 获得了更大的 SR；③当 ε_Ω 大于 1.4×10^{-4} 时，由于算法 2 具有更大的自由度，因此特性优于 $\hat{P}_2$。

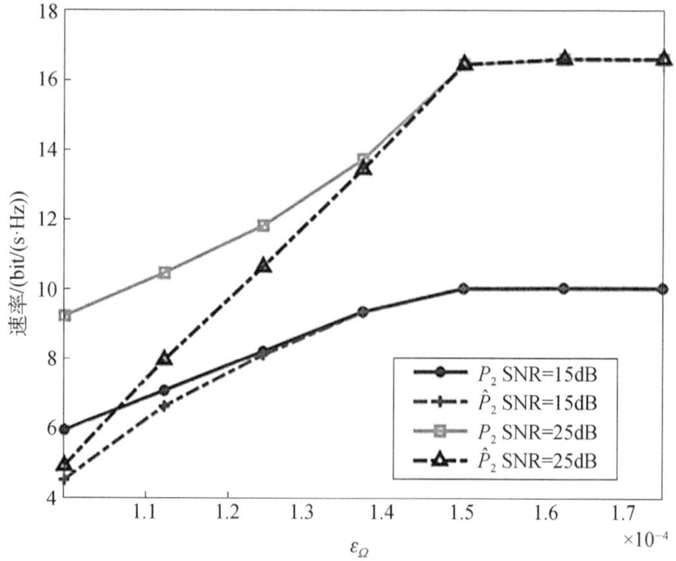

图 3.7　SR 和 MUI 比较

（3）RMSE 和 SNR 的关系：本实验研究雷达 SNR 对性能的影响。DOD 和

DOA 的联合 RMSE 通过最大似然方法得到，如图 3.8 和图 3.9 所示。从结果可以看出：①ε_{Ω} 阈值越小，则获得的 RMSE 越小；②$\varepsilon_{\mathrm{sr}}$ 阈值越大，则获得的 RMSE 越大；③雷达 SNR 越大，则 RMSE 越小。

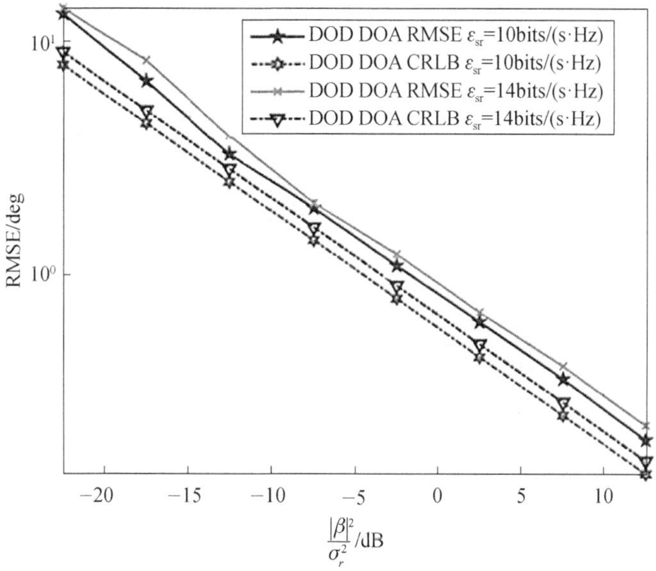

图 3.8　不同 $\varepsilon_{\mathrm{sr}}$ 阈值时 RMSE 随 SNR 变化曲线

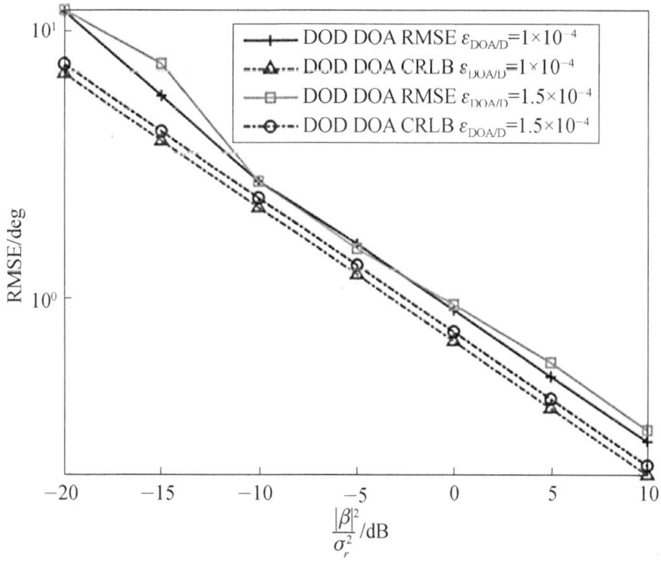

图 3.9　不同 $\varepsilon_{\mathrm{DOA/DOD}}$ 阈值时 RMSE 随 SNR 变化曲线

3.5 本章小结

本章已经设计了能够同时进行雷达感知和多用户通信的双静态 MIMO 通信感知双功能波形。其导出的分式优化框架很好地解决了基于 CRLB 的雷达特性评价准则和基于 SR 的通信特性评价准则。仿真结果表明了本章所提算法的有效性。

附录 关于 CRLB 的推导

$$\boldsymbol{B}(n,\theta,\phi)=\begin{bmatrix} b_n\exp(\mathrm{j}\pi(b_n\sin(\phi)+d_1\sin(\theta))) \\ \vdots \\ b_n\exp(\mathrm{j}\pi(b_n\sin(\phi)+d_{N_t}\sin(\theta))) \end{bmatrix} \tag{3.73}$$

$$\boldsymbol{D}(n,\theta,\phi)=\begin{bmatrix} d_1\exp(\mathrm{j}\pi(b_n\sin(\phi)+d_1\sin(\theta))) \\ \vdots \\ d_{N_t}\exp(\mathrm{j}\pi(b_n\sin(\phi)+d_{N_t}\sin(\theta))) \end{bmatrix} \tag{3.74}$$

$$\begin{aligned} &\boldsymbol{K}_1(\phi,\theta)=q^*(\phi)q(\theta)\sum_{n=1}^{N_r}\boldsymbol{B}^*(n,\theta,\phi)\boldsymbol{D}^{\mathrm{T}}(n,\theta,\phi) \\ &\boldsymbol{K}_2(\phi,\theta)=q^*(\phi)q(\phi)\sum_{n=1}^{N_r}\boldsymbol{B}^*(n,\theta,\phi)\boldsymbol{B}^{\mathrm{T}}(n,\theta,\phi) \end{aligned} \tag{3.75}$$

$$\begin{aligned} &\boldsymbol{K}_3(\phi,\theta)=q^*(\theta)q(\theta)\sum_{n=1}^{N_r}\boldsymbol{D}^*(n,\theta,\phi)\boldsymbol{D}^{\mathrm{T}}(n,\theta,\phi) \\ &\boldsymbol{K}_4(\phi,\theta)=q^*(\theta)q(\phi)\sum_{n=1}^{N_r}\boldsymbol{D}^*(n,\theta,\phi)\boldsymbol{B}^{\mathrm{T}}(n,\theta,\phi) \end{aligned} \tag{3.76}$$

式中，$q(\theta)=\pi\cos(\theta)$；$q(\phi)=\pi\cos(\phi)$。

$$\begin{aligned} \frac{\partial \ln p}{\partial\phi}&=\frac{1}{2\sigma_r^2}\sum_{n=1}^{N_r}\sum_{m=1}^{L}\left[\frac{\partial Q_{[n,m]}^*}{\partial\phi}\mathbb{R}_{[n,m]}-\frac{\partial Q_{[n,m]}^*}{\partial\phi}Q[n,m]+\frac{\partial Q_{[n,m]}}{\partial\phi}\mathbb{R}_{[n,m]}^*-\frac{\partial Q_{[n,m]}}{\partial\phi}Q_{[n,m]}^*\right] \\ \frac{\partial \ln p}{\partial\theta}&=\frac{1}{2\sigma_r^2}\sum_{n=1}^{N_r}\sum_{m=1}^{L}\left[\frac{\partial Q_{[n,m]}^*}{\partial\theta}\mathbb{R}_{[n,m]}-\frac{\partial Q_{[n,m]}^*}{\partial\theta}Q[n,m]+\frac{\partial Q_{[n,m]}}{\partial\theta}\mathbb{R}_{[n,m]}^*-\frac{\partial Q_{[n,m]}}{\partial\theta}Q_{[n,m]}^*\right] \end{aligned} \tag{3.77}$$

$$\mathrm{E}\left\{\frac{\partial^2\ln p}{\partial\phi\partial\theta}\right\}=-\mathrm{vec}^{\mathrm{H}}(\boldsymbol{X})(\boldsymbol{I}_L\otimes\tilde{\boldsymbol{K}}_1(\phi,\theta))\mathrm{vec}(\boldsymbol{X}) \tag{3.78}$$

$$\mathrm{E}\left\{\frac{\partial^2 \ln p}{\partial \phi^2}\right\} = -\mathrm{vec}^{\mathrm{H}}(\boldsymbol{X})(\boldsymbol{I}_L \otimes \tilde{\boldsymbol{K}}_2(\phi,\theta))\mathrm{vec}(\boldsymbol{X}) \tag{3.79}$$

$$\mathrm{E}\left\{\frac{\partial^2 \ln p}{\partial \theta^2}\right\} = -\mathrm{vec}^{\mathrm{H}}(\boldsymbol{X})(\boldsymbol{I}_L \otimes \tilde{\boldsymbol{K}}_3(\phi,\theta))\mathrm{vec}(\boldsymbol{X}) \tag{3.80}$$

$$\mathrm{E}\left\{\frac{\partial^2 \ln p}{\partial \theta \partial \phi}\right\} = -\mathrm{vec}^{\mathrm{H}}(\boldsymbol{X})(\boldsymbol{I}_L \otimes \tilde{\boldsymbol{K}}_4(\phi,\theta))\mathrm{vec}(\boldsymbol{X}) \tag{3.81}$$

$$\tilde{\boldsymbol{K}}_i(\phi,\theta) = \frac{|\beta|^2}{2\sigma_r^2}\boldsymbol{I}_L \otimes (\boldsymbol{K}_i(\phi,\theta) + \boldsymbol{K}_i^{\mathrm{H}}(\phi,\theta)) \tag{3.82}$$

参 考 文 献

[1] Liu F, Liu Y F, Li A, et al. Cramer-Rao bound optimization for joint radar-communication beamforming[J]. IEEE Transactions on Signal Processing, 2022, 70: 240-253.

[2] Cano J C, Berrios V, Garcia B, et al. Evolution of IoT: An industry perspective[J]. IEEE Internet of Things Magazine, 2018, 1(2): 12-17.

[3] Akyildiz I F, Su W, Sankarasubramaniam Y, et al. A survey on sensor networks[J]. IEEE Communications Magazine, 2002, 40(8): 102-114.

[4] Huang S, Zhang M, Gao Y C, et al. MIMO radar aided mmWave time-varying channel estimation in MU-MIMO V2X communications[J]. IEEE Transactions on Wireless Communications, 2021, 20(11): 7581-7594.

[5] Akan O B, Arik M. Internet of radars: Sensing versus sending with joint radar-communications[J]. IEEE Communications Magazine, 2020, 58(9): 13-19.

[6] Mishra K V, Shankar M RB, Koivunen V, et al. Toward millimeter-wave joint radar communications: A signal processing perspective[J]. IEEE Signal Processing Magazine, 2019, 36(5): 100-114.

[7] Hassanien A, Amin M G, Aboutanios E, et al. Dual-function radar communication systems: A solution to the spectrum congestion problem[J]. IEEE Signal Processing Magazine, 2019, 36(5): 115-126.

[8] Zheng L, Lops M, Eldar Y C, et al. Radar and communication coexistence: An overview: A review of recent methods[J]. IEEE Signal Processing Magazine, 2019, 36(5): 85-99.

[9] Cheng Z Y, Liao B, Shi S N, et al. Co-design for overlaid MIMO radar and downlink MISO communication systems via Cramer-Rao bound minimization[J]. IEEE Transactions on Signal Processing, 2019, 67(24): 6227-6240.

[10] Li B, Petropulu A P. Joint transmit designs for coexistence of MIMO wireless communications

and sparse sensing radars in clutter[J]. IEEE Transactions on Aerospace and Electronic Systems, 2017, 53(6): 2846-2864.

[11] Feng Z Y, Fang Z X, Wei Z Q, et al. Joint radar and communication: A survey[J]. China Communications, 2020, 17(1): 1-27.

[12] Liu F, Zhou L F, Masouros C, et al. Toward dual-functional radar-communication systems: Optimal waveform design[J]. IEEE Transactions on Signal Processing, 2018, 66(16): 4264-4279.

[13] Cheng Z Y, Han C L, Liao B, et al. Communication-aware waveform design for MIMO radar with good transmit beampattern[J]. IEEE Transactions on Signal Processing, 2018, 66(21): 5549-5562.

[14] Liu F, Masouros C, Li A, et al. MIMO radar and cellular coexistence: A power-efficient approach enabled by interference exploitation[J]. IEEE Transactions on Signal Processing, 2018, 66(14): 3681-3695.

[15] Nunn C, Moyer L R. Spectrally-compliant waveforms for wideband radar[J]. IEEE Aerospace and Electronic Systems Magazine, 2012, 27(8): 11-15.

[16] He Y H, Cai Y L, Mao H, et al. RIS-assisted communication radar coexistence: Joint beamforming design and analysis[J]. IEEE Journal on Selected Areas in Communications, 2022, 40(7): 2131-2145.

[17] Grossi E, Lops M, Venturino L. Energy efficiency optimization in radar-communication spectrum sharing[J]. IEEE Transactions on Signal Processing, 2021, 69: 3541-3554.

[18] Rihan M, Huang L. Optimum co-design of spectrum sharing between MIMO radar and MIMO communication systems: An interference alignment approach[J]. IEEE Transactions on Vehicular Technology, 2018, 67(12): 11667-11680.

[19] Wu K, Zhang J A, Huang X J, et al. Frequency-hopping MIMO radar-based communications: An overview[J]. IEEE Aerospace and Electronic Systems Magazine, 2022, 37(4): 42-54.

[20] Tsinos C G, Arora A, Chatzinotas S, et al. Joint transmit waveform and receive filter design for dual-function radar-communication systems[J]. IEEE Journal of Selected Topics in Signal Processing, 2021, 15(6): 1378-1392.

[21] Wang X R, Hassanien A, Amin M G. Dual-function MIMO radar communications system design via sparse array optimization[J]. IEEE Transactions on Aerospace and Electronic Systems, 2019, 55(3): 1213-1226.

[22] Tedesso T W, Romero R. Code shift keying based joint radar and communications for EMCON applications[J]. Digital Signal Processing, 2018, 80: 48-56.

[23] Hassanien A, Amin M G, Zhang Y D, et al. Dual-function radar-communications: Information embedding using sidelobe control and waveform diversity[J]. IEEE Transactions on Signal Processing, 2016, 64(8): 2168-2181.

[24] Hassanien A, Amin M G, Zhang Y D, et al. Phase-modulation based dual-function radar-

communications[J]. IET Radar, Sonar & Navigation, 2016, 10(8): 1411-1421.
[25] Stoica P, Li J, Xie Y. On probing signal design for MIMO radar[J]. IEEE Transactions on Signal Processing, 2007, 55(8): 4151-4161.
[26] Li J, Stoica P, Xu L Z, et al. On parameter identifiability of MIMO radar[J]. IEEE Signal Processing Letters, 2007, 14(12): 968-971.
[27] Tang B, Tang J, Zhang Y, et al. Maximum likelihood estimation of DOD and DOA for bistatic MIMO radar[J]. Signal Processing, 2013, 93(5): 1349-1357.
[28] Zheng Z, Guo N, Wang W Q. Angle estimation for bistatic MIMO radar using one-bit sampling via atomic norm minimization[J]. IEEE Transactions on Aerospace and Electronic Systems, 2022, 58(6): 5815-5822.
[29] Zhang X F, Xu L Y, Xu L, et al. Direction of departure (DOD) and direction of arrival (DOA) estimation in MIMO radar with reduced-dimension music[J]. IEEE Communications Letters, 2010, 14(12): 1161-1163.
[30] kay S. Fundamentals of Statistical Signal Processing, Volume I: Estimation Theory[M]. Upper Saddle River: Pearson, 1993.
[31] Nguyen N H, Dogancay K. Optimal geometry analysis for multistatic TOA localization[J]. IEEE Transactions on Signal Processing, 2016, 64(16): 4180-4193.
[32] Sadeghi M, Behnia F, Amiri R. Optimal sensor placement for 2-D range-only target localization in constrained sensor geometry[J]. IEEE Transactions on Signal Processing, 2020, 68: 2316-2327.
[33] Kim M, Park J, Lee J. Precoding design for multi-user MISO systems with delay-constrained and-tolerant users[J]. IEEE Transactions on Wireless Communications, 2022, 21(7): 5090-5105.
[34] Bo Z, Liu R, Li M, et al. Deep learning based efficient symbol-level precoding design for MU-MISO systems[J]. IEEE Transactions on Vehicular Technology, 2021, 70(8): 8309-8313.
[35] He P, Zhao L. Solving a class of sum power minimization problems by generalized water-filling[J]. IEEE Transactions on Wireless Communications, 2015, 14(12): 6792-6804.
[36] Kobayashi M, Caire G. An iterative water-filling algorithm for maximum weighted sum-rate of Gaussian MIMO-BC[J]. IEEE Journal on Selected Areas in Communications, 2006, 24(8): 1640-1646.
[37] Valiulahi I, Masouros C, Salem A, et al. Antenna selection for energy-efficient dual-functional radar-communication systems[J]. IEEE Wireless Communications Letters, 2022, 11(4): 741-745.
[38] Cheng Z Y, Shi S N, He Z S, et al. Transmit sequence design for dual-function radar-communication system with one-bit DACs[J]. IEEE Transactions on Wireless Communications, 2021, 20(9): 5846-5860.
[39] Wang X Y, Fei Z S, Huang J X, et al. Joint waveform and discrete phase shift design for RIS-assisted integrated sensing and communication system under Cramer-Rao bound constraint[J].

IEEE Transactions on Vehicular Technology, 2022, 71(1): 1004-1009.

[40] Liu F, Masouros C, Ratnarajah T, et al. On range sidelobe reduction for dual-functional radar-communication waveforms[J]. IEEE Wireless Communications Letters, 2020, 9(9): 1572-1576.

[41] Martos B, Andrew, Whinston V. Hyperbolic programming[J]. Naval Research Logistics Quarterly, 1964, 11(2): 135-155.

[42] Dinkelbach W. On nonlinear fractional programming[J]. Management Science, 1967, 13(7): 492-498.

[43] Charnes A, Cooper W W. Programming with linear fractional functionals[J]. Naval Research Logistics Quarterly, 1962, 9(3/4): 181-186.

[44] Shen K, Yu W. Fractional programming for communication systems-part I: Power control and beamforming[J]. IEEE Transactions on Signal Processing, 2018, 66(10): 2616-2630.

[45] Zappone A, Jorswieck E. Energy efficiency in wireless networks via fractional programming theory[J]. Foundations and Trends in Communications and Information Theory, 2015, 11(3/4): 185-396.

[46] Aubry A, De Maio A, Naghsh M M. Optimizing radar waveform and Doppler filter bank via generalized fractional programming[J]. IEEE Journal of Selected Topics in Signal Processing, 2015, 9(8): 1387-1399.

[47] Aubry A, Carotenuto V, De Maio A. New results on generalized fractional programming problems with toeplitz quadratics[J]. IEEE Signal Processing Letters, 2016, 23(6): 848-852.

[48] De Maio A, Huang Y W, Palomar D P, et al. Fractional QCQP with applications in ML steering direction estimation for radar detection[J]. IEEE Transactions on Signal Processing, 2011, 59(1): 172-185.

[49] Maio A, Huang Y. New results on fractional QCQP with applications to radar steering direction estimation[J]. IEEE Signal Processing Letters, 2014, 21(7): 895-898.

[50] Li Q Z, Zhang Q, Qin J Y. A special class of fractional QCQP and its applications on cognitive collaborative beamforming[J]. IEEE Transactions on Signal Processing, 2014, 62(8): 2151-2164.

[51] Pizzo A, Zappone A, Sanguinetti L. Solving fractional polynomial problems by polynomial optimization theory[J]. IEEE Signal Processing Letters, 2018, 25(10): 1540-1544.

[52] Shen K M, Yu W, Zhao L C, et al. Optimization of MIMO device-to-device networks via matrix fractional programming: A minorization-maximization approach[J]. ACM Transactions on Networking, 2019, 27(5): 2164-2177.

[53] Tang B, Wang H, Qin L L, et al. Waveform design for dual-function MIMO radar-communication systems[C].2020 IEEE 11th Sensor Array and Multichannel Signal Processing Workshop (SAM). Hangzhou, IEEE, 2020: 1-5.

[54] Dai J S, Ye Z F, Xu X. Power allocation for maximizing the minimum rate with QoS

constraints[J]. IEEE Transactions on Vehicular Technology, 2009, 58(9): 4989-4996.

[55] Rui L Y, Ho K C. Elliptic localization: Performance study and optimum receiver placement[J]. IEEE Transactions on Signal Processing, 2014, 62(18): 4673-4688.

[56] Boyd S. Distributed optimization and statistical learning via the alternating direction method of multipliers[J]. Foundations and Trends in Machine Learning, 2010, 3(1): 1-122.

[57] Hong M Y, Luo Z Q, Razaviyayn M. Convergence analysis of alternating direction method of multipliers for a family of nonconvex problems[C].2015 IEEE International Conference on Acoustics, Speech and Signal Processing (ICASSP). IEEE, 2015: 3836-3840.

[58] Liang J L, So H C, Li J, et al. Unimodular sequence design based on alternating direction method of multipliers[J]. IEEE Transactions on Signal Processing, 2016, 64(20): 5367-5381.

[59] Liang J L, Fan X H, So H C, et al. Array beampattern synthesis without specifying lobe level masks[J]. IEEE Transactions on Antennas and Propagation, 2020, 68(6): 4526-4539.

[60] Li J, Stoica P, Wang Z S. On robust Capon beamforming and diagonal loading[J]. IEEE Transactions on Signal Processing, 2003, 51(7): 1702-1715.

[61] Abadi E M, Goken C, Ozturk C, et al. Optimal power allocation and optimal linear encoding for parameter estimation in the presence of a smart eavesdropper[J]. IEEE Transactions on Signal Processing, 2022, 70: 4093-4108.

[62] Sadeghi M, Behnia F, Amiri R. Optimal geometry analysis for TDOA-based localization under communication constraints[J]. IEEE Transactions on Aerospace and Electronic Systems, 2021, 57(5): 3096-3106.

[63] Wang M Y. An optimum design for 3-D fixture synthesis in a point set domain[J]. IEEE Transactions on Robotics and Automation, 2000, 16(6): 839-846.

[64] Tsinos C G, Ottersten B. An efficient algorithm for unit-modulus quadratic programs with application in beamforming for wireless sensor networks[J]. IEEE Signal Processing Letters, 2018, 25(2): 169-173.

[65] Wen Z W, Yang C, Liu X, et al. Alternating direction methods for classical and ptychographic phase retrieval[J]. Inverse Problems, 2012, 28(11): 115010.

第4章　基于符号距离/方向判别的MIMO-DFRC系统波形设计

本章首先给出通信符号判别的背景知识，其次提出基于通信符号判别及MIMO雷达到达角和离开角克拉默-拉奥下界指标的波形设计方法，并扩展至方向判别的机制，最后给出仿真结果验证本章所提方法的有效性。

4.1　背景知识

5G时代和6G时代给高精度感知和高质量无线通信引用带来了极大的支持[1]。可是，这些剧增的高性能业务的蓬勃发展增加了频谱、时间、空间资源的危机。用于雷达和通信之间资源有效分配的集成感知和通信（integrated sensing and communication，ISAC）已成为将来网络的关键技术之一，并受到了广泛关注[2-4]。

根据雷达系统和通信系统集成的程度，可以分为两种：①共存方法；②双功能方法。在第一种方法中，雷达部分和通信部分分别利用自己的平台和波形实现各自功能。其中一方将另外一方看作合作者，最终形成一个完整系统。确切地讲，两个子系统的发射机和接收机联合设计，并最小化一方对另外一方带来的干扰效应[5-9]。在第二种方法中，两种子系统使用一个单一的平台[10-14]，这样能够有效节省硬件资源，提高集成增益[3,15]。一方面，感知部分能够通过双功能波形检测偷听者的存在，为通信业务保证物理层安全[16]。另一方面，通信部分有助于形成雷达网络，加强单一雷达平台的感知能力[17]。文献[11]研究了双功能发射波形和接收波束形成的联合设计问题，可以改善通信的服务质量并最大化雷达端的信干噪比。文献[13]通过正交频分复用信号实现了可靠通信链路以及最大化雷达目标检测概率双重功能。除此之外，文献[14]设计智能波形实现了数据传输以及雷达感知双功能。进一步地，波形设计技术可以和天线阵列技术结合起来，改善雷达系统和通信系统的性能。文献[18]利用MIMO雷达的波形分集优势提供了更高的目标检测概率以及参数估计精度。文献[19]的多输入单输出通信系统利用多发射波形增加了传输比特率以及增高信干噪比。文献[20]利用多天线阵列带来的波形和空间分集优势进行了方向图综合。

受上述工作启发，本章聚焦于双静态集中式 MIMO 双功能雷达通信系统，同时完成雷达感知和通信双重业务。这里，远离的发射天线和接收天线都是集中式的，这样目标的 DOA 和 DOD 是不同的。对于双静态集中式 MIMO 雷达而言，到达角和离开角是需要估计的两个重要参数。尽管均方误差经常作为两种参数估计精度的重要评估指标，但均方误差没有确切的表达式。因此，可以最小化两种参数均方误差的最小边界来实现。进一步地，CRLB 为无偏估计参数提供了最小方差边界，且其可以借助于 Fisher 信息矩阵推导得出闭合解析式，因此已广泛应用于高斯噪声分布假设下的各种性能评估中。即使 CRLB 并不一定保证达到，但在较高信噪比时 CRLB 是一种渐近紧致的边界。通常认为，CRLB 越小，可达到的参数估计精度越高。另外，对通信而言，服务质量通过符号错误率（symbol error rate, SER）或比特错误率（bit error rate，BER）来评估。在实际中认为，符号错误率越小，则服务质量越高。因此，就双功能雷达和通信而言，参数估计的 CRLB 以及符号错误率就是该系统重要的评估性能指标。例如，文献[21～24]就将多个入射信号到达角的 CRLB 作为系统的评价指标。而文献[4、25、26]通过最小化 MUI 改善了服务质量性能指标。

在多用户通信系统中，一个最基本的任务就是将符号矩阵 $\boldsymbol{S}$ 传输到其服务的用户设备上。例如，以 QPSK 作为调制机制为例，$\boldsymbol{S}$ 是由四种符号 $\{1+j,1-j,-1-j,-1+j\}$ 作为基本元素构成的符号矩阵。多用户能量，即 $\mathrm{MUI}\triangleq\|\boldsymbol{HX}-\boldsymbol{S}\|^2$，MUI 是一种广泛使用、评估准确传输的通信指标。MUI 促使用户天线端接收的信号 $\boldsymbol{HX}$ 接近期望符号矩阵 $\boldsymbol{S}$，即 $\boldsymbol{HX}\approx\boldsymbol{S}$，改善符号错误率性能。可是，多用户干扰能量受制于波形设计的自由度以及噪声的影响。一方面，由于自由度的影响，在波形设计过程中不可能保证 $\boldsymbol{HX}$ 等于期望符号矩阵 $\boldsymbol{S}$；另一方面，噪声的影响，使最终接收的符号中包含噪声，即 $\boldsymbol{Y}=\boldsymbol{HX}+\boldsymbol{Z}$，其中，$\boldsymbol{Z}$ 为高斯白噪声。可是，MUI 机制仅聚焦于拟合符号 $\boldsymbol{HX}$ 到期望符号 $\boldsymbol{S}$ 的错误距离，忽略了拟合符号 $\boldsymbol{HX}$ 到非期望符号的判别距离（discriminant distance, DD）。以上原因会造成在通信接收端的检测机制无法正确检测出发射的符号，进而导致符号错误率增大。因此，本章考虑在 MUI 机制中引入判别距离来减小符号错误率。

另外，已有使用 CRLB 作为优化指标的研究工作，或者使用 Fisher 信息矩阵的行列式值近似真正的 CRLB 避免复杂的分式运算，以及针对单静态单个参数估计问题的 CRLB 优化系统设计。然而，在双静态 MIMO 双功能系统中，到达角和离开角是不同的。现有的技术无法处理两个分式形式的 CRLB 约束优化问题。因此，本章考虑双静态 MIMO 双功能系统复杂分式优化挑战，实现到达角和离开角的精细化感知。

4.2 问题描述

4.2.1 系统描述

类似于第 2 章，考虑一个支持感知和服务于 K 个配置单天线下行链路用户的 MIMO-DFRC 系统。分离的发射和接收天线分别由 N_t 个、N_r 个天线构成，感兴趣目标的离开角和到达角分别表示为 θ 和 ϕ。

雷达子系统接收的 L 个快拍空时矩阵可表示为

$$\boldsymbol{R} = \beta\, \boldsymbol{a}_r(\phi)\, \boldsymbol{a}_t^{\mathrm{T}}(\theta)\boldsymbol{X} + \boldsymbol{N} \tag{4.1}$$

式中，β 表示由传输损耗以及目标反射系数造成的复路径损失，通常假设其在一个脉冲内为常数；$\boldsymbol{a}_t(\theta)$ 和 $\boldsymbol{a}_r(\phi)$ 分别表示发射导向矢量和接收导向矢量；$\boldsymbol{X} = [\boldsymbol{x}_1, \boldsymbol{x}_2, \cdots, \boldsymbol{x}_{N_t}]^{\mathrm{T}} \in \mathbb{C}^{N_t \times L}$ 表示 N_t 个天线发射的基带空时矩阵；$\boldsymbol{N} = [\boldsymbol{n}_1, \boldsymbol{n}_2, \cdots, \boldsymbol{n}_L]^T \in \mathbb{C}^{N_r \times L}$ 表示独立的加性噪声分量，其中，$\boldsymbol{n}_i$ 服从复高斯分布 $\mathrm{CN}(0, \sigma_r^2 \boldsymbol{I}_{N_r})$，$\forall 1 \leqslant i \leqslant L$。

基于式（4.1）构造似然函数，进而可以推导得出关于参数 $\{\phi, \theta\}$ 的 Fisher 信息矩阵。为了便于推导 CRLB，定义如下 4 个变量：

$$\boldsymbol{\varGamma}_i = \tilde{\boldsymbol{\varLambda}}_i(\theta, \phi), \quad i = 1, 2, 3, 4 \tag{4.2}$$

定义 $\boldsymbol{s} = \mathrm{vec}(\boldsymbol{X})$，则 θ 和 ϕ 的 CRLB 可重新表示为

$$\mathrm{CRLB}_\theta = \frac{\boldsymbol{s}^{\mathrm{H}} \boldsymbol{\varGamma}_3 \boldsymbol{s}}{\boldsymbol{s}^{\mathrm{H}} \boldsymbol{\varGamma}_2 \boldsymbol{s}\boldsymbol{s}^{\mathrm{H}} \boldsymbol{\varGamma}_3 \boldsymbol{s} - \boldsymbol{s}^{\mathrm{H}} \boldsymbol{\varGamma}_1 \boldsymbol{s}\boldsymbol{s}^{\mathrm{H}} \boldsymbol{\varGamma}_4 \boldsymbol{s}} \tag{4.3}$$

$$\mathrm{CRLB}_\phi = \frac{\boldsymbol{s}^{\mathrm{H}} \boldsymbol{\varGamma}_2 \boldsymbol{s}}{\boldsymbol{s}^{\mathrm{H}} \boldsymbol{\varGamma}_2 \boldsymbol{s}\boldsymbol{s}^{\mathrm{H}} \boldsymbol{\varGamma}_3 \boldsymbol{s} - \boldsymbol{s}^{\mathrm{H}} \boldsymbol{\varGamma}_1 \boldsymbol{s}\boldsymbol{s}^{\mathrm{H}} \boldsymbol{\varGamma}_4 \boldsymbol{s}} \tag{4.4}$$

通信系统需要同时服务于 K 个单天线下行链路用户。假设下行链路信道矩阵 $\boldsymbol{H} = [\boldsymbol{h}_1, \boldsymbol{h}_2, \cdots, \boldsymbol{h}_K]^{\mathrm{T}} \in \mathbb{C}^{K \times N_t}$ 已准确估计，其第 $\{k, l\}$ 个元素 $\boldsymbol{H}_{[k,l]}$ 为第 k 个通信下行链路用户和第 l 个发射天线之间的复信道增益。这样，K 个下行链路用户在 L 个帧内接收的符号矩阵可表示为

$$\boldsymbol{Y} = \boldsymbol{H}\boldsymbol{X} + \boldsymbol{Z} \tag{4.5}$$

式中，$\boldsymbol{Y} = [\boldsymbol{y}_1, \boldsymbol{y}_2, \cdots, \boldsymbol{y}_L] \in \mathbb{C}^{K \times L}$；$\boldsymbol{Z} = [\boldsymbol{z}_1, \boldsymbol{z}_2, \cdots, \boldsymbol{z}_L] \in \mathbb{C}^{K \times L}$ 表示独立的加性高斯白噪声，即 $\boldsymbol{z}_i \sim \mathrm{CN}(0, \sigma_c^2 \boldsymbol{I}_K), \forall 1 \leqslant i \leqslant L$。

4.2.2 模型建立

为了实现高质量的通信服务，符号错误率应该越小越好。而减小符号错误

率需要通信接收端以较高的概率正确检测接收符号。因此，我们期望在接收端即使存在噪声时，各接收符号依然有高度的可分离性，即容易区分各个接收符号。较强的分离性意味着接收符号在空间中各个符号彼此距离较远，可以相对容易地正确识别它们表示的真实符号。相反，如果可分离性较差，则接收符号在信号空间中和其他符号重叠，不易区分，此时导致更高的符号错误率。因此，增强符号的可分离性有助于提高抵制噪声的能力，从而可以减小符号错误率。

广泛使用的 MUI 准则通过减小 MUI 能量改善 SER 或 BER 指标。然而，它仅仅考虑了来自接收符号与期望符号的错误距离，没有考虑其到非期望符号的距离。因此，该准则易受噪声及有限自由度的影响。基于以上考虑，本章形成以下两个新的通信指标，达到更低的符号错误率。

1. 模型 1

第一个模型考虑基于“距离相似性”的通信机制。首先从机器学习角度深度分析通信系统中常用的 MUI 评价准则。这里以 QPSK 调制机制为例，即星座符号为$\{1\pm j,-1\pm j\}$，其推导的方法也容易扩展至其他调制机制。

基于 MUI 准则的波形设计的目的是，通过最小化代价函数$\|\boldsymbol{HX}-\boldsymbol{S}\|^2$，构建一个空时波形矩阵$\boldsymbol{X}$，使拟合符号$\boldsymbol{H}_{[k,:]}\boldsymbol{X}_{[:,l]}$近似期望的标签$\boldsymbol{S}_{[k,l]}$，$k=1,2,\cdots,K;\ l=1,2,\cdots,L$。换句话说，MUI 准则本质上是最小化拟合符号$\boldsymbol{HX}$到期望符号$\boldsymbol{S}$之间的欧氏距离。尽管 MUI 准则可以实现$\boldsymbol{HX}\approx\boldsymbol{S}$，但在实际中$\boldsymbol{HX}$是受到噪声影响的，即$\boldsymbol{HX}+\boldsymbol{Z}$。显然，符号检测器此时并不可靠。为了便于新的模型推导，以图 4.1 所示的 QPSK 调制机制为例。其中，四个黑色的实心圆圈表示四个星座符号，而两个灰色的实心圆圈（A、B）表示两个无噪的接收符号点，其到星座符号$1+j$具有相同的距离。除此之外，以（A,B）为圆心的圆圈表示受到噪声影响后两个含噪的接收符号点。由于无噪的（A,B）两个接收符号点到期望星座符号$1+j$具有相同的距离d，根据 MUI 准则均可被检测为$1+j$。可是，受噪声影响，相较于点B而言，点A更容易受到影响超出第一象限，即具有较大概率被错误检测。这是由于尽管点B也受到了噪声的影响，但点B远离非期望符号$\{1-j,-1+j,-1-j\}$，具有更强的可分离性。因此可以得出这样的结论：即使拥有相同的类内距离（无噪的点A、B到期望符号$1+j$距离相同，称为类内距离），但到非期望符号距离更远（类间距离（between-class distance，BCD））的拟合符号对噪声具有更好的鲁棒性。因此，类间距离可以加以利用来增强接收符号或拟合符号的鲁棒性，从而减小符号错误率。

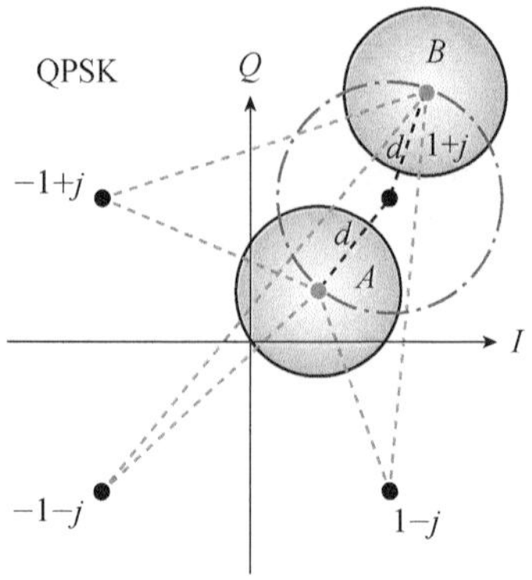

图 4.1 QPSK 调制机制中的距离判别

基于以上分析，可以看出 MUI 准则更加强调拟合符号或接收符号到期望符号之间的距离，而忽视了拟合符号到非期望符号的判别距离或类间距离，而这一距离则被著名线性判别（linear discriminant analysis，LDA）这一机器学习方法加以有效使用。后者通过最大化瑞利熵，也就是类内距离到类间距离的比率来提高识别率。受 LDA 方法启发，本章利用 MUI 和 BCD 比率构造数学模型，既考虑拟合符号要接近于期望符号，同时也要远离非期望符号。此外，极大极小化准则应用使所有用户均享受高质量的通信服务：

$$\begin{aligned}&\min_{X}\max_{k}\ \frac{\mathrm{MUI}_k}{\mathrm{BCD}_k}\\ &\text{s.t. } \mathrm{CRLB}_\theta \leqslant \varepsilon_1\\ &\qquad \mathrm{CRLB}_\phi \leqslant \varepsilon_2\\ &\qquad \|\boldsymbol{X}\|^2 \leqslant E_s\end{aligned} \tag{4.6}$$

式中，ε_1 和 ε_2 分别表示 DOD 和 DOA 的 CRLB 阈值； E_s 表示最大的发射能量阈值。

除此之外，符号向量 $\boldsymbol{p}_4=\left[p_1,p_2,\cdots,p_4\right]^{\mathrm{T}}$， $p_1=1+j$， $p_2=1-j$， $p_3=-1-j$， $p_4=-1+j$；令 $\boldsymbol{C}=[\boldsymbol{c}_1,\boldsymbol{c}_2,\cdots,\boldsymbol{c}_K]^{\mathrm{T}}\in\mathbb{C}^{K\times L}$ 为 K 个下行用户的期望符号索引矩阵，其中， $\boldsymbol{C}_{[k,l]}\in C_4=\{1,2,3,4\}$ 为相对于第 k 个用户第 l 个符号的期望星座符号索引。因此， $\boldsymbol{p}_{4,\left[C_{[k,l]},1\right]}$ 表示指向第 k 个用户第 l 个符号的星座符号。第 k 个用户接收的无噪符号可表示为 $\boldsymbol{y}_k=(\boldsymbol{I}_L\otimes\boldsymbol{h}_k^{\mathrm{T}})\boldsymbol{s}\in\mathbb{C}^{L\times 1}$。 MUI_k 定义为第 k 个用户无噪接收符号和期望符号之间的整体均方误差。因此可写为

$$\mathrm{MUI}_k \triangleq \left\|\boldsymbol{K}_k^a\left(\boldsymbol{1}_N\otimes\boldsymbol{y}_k-\boldsymbol{p}_4\otimes\boldsymbol{1}_L\right)\right\|^2 \tag{4.7}$$

式中， $\boldsymbol{K}_k^a=\text{block diag}([\boldsymbol{\Phi}_{k,1}^a,\boldsymbol{\Phi}_{k,2}^a,\cdots,\boldsymbol{\Phi}_{k,N}^a]^{\mathrm{T}})\in\mathbb{C}^{NL\times NL},\boldsymbol{\Phi}_{k,n}^a=\mathrm{diag}([g_1(k,n,1);\cdots,g_1(k,n,L)]^{\mathrm{T}})\in\mathbb{C}^{L\times L}$。此外，根据星座图的阶数 N，定义选择矩阵：

$$g_1(k,n,l)=\begin{cases}1, & n=\boldsymbol{C}_{[k,l]}\\0, & 其他\end{cases} \tag{4.8}$$

这时 MUI_k 可以重写为更紧凑的形式，即 $\mathrm{MUI}_k \triangleq \left\|\boldsymbol{A}_k^a\boldsymbol{s}-\boldsymbol{b}_k^a\right\|^2$，其中：

$$\boldsymbol{A}_k^a=\boldsymbol{K}_k^a(\boldsymbol{1}_N\otimes(\boldsymbol{I}_L\otimes\boldsymbol{h}_k^{\mathrm{T}})),\quad \boldsymbol{b}_k^a=\boldsymbol{K}_k^a(\boldsymbol{p}_4\otimes\boldsymbol{1}_L) \tag{4.9}$$

另外，BCD_k 定义为第 k 个用户无噪接收符号和非期望符号之间的整体均方距离。相似于 MUI_k，定义选择矩阵：

$$g_2(k,n,l)=\begin{cases}1, & n\neq\boldsymbol{C}_{[k,l]}\\0, & 其他\end{cases} \tag{4.10}$$

这时 BCD_k 可以写为紧凑形式，即 $\mathrm{BCD}_k \triangleq \left\|\boldsymbol{A}_k^b\boldsymbol{s}-\boldsymbol{b}_k^b\right\|^2$，其中：

$$\boldsymbol{A}_k^b=\boldsymbol{\varLambda}_k^b(\boldsymbol{1}_N\otimes(\boldsymbol{I}_L\otimes\boldsymbol{h}_k^{\mathrm{T}})),\quad \boldsymbol{b}_k^b=\boldsymbol{\varLambda}_k^b(\boldsymbol{p}_4\otimes\boldsymbol{1}_L) \tag{4.11}$$

$$\boldsymbol{K}_k^b=\mathrm{block}([\boldsymbol{\varPhi}_{k,1}^b,\boldsymbol{\varPhi}_{k,2}^b,\cdots,\boldsymbol{\varPhi}_{k,N}^b]) \tag{4.12}$$

$$\boldsymbol{\varPhi}_{k,n}^b=\mathrm{diag}([g_2(k,n,1),g_2(k,n,2),\cdots,g_2(k,n,L)]) \tag{4.13}$$

2. 模型 2

除距离相似性机制以外，方向相似性机制是机器学习中的另一类相似性描述[27-29]。因此，本节考虑以两向量的方向相似性概念构建新的通信符号检测机制。

方向相似性机制更加强调两个向量之间的夹角，而不是它们之间的距离，因此其比距离相似性机制具有更多的自由度。这里的方向相似性主要采用两个向量的余弦函数来描述。

以图 4.2 为例，描述新模型的构建。三个灰色圆点$\{A,B,C\}$表示接收的拟合符号，而黑色圆点 D 表示期望的星座符号。根据 MUI 准则，点 A、B、C 到星座符号 D 的距离相同。我们希望由原点和接收的符号点形成的向量要相似于由原点和期望星座符号 D 形成的向量。

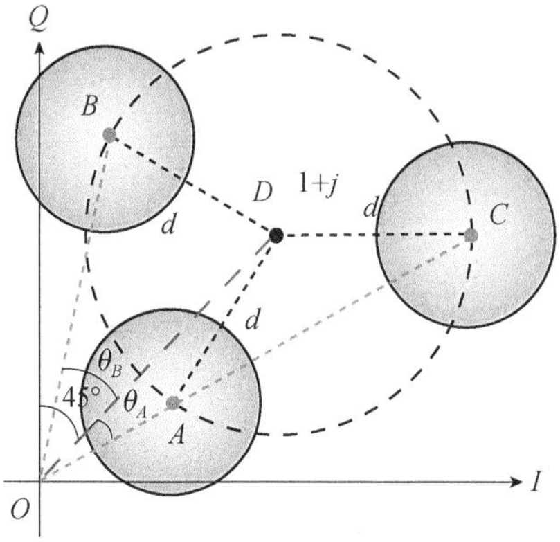

图 4.2　QPSK 调制机制中的方向相似性

根据图 4.2 可以看出，向量 $\boldsymbol{OA}$ 和向量 $\boldsymbol{OD}$ 之间的夹角 θ_A 小于向量 $\boldsymbol{OB}$ 和向

量$\boldsymbol{OD}$之间的夹角θ_B，因此向量$\boldsymbol{OA}$更相似于向量$\boldsymbol{OD}$，这样点A比点B更可能检测为星座符号$1+j$。另外，我们注意到向量$\boldsymbol{OA}$和向量$\boldsymbol{OD}$之间以及向量$\boldsymbol{OC}$和向量$\boldsymbol{OD}$之间的夹角均为θ_A，然而由于符号点C相比于A距离原点更远，所以向量$\boldsymbol{OC}$比向量$\boldsymbol{OA}$在加性高斯白噪声的影响下具有更好的鲁棒性。因此，可以在解码阶段设置接收符号的能量来增加鲁棒性。

基于以上讨论，本节构造如下基于符号向量相似性机制的MIMO双功能雷达通信系统波形设计模型：

$$\begin{aligned}&\max_{\boldsymbol{X},\boldsymbol{Y}}\min_{k,l}\frac{\Re\{\boldsymbol{Y}_{[k,l]}^{*}\boldsymbol{p}_{[c_{[k,l]},1]}\}}{\left|\boldsymbol{Y}_{[k,l]}\right|\left|\boldsymbol{p}_{[c_{[k,l]},1]}\right|}\\&\text{s.t.}\quad \text{CRLB}_{\theta}\leqslant\varepsilon_1,\quad \text{CRLB}_{\phi}\leqslant\varepsilon_2\\&\qquad\left|\boldsymbol{Y}_{[k,l]}\right|\geqslant E_c,\quad 1\leqslant k\leqslant K,\quad 1\leqslant l\leqslant L\\&\qquad\|\boldsymbol{X}\|^2\leqslant E_s,\quad \boldsymbol{Y}=\boldsymbol{HX}\end{aligned}\tag{4.14}$$

式中，$\boldsymbol{Y}$表示接收符号矩阵，其元素$\boldsymbol{Y}_{[k,l]}$表示第k个用户的第l个接收符号；$\boldsymbol{p}=\left[1+j,1-j,-1-j,-1+j\right]^{\mathrm{T}}$，$\boldsymbol{p}_{[c_{[k,l]},1]}$表示第$k$个用户的第$l$个期望符号；$E_c$表示预指定的符号能量阈值。此外，有

$$\cos(<\boldsymbol{Y}_{[k,l]},\boldsymbol{p}_{[c_{[k,l]},1]}>)=\frac{\Re\{\boldsymbol{Y}_{[k,l]}^{*}\boldsymbol{p}_{[c_{[k,l]},1]}\}}{\left|\boldsymbol{Y}_{[k,l]}\right|\left|\boldsymbol{p}_{[c_{[k,l]},1]}\right|}\tag{4.15}$$

显然，相比较模型1，模型2仅设置了能量阈值而没有期望的符号限制，因此具有更高的优化自由度。

本章的主要任务为求解式（4.6）和式（4.14），设计双静态MIMO-DFRC系统最优发射波形$\boldsymbol{X}$。

4.3 距离判别算法推导

为了求解式（4.6）描述的极大极小化分式优化问题，本章首先引入辅助变量$\varepsilon_{\text{comm}_1}$，将其转换为如下等价问题：

$$\begin{aligned}&\min_{\boldsymbol{s},\varepsilon_{\text{comm}_1}}\ \varepsilon_{\text{comm}_1}^2\\&\text{s.t.}\quad \text{CRLB}_{\theta}\leqslant\varepsilon_1,\quad \text{CRLB}_{\phi}\leqslant\varepsilon_2,\quad \|\boldsymbol{s}\|^2\leqslant E_s\\&\qquad\frac{\left\|\boldsymbol{A}_k^a\boldsymbol{s}-\boldsymbol{b}_k^a\right\|^2}{\left\|\boldsymbol{A}_k^b\boldsymbol{s}-\boldsymbol{b}_k^b\right\|^2}\leqslant\varepsilon_{\text{comm}_1}^2,\quad 1\leqslant k\leqslant K,\quad 0<\varepsilon_{\text{comm}_1}\leqslant\bar{\varepsilon}_{\text{comm}_1}\end{aligned}\tag{4.16}$$

式中，$\boldsymbol{s}=\text{vec}(\boldsymbol{X})$；$\bar{\varepsilon}_{\text{comm}_1}$为用户给定的辅助变量$\varepsilon_{\text{comm}_1}$的上界。

观察式（4.3）、式（4.4）及式（4.16），容易发现，两个CRLB的表达式

中分母为关于 $\boldsymbol{s}$ 的四次多项式，分子为关于 $\boldsymbol{s}$ 的二次多项式，导致包含两个复杂 CRLB 约束的式（4.16）难以求解。本章考虑引入辅助变量 $\boldsymbol{y}=\boldsymbol{s}$ 、 $a=\boldsymbol{y}^{\mathrm{H}}\tilde{\boldsymbol{\Lambda}}_2(\phi,\theta)\boldsymbol{y}$ 、 $b=\boldsymbol{y}^{\mathrm{H}}\tilde{\boldsymbol{\Lambda}}_3(\phi,\theta)\boldsymbol{y}$ 、 $c=\boldsymbol{y}^{\mathrm{H}}\tilde{\boldsymbol{\Lambda}}_1(\phi,\theta)\boldsymbol{y}$ 、 $\boldsymbol{\alpha}_k=\boldsymbol{A}_k^a\boldsymbol{s}-\boldsymbol{b}_k^a$ 、 $\boldsymbol{\beta}_k=\boldsymbol{A}_k^b\boldsymbol{s}-\boldsymbol{b}_k^b$ ，简化包含复杂分式约束的优化问题为如下等价优化问题：

$$
\begin{aligned}
&\min_{\boldsymbol{s},\boldsymbol{y},a,b,c,\boldsymbol{\alpha}_k,\boldsymbol{\beta}_k,\varepsilon_{\mathrm{comm}_1},t_k} \varepsilon_{\mathrm{comm}_1}^2\\
&\text{s.t.}\ \frac{a}{a\cdot b-c^2}\leqslant\varepsilon_1,\quad \frac{b}{a\cdot b-c^2}\leqslant\varepsilon_2,\quad \boldsymbol{s}=\boldsymbol{y}\\
&\quad a=\boldsymbol{y}^{\mathrm{H}}\tilde{\boldsymbol{\Lambda}}_2(\phi,\theta)\boldsymbol{y},\quad b=\boldsymbol{y}^{\mathrm{H}}\tilde{\boldsymbol{\Lambda}}_3(\phi,\theta)\boldsymbol{y},\quad c=\boldsymbol{y}^{\mathrm{H}}\tilde{\boldsymbol{\Lambda}}_1(\phi,\theta)\boldsymbol{y},\\
&\quad \frac{\|\boldsymbol{\alpha}_k\|}{\|\boldsymbol{\beta}_k\|}=t_k,\quad 0<t_k\leqslant\varepsilon_{\mathrm{comm}_1},\quad 1\leqslant k\leqslant K\\
&\quad \boldsymbol{\alpha}_k=\boldsymbol{A}_k^a\boldsymbol{s}-\boldsymbol{b}_k^a,\quad \boldsymbol{\beta}_k=\boldsymbol{A}_k^b\boldsymbol{s}-\boldsymbol{b}_k^b,\quad 1\leqslant k\leqslant K\\
&\quad 0<\varepsilon_{\mathrm{comm}_1}\leqslant\bar{\varepsilon}_{\mathrm{comm}_1},\quad \|\boldsymbol{s}\|^2\leqslant E_s
\end{aligned}
\tag{4.17}
$$

基于式（4.17），构造如下拉格朗日函数：

$$
\begin{aligned}
&\mathcal{L}_1(\boldsymbol{s},\boldsymbol{y},a,b,c,\boldsymbol{\alpha}_k,\boldsymbol{\beta}_k,\varepsilon_{\mathrm{comm}_1},t_k,\lambda_a,\lambda_b,\lambda_c,\boldsymbol{\lambda},\psi_k,\boldsymbol{\mu}_k,\boldsymbol{\eta}_k)\\
&=\varepsilon_{\mathrm{comm}_1}^2+\lambda_a(a-\boldsymbol{y}^{\mathrm{H}}\tilde{\boldsymbol{\Lambda}}_2(\phi,\theta)\boldsymbol{y})+\frac{\rho_1}{2}\left|a-\boldsymbol{y}^{\mathrm{H}}\tilde{\boldsymbol{\Lambda}}_2(\phi,\theta)\boldsymbol{y}\right|^2\\
&\quad+\lambda_b(b-\boldsymbol{y}^{\mathrm{H}}\tilde{\boldsymbol{\Lambda}}_3(\phi,\theta)\boldsymbol{y})+\frac{\rho_2}{2}\left|b-\boldsymbol{y}^{\mathrm{H}}\tilde{\boldsymbol{\Lambda}}_3(\phi,\theta)\boldsymbol{y}\right|^2\\
&\quad+\lambda_c(c-\boldsymbol{y}^{\mathrm{H}}\tilde{\boldsymbol{\Lambda}}_1(\phi,\theta)\boldsymbol{y})+\frac{\rho_3}{2}\left|c-\boldsymbol{y}^{\mathrm{H}}\tilde{\boldsymbol{\Lambda}}_1(\phi,\theta)\boldsymbol{y}\right|^2\\
&\quad+\Re\left\{\boldsymbol{\lambda}^{\mathrm{H}}\left(\boldsymbol{s}-\boldsymbol{y}\right)\right\}+\frac{\rho_4}{2}\|\boldsymbol{s}-\boldsymbol{y}\|^2\\
&\quad+\left\{\sum_{k=1}^{K}\psi_k\left(\|\boldsymbol{\alpha}_k\|-t_k\|\boldsymbol{\beta}_k\|\right)+\frac{\rho_5}{2}\left\|\|\boldsymbol{\alpha}_k\|-t_k\|\boldsymbol{\beta}_k\|\right\|^2\right\}\\
&\quad+\sum_{k=1}^{K}\left\{\Re\left\{\boldsymbol{\mu}_k^{\mathrm{H}}\left(\boldsymbol{\alpha}_k-\boldsymbol{A}_k^a s+\boldsymbol{b}_k^a\right)\right\}+\frac{\rho_6}{2}\left\|\boldsymbol{\alpha}_k-\boldsymbol{A}_k^a\boldsymbol{s}+\boldsymbol{b}_k^a\right\|^2\right\}\\
&\quad+\sum_{k=1}^{K}\left\{\Re\left\{\boldsymbol{\eta}_k^{\mathrm{H}}\left(\boldsymbol{\beta}_k-\boldsymbol{A}_k^b s+\boldsymbol{b}_k^b\right)\right\}+\frac{\rho_7}{2}\left\|\boldsymbol{\beta}_k-\boldsymbol{A}_k^b\boldsymbol{s}+\boldsymbol{b}_k^b\right\|^2\right\}\\
&\text{s.t.}\ \frac{a}{a\cdot b-c^2}\leqslant\varepsilon_1,\quad \frac{b}{a\cdot b-c^2}\leqslant\varepsilon_2\\
&\quad 0<t_k\leqslant\varepsilon_{\mathrm{comm}_1},\quad 1\leqslant k\leqslant K\\
&\quad 0<\varepsilon_{\mathrm{comm}_1}\leqslant\bar{\varepsilon}_{\mathrm{comm}_1},\ \|\boldsymbol{s}\|^2\leqslant E_s
\end{aligned}
\tag{4.18}
$$

式中， $\{\lambda_a,\lambda_b,\lambda_c,\boldsymbol{\lambda},\psi_k,\boldsymbol{\mu}_k,\boldsymbol{\eta}_k\}$ 为对应约束 $a=\boldsymbol{y}^{\mathrm{H}}\tilde{\boldsymbol{\Lambda}}_2(\phi,\theta)\boldsymbol{y}$ 、 $b=\boldsymbol{y}^{\mathrm{H}}\tilde{\boldsymbol{\Lambda}}_3(\phi,\theta)\boldsymbol{y}$ 、 $c=\boldsymbol{y}^{\mathrm{H}}\tilde{\boldsymbol{\Lambda}}_1(\phi,\theta)\boldsymbol{y}$ 、 $\boldsymbol{y}=\boldsymbol{s}$ 、 $\|\boldsymbol{\alpha}_k\|=t_k\|\boldsymbol{\beta}_k\|$ 、 $\boldsymbol{\alpha}_k=\boldsymbol{A}_k^a\boldsymbol{s}-\boldsymbol{b}_k^a$ 、 $\boldsymbol{\beta}_k=\boldsymbol{A}_k^b\boldsymbol{s}-\boldsymbol{b}_k^b$ 的拉格朗日乘子或向量， $\{\rho_1,\rho_2,\cdots,\rho_7\}$ 为相应增广项的步长。

这里考虑基于 ADMM 进行迭代求解。

步骤 1：基于给定的$\left\{\boldsymbol{y}^{(\tau)},\boldsymbol{\alpha}_k^{(\tau)},\beta_k^{(\tau)},\lambda_a^{(\tau)},\lambda_b^{(\tau)},\lambda_c^{(\tau)},\boldsymbol{\lambda}^{(\tau)},\psi_k^{(\tau)},\boldsymbol{\mu}_k^{(\tau)},\boldsymbol{\eta}_k^{(\tau)}\right\}$，求解如下子问题，确定变量$\left\{a^{(\tau+1)},b^{(\tau+1)},c^{(\tau+1)},\boldsymbol{s}^{(\tau+1)},\varepsilon_{\text{comm}_1}^{(\tau+1)},t_k^{(\tau+1)}\right\}$。

$$
\begin{aligned}
&\min_{a,b,c,\boldsymbol{s},\varepsilon_{\text{comm}_1},t_k} \mathcal{L}_1(a,b,c,\boldsymbol{s},\varepsilon_{\text{comm}_1},t_k)\\
&\text{s.t.}\ \ \frac{a}{a\cdot b-c^2}\leqslant\varepsilon_1,\quad \frac{b}{a\cdot b-c^2}\leqslant\varepsilon_2\\
&\qquad 0<t_k\leqslant\varepsilon_{\text{comm}_1},\quad 1\leqslant k\leqslant K\\
&\qquad 0<\varepsilon_{\text{comm}_1}\leqslant\overline{\varepsilon}_{\text{comm}_1},\quad \|\boldsymbol{s}\|^2\leqslant E_s
\end{aligned}
\tag{4.19}
$$

式中，τ 为迭代次数；且拉格朗日函数 $L_1(\cdot)$ 中仅保留了待求解的变量。

考虑三组变量相互独立，式（4.19）可分裂为三个独立的子问题：

$$
\begin{aligned}
&\min_{\boldsymbol{s}} \mathcal{L}_1(\boldsymbol{s})\\
&\text{s.t.}\ \ \|\boldsymbol{s}\|^2\leqslant E_s
\end{aligned}
\tag{4.20}
$$

$$
\begin{aligned}
&\min_{a,b,c} \mathcal{L}_1(a,b,c)\\
&\text{s.t.}\ \ \frac{a}{a\cdot b-c^2}\leqslant\varepsilon_1,\quad \frac{b}{a\cdot b-c^2}\leqslant\varepsilon_2
\end{aligned}
\tag{4.21}
$$

$$
\begin{aligned}
&\min_{\varepsilon_{\text{comm}_1},t_k} L_1(\varepsilon_{\text{comm}_1},t_k)\\
&\text{s.t.}\ \ 0<t_k\leqslant\varepsilon_{\text{comm}_1},\quad 1\leqslant k\leqslant K,\quad 0<\varepsilon_{\text{comm}_1}\leqslant\overline{\varepsilon}_{\text{comm}_1}
\end{aligned}
\tag{4.22}
$$

由于式（4.20）描述的问题为凸问题，因此可以通过 CVX 工具包进行求解。

然后讨论式（4.21）对应子问题的解。定义 $\overline{a}=\boldsymbol{y}^{\text{H}}\tilde{\boldsymbol{\Lambda}}_2(\phi,\theta)\boldsymbol{y}-\dfrac{1}{\rho_1}\lambda_a$，$\overline{b}=\boldsymbol{y}^{\text{H}}\tilde{\boldsymbol{\Lambda}}_3(\phi,\theta)\boldsymbol{y}-\dfrac{1}{\rho_2}\lambda_b$，$\overline{c}=\boldsymbol{y}^{\text{H}}\tilde{\boldsymbol{\Lambda}}_1(\phi,\theta)\boldsymbol{y}-\dfrac{1}{\rho_3}\lambda_c$，将式（4.21）重写为如下简化的表达形式：

$$
\begin{aligned}
&\min_{a,b,c}\ \frac{\rho_1}{2}|a-\overline{a}|^2+\frac{\rho_2}{2}|b-\overline{b}|^2+\frac{\rho_3}{2}|c-\overline{c}|^2\\
&\text{s.t.}\ \ \frac{a}{a\cdot b-c^2}\leqslant\varepsilon_1,\quad \frac{b}{a\cdot b-c^2}\leqslant\varepsilon_2,\quad a\geqslant 0,b\geqslant 0
\end{aligned}
\tag{4.23}
$$

式中，约束 $a\geqslant 0,b\geqslant 0$ 是考虑矩阵 $\tilde{\boldsymbol{\Lambda}}_2(\phi,\theta)$ 和 $\tilde{\boldsymbol{\Lambda}}_3(\phi,\theta)$ 均为半正定矩阵所做的特定约束。

由于式（4.23）存在两个复杂的分式约束，依然难以求解。为了避免文献[30]中给出了单个分式约束求解方法存在的符号模糊问题，本章考虑推导新的方法简化分式约束。根据式（4.17），将$\{a,b,c\}$重写为

$$
a=\frac{|\beta|^2}{\sigma_r^2}\sum_{i=1}^{L}\sum_{n=1}^{N_r}\left|p_{i,n}\right|^2\geqslant 0 \tag{4.24}
$$

$$b=\frac{|\beta|^2}{\sigma_r^2}\sum_{i=1}^{L}\sum_{n=1}^{N_r}|q_{i,n}|^2\geqslant 0 \tag{4.25}$$

$$c=\frac{|\beta|^2}{\sigma_r^2}\Re\left\{\sum_{i=1}^{L}\sum_{n=1}^{N_r}p_{i,n}^{*}q_{i,n}\right\} \tag{4.26}$$

式中，$p_{i,n}=\boldsymbol{a}_n^{\mathrm{T}}\boldsymbol{y}_i$，$q_{i,n}=\boldsymbol{b}_n^{\mathrm{T}}\boldsymbol{y}_i$，$\boldsymbol{y}_i=[\boldsymbol{y}_{[(i-1)L+1,1]},\cdots,\boldsymbol{y}_{[iL,1]}]^{\mathrm{T}}$。

根据柯西-施瓦茨不等式，容易证明：

$$\left(\sum_{i=1}^{L}\sum_{n=1}^{N_r}|p_{i,n}|^2\right)\left(\sum_{i=1}^{L}\sum_{n=1}^{N_r}|q_{i,n}|^2\right)\geqslant\left|\sum_{i=1}^{L}\sum_{n=1}^{N_r}p_{i,n}^{*}q_{i,n}\right|^2\geqslant\left(\Re\left\{\sum_{i=1}^{L}\sum_{n=1}^{N_r}p_{i,n}^{*}q_{i,n}\right\}\right)^2 \tag{4.27}$$

即 $a\cdot b-c^2\geqslant 0$。广义上讲，CRLB 为有限值，即 $a\cdot b-c^2\neq 0$。因此，可得 $a\cdot b-c^2>0$。

在分式约束 $\dfrac{a}{a\cdot b-c^2}\leqslant\varepsilon_1,\dfrac{b}{a\cdot b-c^2}\leqslant\varepsilon_2$ 的两端乘以正数 $a\cdot b-c^2$，可得

$$a\leqslant\left(a\cdot b-c^2\right)\varepsilon_1,\quad b\leqslant\left(a\cdot b-c^2\right)\varepsilon_2 \tag{4.28}$$

进一步地，可重写为

$$a(\varepsilon_1 b-1)-\varepsilon_1 c^2\geqslant 0,\quad b(\varepsilon_2 a-1)-\varepsilon_2 c^2\geqslant 0 \tag{4.29}$$

从而可以表示为两个矩阵行列式值的形式：

$$\begin{vmatrix} a & \sqrt{\varepsilon_1}c \\ \sqrt{\varepsilon_1}c & \varepsilon_1 b-1\end{vmatrix}\geqslant 0,\quad \begin{vmatrix} b & \sqrt{\varepsilon_2}c \\ \sqrt{\varepsilon_2}c & \varepsilon_2 a-1\end{vmatrix}\geqslant 0 \tag{4.30}$$

基于以上表达，定义两个矩阵：

$$\boldsymbol{\Phi}^{\alpha}=\begin{bmatrix} a & \sqrt{\varepsilon_1}c \\ \sqrt{\varepsilon_1}c & \varepsilon_1 b-1\end{bmatrix},\quad \boldsymbol{\Phi}^{\beta}=\begin{bmatrix} b & \sqrt{\varepsilon_2}c \\ \sqrt{\varepsilon_2}c & \varepsilon_2 a-1\end{bmatrix} \tag{4.31}$$

两个矩阵的元素之间满足如下关系：

$$\frac{\boldsymbol{\Phi}_{[1,2]}^{\alpha}}{\sqrt{\varepsilon_1}}=\frac{\boldsymbol{\Phi}_{[1,2]}^{\beta}}{\sqrt{\varepsilon_2}} \tag{4.32}$$

$$\varepsilon_2\boldsymbol{\Phi}_{[1,1]}^{\alpha}-1=\boldsymbol{\Phi}_{[2,2]}^{\beta},\quad \varepsilon_1\boldsymbol{\Phi}_{[1,1]}^{\beta}-1=\boldsymbol{\Phi}_{[2,2]}^{\alpha} \tag{4.33}$$

基于以上讨论，本章形成如下优化问题：

$$\begin{aligned}
&\min_{\boldsymbol{\Phi}^{\alpha},\boldsymbol{\Phi}^{\beta}}\ \frac{\rho_1}{2}\left|\boldsymbol{\Phi}_{[1,1]}^{\alpha}-\overline{a}\right|^2+\frac{\rho_2}{2}\left|\boldsymbol{\Phi}_{[1,1]}^{\beta}-\overline{b}\right|^2+\frac{\rho_3}{2}\left|\frac{\boldsymbol{\Phi}_{[1,2]}^{\alpha}}{\sqrt{\varepsilon_1}}-\overline{c}\right|^2\\
&\text{s.t.}\ \boldsymbol{\Phi}^{\alpha}\succeq 0,\quad \boldsymbol{\Phi}^{\beta}\succeq 0,\quad \frac{\boldsymbol{\Phi}_{[1,2]}^{\alpha}}{\sqrt{\varepsilon_1}}=\frac{\boldsymbol{\Phi}_{[1,2]}^{\beta}}{\sqrt{\varepsilon_2}}\\
&\qquad \boldsymbol{\Phi}_{[1,2]}^{\alpha}=\boldsymbol{\Phi}_{[2,1]}^{\alpha},\quad \boldsymbol{\Phi}_{[1,2]}^{\beta}=\boldsymbol{\Phi}_{[2,1]}^{\beta}\\
&\qquad \varepsilon_2\boldsymbol{\Phi}_{[1,1]}^{\alpha}-1=\boldsymbol{\Phi}_{[2,2]}^{\beta},\quad \varepsilon_1\boldsymbol{\Phi}_{[1,1]}^{\beta}-1=\boldsymbol{\Phi}_{[2,2]}^{\alpha}
\end{aligned} \tag{4.34}$$

由于该问题为凸问题，因此可以通过 CVX 工具包进行求解。

最后讨论式（4.22）对应子问题的解。该问题可以推导为二次优化标准形式，可以通过 CVX 工具包进行求解。

步骤 2：基于给定的 $\left\{a^{(\tau+1)}, b^{(\tau+1)}, c^{(\tau+1)}, \boldsymbol{s}^{(\tau+1)}, \varepsilon_{\mathrm{comm}_1}^{(\tau+1)}, t_k^{(\tau+1)}, \lambda_a^{(\tau)}, \lambda_b^{(\tau)}, \lambda_c^{(\tau)}, \boldsymbol{\lambda}^{(\tau)}, \boldsymbol{\mu}_k^{(\tau)},\right.$ $\left.\boldsymbol{\eta}_k^{(\tau)}\right\}$ 求解如下优化问题，确定 $\left\{\boldsymbol{y}^{(\tau+1)}, \boldsymbol{\alpha}_k^{(\tau+1)}, \boldsymbol{\beta}_k^{(\tau+1)}\right\}$。

$$\mathcal{L}_1(\boldsymbol{y}, \boldsymbol{\alpha}_k, \boldsymbol{\beta}_k) \tag{4.35}$$

在该子问题中，变量 $\boldsymbol{y}$ 和 $(\boldsymbol{\alpha}_k, \boldsymbol{\beta}_k)$ 是独立的。因此该子问题可以分解为两个更小规模的子问题，即

$$\mathcal{L}_1(\boldsymbol{y}) \tag{4.36}$$

$$\mathcal{L}_1(\boldsymbol{\alpha}_k, \boldsymbol{\beta}_k) \tag{4.37}$$

注意，子问题 $\mathcal{L}_1(\boldsymbol{y})$ 涉及变量 $\boldsymbol{y}$ 的 4 次多项式。但由于该优化问题不存在约束集，因此可以借助准牛顿方法解决（如 BFGS 方法）。而上述子问题 $\mathcal{L}_1(\boldsymbol{\alpha}_k, \boldsymbol{\beta}_k)$ 经过配方后，转化为标准的凸二次规划问题，可通过 CVX 工具包进行求解。

步骤 3：更新拉格朗日乘子 $\{\lambda_a, \lambda_b, \lambda_c, \boldsymbol{\lambda}, \psi_k, \boldsymbol{\mu}_k, \boldsymbol{\eta}_k\}$。

$$\lambda_a^{(\tau+1)} = \lambda_a^{(\tau)} + \rho_1\left(a^{(\tau+1)} - (\boldsymbol{y}^{(\tau+1)})^{\mathrm{H}} \tilde{\boldsymbol{\Lambda}}_2(\phi, \theta) \boldsymbol{y}^{(\tau+1)}\right) \tag{4.38}$$

$$\lambda_b^{(\tau+1)} = \lambda_b^{(\tau)} + \rho_2\left(b^{(\tau+1)} - (\boldsymbol{y}^{(\tau+1)})^{\mathrm{H}} \tilde{\boldsymbol{\Lambda}}_3(\phi, \theta) \boldsymbol{y}^{(\tau+1)}\right) \tag{4.39}$$

$$\lambda_c^{(\tau+1)} = \lambda_c^{(\tau)} + \rho_3\left(c^{(\tau+1)} - (\boldsymbol{y}^{(\tau+1)})^{\mathrm{H}} \tilde{\boldsymbol{\Lambda}}_1(\phi, \theta) \boldsymbol{y}^{(\tau+1)}\right) \tag{4.40}$$

$$\boldsymbol{\lambda}^{(\tau+1)} = \boldsymbol{\lambda}^{(\tau)} + \rho_4(\boldsymbol{s}^{(\tau+1)} - \boldsymbol{y}^{(\tau+1)}) \tag{4.41}$$

$$\psi_k^{(\tau+1)} = \psi_k^{(\tau)} + \rho_5\left(\|\boldsymbol{\alpha}_k\| - t_k \|\boldsymbol{\beta}_k\|\right) \tag{4.42}$$

$$\boldsymbol{\mu}_k^{(\tau+1)} = \boldsymbol{\mu}_k^{(\tau)} + \rho_6(\boldsymbol{\alpha}_k^{(\tau+1)} - \boldsymbol{A}_k^a \boldsymbol{s}^{(\tau+1)} + \boldsymbol{b}_k^a) \tag{4.43}$$

$$\boldsymbol{\eta}_k^{(\tau+1)} = \boldsymbol{\eta}_k^{(\tau)} + \rho_7(\boldsymbol{\beta}_k^{(\tau+1)} - \boldsymbol{A}_k^b \boldsymbol{s}^{(\tau+1)} + \boldsymbol{b}_k^b) \tag{4.44}$$

重复步骤 1～步骤 3，直至满足算法收敛条件。

4.4 方向判别算法推导

首先引入辅助边界变量 $\varepsilon_{\mathrm{comm}_2}$，则方向判别模型可重新表示为

$$\begin{aligned}
\min_{s,\mathrm{comm}_2} \quad & -\varepsilon_{\mathrm{comm}_2} \\
\text{s.t.} \quad & \mathrm{CRLB}_\theta \leqslant \varepsilon_1, \quad \mathrm{CRLB}_\phi \leqslant \varepsilon_2 \\
& \frac{\Re\{\boldsymbol{a}_{k,i}^{\mathrm{H}} \boldsymbol{s}\}}{\left|\boldsymbol{b}_{k,i}^{\mathrm{H}} \boldsymbol{s}\right|} \geqslant \varepsilon_{\mathrm{comm}_2} \geqslant -1 \\
& \varepsilon_{\mathrm{comm}_2} \leqslant 1, \quad \|\boldsymbol{s}\|^2 \leqslant E_s \\
& \left|\boldsymbol{b}_{k,i}^{\mathrm{H}} \boldsymbol{s}\right| \geqslant E_c, \quad 1 \leqslant k \leqslant K, \quad 1 \leqslant i \leqslant L
\end{aligned} \tag{4.45}$$

式中，$\mathbf{s}=\mathrm{vec}(\mathbf{X})$，$\mathbf{a}_{k,i}=(\mathbf{I}_L\otimes\mathbf{h}_k^*)\mathbf{p}_{[C_{[k,i]},l]}\mathbf{e}_i$，$\mathbf{b}_{k,i}=(\mathbf{I}_L\otimes\mathbf{h}_k^*)\mathbf{e}_i$。

相似地，引入辅助变量$a=\mathbf{y}^{\mathrm{H}}\tilde{\mathbf{\Lambda}}_2(\phi,\theta)\mathbf{y}$、$b=\mathbf{y}^{\mathrm{H}}\tilde{\mathbf{\Lambda}}_3(\phi,\theta)\mathbf{y}$、$c=\mathbf{y}^{\mathrm{H}}\tilde{\mathbf{\Lambda}}_1(\phi,\theta)\mathbf{y}$，则式（4.45）可表示为如下等价形式：

$$\begin{aligned}
&\min_{a,b,c,\mathbf{s},\mathbf{y},\varepsilon_{\mathrm{comm}_2},\alpha_{k,i},\beta_{k,i},u_{k,i}} \quad -\varepsilon_{\mathrm{comm}_2}\\
&\text{s.t.}\quad \frac{a}{a\cdot b-c^2}\leqslant\varepsilon_1,\quad \frac{b}{a\cdot b-c^2}\leqslant\varepsilon_2\\
&\qquad a=\mathbf{y}^{\mathrm{H}}\tilde{\mathbf{\Lambda}}_2(\phi,\theta)\mathbf{y},\quad b=\mathbf{y}^{\mathrm{H}}\tilde{\mathbf{\Lambda}}_3(\phi,\theta)\mathbf{y},\quad c=\mathbf{y}^{\mathrm{H}}\tilde{\mathbf{\Lambda}}_1(\phi,\theta)\mathbf{y}\\
&\qquad \mathbf{s}=\mathbf{y},\quad \alpha_{k,i}=\Re\{\mathbf{a}_{k,i}^{\mathrm{H}}\mathbf{s}\},\quad \beta_{k,i}=\mathbf{b}_{k,i}^{\mathrm{H}}\mathbf{s},\quad |\beta_{k,i}|\geqslant E_c\\
&\qquad \frac{\alpha_{k,i}}{|\beta_{k,i}|}=u_{k,i},\quad u_{k,i}\geqslant\varepsilon_{\mathrm{comm}_2}\geqslant-1,\quad 1\leqslant k\leqslant K,\quad 1\leqslant i\leqslant L\\
&\qquad \varepsilon_{\mathrm{comm}_2}\leqslant 1,\quad \|\mathbf{s}\|^2\leqslant E_s
\end{aligned} \tag{4.46}$$

基于以上，构建如下拉格朗日函数：

$$\begin{aligned}
&\mathcal{L}_2(a,b,c,\mathbf{s},\mathbf{y},\varepsilon_{\mathrm{comm}_2},\alpha_{k,i},\beta_{k,i},u_{k,i},\lambda_a,\lambda_b,\lambda_c,\boldsymbol{\lambda},\psi_{k,i},\eta_{k,i},\gamma_{k,i})\\
&=-\varepsilon_{\mathrm{comm}_2}+\lambda_a(a-\mathbf{y}^{\mathrm{H}}\tilde{\mathbf{\Lambda}}_2(\phi,\theta)\mathbf{y})+\frac{\rho_1}{2}\left|a-\mathbf{y}^{\mathrm{H}}\tilde{\mathbf{\Lambda}}_2(\phi,\theta)\mathbf{y}\right|^2\\
&\quad+\lambda_b(b-\mathbf{y}^{\mathrm{H}}\tilde{\mathbf{\Lambda}}_3(\phi,\theta)\mathbf{y})+\frac{\rho_2}{2}\left|b-\mathbf{y}^{\mathrm{H}}\tilde{\mathbf{\Lambda}}_3(\phi,\theta)\mathbf{y}\right|^2\\
&\quad+\lambda_c(c-\mathbf{y}^{\mathrm{H}}\tilde{\mathbf{\Lambda}}_1(\phi,\theta)\mathbf{y})+\frac{\rho_3}{2}\left|c-\mathbf{y}^{\mathrm{H}}\tilde{\mathbf{\Lambda}}_1(\phi,\theta)\mathbf{y}\right|^2\\
&\quad+\Re\{\boldsymbol{\lambda}^{\mathrm{H}}(\mathbf{s}-\mathbf{y})\}+\frac{\rho_4}{2}\|\mathbf{s}-\mathbf{y}\|^2\\
&\quad+\sum_{k=1}^{K}\sum_{i=1}^{L}\psi_{k,i}(\alpha_{k,i}-\Re\{\mathbf{a}_{k,i}^{\mathrm{H}}\mathbf{s}\})+\frac{\rho_5}{2}\left|\alpha_{k,i}-\Re\{\mathbf{a}_{k,i}^{\mathrm{H}}\mathbf{s}\}\right|^2\\
&\quad+\sum_{k=1}^{K}\sum_{i=1}^{L}\Re\{\eta_{k,i}^*(\beta_{k,i}-\mathbf{b}_{k,i}^{\mathrm{H}}\mathbf{s})\}+\frac{\rho_6}{2}\left|\beta_{k,i}-\mathbf{b}_{k,i}^{\mathrm{H}}\mathbf{s}\right|^2\\
&\quad+\sum_{k=1}^{K}\sum_{i=1}^{L}\gamma_{k,i}(\alpha_{k,i}-|\beta_{k,i}|u_{k,i})+\frac{\rho_7}{2}\left|\alpha_{k,i}-|\beta_{k,i}|u_{k,i}\right|^2\\
&\text{s.t.}\quad \frac{a}{a\cdot b-c^2}\leqslant\varepsilon_1,\quad \frac{b}{a\cdot b-c^2}\leqslant\varepsilon_2\\
&\qquad |\beta_{k,i}|\geqslant E_c,\quad u_{k,i}\geqslant\varepsilon_{\mathrm{comm}_2}\geqslant-1,\quad 1\leqslant k\leqslant K,\quad 1\leqslant i\leqslant L\\
&\qquad \varepsilon_{\mathrm{comm}_2}\leqslant 1,\quad \|\mathbf{s}\|^2\leqslant E_s
\end{aligned} \tag{4.47}$$

式中，$\{\lambda_a,\lambda_b,\lambda_c,\boldsymbol{\lambda},\psi_{k,i},\eta_{k,i},\gamma_{k,i}\}$为对应于等式约束$a=\mathbf{y}^{\mathrm{H}}\tilde{\mathbf{\Lambda}}_2(\phi,\theta)\mathbf{y}$，$b=\mathbf{y}^{\mathrm{H}}\tilde{\mathbf{\Lambda}}_3(\phi,\theta)\mathbf{y}$，$c=\mathbf{y}^{\mathrm{H}}\tilde{\mathbf{\Lambda}}_1(\phi,\theta)\mathbf{y}$，$\mathbf{y}=\mathbf{s}$，$\alpha_{k,i}=\Re\{\mathbf{a}_{k,i}^{\mathrm{H}}\mathbf{s}\}$，$\beta_{k,i}=\mathbf{b}_{k,i}^{\mathrm{H}}\mathbf{s}$，$\alpha_{k,i}=|\beta_{k,i}|u_{k,i}$的拉格朗日乘子，而$\{\rho_1,\rho_2,\cdots,\rho_7\}$为相应的惩罚参数。

相似地，本章将参数集$\{a,b,c,\boldsymbol{s},\boldsymbol{y},\varepsilon_{\mathrm{comm}_2},\alpha_{k,i},\beta_{k,i},\mu_{k,i},\lambda_a,\lambda_b,\lambda_c,\boldsymbol{\lambda},\psi_{k,i},\eta_{k,i},\gamma_{k,i}\}$划分为三组变量，即$\{a,b,c,\boldsymbol{s},\varepsilon_{\mathrm{comm}_2},\mu_{k,i}\}$、$\{\boldsymbol{y},\alpha_{k,i},\beta_{k,i}\}$以及$\{\lambda_a,\lambda_b,\lambda_c,\boldsymbol{\lambda},\psi_{k,i},\eta_{k,i},\gamma_{k,i}\}$，然后本章通过以下迭代步骤进行这三组变量的确定。

步骤 1：基于给定的$\left\{\boldsymbol{y}^{(\tau)},\alpha_{k,i}^{(\tau)},\beta_{k,i}^{(\tau)},\lambda_a^{(\tau)},\lambda_b^{(\tau)},\lambda_c^{(\tau)},\boldsymbol{\lambda}^{(\tau)},\psi_{k,i}^{(\tau)},\eta_{k,i}^{(\tau)},\gamma_{k,i}^{(\tau)}\right\}$求解如下子问题，确定$\left\{a^{(\tau+1)},b^{(\tau+1)},c^{(\tau+1)},\boldsymbol{s}^{(\tau+1)},\varepsilon_{\mathrm{comm}2_1}^{(\tau+1)},u_{k,i}^{(\tau+1)}\right\}$。

$$\begin{aligned}&\min_{a,b,c,\boldsymbol{s},\varepsilon_{\mathrm{comm}_2},u_{k,i}}\ \mathcal{L}_2(a,b,c,\boldsymbol{s},\varepsilon_{\mathrm{comm}_2},u_{k,i})\\&\text{s.t.}\ \ \frac{a}{a\cdot b-c^2}\leqslant\varepsilon_1,\quad \frac{b}{a\cdot b-c^2}\leqslant\varepsilon_2\\&u_{k,i}\geqslant\varepsilon_{\mathrm{comm}_2}\geqslant-1,\quad \varepsilon_{\mathrm{comm}_2}\leqslant1\\&(\forall k,i,\quad 1\leqslant k\leqslant K,1\leqslant i\leqslant L),\quad \|\boldsymbol{s}\|^2\leqslant E_s\end{aligned}\tag{4.48}$$

由于三组变量$\{\boldsymbol{s}\}$、$\{a,b,c\}$、$\left\{\varepsilon_{\mathrm{comm}2},u_{k,i}\right\}$互不相关，将式（4.48）转换为如下三个子问题：

$$P_{\mathrm{step1.1}}:\begin{cases}\min\limits_{\boldsymbol{s}}\ \mathcal{L}_1(\boldsymbol{s})\\ \text{s.t.}\ \ \|\boldsymbol{s}\|^2\leqslant E_s\end{cases}\tag{4.49}$$

$$P_{\mathrm{step1.2}}:\begin{cases}\min\limits_{a,b,c}\mathcal{L}(a,b,c)\\ \text{s.t.}\ \ \dfrac{a}{a\cdot b-c^2}\leqslant\varepsilon_1,\quad \dfrac{b}{a\cdot b-c^2}\leqslant\varepsilon_2\end{cases}\tag{4.50}$$

$$P_{\mathrm{step1.3}}:\begin{cases}\min\limits_{\varepsilon_{\mathrm{comm}_2},u_{k,i}}\ \mathcal{L}_2(\varepsilon_{\mathrm{comm}_2},u_{k,i})\\ \text{s.t.}\ \ u_{k,i}\geqslant\varepsilon_{\mathrm{comm}_2}\geqslant-1,\quad \varepsilon_{\mathrm{comm}_2}\leqslant1\\ (\forall k,i,\quad 1\leqslant k\leqslant K,\quad 1\leqslant i\leqslant L)\end{cases}\tag{4.51}$$

式（4.49）描述的凸优化问题可以借助CVX工具包进行求解；而式（4.50）描述的问题可以借助式（4.21）的求解方式进行求解；而式（4.51）描述的问题可以转换成二次规划问题，也可以借助CVX工具包进行求解。

步骤 2：基于给定的$\left\{a^{(\tau+1)},b^{(\tau+1)},c^{(\tau+1)},\boldsymbol{s}^{(\tau+1)},\varepsilon_{\mathrm{comm}_2}^{(\tau+1)},u_{k,i}^{(\tau+1)},\lambda_a^{(\tau)},\lambda_b^{(\tau)},\lambda_c^{(\tau)},\boldsymbol{\lambda}^{(\tau)},\psi_{k,i}^{(\tau)},\eta_{k,i}^{(\tau)},\gamma_{k,i}^{(\tau)}\right\}$求解如下子问题，确定$\left\{\boldsymbol{y}^{(\tau+1)},\alpha_{k,i}^{(\tau+1)},\beta_{k,i}^{(\tau+1)}\right\}$：

$$P_{\mathrm{step2}}:\begin{cases}\min\limits_{\boldsymbol{y},\alpha_{k,i},\beta_{k,i}}\ \mathcal{L}_2(\boldsymbol{y},\alpha_{k,i},\beta_{k,i})\\ \text{s.t.}\ \ \left|\beta_{k,i}\right|\geqslant E_c(\forall k,i,1\leqslant k\leqslant K,1\leqslant i\leqslant L)\end{cases}\tag{4.52}$$

由于两组变量$\{\boldsymbol{y}\}$、$\{\alpha_{k,i},\beta_{k,i}\}$互不相关，将式（4.52）转换为如下两个子问题：

$$P_{\mathrm{step2.1}}:\min_{\boldsymbol{y}}\mathcal{L}_2(\boldsymbol{y})\tag{4.53}$$

$$P_{\text{step2.2}}:\begin{cases}\min\limits_{\alpha_{k,i},\beta_{k,i}} \mathcal{L}_2(\alpha_{k,i},\beta_{k,i}) \\ \text{s.t.}\ \ |\beta_{k,i}| \geqslant E_c(\forall k,i,1\leqslant k\leqslant K,1\leqslant i\leqslant L)\end{cases} \tag{4.54}$$

由于没有约束，式（4.53）描述的子问题可以通过BFGS方法进行求解；而对于式（4.54）描述的子问题，可以将其转换为变量幅度的优化问题进行求解。

步骤3：更新拉格朗日乘子。

$$\begin{aligned}
\lambda_a^{(\tau+1)} &= \lambda_a^{(\tau)} + \rho_1(a^{(\tau+1)} - (\boldsymbol{y}^{(\tau+1)})^{\mathrm{H}}\tilde{\boldsymbol{\Lambda}}_2(\phi,\theta)\boldsymbol{y}^{(\tau+1)}) \\
\lambda_b^{(\tau+1)} &= \lambda_b^{(\tau)} + \rho_2(b^{(\tau+1)} - (\boldsymbol{y}^{(\tau+1)})^{\mathrm{H}}\tilde{\boldsymbol{\Lambda}}_3(\phi,\theta)\boldsymbol{y}^{(\tau+1)}) \\
\lambda_c^{(\tau+1)} &= \lambda_c^{(\tau)} + \rho_3(c^{(\tau+1)} - (\boldsymbol{y}^{(\tau+1)})^{\mathrm{H}}\tilde{\boldsymbol{\Lambda}}_1(\phi,\theta)\boldsymbol{y}^{(\tau+1)}) \\
\boldsymbol{\lambda}^{(\tau+1)} &= \boldsymbol{\lambda}^{(\tau)} + \rho_4(\boldsymbol{s}^{(\tau+1)} - \boldsymbol{y}^{(\tau+1)}) \\
\psi_{k,i}^{(\tau+1)} &= \psi_{k,i}^{(\tau)} + \rho_5(\alpha_{k,i}^{(\tau+1)} - \Re\{\boldsymbol{a}_{k,i}^{\mathrm{H}}\boldsymbol{s}^{(\tau+1)}\}) \\
\eta_{k,i}^{(\tau+1)} &= \eta_{k,i}^{(\tau)} + \rho_6(\beta_{k,i}^{(\tau+1)} - b_{k,i}^{\mathrm{H}}s^{(\tau+1)}) \\
\gamma_{k,i}^{(\tau+1)} &= \gamma_{k,i}^{(\tau)} + \rho_7(\alpha_{k,i}^{(\tau+1)} - |\beta_{k,i}^{(\tau+1)}|u_{k,i}^{(\tau+1)})
\end{aligned} \tag{4.55}$$

重复步骤1～步骤3，直至满足算法收敛条件。

4.5 仿真实验

本章考虑双静态MIMO双功能雷达通信系统，发射阵列为由五个天线构成的均匀线性阵列，而接收阵列为由四个天线构成的均匀线性阵列。除此之外，设置单个脉冲内帧数为L=16，最大发射能量阈值为$E_s = N_t \times L$。目标的离开角和到达角分别设定为$\theta = 13^\circ$和$\phi = 9^\circ$；目标反射系数绝对值设定为$|\beta| = 0.99$；雷达接收机的加性高斯白噪声方差为$\sigma_r^2 = 0.5$；通信下行链路用户数为$K = 4$；期望的星座符号向量采用QPSK调制机制并归一化为单位能量。通信信道建模为瑞利衰减过程，即信道矩阵$\boldsymbol{H}$的各元素独立同分布，遵循复高斯分布$\mathrm{CN}(0,1)$。

1. 实验1：收敛特性评估

本实验主要测试距离判别算法（以下简称算法1）和方向判别算法（以下简称算法2）在辅助变量和对偶变量采用以0作为初始化时的收敛特性。惩罚参数取为$\rho_1 = 10^{-2}, \rho_2 = 5\times 10^{-3}, \rho_3 = \rho_4 = \cdots = \rho_7 = 10^{-2}$；最大迭代次数取为$N_{\max} = 3000$。此外，辅助变量$\boldsymbol{y}^{(0)}$采用初始$\dfrac{\sqrt{E_s}}{\|\boldsymbol{q}\|_2}\boldsymbol{q}$，其中，向量$\boldsymbol{q}$的元素服从高斯分布$\mathrm{CN}(0,1)$。此外，参数$\varepsilon_1 = \varepsilon_2 = 7.5\times 10^{-5}$。

对于算法1，本实验统计残差$|a - \boldsymbol{y}^{\mathrm{H}}\tilde{\boldsymbol{\Lambda}}_2(\phi,\theta)\boldsymbol{y}|$，$|b - \boldsymbol{y}^{\mathrm{H}}\tilde{\boldsymbol{\Lambda}}_3(\phi,\theta)\boldsymbol{y}|$，$|c - \boldsymbol{y}^{\mathrm{H}}\tilde{\boldsymbol{\Lambda}}_1(\phi,$

$\theta)\boldsymbol{y}|$，$\|\boldsymbol{s}-\boldsymbol{y}\|$，$\max\limits_k\left\|\|\boldsymbol{\alpha}_k\|-t_k\|\boldsymbol{\beta}_k\|\right\|$，$\max\limits_k\left\|\boldsymbol{\alpha}_k-\boldsymbol{A}_k^a\boldsymbol{s}+\boldsymbol{b}_k^a\right\|$，$\max\limits_k\left\|\boldsymbol{\beta}_k-\boldsymbol{A}_k^b\boldsymbol{s}+\boldsymbol{b}_k^b\right\|$，并在图4.3（a）中进行展示。此外，获得的CRLB以及$\varepsilon_{\mathrm{comm}_1}$在图4.3（b）和图4.3（c）中进行了展示。

从图4.3中可以看出：①迭代次数增加，而参数随之减少；②随着迭代次数增加，目标函数收敛；③充分迭代后，CRLB值达到了预先设定的阈值。

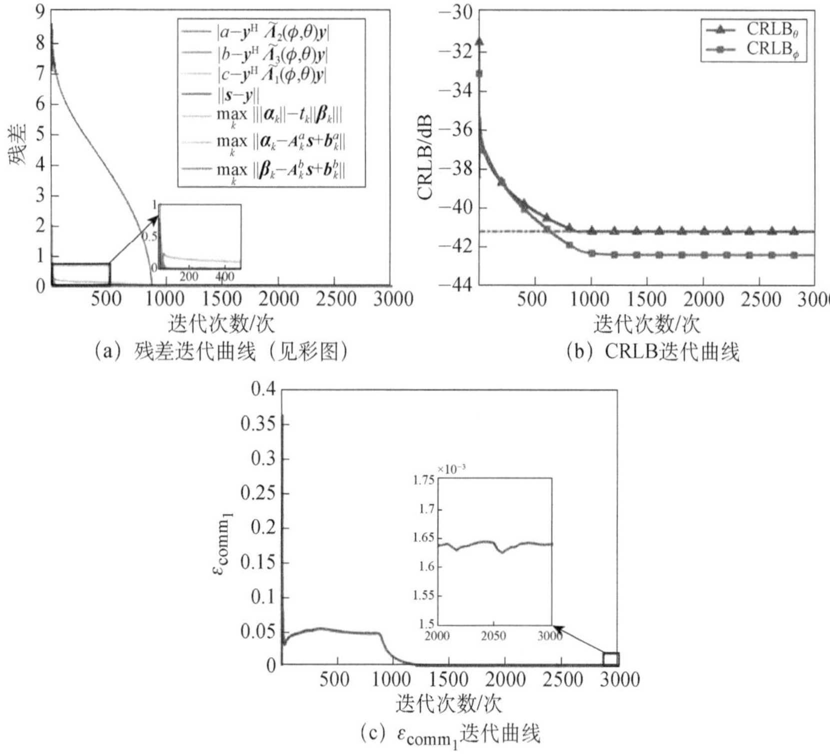

(a) 残差迭代曲线（见彩图）　(b) CRLB迭代曲线

(c) $\varepsilon_{\mathrm{comm}_1}$迭代曲线

图4.3　算法1的收敛特性

对于算法2，图4.4（a）给出了残差；图4.4（b）和图4.4（c）给出了CRLB值以及目标函数值。从结果可以看出：①随着迭代次数增加，参数接近于0；②充分迭代后，算法2的CRLB达到了阈值；③目标函数值充分收敛。

2. 实验2：算法比较

为了便于比较，采用现有算法常用的MUI作为评价通信服务质量的指标形成模型3（这个模型可以使用与算法2类似的求解框架进行求解，后文中将其表述为P_3），即

$$P_3:\begin{cases}\min\limits_{\boldsymbol{s}}\mathrm{MUI}\\ \text{s.t.}\ \ \mathrm{CRLB}_\theta\leqslant\varepsilon_1,\quad \mathrm{CRLB}_\phi\leqslant\varepsilon_2,\quad \|\boldsymbol{X}\|^2\leqslant E_s\end{cases}\tag{4.56}$$

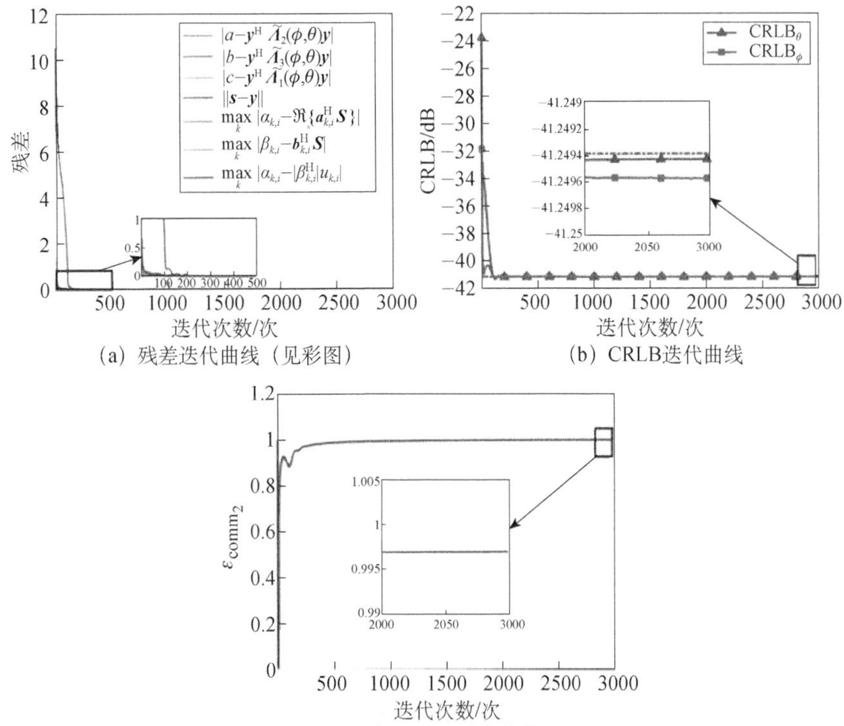

(a) 残差迭代曲线（见彩图）

(b) CRLB迭代曲线

(c) $\varepsilon_{\mathrm{comm}_2}$迭代曲线

图 4.4　算法 2 的收敛特性

正如文献[31,32]所描述的，工程应用中存在乘性的相位噪声，与加性高斯白噪声一样，相位噪声也会导致通信服务质量下降。

受相位噪声和高斯白噪声作用的 K 个用户的接收符号可以写为

$$\boldsymbol{Y} = \boldsymbol{\Theta} \odot \boldsymbol{HX} + \boldsymbol{Z} \tag{4.57}$$

与文献[32]中的定义类似，$\boldsymbol{\Theta} \in \mathbb{C}^{K \times L}$ 是相位噪声矩阵，其元素满足 $\boldsymbol{\Theta}_{[k,i]} = \mathrm{e}^{\mathrm{j}\theta_{k,i}}$ 并且为第 k 个用户的第 i 个符号的相位噪声。

（1）例子一：首先研究本章所提算法得到的方向图的性能，并与 P_3 以及文献[4,33]中的算法性能进行对比。算法 1 和算法 2 的 CRLB 阈值设置为 $\varepsilon_1 = \varepsilon_2 = 8.75 \times 10^{-5}$，并将综合得到的方向图绘制于图 4.5 中。

从图 4.5 中可以看出，对于算法 1（P_1）和算法 2（P_2）而言，得到的方向图主瓣总是能够正确指向目标，并且指向偏差在能够接受的范围，P_1 及 P_2 得到的方向图的主瓣水平要高于文献[4]和文献[33]中的方法，这说明有更多的能量辐射向了目标。因此 CRLB 限制条件能够有效调节向目标辐射能量的集中程度。

（2）例子二：在该例子中，我们考虑在仅有高斯白噪声的情况下 P_1 以及 P_2 的 SER 性能，并与文献[4]和文献[33]中的方法进行比较。与文献[34]中的定义类似，信噪比定义为$\frac{1}{\sigma_c^2}$。当信噪比在-10～20dB 范围内变动的时候，误码率的数值曲线绘制于图 4.6 中。CRLB 阈值与例子一中的一致，设置为$\varepsilon_1=\varepsilon_2=8.75\times10^{-5}$。

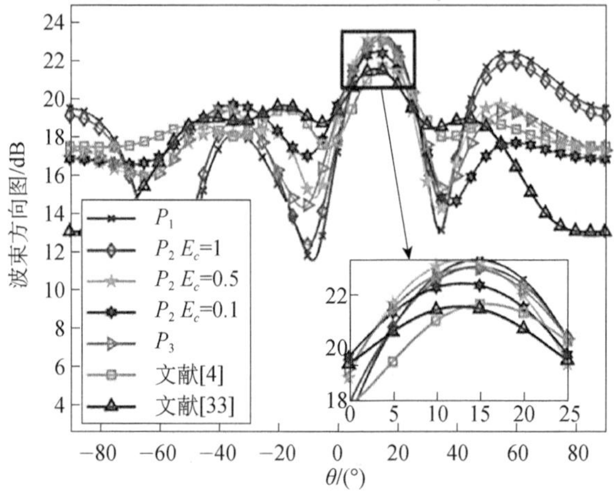

图 4.5　算法 1 和 2 综合的方向图

从图 4.6 中可以看出，P_1的误码率性能要优于P_3，表明了P_1所提通信准则的有效性。对于P_2而言，当E_c的值合理设置时，E_c的值越大误码率越低。E_c的值设置过小，P_2要比P_1甚至比P_3误码率性能还差。当E_c的值合理设置且信噪比较高时，P_2的误码率性能比文献[4]和文献[33]中的方法更优越。尽管文献[4]和文献[33]中的方法要比P_1、P_3的误码率性能更好，但是P_1、P_3得到的方向图主瓣能量更加集中。

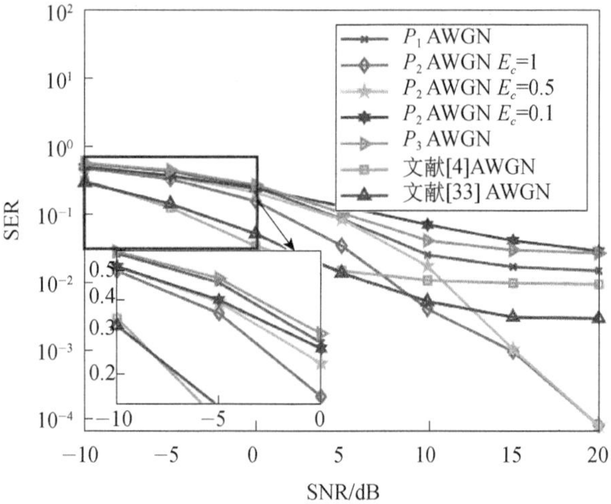

图 4.6　仅有高斯白噪声时 SER 随信噪比变化曲线

（3）例子三：我们设置$\sigma_c^2=0$，也就是仅有非线性相位噪声（nonlinear

phase noise，NLPN）的情况。我们计算得到了在 σ_θ^2 为 0～15 时的误码率，并与文献[4]和文献[33]中的方法进行比较，结果绘制于图 4.7 中。

从图 4.7 中可以看出，P_1、P_2 的误码率性能优于 P_3。由于相位噪声会导致接收符号发生随机旋转而“方向相似性”方案可以抵抗其影响，因此 P_2 的性能要优于 P_3 的性能。对于 P_2 而言，E_c 阈值越低，误码率性能越好，这是由于更小的 E_c 阈值可以使更高的自由度分配给波形的设计，因此可以使接收符号与期望符号之间的夹角较小。另外，由于 P_1 将更高的波形设计自由度分配给了雷达感知功能，因此文献[4]中的方法比 P_1 的误码率性能好。而当 σ_θ^2 较大的时候，P_1 性能优于文献[33]中方法的性能，但是当 σ_θ^2 变小的时候，P_1 性能会变差。在 E_c 阈值合适选择的时候，P_2 性能优于文献[4,33]中的方法。

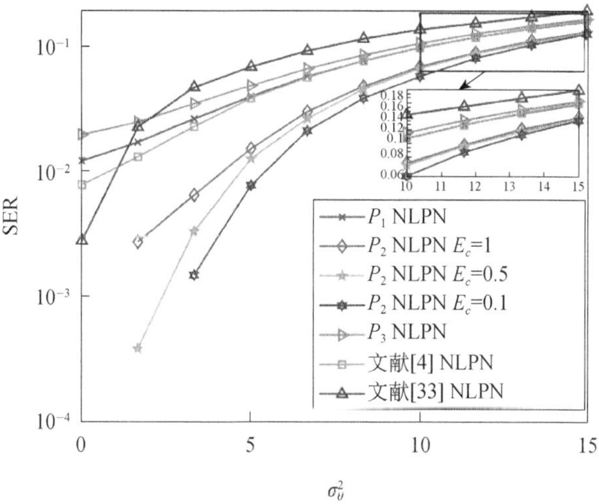

图 4.7　相位噪声时 SER 随 σ_θ^2 变化曲线

（4）例子四：该例子在相位噪声以及高斯白噪声同时存在的情况下，比较算法的误码率性能。相位噪声的方差 σ_θ^2 为 0～15，而高斯白噪声信噪比设置为 5dB 或者 30dB。

从图 4.8（a）以及图 4.8（b）中可以看出，P_1 性能要优于 P_3 的性能，说明 P_1 的优化准则能够有效抵抗相位噪声以及高斯白噪声的影响。对于 P_2，我们观察到：①在低高斯白噪声信噪比情况下，阈值越大，误码率性能越好，这说明更大的 E_c 阈值有助于抵抗高斯白噪声；②在大高斯白噪声信噪比情况下，阈值越小，误码率性能越好，这说明更小的 E_c 阈值可以提供更多自由度来抵抗相位噪声。另外，当高斯白噪声信噪比较低时，文献[4]和文献[33]中的方法要优于 P_1 以及 P_3 中的方法，这与例子二中的实验结果保持一致。当高斯白噪声的信噪比较高，σ_θ^2 较大时，P_1 的性能优于文献[4]中的方法；P_2 的性能优于文献[4]和文献[33]中的方法，并且在 σ_θ^2 较大时，E_c 阈值对于误码率性能影响较小，但当

σ_θ^2较小时，由于高斯白噪声占据主导，因此更大的E_c阈值会得到较优的误码率性能。

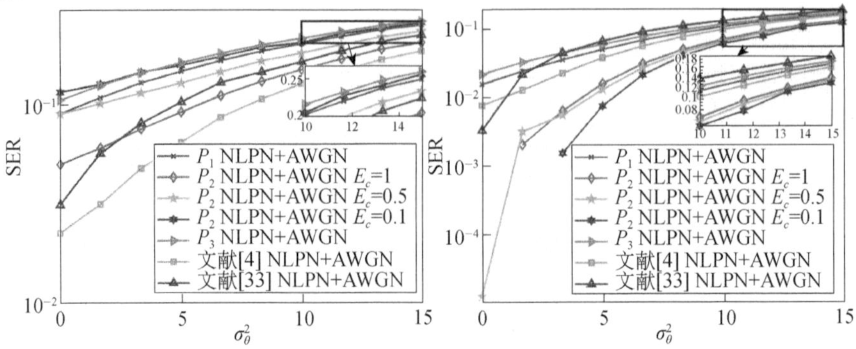

(a) AWGN SNR=5dB (b) AWGN SNR=30B

图 4.8 高斯白噪声和相位噪声共存时 SER 性能

4.6 本章小结

本章聚焦于双静态 MIMO 双功能雷达通信系统波形设计问题。提出了两种新的通信指标用于减小通信符号错误率。此外，针对雷达感知指标，本章提出了无须近似的到达角和离开角精细感知的两个克拉默-拉奥下界约束优化方案。仿真结果表明了本章所提算法的有效性。

参考文献

[1] Liu F, Cui Y H, Masouros C, et al. Integrated sensing and communications: Toward dual-functional wireless networks for 6G and beyond[J]. IEEE Journal on Selected Areas in Communications, 2022, 40(6): 1728-1767.

[2] Wei Z X, Liu F, Masouros C, et al. Toward multi-functional 6G wireless networks: Integrating sensing, communication, and security[J]. IEEE Communications Magazine, 2022, 60(4): 65-71.

[3] Feng Z Y, Fang Z X, Wei Z Q, et al. Joint radar and communication: A survey[J]. China Communications, 2020, 17(1): 1-27.

[4] Liu F, Zhou L F, Masouros C, et al. Toward dual-functional radar-communication systems: Optimal waveform design[J]. IEEE Transactions on Signal Processing, 2018, 66(16): 4264-4279.

[5] He Y H, Cai Y L, Mao H, et al. RIS-assisted communication radar coexistence: Joint beamforming design and analysis[J]. IEEE Journal on Selected Areas in Communications, 2022, 40(7): 2131-2145.

[6] Bica M, Koivunen V. Radar waveform optimization for target parameter estimation in cooperative

radar-communications systems[J]. IEEE Transactions on Aerospace and Electronic Systems, 2019, 55(5): 2314-2326.

[7] Zheng L, Lops M, Wang X D. Adaptive interference removal for uncoordinated radar/communication coexistence[J]. IEEE Journal of selected Topics in Signal Processing, 2018, 12(1): 45-60.

[8] Qian J H, Lops M, Zheng L, et al. Joint system design for coexistence of MIMO radar and MIMO communication[J]. IEEE Transactions on Signal Processing, 2018, 66(13): 3504-3519.

[9] Deng H, Himed B. Interference mitigation processing for spectrum-sharing between radar and wireless communications systems[J]. IEEE Transactions on Aerospace and Electronic Systems, 2013, 49(3): 1911-1919.

[10] Wen C, Huang Y, Davidson T N. Efficient transceiver design for MIMO dual-function radar-communication systems[J]. IEEE Transactions on Signal Processing, 2023, 71: 1786-1801.

[11] Liu R, Li M, Liu Y, et al. Joint transmit waveform and passive beamforming design for RIS-aided DFRC systems[J]. IEEE Journal of Selected Topics in Signal Processing, 2022, 16(5): 995-1010.

[12] Ahmed A, Gu Y J, Silage D, et al. Power-efficient multi-user dual-function radar-communications[C].2018 IEEE 19th International Workshop on Signal Processing Advances in Wireless Communications (SPAWC). IEEE, 2018: 1-5.

[13] Ellinger J, Zhang Z P, Wu Z Q, et al. Dual-use multicarrier waveform for radar detection and communication[J]. IEEE Transactions on Aerospace and Electronic Systems, 2018, 54(3): 1265-1278.

[14] Sturm C, Wiesbeck W. Waveform design and signal processing aspects for fusion of wireless communications and radar sensing[J]. Proceedings of the IEEE, 2011, 99(7): 1236-1259.

[15] Dong F W, Liu F, Cui Y H, et al. Sensing as a service in 6G perceptive networks: A unified framework for ISAC resource allocation[J]. IEEE Transactions on Wireless Communications, 2023, 22(5): 3522-3536.

[16] Su N C, Liu F, Masouros C. Secure radar-communication systems with malicious targets: Integrating radar, communications and jamming functionalities[J]. IEEE Transactions on Wireless Communications, 2021, 20(1): 83-95.

[17] Akan O B, Arik M. Internet of radars: Sensing versus sending with joint radar-communications[J]. IEEE Communications Magazine, 2020, 58(9): 13-19.

[18] Tajer A, Jajamovich G H, Wang X D, et al. Optimal joint target detection and parameter estimation by MIMO radar[J]. IEEE Journal of Selected Topics in Signal Processing, 2010, 4(1): 127-145.

[19] Mietzner J, Schober R, Lampe L, et al. Multiple-antenna techniques for wireless communications: A comprehensive literature survey[J]. IEEE Communications Surveys & Tutorials, 2009, 11(2): 87-105.

[20] Stoica P, Li J, Xie Y. On probing signal design for MIMO radar[J]. IEEE Transactions on Signal

Processing, 2007, 55(8): 4151-4161.

[21] Liu F, Liu Y F, Li A, et al. Cramer-Rao bound optimization for joint radar-communication beamforming[J]. IEEE Transactions on Signal Processing, 2022, 70: 240-253.

[22] Valiulahi I, Masouros C, Salem A, et al. Antenna selection for energy-efficient dual-functional radar-communication systems[J]. IEEE Wireless Communications Letters, 2022, 11(4): 741-745.

[23] Cheng Z Y, Shi S N, He Z S, et al. Transmit sequence design for dual-function radar-communication system with one-bit DACs[J]. IEEE Transactions on Wireless Communications, 2021, 20(9): 5846-5860.

[24] Liu F, Masouros C. Joint localization and predictive beamforming in vehicular networks: Power allocation beyond water-filling[C]. 2021 IEEE International Conference on Acoustics, Speech and Signal Processing (ICASSP). IEEE, 2021: 8393-8397.

[25] Tang B, Wang H, Qin L L, et al. Waveform design for dual-function MIMO radar-communication systems[C].2020 IEEE 11th Sensor Array and Multichannel Signal Processing Workshop (SAM). IEEE, 2020: 1-5.

[26] Wang X Y, Fei Z S, Zheng Z, et al. Joint waveform design and passive beamforming for RIS-assisted dual-functional radar-communication system[J]. IEEE Transactions on Vehicular Technology, 2021, 70(5): 5131-5136.

[27] Li P L, Liang J L, Zhang M H, et al. Joint image denoising with gradient direction and edge-preserving regularization[J]. Pattern Recognition, 2022, 125: 108506.

[28] Wan J Q, Liu Y, Wei D L, et al. Super-BPD: Super boundary-to-pixel direction for fast image segmentation[C].2020 IEEE/CVF Conference on Computer Vision and Pattern Recognition (CVPR). IEEE, 2020: 9253-9262.

[29] Yuk C K M, Au O C, Li R Y M, et al. Color demosaicking using direction similarity in color difference spaces[C].2007 IEEE International Symposium on Circuits and Systems (ISCAS). IEEE, 2007: 1281-1284.

[30] Guo B X, Liang J L, Wang G Y, et al. Bistatic MIMO DFRC system waveform design via fractional programming[J]. IEEE Transactions on Signal Processing, 2023, 71: 1952-1967.

[31] Pitarokoilis A, Bjornson E, Larsson E G. ML detection in phase noise impaired SIMO channels with uplink training[J]. IEEE Transactions on Communications, 2016, 64(1): 223-235.

[32] Khanzadi M R, Durisi G, Eriksson T. Capacity of SIMO and MISO phase-noise channels with common/separate oscillators[J]. IEEE Transactions on Communications, 2015, 63(9): 3218-3231.

[33] Zhang Z B, Chang Q, Liu F, et al. Dual-functional radar-communication waveform design: Interference reduction versus exploitation[J]. IEEE Communications Letters, 2022, 26(1): 148-152.

[34] Masouros C, Alsusa E. Dynamic linear precoding for the exploitation of known interference in MIMO broadcast systems[J]. IEEE Transactions on Wireless Communications, 2009, 8(3): 1396-1404.

第5章 发射装置非完善条件下的雷达通信一体化波形设计

当在发射装置非完善条件下，实际发射波形并非理想波形，而会出现失真。本章首先讨论在发射装置非完善条件下的雷达通信一体化波形设计方法，最后给出仿真结果验证本章所提方法的有效性。

5.1 背景知识

集成感知和通信功能已被视为5G和6G的一项关键技术，用于应对无线电业务激增带来的频谱问题。双功能雷达通信（dual-functional radar-communication，DFRC）系统作为实施这一技术的机制，最近得到了广泛的关注。

双功能雷达通信系统使用一个公用的平台和波形同时完成雷达感知和通信功能。其可以在雷达和通信两个子系统之间有效分配空间、时间、谱或者功率资源，并压制两个子系统之间的相互干扰。显然，完成雷达感知和通信传输双功能的波形是该体系的核心所在。广义上，双功能波形设计方法可以分为三类：①雷达为主的方法；②通信为主的方法；③联合设计方法。以雷达为主的方法通常将发射给通信用户的信息嵌入雷达信号，如LFM信号，优先保证雷达感知特性。例如，文献[1]使用雷达LFM信号中频、带宽、极化等参数作为调制索引，传输信息至通信用户。相反，以通信为主的方法在保证通信质量的前提下采用正交频分复用（orthogonal frequency-division multiplexing，OFDM）或正交时频空（orthogonal time frequency space，OTFS）调制信号进行感知。例如，文献[2]采用广泛应用的OFDM信号在实现通信功能的同时执行二维傅里叶变换，实现距离-多普勒（range-Doppler, RD）成像。不同于上述两种方法，联合设计方法基于同时考虑两种子系统的特性并通过折中的原则设计波形。例如，文献[3]在满足SINR的基础上，基于最大化雷达SINR准则，进行联合发射DFRC波形的设计。除此之外，文献[4]设计的DFRC系统常模波形匹配给定的发射波束，用于雷达感知，同时最小化通信符号传输失真。

在DFRC系统中，广泛应用的多输入多输出（multiple input multiple output, MIMO）结构可以带来空间分集优势以及波束形成增益，进而可以获得准确的雷达参数估计精度以及较高的多用户通信服务质量。基于这些优势，本章考虑基于 MIMO-DFRC 系统进行联合波形设计。

当前已存在若干文献基于 MIMO-DFRC 系统进行联合波形设计。例如，文献[5]在满足来波到达角 CRLB 小于指定阈值、满足雷达感知需求的基础上，最小化下行 MUI。我们之前的研究工作已建议了一种基于 FP 框架的双静态 MIMO-DFRC 波形设计方法，该方法将 DOD 和 DOA 的联合 CRLB 作为雷达感知指标，而将通信多用户的 SR 作为通信指标。文献[6]建议了一种存在杂波时的常模 DFRC 波形设计方法。文献[7]构造了一种空时编码机制，用于拟合雷达发射波束以及传送通信用户信息。文献[8]研究了一种阻止窃听的 DFRC 系统安全机制，并利用相长干扰方法改善通信特性以及最大化雷达 SINR。

当硬件设备完美时，上述波形设计方法工作良好。可是，在实际应用中，硬件设备总是存在着诸多缺陷，如量化误差、相位 IQ 通道的不平衡、载频补偿、相位噪声等。特别是采用低功率或低配置硬件时，更容易存在缺陷。此时，可以利用信号处理方法，在一定程度上缓和或减少这种硬件缺陷，但并不能完全消除。尽管很难给出硬件缺陷的准确数学模型，但正如文献[9]和文献[10]指出的，可以将这种缺陷建模为发射波形的加性失真。

波束设计的主要目的是控制不同方向的辐射能量。广义上讲，我们期望发射功率聚焦于主瓣（目标方向），而旁瓣方向的辐射功率要充分低以便抑制干扰。文献[4,11～15]已深入研究了发射波束设计问题。这些方法可以分为两类：①基于协方差矩阵的设计方法；②直接设计方法。由于 MIMO 雷达的发射波束是由发射波形的协方差矩阵决定的[16]，第一种方法首先选择一个能产生好的发射波束的波形协方差矩阵，其次优化波形以便其对应的协方差矩阵近似于该给定的协方差矩阵。然而，第二种方法直接优化波形，以便波形产生的波束图近似于期望的波束图。

进一步，当同时存在多个无线设备时，非雷达通信一体化消费者的通信系统可能位于系统主瓣。此时，就需要考虑 DFRC 系统的频谱兼容能力，以便阻止来自其他通信用户的干扰，特别是在频谱拥挤的环境中。当前已存在若干文献讨论发射波形的频谱兼容问题[17−20]。例如，文献[19]研究了用于拟合谱兼容波束的宽带 MIMO 雷达波形设计方法；而文献[20]则探讨了具有良好脉冲压缩特性并同时保证谱兼容特性的波形设计问题。

受上述工作启发，本章探讨存在硬件缺陷时的 MIMO-DFRC 系统波形设计问题。据我们对当前文献调查，当前文献尚未对该问题进行深入研究。为了准确传递通信用户信息，同时拟合发射波束（在频谱兼容或非兼容需求条件下），本章构造两个不同的优化问题，研究发射装置在非完善条件下的波形设计问题。

5.2　问题描述

考虑由 N_t 个发射天线组成的均匀线性阵列构成的集中式 MIMO-DFRC 系统，该系统的发射信号用于雷达感知，并同时为 K 个单天线下行用户提供通信服务。令 $\boldsymbol{X} \in \mathbb{C}^{N_t \times L}$ 表示发射空时编码矩阵；L 表示每帧的编码长度。为了便于推导，将矩阵 $\boldsymbol{X}$ 向量化为向量 $\boldsymbol{s} \in \mathbb{C}^{N_t L \times 1}$。令 d 表示均匀阵相邻两个天线之间的间距，则方向 θ 处的导向矢量可表示为

$$\boldsymbol{a}_t(\theta) = \left[1, \mathrm{e}^{\mathrm{j}\pi d \sin\theta}, \cdots, \mathrm{e}^{\mathrm{j}\pi (N_t - 1) d \sin\theta}\right]^{\mathrm{T}} \in \mathbb{C}^{N_t \times 1} \tag{5.1}$$

式中，d 为半波长归一化的两天线之间的距离。

5.2.1　无需模板的发射波束

方向 θ 处发射信号的能量可表示为 $\boldsymbol{s}^{\mathrm{H}} \boldsymbol{A}_\theta \boldsymbol{A}_\theta^{\mathrm{H}} \boldsymbol{s}$，其中，$\boldsymbol{A}_\theta = \boldsymbol{I}_L \otimes \boldsymbol{a}_t(\theta)$。将发射能量聚焦于主瓣、较少泄露于旁瓣的优势在于增强目标感知能力并阻止微弱目标被淹没。因此，既要考虑增强主瓣层电平，又要考虑减少旁瓣层电平。为了最大化最小主瓣电平相对最大旁瓣电平来改善雷达子系统信干比，本章考虑如下无须模板的发射波束模式作为雷达方的评价标准：

$$\frac{\min_{p \in \Theta_P} \boldsymbol{s}^{\mathrm{H}} \bar{\boldsymbol{A}}_p \boldsymbol{s}}{\max_{q \in \Theta_Q} \boldsymbol{s}^{\mathrm{H}} \bar{\boldsymbol{B}}_q \boldsymbol{s}} \tag{5.2}$$

式中，$\bar{\boldsymbol{A}}_p = \boldsymbol{A}_p \boldsymbol{A}_p^{\mathrm{H}}$；$\bar{\boldsymbol{B}}_q = \boldsymbol{B}_q \boldsymbol{B}_q^{\mathrm{H}}$。主瓣和旁瓣区域被离散化为由 P 和 Q 个格点组成的两个集合：$\Theta_P = \{\theta_1, \theta_2, \cdots, \theta_P\}$ 和 $\Theta_Q = \{\bar{\theta}_1, \bar{\theta}_2, \cdots, \bar{\theta}_Q\}$。

5.2.2　无需模板的空间谱

方向 θ 处、频率格点 l 处空间谱能量可表示为

$$\left|\boldsymbol{f}_l^{\mathrm{H}} \tilde{\boldsymbol{A}}_\theta^{\mathrm{H}} \boldsymbol{s}\right|^2 = \left|\boldsymbol{\varpi}_{\theta,l}^{\mathrm{H}} \boldsymbol{s}\right|^2 = \boldsymbol{s}^{\mathrm{H}} \gamma_{\theta,l} \boldsymbol{s} \tag{5.3}$$

式中，$\tilde{\boldsymbol{A}}_\theta = \left[\boldsymbol{A}_\theta, \boldsymbol{0}_{(N_t L) \times (\bar{N} - L)}\right]$；$\boldsymbol{A}_\theta = \boldsymbol{I}_L \otimes \boldsymbol{a}_t(\theta)$；$\boldsymbol{\varpi}_{\theta,l} = \tilde{\boldsymbol{A}}_\theta \boldsymbol{f}_l$；$\gamma_{\theta,l} = \boldsymbol{\varpi}_{\theta,l} \boldsymbol{\varpi}_{\theta,l}^{\mathrm{H}}$；$\boldsymbol{f}_l = \left[1, \mathrm{e}^{-\mathrm{j}2\pi \frac{l}{\bar{N}}}, \cdots, \mathrm{e}^{-\mathrm{j}2\pi \frac{(\bar{N}-1)l}{\bar{N}}}\right]^{\mathrm{T}}$；$\boldsymbol{y}_\theta = \boldsymbol{A}_\theta^{\mathrm{H}} \boldsymbol{s}$。更准确地说，$l = -\frac{\bar{N}}{2}, \cdots, \frac{\bar{N}}{2} - 1$，$\bar{N} > L$ 为离散傅里叶变换的点数。

发射到波束主瓣空间信号的谱须满足频谱兼容，以避免来自其他通信系统

的干扰。在实际中，我们期望空间信号的能力主要分布在频谱的通带，而减少泄露到阻带的能量。因此，本章考虑如下无需模板的空间谱模式作为雷达方的评价标准：

$$\frac{\min\limits_{(m,u)\in \boldsymbol{\varXi}_{M,U}} \left|\boldsymbol{\varpi}_{m,u}^{\mathrm{H}}\boldsymbol{s}\right|^2}{\max\limits_{(m,v)\in \boldsymbol{\varXi}_{M,V}} \left|\boldsymbol{\varpi}_{m,v}^{\mathrm{H}}\boldsymbol{s}\right|^2} \tag{5.4}$$

进一步地，主瓣的角度区域离散化为$\boldsymbol{\Theta}_M=\left\{\tilde{\theta}_1,\tilde{\theta}_2,\cdots,\tilde{\theta}_M\right\}$，其中，$M$为主瓣区域格点的数目。频点通带和阻带区域分别划分为两组格点集合，即$\boldsymbol{F}_U=\left\{f_1,f_2,\cdots,f_U\right\}$和$\boldsymbol{F}_V=\left\{\tilde{f}_1,\tilde{f}_2,\cdots,\tilde{f}_V\right\}$，其中，$U$和$V$分别为通带和阻带区域格点的数目。因此可以借助笛卡儿积定义$\boldsymbol{\varXi}_{M,U}=\boldsymbol{\Theta}_M\times\boldsymbol{F}_U$，$\boldsymbol{\varXi}_{M,V}=\boldsymbol{\Theta}_M\times\boldsymbol{F}_V$。相似地，波束旁瓣的辐射能量可以定义为$\boldsymbol{s}^{\mathrm{H}}\overline{\boldsymbol{B}}_q\boldsymbol{s}$。

5.2.3　MUI 能量

广泛使用的 MUI 能量标准通常定义为

$$\mathrm{MUI}\triangleq\left\|\boldsymbol{X}^{\mathrm{H}}\boldsymbol{H}-\boldsymbol{C}\right\|^2=\sum_{k=1}^{K}\mathrm{MUI}_k \tag{5.5}$$

式中，$\boldsymbol{H}=\left[\boldsymbol{h}_1,\boldsymbol{h}_2,\cdots,\boldsymbol{h}_K\right]\in\mathbb{C}^{N_t\times K}$，描述的是发射阵列和下行通信用户之间的通信信道矩阵；$\boldsymbol{C}=\left[\boldsymbol{c}_1,\boldsymbol{c}_2,\cdots,\boldsymbol{c}_K\right]\in\mathbb{C}^{L\times K}$是期望传输给所有用户的符号矩阵；$\mathrm{MUI}_k=\left\|\boldsymbol{X}^{\mathrm{H}}\boldsymbol{h}_k-\boldsymbol{c}_k\right\|^2$是针对第$k$个的 MUI 能量。为了保证每一个用户均可获得较高的服务质量，本章考虑最小化最大的用户 MUI 能量，即

$$\min_{\boldsymbol{X}}\max_{k}\ \left\|\boldsymbol{X}^{\mathrm{H}}\boldsymbol{h}_k-\boldsymbol{c}_k\right\|^2 \tag{5.6}$$

5.2.4　硬件缺陷模型

在文献[10,21,22]中，发射硬件的缺陷对发射波形的效应建模为波形的加性失真，即

$$\boldsymbol{s}=\boldsymbol{s}_d+\boldsymbol{\delta}\in\mathbb{C}^{N_tL\times 1} \tag{5.7}$$

式中，$\boldsymbol{s}$为实际的发射波形向量；$\boldsymbol{s}_d$为期望的发射波形向量；$\boldsymbol{\delta}$表示由硬件缺陷引起的加性扰动。

本章考虑上述通信和雷达指标的最差情形，将加性扰动建模为$\|\boldsymbol{\delta}\|\leqslant\varepsilon_1$。其中，$\varepsilon_1$描述的是扰动的范数边界，由硬件缺陷的严重程度决定。

现有的波形设计工作通常假设发射机的硬件设施完美，对波形发射无任何负面影响，包括：①数模转换器（digital to analog converter, DACs）具有极高或无限的分辨率；②局部振荡器的 I 和 Q 通道具有相同的幅度以及 90 度的相位差；③载频完全匹配；④载频无任何变化，保持稳定。然而，在实际应用中这些假设并不有效，特别是在一些低成本或小型化应用中，例如，①为了减少系统的功耗而使用较低的或有限分辨率的 DACs[23]；②I 和 Q 通道存在幅度或相位不匹配[24]；③载频可能偏离期望值[24]；④载频可能在期望频率附近的一个频带内变化[25]。为了便于揭示这些发射硬件缺陷对波形的影响，本章以三种常用信号为例进行调研。图 5.1（a）～图 5.1（e）描述了 DACs 的比特数、I 和 Q 通道不平衡、载频偏移以及相位噪声方差对单音（tone）、线性调频以及正交频分复用三种信号的影响：比特数越小、通道相位误差越大、载频偏移越大、相位噪声方差越大，则会导致加性扰动越大。

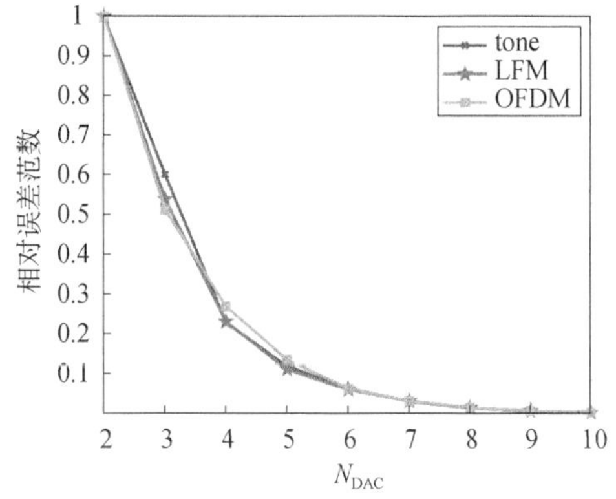

(a) DAC比特数影响

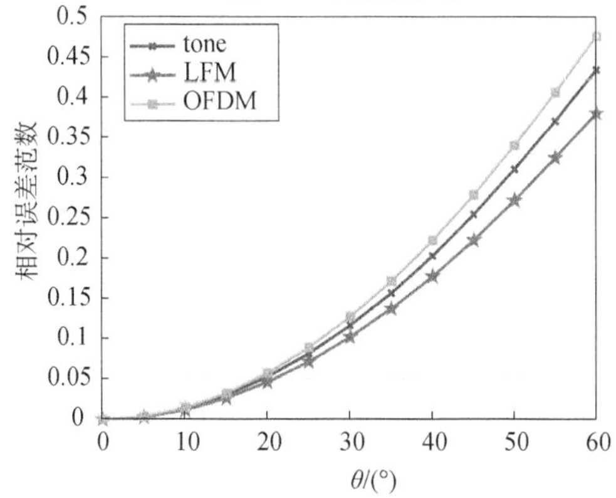

(b) IQ不平衡影响（相位）

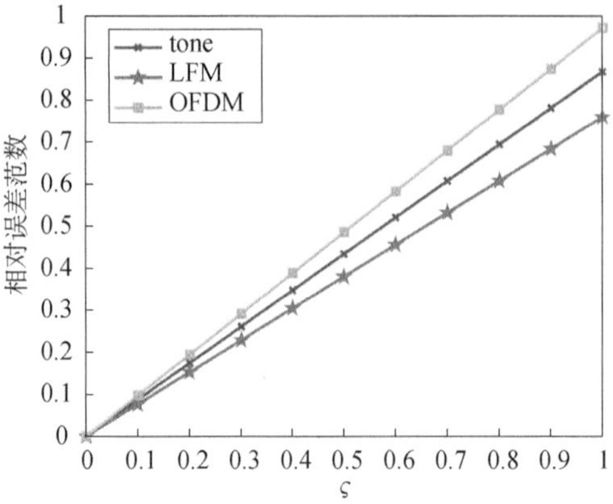

(c) IQ不平衡影响（幅度）

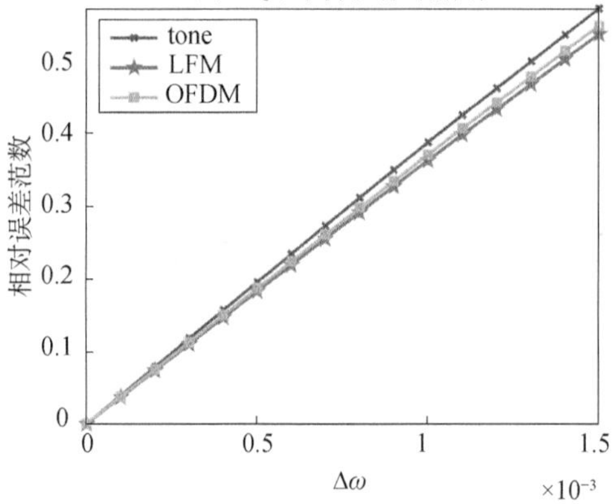

(d) 载频偏移影响

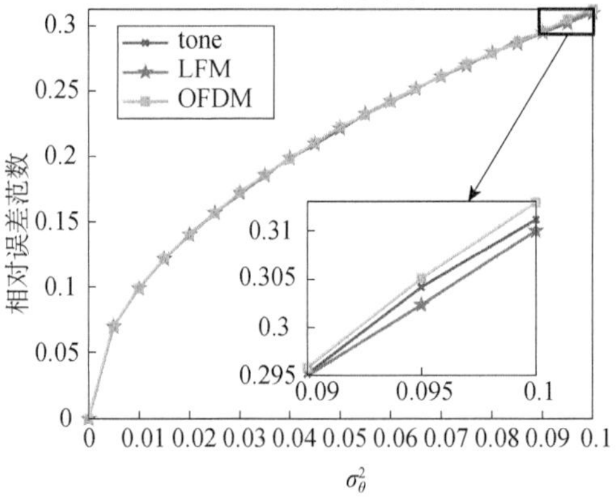

(e) 相位噪声方差的影响

图 5.1 硬件缺陷引起的三种信号失真

5.2.5 问题形成

由于硬件缺陷的影响，实际中发射的波形是期望波形的失真版本。为了使

DFRC 系统鲁棒于波形失真，本章首先推导出雷达和通信子系统的最差情形指标，并根据这些指标构造相应的数学模型。

（1）最差情形时无需模板的波束图。

首先导出波形失真引起的无需模板模型的最小边界：

$$g(\boldsymbol{s})=\min_{\|\boldsymbol{\delta}_1\|\leqslant\varepsilon_1}\frac{\min\limits_{p\in\Theta_P}(\boldsymbol{s}+\boldsymbol{\delta}_1)^{\mathrm{H}}\overline{\boldsymbol{A}}_p(\boldsymbol{s}+\boldsymbol{\delta}_1)}{\max\limits_{q\in\Theta_Q}(\boldsymbol{s}+\boldsymbol{\delta}_1)^{\mathrm{H}}\overline{\boldsymbol{B}}_q(\boldsymbol{s}+\boldsymbol{\delta}_1)}\geqslant\frac{\min\limits_{p\in\Theta_P}\min\limits_{\|\boldsymbol{\delta}_p\|\leqslant\varepsilon_1}(\boldsymbol{s}+\boldsymbol{\delta}_p)^{\mathrm{H}}\overline{\boldsymbol{A}}_p(\boldsymbol{s}+\boldsymbol{\delta}_p)}{\max\limits_{q\in\Theta_Q}\min\limits_{\|\boldsymbol{\delta}_q\|\leqslant\varepsilon_1}(\boldsymbol{s}+\boldsymbol{\delta}_q)^{\mathrm{H}}\overline{\boldsymbol{B}}_q(\boldsymbol{s}+\boldsymbol{\delta}_q)}=g_1(\boldsymbol{s})\tag{5.8}$$

进一步可得

$$\begin{aligned}\min_{\|\boldsymbol{\delta}_p\|\leqslant\varepsilon_1}(\boldsymbol{s}+\boldsymbol{\delta}_p)^{\mathrm{H}}\overline{\boldsymbol{A}}_p(\boldsymbol{s}+\boldsymbol{\delta}_p)&=\min_{\|\boldsymbol{\delta}_p\|\leqslant\varepsilon_1}\boldsymbol{s}^{\mathrm{H}}\overline{\boldsymbol{A}}_p\boldsymbol{s}+\boldsymbol{\delta}_p^{\mathrm{H}}\overline{\boldsymbol{A}}_p\boldsymbol{s}+\boldsymbol{s}^{\mathrm{H}}\overline{\boldsymbol{A}}_p\boldsymbol{\delta}_p+\boldsymbol{\delta}_p^{\mathrm{H}}\overline{\boldsymbol{A}}_p\boldsymbol{\delta}_p\\&\approx\min_{\|\boldsymbol{\delta}_p\|\leqslant\varepsilon_1}\boldsymbol{s}^{\mathrm{H}}\overline{\boldsymbol{A}}_p\boldsymbol{s}+2\Re\{\boldsymbol{s}^{\mathrm{H}}\overline{\boldsymbol{A}}_p\boldsymbol{\delta}_p\}=\boldsymbol{s}^{\mathrm{H}}\overline{\boldsymbol{A}}_p\boldsymbol{s}-2\varepsilon_1\left\|\overline{\boldsymbol{A}}_p\boldsymbol{s}\right\|\end{aligned}\tag{5.9}$$

当$\left\|\boldsymbol{\delta}_p\right\|$比较小时，$\boldsymbol{\delta}_p^{\mathrm{H}}\overline{\boldsymbol{A}}_p\boldsymbol{\delta}_p$ 也比较小，因此可以进行如式（5.9）所示的合理近似。相似地，也可得到这样的近似：$\min\limits_{\|\boldsymbol{\delta}_q\|\leqslant\varepsilon_1}(\boldsymbol{s}+\boldsymbol{\delta}_q)^{\mathrm{H}}\overline{\boldsymbol{B}}_q(\boldsymbol{s}+\boldsymbol{\delta}_q)\approx\boldsymbol{s}^{\mathrm{H}}\overline{\boldsymbol{B}}_q\boldsymbol{s}+2\varepsilon_1\left\|\overline{\boldsymbol{B}}_q\boldsymbol{s}\right\|$。同时也容易导出：$\max\limits_{\|\boldsymbol{\delta}_p\|\leqslant\varepsilon_1}\Re\{\boldsymbol{s}^{\mathrm{H}}\overline{\boldsymbol{A}}_p\boldsymbol{\delta}_p\}=\varepsilon_1\left\|\overline{\boldsymbol{A}}_p\boldsymbol{s}\right\|$和$\min\limits_{\|\boldsymbol{\delta}_p\|\leqslant\varepsilon_1}\Re\{\boldsymbol{s}^{\mathrm{H}}\overline{\boldsymbol{A}}_p\boldsymbol{\delta}_p\}=-\varepsilon_1\left\|\overline{\boldsymbol{A}}_p\boldsymbol{s}\right\|$。

根据以上讨论，最差情形时无需模板的波束方向图模型可重写为

$$\frac{\min\limits_{p\in\Theta_P}\boldsymbol{s}^{\mathrm{H}}\overline{\boldsymbol{A}}_p\boldsymbol{s}-2\varepsilon_1\left\|\overline{\boldsymbol{A}}_p\boldsymbol{s}\right\|}{\max\limits_{q\in\Theta_Q}\boldsymbol{s}^{\mathrm{H}}\overline{\boldsymbol{B}}_q\boldsymbol{s}+2\varepsilon_1\left\|\overline{\boldsymbol{B}}_q\boldsymbol{s}\right\|}\tag{5.10}$$

（2）最差情形时无需模板的空间谱。

相似地，空间谱无需模板分式模型的下界可表示为

$$\begin{aligned}\min_{\|\boldsymbol{\delta}_{m,u}\|\leqslant\varepsilon_1}(\boldsymbol{s}+\boldsymbol{\delta}_{m,u})^{\mathrm{H}}\boldsymbol{\gamma}_{m,u}(\boldsymbol{s}+\boldsymbol{\delta}_{m,u})&=\min_{\|\boldsymbol{\delta}_{m,u}\|\leqslant\varepsilon_1}\boldsymbol{s}^{\mathrm{H}}\boldsymbol{\gamma}_{m,u}\boldsymbol{s}+\boldsymbol{\delta}_{m,u}^{\mathrm{H}}\boldsymbol{\gamma}_{m,u}\boldsymbol{s}+\boldsymbol{s}^{\mathrm{H}}\boldsymbol{\gamma}_{m,u}\boldsymbol{\delta}_{m,u}+\boldsymbol{\delta}_{m,u}^{\mathrm{H}}\boldsymbol{\gamma}_{m,u}\boldsymbol{\delta}_{m,u}\\&\approx\min_{\|\boldsymbol{\delta}_{m,u}\|\leqslant\varepsilon_1}\boldsymbol{s}^{\mathrm{H}}\boldsymbol{\gamma}_{m,u}\boldsymbol{s}+2\Re\{\boldsymbol{s}^{\mathrm{H}}\boldsymbol{\gamma}_{m,u}\boldsymbol{\delta}_{m,u}\}\\&=\boldsymbol{s}^{\mathrm{H}}\boldsymbol{\gamma}_{m,u}\boldsymbol{s}-2\varepsilon_1\left\|\boldsymbol{\gamma}_{m,u}\boldsymbol{s}\right\|\\&=\left|\boldsymbol{\varpi}_{m,u}^{\mathrm{H}}\boldsymbol{s}\right|^2-2\varepsilon_1\left\|\boldsymbol{\varpi}_{m,u}\right\|\cdot\left|\boldsymbol{\varpi}_{m,u}^{\mathrm{H}}\boldsymbol{s}\right|\end{aligned}\tag{5.11}$$

根据以上讨论，最差情形时无需模板的空间谱模型可重写为

$$\frac{\min\limits_{(m,u)\in\Xi_{M,U}}\left|\boldsymbol{\varpi}_{m,u}^{\mathrm{H}}\boldsymbol{s}\right|^2-2\varepsilon_1\left\|\boldsymbol{\varpi}_{m,u}\right\|\cdot\left|\boldsymbol{\varpi}_{m,u}^{\mathrm{H}}\boldsymbol{s}\right|}{\max\limits_{(m,v)\in\Xi_{M,V}}\left|\boldsymbol{\varpi}_{m,v}^{\mathrm{H}}\boldsymbol{s}\right|^2+2\varepsilon_1\left\|\boldsymbol{\varpi}_{m,v}\right\|\cdot\left|\boldsymbol{\varpi}_{m,v}^{\mathrm{H}}\boldsymbol{s}\right|}\tag{5.12}$$

此时，最差情形时的旁瓣能量为$\boldsymbol{s}^{\mathrm{H}}\overline{\boldsymbol{B}}_q\boldsymbol{s}+2\varepsilon_1\left\|\overline{\boldsymbol{B}}_q\boldsymbol{s}\right\|$。

（3）最差情形时的 MUI。

此时，MUI 可表示为

$$\begin{aligned}\max_{\|\boldsymbol{\Delta}_k\|\leqslant\varepsilon_1}\left\|(\boldsymbol{X}+\boldsymbol{\Delta}_k)^{\mathrm{H}}\boldsymbol{h}_k-\boldsymbol{c}_k\right\| &= \max_{\|\boldsymbol{\Delta}_k\|\leqslant\varepsilon_1}\left\|\boldsymbol{X}^{\mathrm{H}}\boldsymbol{h}_k+\boldsymbol{\Delta}_k^{\mathrm{H}}\boldsymbol{h}_k-\boldsymbol{c}_k\right\| \\ &= \left\|\boldsymbol{H}_k^{\mathrm{H}}\boldsymbol{s}-\boldsymbol{c}_k^*\right\|+\varepsilon_1\left\|\boldsymbol{h}_k\right\|\end{aligned} \tag{5.13}$$

式中，$\boldsymbol{H}_k=\boldsymbol{I}_L\otimes\boldsymbol{h}_k$。

基于以上讨论，最大化最差情形时每一个通信用户的服务质量，同时保证波形失真时雷达波束效果的模型可表示为

$$\begin{aligned}&\min_{\boldsymbol{s}}\max_k\left\|\boldsymbol{H}_k^{\mathrm{H}}\boldsymbol{s}-\boldsymbol{c}_k^*\right\|+\varepsilon_1\left\|\boldsymbol{h}_k\right\| \\ &\text{s.t.}\ \frac{\min\limits_{p\in\Theta_P}\boldsymbol{s}^{\mathrm{H}}\overline{\boldsymbol{A}}_p\boldsymbol{s}-2\varepsilon_1\left\|\overline{\boldsymbol{A}}_p\boldsymbol{s}\right\|}{\max\limits_{q\in\Theta_Q}\boldsymbol{s}^{\mathrm{H}}\overline{\boldsymbol{B}}_q\boldsymbol{s}+2\varepsilon_1\left\|\overline{\boldsymbol{B}}_q\boldsymbol{s}\right\|}\geqslant\eta_1,\quad \|\boldsymbol{s}\|+\varepsilon_1\leqslant E_s\end{aligned} \tag{5.14}$$

式中，η_1为给定的波束图模型阈值；而E_{s}为系统最大发射能量。

进一步地，本章考虑空间信号频谱的兼容性，构造如下数学模型：

$$\begin{aligned}&\min_{\boldsymbol{s}}\max_k\left\|\boldsymbol{H}_k^{\mathrm{H}}\boldsymbol{s}-\boldsymbol{c}_k^*\right\|+\varepsilon_1\left\|\boldsymbol{h}_k\right\| \\ &\text{s.t.}\frac{\min\limits_{(m,u)}\left|\boldsymbol{\varpi}_{m,u}^{\mathrm{H}}\boldsymbol{s}\right|^2-2\varepsilon_1\left\|\boldsymbol{\varpi}_{m,u}\right\|\left|\boldsymbol{\varpi}_{m,u}^{\mathrm{H}}\boldsymbol{s}\right|}{\max\limits_{(m,v)}\left|\boldsymbol{\varpi}_{m,v}^{\mathrm{H}}\boldsymbol{s}\right|^2+2\varepsilon_1\left\|\boldsymbol{\varpi}_{m,v}\right\|\left|\boldsymbol{\varpi}_{m,v}^{\mathrm{H}}\boldsymbol{s}\right|}\geqslant\eta_3^2 \\ &\quad\ \boldsymbol{s}^{\mathrm{H}}\overline{\boldsymbol{B}}_q\boldsymbol{s}+2\varepsilon_1\left\|\overline{\boldsymbol{B}}_q\boldsymbol{s}\right\|\leqslant\varepsilon_2,\quad \forall q\in\Theta_Q \\ &\quad\ \|\boldsymbol{s}\|+\varepsilon_1\leqslant E_s\end{aligned} \tag{5.15}$$

式中，η_3和η_2为用户指定的功率谱模型阈值以及方向图旁瓣能量阈值。

为了对模型有更深的理解，我们首先引入如下优化问题：

$$\begin{aligned}&\min_{\boldsymbol{x}\in\mathcal{X}}f(\boldsymbol{x}) \\ &\text{s.t.}\ \ g_i(\boldsymbol{x})\leqslant 0,\quad i=1,2,\cdots,I\end{aligned} \tag{5.16}$$

式中，$\boldsymbol{x}$为最优化变量，$\mathcal{X}$是可行域。

在实际情况中，问题中的目标函数以及约束条件是实际物理系统的评价指标，如通信系统的MUI以及雷达系统的SINR，而$\boldsymbol{x}$为发射波形。

假定$\boldsymbol{x}^\star$是最优解。在实际中，硬件的不完美性导致$\boldsymbol{x}\in\{\boldsymbol{x}:\|\boldsymbol{x}-\boldsymbol{x}^\star\|\leqslant\varepsilon\}$以至于$f(\boldsymbol{x}^\star)\leqslant f(\boldsymbol{x})$。因此实际获得的性能可能会偏离期望性能。甚至可能导致约束条件不满足。

为了缓解硬件的不完美性，我们将原式改写为

$$\begin{aligned}&\min_{\boldsymbol{x}\in\mathcal{X}}\max_{\|\boldsymbol{\Delta}\|\leqslant\varepsilon}f(\boldsymbol{x}+\boldsymbol{\Delta}) \\ &\text{s.t.}\ \ \max_{\|\boldsymbol{\Delta}\|\leqslant\varepsilon}g_i(\boldsymbol{x}+\boldsymbol{\Delta})\leqslant 0,\quad i=1,2,\cdots,I\end{aligned} \tag{5.17}$$

式中，$\boldsymbol{\Delta}$有硬件不完美导致的波形$\boldsymbol{x}$的误差区域。

目标函数以及约束条件中的$\max\limits_{\|\boldsymbol{\Delta}\|\leqslant\varepsilon}$操作符导致该问题的求解极具挑战性。为了对其求解，我们推导出了如下的上界函数：

$$\begin{aligned}&\max_{\|\boldsymbol{\Delta}\|\leqslant\varepsilon} f(\boldsymbol{x}+\boldsymbol{\Delta})\leqslant \bar{f}(\boldsymbol{x})\\&\max_{\|\boldsymbol{\Delta}\|\leqslant\varepsilon} g_i(\boldsymbol{x}+\boldsymbol{\Delta})\leqslant \bar{g}_i(\boldsymbol{x}),\quad i=1,2,\cdots,I\end{aligned}\tag{5.18}$$

因此问题被修改为

$$\begin{aligned}&\min_{\boldsymbol{x}\in\mathcal{X}} \bar{f}(\boldsymbol{x})\\&\text{s.t.}\ \ \bar{g}_i(\boldsymbol{x})\leqslant 0,\quad i=1,2,\cdots,I\end{aligned}\tag{5.19}$$

假定 $\bar{\boldsymbol{x}}^{\star}$ 为最优解，那么有以下的不等式满足：

$$\begin{aligned}&f(\bar{\boldsymbol{x}}^{\star}+\boldsymbol{\Delta})\leqslant \bar{f}(\bar{\boldsymbol{x}}^{\star}),\quad \forall\boldsymbol{\Delta}\in\{\boldsymbol{\Delta}:\|\boldsymbol{\Delta}\|\leqslant\varepsilon\}\\&g_i(\bar{\boldsymbol{x}}^{\star}+\boldsymbol{\Delta})\leqslant \bar{g}_i(\bar{\boldsymbol{x}}^{\star})\leqslant 0,\quad i=1,2,\cdots,I,\quad \forall\boldsymbol{\Delta}\in\{\boldsymbol{\Delta}:\|\boldsymbol{\Delta}\|\leqslant\varepsilon\}\end{aligned}\tag{5.20}$$

从讨论中可以得知，最差的性能与实际的性能之间是存在一定的“间隙”的，该“间隙”的引入可以缓解硬件导致的不完美型。

5.3 算　法　1

式（5.14）描述的子问题，其难点在于存在分式约束，导致问题为高度分线性和非凸优化问题。进一步地，变量 $\boldsymbol{s}$ 同时出现在分子和分母部分。为此，本章首先考虑使用解耦技术把分式约束裂变为几个凸或非凸的二阶锥和线性约束。引入辅助变量 $\{\eta_2,\eta_a,\eta_b\}$：

$$\eta_2=\max_k\left\|\boldsymbol{H}_k^{\mathrm{H}}\boldsymbol{s}-\boldsymbol{c}_k^*\right\|+\varepsilon_1\left\|\boldsymbol{h}_k\right\|\tag{5.21}$$

$$\eta_a=\max_p \boldsymbol{s}^{\mathrm{H}}\bar{\boldsymbol{A}}_p\boldsymbol{s}-2\varepsilon_1\left\|\bar{\boldsymbol{A}}_p\boldsymbol{s}\right\|\tag{5.22}$$

$$\eta_b=\max_q \boldsymbol{s}^{\mathrm{H}}\bar{\boldsymbol{B}}_q\boldsymbol{s}+2\varepsilon_1\left\|\bar{\boldsymbol{B}}_q\boldsymbol{s}\right\|\tag{5.23}$$

此时，式（5.14）对应的子问题可重新表达为

$$\begin{aligned}&\min_{\boldsymbol{s},\eta_2,\eta_a,\eta_b}\ \eta_2\\&\text{s.t.}\ \ \left\|\boldsymbol{H}_k^{\mathrm{H}}\boldsymbol{s}-\boldsymbol{c}_k^*\right\|+\varepsilon_1\left\|\boldsymbol{h}_k\right\|\leqslant\eta_2,\quad\forall k\in\boldsymbol{K}\\&\qquad \boldsymbol{s}^{\mathrm{H}}\bar{\boldsymbol{A}}_p\boldsymbol{s}-2\varepsilon_1\left\|\bar{\boldsymbol{A}}_p\boldsymbol{s}\right\|\geqslant\eta_a,\quad\forall p\in\Theta_P,\\&\qquad \boldsymbol{s}^{\mathrm{H}}\bar{\boldsymbol{B}}_q\boldsymbol{s}+2\varepsilon_1\left\|\bar{\boldsymbol{B}}_q\boldsymbol{s}\right\|\leqslant\eta_b,\quad\forall q\in\Theta_Q,\\&\qquad \frac{\eta_a}{\eta_b}\geqslant\eta_1,\quad \|\boldsymbol{s}\|+\varepsilon_1\leqslant E_s\end{aligned}\tag{5.24}$$

式中，$\boldsymbol{K}=\{1,2,\cdots,K\}$。假设存在最优的 $\{\eta_a',\eta_b'\}$ 使 $\eta_a=\eta_1\eta_b'$，且以下约束成立：

$$\begin{cases}\boldsymbol{s}^{\mathrm{H}}\bar{\boldsymbol{A}}_p\boldsymbol{s}-2\varepsilon_1\left\|\bar{\boldsymbol{A}}_p\boldsymbol{s}\right\|\geqslant\eta_a'\geqslant\eta_a=\eta_1\eta_b',\quad\forall p\in\boldsymbol{P}\\ \eta_a'\geqslant\eta_a=\eta_1\eta_b'\end{cases}\tag{5.25}$$

令 $\eta_a=\eta_1\eta_b$，则式（5.24）可重写为

$$\begin{aligned}
&\min_{\boldsymbol{s},\eta_2,\eta_a,\eta_b} \eta_2 \\
&\text{s.t.} \ \left\|\boldsymbol{H}_k^{\mathrm{H}}\boldsymbol{s}-\boldsymbol{c}_k^*\right\|+\varepsilon_1\left\|\boldsymbol{h}_k\right\| \leqslant \eta_2, \quad \forall k \in \boldsymbol{K} \\
&\quad \boldsymbol{s}^{\mathrm{H}}\overline{\boldsymbol{A}}_p\boldsymbol{s}-2\varepsilon_1\left\|\overline{\boldsymbol{A}}_p\boldsymbol{s}\right\| \geqslant \eta_a, \quad \forall p \in \Theta_P \\
&\quad \boldsymbol{s}^{\mathrm{H}}\overline{\boldsymbol{B}}_q\boldsymbol{s}+2\varepsilon_1\left\|\overline{\boldsymbol{B}}_q\boldsymbol{s}\right\| \leqslant \eta_b, \quad \forall q \in \Theta_Q \\
&\quad \frac{\eta_a}{\eta_b} \geqslant \eta_1, \quad \|\boldsymbol{s}\|+\varepsilon_1 \leqslant E_s
\end{aligned} \tag{5.26}$$

尽管式（5.26）中不再存在分式，但由于 $\boldsymbol{s}$ 和 η_b 在非凸和凸二阶锥约束中仍然耦合，因此难以求解。进一步地，将式（5.26）中的复杂不等式约束解耦为简单的等式和不等式约束：

$$\begin{aligned}
&\min_{\boldsymbol{u}_k,\eta_2,\boldsymbol{s},\eta_b,\gamma_p,\zeta_q,\boldsymbol{a}_p,\boldsymbol{b}_p,\boldsymbol{c}_q,\boldsymbol{d}_q} \eta_2 \\
&\text{s.t.} \ \left\|\boldsymbol{u}_k-\boldsymbol{c}_k^*\right\|+\varepsilon_1\left\|\boldsymbol{h}_k\right\| \leqslant \eta_2, \quad \boldsymbol{u}_k=\boldsymbol{H}_k^{\mathrm{H}}\boldsymbol{s}, \quad \forall k \in \boldsymbol{K} \\
&\quad \left\|\boldsymbol{a}_p\right\|^2-2\varepsilon_1\left\|\boldsymbol{b}_p\right\| \geqslant \gamma_p, \quad \gamma_p=\eta_1\eta_b, \quad \forall p \in \Theta_P \\
&\quad \left\|\boldsymbol{c}_q\right\|^2+2\varepsilon_1\left\|\boldsymbol{d}_q\right\| \leqslant \zeta_q, \quad \zeta_q=\eta_b, \quad \forall q \in \Theta_Q \\
&\quad 0 \leqslant \eta_b \leqslant \bar{\eta}_b, \quad \boldsymbol{a}_p=\boldsymbol{A}_p^{\mathrm{H}}\boldsymbol{s}, \quad \boldsymbol{b}_p=\overline{\boldsymbol{A}}_p\boldsymbol{s}, \quad \forall p \in \Theta_P \\
&\quad \boldsymbol{c}_q=\boldsymbol{B}_q^{\mathrm{H}}\boldsymbol{s}, \quad \boldsymbol{d}_q=\overline{\boldsymbol{B}}_q\boldsymbol{s}, \quad \forall q \in \Theta_Q \\
&\quad \|\boldsymbol{s}\|+\varepsilon_1 \leqslant E_s
\end{aligned} \tag{5.27}$$

显然，$\lambda_{\max}(\overline{\boldsymbol{A}}_p)\|\boldsymbol{s}\|^2 \geqslant \boldsymbol{s}^{\mathrm{H}}\overline{\boldsymbol{A}}_p\boldsymbol{s}-2\varepsilon_1\left\|\overline{\boldsymbol{A}}_p\boldsymbol{s}\right\| \geqslant \eta_1\eta_b$ 成立，其中，$\lambda_{\max}(\overline{\boldsymbol{A}}_p)$ 表示矩阵 $\overline{\boldsymbol{A}}_p$ 的最大特征值。因此容易导出 η_b 的上、下边界为 $0 \leqslant \eta_b \leqslant \bar{\eta}_b = \frac{1}{\eta_1}\min_p \lambda_{\max}(\overline{\boldsymbol{A}}_p)(E_s-\varepsilon_1)^2$。

根据以上流程，可以实现以下目标：①简化了 minmax 目标函数；②分裂复杂的分式约束为易于处理的约束。定义运算：$H(\rho,\boldsymbol{\lambda},\boldsymbol{a}) \triangleq \Re\{\boldsymbol{\lambda}^{\mathrm{H}}\boldsymbol{b}\}+\frac{\rho}{2}\|\boldsymbol{a}\|^2$。借助该运算，定义如下增广拉格朗日函数：

$$\begin{aligned}
&\mathcal{L}_1(\boldsymbol{u}_k,\eta_2,\boldsymbol{s},\eta_b,\gamma_p,\zeta_q,\boldsymbol{a}_p,\boldsymbol{b}_p,\boldsymbol{c}_q,\boldsymbol{d}_q,\boldsymbol{\lambda}_k,\phi_p,\psi_q,\boldsymbol{\chi}_p,\boldsymbol{\omega}_p,\boldsymbol{\kappa}_q,\boldsymbol{\varphi}_q) \\
&=\eta_2+\sum_{k=1}^{K}H(\rho_1,\boldsymbol{\lambda}_k,\boldsymbol{u}_k-\boldsymbol{H}_k^{\mathrm{H}}\boldsymbol{s})+\sum_{p\in\Theta_P}H(\rho_2,\phi_p,\gamma_p-\eta_1\eta_b)+\sum_{q\in\Theta_Q}H(\rho_3,\psi_q,\zeta_q-\eta_b) \\
&\quad+\sum_{p\in\Theta_P}H(\rho_4,\boldsymbol{\chi}_p,\boldsymbol{a}_p-\boldsymbol{A}_p^{\mathrm{H}}\boldsymbol{s})+\sum_{p\in\Theta_P}H(\rho_4,\boldsymbol{\omega}_p,\boldsymbol{b}_p-\overline{\boldsymbol{A}}_p\boldsymbol{s}) \\
&\quad+\sum_{q\in\Theta_Q}H(\rho_5,\boldsymbol{\kappa}_q,\boldsymbol{c}_q-\boldsymbol{B}_q^{\mathrm{H}}\boldsymbol{s})+\sum_{q\in\Theta_Q}H(\rho_5,\boldsymbol{\varphi}_q,\boldsymbol{d}_q-\overline{\boldsymbol{B}}_q\boldsymbol{s}) \\
&\text{s.t.} \ \left\|\boldsymbol{u}_k-\boldsymbol{c}_k^*\right\|+\varepsilon_1\left\|\boldsymbol{h}_k\right\| \leqslant \eta_2, \quad \forall k \in K \\
&\quad 0 \leqslant \eta_b \leqslant \bar{\eta}_b, \quad \left\|\boldsymbol{a}_p\right\|^2-2\varepsilon_1\left\|\boldsymbol{b}_p\right\| \geqslant \gamma_p, \quad \forall p \in \Theta_P
\end{aligned}$$

$$\begin{aligned}&\left\|\boldsymbol{c}_q\right\|^2+2\varepsilon_1\left\|\boldsymbol{d}_q\right\|\leqslant\zeta_q,\quad\forall q\in\Theta_Q\\&\|\boldsymbol{s}\|+\varepsilon_1\leqslant E_s\end{aligned}\tag{5.28}$$

式中，$\{\boldsymbol{\lambda}_k,\boldsymbol{\phi}_p,\psi_q,\boldsymbol{\chi}_p,\boldsymbol{\omega}_p,\boldsymbol{\kappa}_q,\boldsymbol{\varphi}_p\}$ 分别是对应于约束 $\boldsymbol{u}_k=\boldsymbol{H}_k^{\mathrm{H}}\boldsymbol{s}$、$\gamma_p=\eta_1\eta_b$、$\zeta_q=\eta_b$、$\boldsymbol{a}_p=\boldsymbol{A}_p^{\mathrm{H}}\boldsymbol{s}$、$\boldsymbol{b}_p=\overline{\boldsymbol{A}}_p\boldsymbol{s}$、$\boldsymbol{c}_q=\boldsymbol{B}_q^{\mathrm{H}}\boldsymbol{s}$、$\boldsymbol{d}_q=\overline{\boldsymbol{B}}_q\boldsymbol{s}$ 的拉格朗日乘子或向量，而 $\{\rho_1,\rho_2,\cdots,\rho_5\}$ 为相应的惩罚参数。

基于 ADMM 框架，本章经如下三个步骤迭代更新所有的变量。

步骤 1：基于给定的 $\{\boldsymbol{s},\eta_b,\boldsymbol{\lambda}_k,\boldsymbol{\phi}_p,\psi_q,\boldsymbol{\chi}_p,\boldsymbol{\omega}_p,\boldsymbol{\kappa}_q,\boldsymbol{\varphi}_p\}$ 确定 $\{\eta_2,\boldsymbol{u}_k,\gamma_p,\zeta_q,\boldsymbol{a}_p,\boldsymbol{b}_p,\boldsymbol{c}_q,\boldsymbol{d}_q\}$：

$$\begin{aligned}&\min_{\eta_2,\boldsymbol{u}_k,\gamma_p,\zeta_q,\boldsymbol{a}_p,\boldsymbol{b}_p,\boldsymbol{c}_q,\boldsymbol{d}_q}\mathcal{L}_1(\eta_2,\boldsymbol{u}_k,\gamma_p,\zeta_q,\boldsymbol{a}_p,\boldsymbol{b}_p,\boldsymbol{c}_q,\boldsymbol{d}_q)\\&\text{s.t.}\ \left\|\boldsymbol{u}_k-\boldsymbol{c}_k^*\right\|+\varepsilon_1\left\|\boldsymbol{h}_k\right\|\leqslant\eta_2,\quad\forall k\in K\\&\left\|\boldsymbol{a}_p\right\|^2-2\varepsilon_1\left\|\boldsymbol{b}_p\right\|\geqslant\gamma_p,\quad\forall p\in\Theta_P\\&\left\|\boldsymbol{c}_q\right\|^2+2\varepsilon_1\left\|\boldsymbol{d}_q\right\|\leqslant\zeta_q,\quad\forall q\in\Theta_Q\end{aligned}\tag{5.29}$$

由于三组变量 $\{\eta_2,\boldsymbol{u}_k\}$、$\{\gamma_p,\boldsymbol{a}_p,\boldsymbol{b}_p\}$、$\{\zeta_q,\boldsymbol{c}_q,\boldsymbol{d}_q\}$ 相互独立，因此上述问题可以分裂为三个独立的问题：

$$\begin{aligned}&P_{1-\text{step1.1}}:\min_{\eta_2,\boldsymbol{u}_k}\mathcal{L}_1(\eta_2,\boldsymbol{u}_k),\\&\text{s.t.}\ \left\|\boldsymbol{u}_k-\boldsymbol{c}_k^*\right\|+\varepsilon_1\left\|\boldsymbol{h}_k\right\|\leqslant\eta_2,\quad\forall k\in K\end{aligned}\tag{5.30}$$

$$\begin{aligned}&P_{1-\text{step1.2}}:\min_{\gamma_p,\boldsymbol{a}_p,\boldsymbol{b}_p}\mathcal{L}_1(\gamma_p,\boldsymbol{a}_p,\boldsymbol{b}_p),\\&\text{s.t.}\ \left\|\boldsymbol{a}_p\right\|^2-2\varepsilon_1\left\|\boldsymbol{b}_p\right\|\geqslant\gamma_p,\quad\forall p\in\Theta_P\end{aligned}\tag{5.31}$$

$$\begin{aligned}&P_{1-\text{step1.3}}:\min_{\zeta_q,\boldsymbol{c}_q,\boldsymbol{d}_q}\mathcal{L}_1(\zeta_q,\boldsymbol{c}_q,\boldsymbol{d}_q),\\&\text{s.t.}\ \left\|\boldsymbol{c}_q\right\|^2+2\varepsilon_1\left\|\boldsymbol{d}_q\right\|\leqslant\zeta_q,\quad\forall q\in\Theta_Q\end{aligned}\tag{5.32}$$

针对式（5.30）描述的凸优化子问题，采用并行技术将其转化为两个变量 $\{\eta_2,\overline{u}_k\}$ 的问题。在此基础上，通过消元思路将 $\overline{u}_k$ 表示为 η_2 的函数，并借助分段函数得到闭合解。

而对于式（5.31）描述的子问题，其目标函数为凸二次函数，然而其约束为非凸二阶锥约束。首先考虑将其转换为若干个子问题，然后采用并行技术将其转换为多个单变量优化问题。接着，采用结合几何分析技术以及 KKT 技术进行问题的求解。

首先，将式（5.31）转换为如下问题：

$$\begin{aligned}&\min_{\gamma_p,a_p,b_p}\frac{\rho_2}{2}\sum_{p\in\Theta_P}\left|\gamma_p-\hat{\gamma}_p\right|^2+\frac{\rho_4}{2}\sum_{p\in\Theta_P}\left\|\boldsymbol{a}_p-\hat{\boldsymbol{a}}_p\right\|^2+\frac{\rho_4}{2}\sum_{p\in\Theta_P}\left\|\boldsymbol{b}_p-\hat{\boldsymbol{b}}_p\right\|^2\\&\text{s.t.}\ \left\|\boldsymbol{a}_p\right\|^2-2\varepsilon_1\left\|\boldsymbol{b}_p\right\|\geqslant\gamma_p,\quad\forall p\in\Theta_P\end{aligned}\tag{5.33}$$

式中，$\hat{\gamma}_p=\eta_1\eta_b-\dfrac{1}{\rho_2}\phi_p$；$\hat{\boldsymbol{a}}_p=\boldsymbol{A}_p^{\mathrm{H}}\boldsymbol{s}-\dfrac{1}{\rho_4}\boldsymbol{\chi}_p$；$\hat{\boldsymbol{b}}_p=\bar{\boldsymbol{A}}_p\boldsymbol{s}-\dfrac{1}{\rho_4}\boldsymbol{\omega}_p$。

上述优化问题可以分裂为 P 个子问题，其中第 p 个子问题可表达为

$$\begin{aligned}&\min_{\gamma_p,\boldsymbol{a}_p,\boldsymbol{b}_p}\frac{\rho_2}{2}\left|\gamma_p-\hat{\gamma}_p\right|^2+\frac{\rho_4}{2}\left\|\boldsymbol{a}_p-\hat{\boldsymbol{a}}_p\right\|^2+\frac{\rho_4}{2}\left\|\boldsymbol{b}_p-\hat{\boldsymbol{b}}_p\right\|^2\\&\text{s.t.}\ \left\|\boldsymbol{a}_p\right\|^2-2\varepsilon_1\left\|\boldsymbol{b}_p\right\|\geqslant\gamma_p\end{aligned}\tag{5.34}$$

定义 $\bar{a}_p=\left\|\boldsymbol{a}_p\right\|$；$\tilde{a}_p=\left\|\hat{\boldsymbol{a}}_p\right\|$；$\bar{b}_p=\left\|\boldsymbol{b}_p\right\|,\tilde{b}_p=\left\|\hat{\boldsymbol{b}}_p\right\|$，将式（5.29）转换为标量变量的优化问题：

$$\begin{aligned}&\min_{\gamma_p,\bar{a}_p,\bar{b}_p}\frac{\rho_2}{2}\left|\gamma_p-\hat{\gamma}_p\right|^2+\frac{\rho_4}{2}\left|\bar{a}_p-\tilde{a}_p\right|^2+\frac{\rho_4}{2}\left|\bar{b}_p-\tilde{b}_p\right|^2\\&\text{s.t.}\ \bar{a}_p^2-2\varepsilon_1\bar{b}_p\geqslant\gamma_p,\quad\gamma_p\geqslant0,\quad\bar{a}_p\geqslant0,\quad\bar{b}_p\geqslant0\end{aligned}\tag{5.35}$$

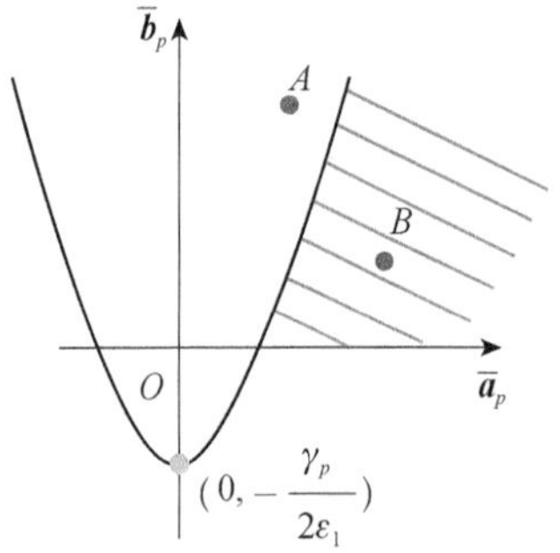

图 5.2　可行域几何分析

由于 $\bar{a}_p^2\geqslant\gamma_p+2\varepsilon_1\bar{b}_p,\gamma_p\geqslant0,\bar{b}_p\geqslant0$ 已经暗含了 $\bar{a}_p\geqslant0$，因此可以去掉约束 $\bar{a}_p\geqslant0$。当 γ_p 给定时，可以利用图 5.2 阴影部分描述的约束 $\bar{a}_p^2-2\varepsilon_1\bar{b}_p\geqslant\gamma_p$ 的可行域进行几何分析。根据点 $\left\{\tilde{a}_p\geqslant0,\tilde{b}_p\geqslant0\right\}$ 位于区域 A（第一象限内除阴影区域以外的区域）或区域 B（第一象限内阴影区域），可以进行两种情况的分析。

① 情况 A。

当点 $\left\{\tilde{a}_p\geqslant0,\tilde{b}_p\geqslant0\right\}$ 位于区域 A（第一象限内除阴影区域以外的区域）时，即 $\gamma_p\geqslant\tilde{a}_p^2-2\varepsilon_1\tilde{b}_p=\alpha_p$，最优值会在边界处取得，即 $\bar{a}_p^2-2\varepsilon_1\bar{b}_p=\gamma_p$。进一步地，通过将 γ_p 插入目标函数简化式（5.35）描述的问题：

$$\begin{aligned}&\min_{\bar{a}_p,\bar{b}_p}\frac{\rho_2}{2}\left|\bar{a}_p^2-2\varepsilon_1\bar{b}_p-\hat{\gamma}_p\right|^2+\frac{\rho_4}{2}\left|\bar{a}_p-\tilde{a}_p\right|^2+\frac{\rho_4}{2}\left|\bar{b}_p-\tilde{b}_p\right|^2\\&\text{s.t.}\ \bar{a}_p^2-2\varepsilon_1\bar{b}_p-\beta_p\geqslant0\\&\qquad\bar{b}_p\geqslant0\end{aligned}\tag{5.36}$$

$\beta_p=\max\{0,\alpha_p\}$。注意，约束 $\bar{a}_p^2-2\varepsilon_1\bar{b}_p-\beta_p\geqslant0$ 集成了条件 $\begin{cases}\bar{a}_p^2-2\varepsilon_1\bar{b}_p=\gamma_p\geqslant0\\\bar{a}_p^2-2\varepsilon_1\bar{b}_p=\gamma_p\geqslant a_p\end{cases}$。此时，该问题可以通过 KKT 条件进行求解。

②情况 B。

当点 $\left\{\tilde{a}_p\geqslant0,\tilde{b}_p\geqslant0\right\}$ 位于区域 B（第一象限内阴影区域）时，即 $0\leqslant\gamma_p<\tilde{a}_p^2-2\varepsilon_1\tilde{b}_p$，最优值必满足 $\left\{\bar{a}_p=\tilde{a}_p,\bar{b}_p=\tilde{b}_p\right\}$。此时，式（5.35）可简化为

$$\begin{aligned}&\min_{\gamma_p}\frac{\rho_2}{2}\left|\gamma_p-\hat{\gamma}_p\right|^2\\&\text{s.t.}\quad \tilde{a}_p^2-2\varepsilon_1\tilde{b}_p\geqslant\gamma_p,\quad \gamma_p\geqslant 0\end{aligned}\tag{5.37}$$

则可以导出其解为

$$\gamma_p=\begin{cases}\max\{0,\hat{\gamma}_p\}, & \tilde{a}_p^2-2\varepsilon_1\tilde{b}_p\geqslant\hat{\gamma}_p\\ \tilde{a}_p^2-2\varepsilon_1\tilde{b}_p, & 其他\end{cases}\tag{5.38}$$

最后通过比较情况 A 和 B 各自的目标函数值获得最优解：$\left\{\gamma_p,\bar{a}_p,\bar{b}_p\right\}$。进而得 $\boldsymbol{a}_p=\bar{a}_p\dfrac{\hat{\boldsymbol{a}}_p}{\left\|\hat{\boldsymbol{a}}_p\right\|},\boldsymbol{b}_p=\bar{b}_p\dfrac{\hat{\boldsymbol{b}}_p}{\left\|\hat{\boldsymbol{b}}_p\right\|}$。

式（5.32）描述的问题和式（5.31）具有相似的形式，因此可以参照式（5.31）进行式（5.32）的求解。

步骤 2：根据给定的 $\{\eta_2,\boldsymbol{u}_k,\gamma_p,\zeta_q,\boldsymbol{a}_p,\boldsymbol{b}_p,\boldsymbol{c}_q,\boldsymbol{d}_q,\boldsymbol{\lambda}_k,\phi_p,\psi_q,\boldsymbol{\chi}_p,\boldsymbol{\omega}_p,\boldsymbol{\kappa}_q,\boldsymbol{\varphi}_p\}$ 求解如下子问题，确定 $\{\eta_b,\boldsymbol{s}\}$：

$$\begin{aligned}&\min_{\eta_b,\boldsymbol{s}}\ \mathcal{L}_1(\eta_b,\boldsymbol{s})\\&\text{s.t.}\quad 0\leqslant\eta_b\leqslant\bar{\eta}_b,\quad \|\boldsymbol{s}\|+\varepsilon_1\leqslant E_s\end{aligned}\tag{5.39}$$

由于 η_b 和 $\boldsymbol{s}$ 不相关，上述问题可以分裂为如下两个更小的子问题：

$$\begin{aligned}&P_{1-\text{step2.1}}:\min_{\eta_b}\ \mathcal{L}_1(\eta_b)\\&\text{s.t.}\quad 0\leqslant\eta_b\leqslant\bar{\eta}_b\end{aligned}\tag{5.40}$$

$$\begin{aligned}&P_{1-\text{step2.2}}:\min_{\boldsymbol{s}}\ \mathcal{L}_1(\boldsymbol{s})\\&\text{s.t.}\quad \|\boldsymbol{s}\|+\varepsilon_1\leqslant E_s\end{aligned}\tag{5.41}$$

以上两个子问题均为凸问题，可以通过 CVX 工具包进行求解。

步骤 3：更新拉格朗日乘子：

$$\begin{cases}\boldsymbol{\lambda}_k=\boldsymbol{\lambda}_k+\rho_1(\boldsymbol{u}_k-\boldsymbol{H}_k^{\mathrm{H}}\boldsymbol{s})\\ \phi_p=\phi_p+\rho_2(\gamma_p-\eta_1\eta_b)\\ \psi_q=\psi_q+\rho_3(\zeta_q-\eta_b)\\ \boldsymbol{\chi}_p=\boldsymbol{\chi}_p+\rho_4(\boldsymbol{a}_p-\boldsymbol{A}_p^{\mathrm{H}}\boldsymbol{s})\\ \boldsymbol{\omega}_p=\boldsymbol{\omega}_p+\rho_4(\boldsymbol{b}_p-\bar{\boldsymbol{A}}_p\boldsymbol{s})\\ \boldsymbol{\kappa}_q=\boldsymbol{\kappa}_q+\rho_5(\boldsymbol{c}_q-\boldsymbol{B}_q^{\mathrm{H}}\boldsymbol{s})\\ \boldsymbol{\varphi}_q=\boldsymbol{\varphi}_q+\rho_5(\boldsymbol{d}_q-\bar{\boldsymbol{B}}_q\boldsymbol{s})\end{cases}\tag{5.42}$$

重复步骤 1～步骤 3 直至收敛。

5.4 算 法 2

引入边界辅助变量$\{\eta_2,\eta_a,\eta_b\}$，则式（5.10）～式（5.15）描述的优化问题可转换为如下等价问题：

$$\begin{aligned}
&\min_{s,\eta_2,\eta_a,\eta_b} \ \eta_2 \\
&\text{s.t.} \ \left\|\boldsymbol{H}_k^{\mathrm{H}}\boldsymbol{s}-\boldsymbol{c}_k^*\right\|+\varepsilon_1\left\|\boldsymbol{h}_k\right\|\leqslant\eta_2, \quad \forall k\in K \\
&\left|\boldsymbol{\varpi}_{m,u}^{\mathrm{H}}\boldsymbol{s}\right|^2-2\varepsilon_1\left\|\boldsymbol{\varpi}_{m,u}\right\|\cdot\left|\boldsymbol{\varpi}_{m,u}^{\mathrm{H}}\boldsymbol{s}\right|\geqslant\eta_a, \quad (m,u)\in\Xi_{M,U} \\
&\left|\boldsymbol{\varpi}_{n,v}^{\mathrm{H}}\boldsymbol{s}\right|^2+2\varepsilon_1\left\|\boldsymbol{\varpi}_{m,v}\right\|\cdot\left|\boldsymbol{\varpi}_{m,v}^{\mathrm{H}}\boldsymbol{s}\right|\leqslant\eta_b, \quad (m,v)\in\Xi_{M,V} \\
&\frac{\eta_a}{\eta_b}\geqslant\bar{\eta}_3, \quad \boldsymbol{s}^{\mathrm{H}}\bar{\boldsymbol{B}}_q s+2\varepsilon_1\left\|\bar{\boldsymbol{B}}_q\boldsymbol{s}\right\|\leqslant\varepsilon_2, \quad \forall q\in\Theta_Q \\
&\|\boldsymbol{s}\|+\varepsilon_1\leqslant E_s
\end{aligned} \tag{5.43}$$

式中，$\bar{\eta}_3=\eta_3^2$。

选择$\eta_a=\bar{\eta}_3\eta_b$，上式可以简化为

$$\begin{aligned}
&\min_{s,\eta_2,\eta_b} \ \eta_2 \\
&\text{s.t.} \ \left\|\boldsymbol{H}_k^{\mathrm{H}}\boldsymbol{s}-\boldsymbol{c}_k^*\right\|+\varepsilon_1\left\|\boldsymbol{h}_k\right\|\leqslant\eta_2, \quad \forall k\in K \\
&\left|\boldsymbol{\varpi}_{m,u}^{\mathrm{H}}\boldsymbol{s}\right|^2-2\varepsilon_1\left\|\boldsymbol{\varpi}_{m,u}\right\|\cdot\left|\boldsymbol{\varpi}_{m,u}^{\mathrm{H}}\boldsymbol{s}\right|\geqslant\bar{\eta}_3\eta_b, \quad (m,u)\in\Xi_{M,U} \\
&\left|\boldsymbol{\varpi}_{n,v}^{\mathrm{H}}\boldsymbol{s}\right|^2+2\varepsilon_1\left\|\boldsymbol{\varpi}_{n,v}\right\|\cdot\left|\boldsymbol{\varpi}_{n,v}^{\mathrm{H}}\boldsymbol{s}\right|\leqslant\eta_b, \quad (m,v)\in\Xi_{M,V} \\
&\boldsymbol{s}^{\mathrm{H}}\bar{\boldsymbol{B}}_q\boldsymbol{s}+2\varepsilon_1\left\|\bar{\boldsymbol{B}}_q\boldsymbol{s}\right\|\leqslant\varepsilon_2, \quad \forall q\in\Theta_Q \\
&\|\boldsymbol{s}\|+\varepsilon_1\leqslant E_s
\end{aligned} \tag{5.44}$$

由于$\left\|\boldsymbol{\varpi}_{m,q}\right\|=\left\|\boldsymbol{\varpi}_{n,p}\right\|=\sqrt{N_tL}=\boldsymbol{\varpi}$，因此$2\varepsilon_1\left\|\boldsymbol{\varpi}_{m,q}\right\|=2\varepsilon_1\left\|\boldsymbol{\varpi}_{n,p}\right\|=c$。

将式（5.44）中复杂的不等式约束解耦为简单的等式和不等式约束，并引入辅助变量，则式（5.44）可转换为如下等价形式：

$$\begin{aligned}
&\min_{s,\eta_2,\boldsymbol{u}_k,a_{m,u},b_{m,v},\eta_b,\boldsymbol{c}_q,\boldsymbol{d}_q} \ \eta_2 \\
&\text{s.t.} \ \left\|\boldsymbol{u}_k-\boldsymbol{c}_k^*\right\|+\varepsilon_1\left\|\boldsymbol{h}_k\right\|\leqslant\eta_2, \quad \boldsymbol{u}_k=\boldsymbol{H}_k^{\mathrm{H}}\boldsymbol{s}, \quad \forall k\in\boldsymbol{K} \\
&a_{m,u}=\boldsymbol{\varpi}_{m,u}^{\mathrm{H}}\boldsymbol{s}, \quad \left|a_{m,u}\right|^2-c\left|a_{m,u}\right|\geqslant\bar{\eta}_3\eta_b, \quad (m,u)\in\Xi_{M,U} \\
&b_{m,v}=\boldsymbol{\varpi}_{n,v}^{\mathrm{H}}\boldsymbol{s}, \quad \left|b_{n,v}\right|^2+c\left|b_{n,v}\right|\leqslant\eta_b, \quad (m,v)\in\Xi_{M,V} \\
&\left\|\boldsymbol{c}_q\right\|^2+2\varepsilon_1\left\|\boldsymbol{d}_q\right\|\leqslant\varepsilon_2, \quad \forall q\in\Theta_Q \\
&\boldsymbol{c}_q=\boldsymbol{B}_q^{\mathrm{H}}\boldsymbol{s}, \quad \boldsymbol{d}_q=\bar{B}_q s, \quad \forall q\in\Theta_Q \\
&\|\boldsymbol{s}\|+\varepsilon_1\leqslant E_s
\end{aligned} \tag{5.45}$$

考虑使用 ADMM 方法进行迭代求解，首先基于式（5.45）构造拉格朗日函数：

$$
\begin{aligned}
&\mathcal{L}_2(\boldsymbol{s},\eta_2,\boldsymbol{u}_k,\eta_b,a_{m,u},b_{m,v},\boldsymbol{c}_q,\boldsymbol{d}_q,\boldsymbol{\lambda}_k,\zeta_{m,u},\chi_{m,v},\boldsymbol{\kappa}_q,\varphi_q)\\
&=\eta_2+\sum_{k=1}^{K}H(\rho_1,\boldsymbol{\lambda}_k,\boldsymbol{u}_k-\boldsymbol{H}_k^{\mathrm{H}}\boldsymbol{s})+\sum_{(m,u)\in\varXi_{M,U}}H(\rho_2,\zeta_{m,u},a_{m,u}-\boldsymbol{\varpi}_{m,u}^{\mathrm{H}}\boldsymbol{s})\\
&\quad+\sum_{(m,v)\in\varXi_{M,V}}H(\rho_3,\chi_{m,v},b_{m,v}-\boldsymbol{\varpi}_{m,v}^{\mathrm{H}}\boldsymbol{s})+\sum_{q\in\Theta_Q}H(\rho_4,\boldsymbol{\kappa}_q,\boldsymbol{c}_q-\boldsymbol{B}_q^{\mathrm{H}}\boldsymbol{s})\\
&\quad+\sum_{q\in\Theta_Q}H(\rho_4,\boldsymbol{\varphi}_q,\boldsymbol{d}_q-\overline{\boldsymbol{B}}_q\boldsymbol{s})\\
&\text{s.t.}\ \left\|\boldsymbol{u}_k-\boldsymbol{c}_k^*\right\|+\varepsilon_1\left\|\boldsymbol{h}_k\right\|\leqslant\eta_2,\quad\forall k\in K\\
&\quad\ \left|a_{m,u}\right|^2-c\left|a_{m,u}\right|\geqslant\overline{\eta}_3\eta_b,\quad(m,u)\in\varXi_{M,U}\\
&\quad\ \left|b_{m,v}\right|^2+c\left|b_{m,v}\right|\leqslant\eta_b,\quad(m,v)\in\varXi_{M,V}\\
&\quad\ \left\|\boldsymbol{c}_q\right\|^2+2\varepsilon_1\left\|\boldsymbol{d}_q\right\|\leqslant\varepsilon_2,\quad\forall q\in\Theta_Q\\
&\quad\ \left\|\boldsymbol{s}\right\|+\varepsilon_1\leqslant E_s
\end{aligned}
\tag{5.46}
$$

式中，$\{\boldsymbol{\lambda}_k,\zeta_{m,u},\chi_{m,v},\boldsymbol{\kappa}_q,\boldsymbol{\varphi}_q\}$ 分别为对应于约束 $\boldsymbol{u}_k-\boldsymbol{H}_k^{\mathrm{H}}\boldsymbol{s}$、$a_{m,u}-\boldsymbol{\varpi}_{m,u}^{\mathrm{H}}\boldsymbol{s}$、$b_{m,v}=\boldsymbol{\varpi}_{m,v}^{\mathrm{H}}\boldsymbol{s}$、$\boldsymbol{c}_q=\boldsymbol{B}_q^{\mathrm{H}}\boldsymbol{s}$、$\boldsymbol{d}_q=\overline{\boldsymbol{B}}_q\boldsymbol{s}$ 的拉格朗日乘子或向量；$\{\rho_1,\rho_2,\cdots,\rho_4\}$ 为相应的惩罚参数。

通过如下迭代步骤求解式（5.41）描述的拉格朗日函数。

步骤 1：求解如下子问题，确定 $\{\eta_2,\boldsymbol{u}_k,a_{m,u},b_{m,v},\eta_b,\boldsymbol{c}_q,\boldsymbol{d}_q\}$：

$$
\begin{aligned}
&\min_{\eta_2,\boldsymbol{u}_k,a_{m,u},b_{m,v},\eta_b,\boldsymbol{c}_q,\boldsymbol{d}_q}\mathcal{L}_2(\eta_2,\boldsymbol{u}_k,a_{m,u},b_{m,v},\eta_b,\boldsymbol{c}_q,\boldsymbol{d}_q)\\
&\text{s.t.}\ \left\|\boldsymbol{u}_k-\boldsymbol{c}_k^*\right\|+\varepsilon_1\left\|\boldsymbol{h}_k\right\|\leqslant\eta_2,\quad\forall k\in K\\
&\quad\ \left|a_{m,u}\right|^2-c\left|a_{m,u}\right|\geqslant\overline{\eta}_3\eta_b,\quad(m,u)\in\varXi_{M,U}\\
&\quad\ \left|b_{m,v}\right|^2+c\left|b_{m,v}\right|\leqslant\eta_b,\quad(m,v)\in\varXi_{M,V}\\
&\quad\ \left\|\boldsymbol{c}_q\right\|^2+2\varepsilon_1\left\|\boldsymbol{d}_q\right\|\leqslant\varepsilon_2,\quad\forall q\in\Theta_Q
\end{aligned}
\tag{5.47}
$$

由于变量 $\{\eta_2,\boldsymbol{u}_k\}$、$\{a_{m,u},b_{m,v},\eta_b\}$ 和 $\{\boldsymbol{c}_q,\boldsymbol{d}_q\}$ 相互独立，因此式（5.47）描述的问题可以分裂为三个子问题：

$$
\begin{aligned}
&P_{2\text{-step1.1}}:\min_{\eta_2,\boldsymbol{u}_k}\mathcal{L}_2(\eta_2,\boldsymbol{u}_k)\\
&\text{s.t.}\ \left\|\boldsymbol{u}_k-\boldsymbol{c}_k^*\right\|+\varepsilon_1\left\|\boldsymbol{h}_k\right\|\leqslant\eta_2,\quad\forall k\in K
\end{aligned}
\tag{5.48}
$$

$$
\begin{aligned}
&P_{2\text{-step1.2}}:\min_{a_{m,u},b_{m,v},\eta_b}\mathcal{L}_2(a_{m,u},b_{m,v},\eta_b)\\
&\text{s.t.}\ \left|a_{m,u}\right|^2-c\left|a_{m,u}\right|\geqslant\overline{\eta}_3\eta_b,\quad(m,u)\in\varXi_{M,U}\\
&\quad\ \left|b_{m,v}\right|^2+c\left|b_{m,v}\right|\leqslant\eta_b,\quad(m,v)\in\varXi_{M,V}
\end{aligned}
\tag{5.49}
$$

$$
\begin{aligned}
&P_{2-\text{step}1.3}: \min_{\boldsymbol{c}_q,\boldsymbol{d}_q} \mathcal{L}_2(\boldsymbol{c}_q,\boldsymbol{d}_q) \\
&\text{s.t.}\ \ \left\|\boldsymbol{c}_q\right\|^2 + 2\varepsilon_1\left\|\boldsymbol{d}_q\right\| \leqslant \varepsilon_2, \quad \forall q \in \Theta_Q
\end{aligned}
\tag{5.50}
$$

对于式（5.48）描述的子问题，可以采用类似求解式（5.30）的方法进行求解。而式（5.49）中存在凸的和非凸的二阶锥约束，此外，变量$\{a_{m,u},b_{m,v},\eta_b\}$耦合在一起难以求解。式（5.49）可重新表示为

$$
\begin{aligned}
&\min_{a_{m,u},b_{m,v},\eta_b} \frac{\rho_2}{2}\sum_{(m,u)\in\varXi_{M,U}}\left|a_{m,u}-\hat{a}_{m,u}\right|^2+\frac{\rho_3}{2}\sum_{(m,v)\in\varXi_{M,V}}\left|b_{m,v}-\hat{b}_{m,v}\right|^2 \\
&\text{s.t.}\ \ \left|a_{m,u}\right|^2 - c\left|a_{m,u}\right| \geqslant \bar{\eta}_3\eta_b, \quad (m,u)\in\varXi_{M,U} \\
&\qquad \left|b_{m,v}\right|^2 + c\left|b_{m,v}\right| \leqslant \eta_b, \quad (m,v)\in\varXi_{M,V}
\end{aligned}
\tag{5.51}
$$

式中，$\hat{a}_{m,u}=\boldsymbol{\varpi}_{m,u}^{\mathrm{H}}\boldsymbol{s}-\dfrac{1}{\rho_2}\zeta_{m,u}$；$\hat{b}_{m,v}=\boldsymbol{\varpi}_{m,v}^{\mathrm{H}}\boldsymbol{s}-\dfrac{1}{\rho_3}\chi_{m,v}$。

采用并行技术，式（5.51）又可以转换为

$$
\begin{aligned}
&\min_{\bar{a}_{m,q},\bar{b}_{n,p},\eta_b} \frac{\rho_2}{2}\sum_{(m,u)\in\varXi_{M,U}}\left|\bar{a}_{m,u}-\tilde{a}_{m,u}\right|^2+\frac{\rho_3}{2}\sum_{(m,v)\in\varXi_{M,V}}\left|\bar{b}_{m,v}-\tilde{b}_{m,v}\right|^2 \\
&\text{s.t.}\ \ \bar{a}_{m,u}^2 - c\bar{a}_{m,u} \geqslant \bar{\eta}_3\eta_b, \quad (m,u)\in\varXi_{M,U} \\
&\qquad \bar{b}_{m,v}^2 + c\bar{b}_{m,v} \leqslant \eta_b, \quad (m,v)\in\varXi_{M,V} \\
&\qquad \bar{a}_{m,u} \geqslant 0, \quad (m,u)\in\varXi_{M,U} \\
&\qquad \bar{b}_{m,v} \geqslant 0, \quad (m,v)\in\varXi_{M,V} \\
&\qquad \eta_b \geqslant 0
\end{aligned}
\tag{5.52}
$$

式中，$\bar{a}_{m,u}=\left|a_{m,u}\right|,\bar{b}_{m,v}=\left|b_{m,v}\right|,\tilde{a}_{m,u}=\left|\hat{a}_{m,u}\right|,\tilde{b}_{m,v}=\left|\hat{b}_{m,v}\right|$。

耦合的变量使式（5.47）难以求解。为了减少变量数目，考虑将$\{\bar{a}_{m,u}\}$和$\{\bar{b}_{m,v}\}$表示为关于η_b的分段函数。当给定$\eta_b\geqslant 0$，以下不等式成立：

$$
g(\eta_b)=\frac{c+\sqrt{c^2+4\eta_b\bar{\eta}_3}}{2}\leqslant \bar{a}_{m,u}
\tag{5.53}
$$

$$
h(\eta_b)=\frac{-c+\sqrt{c^2+4\eta_b}}{2}\geqslant \bar{b}_{m,v}\geqslant 0
\tag{5.54}
$$

因此，$\{\bar{a}_{m,u}\}$和$\{\bar{b}_{m,v}\}$可表示为

$$
\bar{a}_{m,u}=\bar{g}(\tilde{a}_{m,u},\eta_b)=\begin{cases}\tilde{a}_{m,u}, & \tilde{a}_{m,u}\geqslant g(\eta_b) \\ g(\eta_b), & \text{其他}\end{cases}
\tag{5.55}
$$

$$
\bar{b}_{m,v}=\bar{h}(\tilde{b}_{m,v},\eta_b)=\begin{cases}\tilde{b}_{m,v}, & \tilde{b}_{m,v}\leqslant h(\eta_b), \\ h(\eta_b), & \text{其他}\end{cases}
\tag{5.56}
$$

将式（5.55）和式（5.56）插入式（5.52），可得

$$\min_{\eta_b \geqslant 0} \frac{\rho_2}{2} \sum_{(m,u)\in \varXi_{M,U}} \left| \overline{g}(\tilde{a}_{m,u}, \eta_b) - \tilde{a}_{m,u} \right|^2 + \frac{\rho_3}{2} \sum_{(m,v)\in \varXi_{M,V}} \left| \overline{h}(\tilde{b}_{m,v}, \eta_b) - \tilde{b}_{m,v} \right|^2 \tag{5.57}$$

基于以上思路，式（5.47）即可转换为单变量优化问题。可是，以上的求根操作难以处理。为此，本章引入两个辅助变量 $t_1 = \frac{1}{2}\sqrt{c^2 + 4\eta_b \overline{\eta}_3} \geqslant \frac{c}{2}$ 和 $t_2 = \frac{1}{2}\sqrt{c^2 + 4\eta_b} \geqslant \frac{c}{2}$。进一步地，为了便于表达，引入单位阶跃函数 $\mathcal{S}(v) \triangleq \begin{cases} 1, & v \geqslant 0 \\ 0, & \text{其他} \end{cases}$。

基于以上考虑，式（5.57）可表述为如下形式：

$$f(t_1, t_2) = A_4 t_1^2 + B_4 t_1 + A_5 t_2^2 + B_5 t_2 + C_4 \tag{5.58}$$

式中：

$$\begin{cases} A_4 = \dfrac{\rho_2}{2} \displaystyle\sum_{(m,u)\in \varXi_{M,U}} \mathcal{S}(g(\eta_b) - \tilde{a}_{m,u}) \geqslant 0 \\ B_4 = \rho_2 \displaystyle\sum_{(m,u)\in \varXi_{M,U}} \mathcal{S}(g(\eta_b) - \tilde{a}_{m,u}) \left(\dfrac{c}{2} - \tilde{a}_{m,u} \right) \\ A_5 = \dfrac{\rho_3}{2} \displaystyle\sum_{(m,v)\in \varXi_{M,V}} \mathcal{S}(\tilde{b}_{m,v} - h(\eta_b)) \geqslant 0 \\ B_5 = \rho_3 \displaystyle\sum_{(m,v)\in \varXi_{M,V}} \mathcal{S}(\tilde{b}_{m,v} - h(\eta_b)) \left(-\dfrac{c}{2} - \tilde{b}_{m,v} \right) \\ C_4 = \dfrac{\rho_2}{2} \displaystyle\sum_{(m,u)\in \varXi_{M,U}} \mathcal{S}(g(\eta_b) - \tilde{a}_{m,u}) \left(\dfrac{c}{2} - \tilde{a}_{m,u} \right)^2 \\ \qquad + \dfrac{\rho_3}{2} \displaystyle\sum_{(m,v)\in \varXi_{M,V}} \mathcal{S}(\tilde{b}_{m,v} - h(\eta_b)) \left(\dfrac{c}{2} + \tilde{b}_{m,v} \right)^2 \geqslant 0 \end{cases} \tag{5.59}$$

由于变量 $\{t_1, t_2\}$ 以及系数 $\{A_4, B_4, A_5, B_5, C_4\}$ 都是 η_b 的函数，式（5.58）极其复杂。这里考虑将区间 $[0, +\infty)$ 划分为几个小区间，在每个小区间内这些系数都是常数。令 $\tilde{a}_{m,u} = \dfrac{c + \sqrt{c^2 + 4\eta_{m,u}\overline{\eta}_3}}{2}$，$\tilde{b}_{m,v} = \dfrac{-c + \sqrt{c^2 + 4\eta_{m,v}}}{2}$，则有

$$A = \left\{ \eta_{m,u} = \frac{(2\tilde{a}_{m,u} - c)^2 - c^2}{4\overline{\eta}_3} \,\middle|\, (m,u) \in \varXi_{M,U} \right\}$$

$$B = \left\{ \eta_{m,v} = \frac{(2\tilde{b}_{m,v} + c)^2 - c^2}{4} \,\middle|\, (m,v) \in \varXi_{M,V} \right\}$$

令 $C = A \cup B = \{\omega_1, \omega_2, \cdots, \omega_N\}$，则区间 $[0, +\infty)$ 可划分为 $[0, \omega_1), [\omega_1, \omega_2), \cdots, [\omega_N, +\infty)$。这样，在每一个子区间内的系数 $\{A_4, B_4, A_5, B_5, C_4\}$ 都是常数。

在区间 $[\omega_m, \omega_{m+1})$ 内，将 t_1 表示为 t_2 的函数，这样式（5.58）可表示为单一

变量t_2的函数。注意，$t_1^2=\bar{\eta}_3 t_2^2+\frac{1-\bar{\eta}_3}{4}c^2$和$t_1=\sqrt{\bar{\eta}_3 t_2^2+\frac{1-\bar{\eta}_3}{4}c^2}$成立，将其代入式（5.58）可得

$$\begin{aligned}&\min_{t_2}\ f(t_2)=A_6 t_2^2+B_6 t_2+C_6\sqrt{a_1 t_2^2+b_1}+D_6\\&\text{s.t.}\quad t_m\leqslant t_2\leqslant t_{m+1}\end{aligned}\tag{5.60}$$

这里：

$$\begin{cases}A_6=A_4\bar{\eta}_3+A_5\geqslant 0\\B_6=B_5<0\\C_6=B_4\\D_6=C_4+A_4\dfrac{1-\bar{\eta}_3}{4}c^2\\a_1=\bar{\eta}_3>0\\b_1=\dfrac{1-\bar{\eta}_3}{4}c^2<0\\t_m=\dfrac{1}{2}\sqrt{c^2+4\omega_m}\\t_{m+1}=\dfrac{1}{2}\sqrt{c^2+4\omega_{m+1}}\end{cases}\tag{5.61}$$

式（5.60）的一阶导、二阶导、三阶导具有如下形式：

$$f'(t_2)=2A_6 t_2+B_6+\frac{C_6 a_1 t_2}{\sqrt{a_1 t_2^2+b_1}}$$

$$f''(t_2)=2A_6+\frac{C_6 a_1 b_1}{(a_1 t_2^2+b_1)^{\frac{3}{2}}}$$

$$f'''(t_2)=-\frac{3C_6 a_1^2 b_1 t_2}{(a_1 t_2^2+b_1)^{\frac{5}{2}}}$$

在区间$\left[\frac{c}{2},+\infty\right)$内，$f'''(t_2)$符号不变。因此，$f''(t_2)$递增或递减，依赖于$f'''(t_2)$的符号。

①情况 A。

假设$C_6 a_1 b_1>0$。此时在区间$\left[\frac{c}{2},+\infty\right)$内$f'''(t_2)<0$，且$f''(t_2)$在该区间递减。由于$\lim\limits_{t_2\to+\infty}f''(t_2)=2A_6>0$，则在区间$\left[\frac{c}{2},+\infty\right)$内$f''(t_2)>0$。这样$f'(t_2)$在该区间内递增，因此可以在该区间$[\omega_m,\omega_{m+1})$内通过二分法获得$f'(t_2)=0$的根。

情况 A1：在区间$[\omega_m,\omega_{m+1})$内$f'(t_2)=0$存在一个根，记为r_1。则$f(t_2)$在区

间内的最小值在 $t_2 = r_1$ 时获得。

情况 A2：在此区间内无根。则 $f(t_2)$ 在区间内的最小值在 $t_2 = r_2 = \begin{cases} t_a, & f'(t_m) \geqslant 0 \\ t_b, & f'(t_{m+1}) \leqslant 0 \end{cases}$ 时获得。

② 情况 B。

假设 $C_6 a_1 b_1 < 0$。此时在区间 $\left[\dfrac{c}{2}, +\infty\right)$ 内 $f'''(t_2) > 0$，且 $f''(t_2)$ 在该区间递增。因此可以在该区间 $[\omega_m, \omega_{m+1})$ 内通过二分法获得 $f''(t_2) = 0$ 的根。

情况 B1：在区间 $[\omega_m, \omega_{m+1})$ 内 $f''(t_2) = 0$ 存在一个根，记为 r_3，则 $f'(t_2)$ 在区间内是凸的。因此，如果存在根，则可以通过二分法在区间 $[\omega_m, r_3)$ 和 $[r_3, \omega_{m+1})$ 内获得 $f'(t_2) = 0$ 的根。接着，定义一个根的集合 $R_4 = \{r_4 \mid r_4 \in [t_m, t_{m+1}], f'(r_4) = 0\}$，及另外一个集合 $V_1 = R_4 \cup \{t_m, t_{m+1}\}$。最后通过比较集合内各根代入目标函数之后所得的函数值确定最小值。

情况 B2：在此区间内无根，则 $f'(t_2)$ 在区间内要么递增要么递减，则 $f(t_2)$ 的最小值在参考情况 A 中获得。

比较情况 A 和情况 B，获得全局最小值。

式（5.50）描述的问题是凸的，则可以通过 KKT 或 CVX 工具包进行求解。

步骤 2：可以参照式（5.41）的方法求解如下问题，确定 $\boldsymbol{s}$：

$$\begin{aligned} &\min_{\boldsymbol{s}} \mathcal{L}_2(\boldsymbol{s}) \\ &\text{s.t.} \ \ \|\boldsymbol{s}\| + \varepsilon_1 \leqslant E_s \end{aligned} \tag{5.62}$$

步骤 3：按照如下方式更新拉格朗日乘子：

$$\begin{aligned} \boldsymbol{\lambda}_k &= \boldsymbol{\lambda}_k + \rho_1(\boldsymbol{u}_k - \boldsymbol{H}_k^{\mathrm{H}} \boldsymbol{s}) \\ \zeta_{m,u} &= \zeta_{m,u} + \rho_2(a_{m,u} - \boldsymbol{\varpi}_{m,u}^{\mathrm{H}} \boldsymbol{s}) \\ \chi_{m,v} &= \chi_{m,v} + \rho_3(b_{m,v} - \boldsymbol{\varpi}_{m,v}^{\mathrm{H}} \boldsymbol{s}) \\ \boldsymbol{\kappa}_q &= \boldsymbol{\kappa}_q + \rho_4(\boldsymbol{c}_q - \boldsymbol{B}_q^{\mathrm{H}} \boldsymbol{s}) \\ \boldsymbol{\varphi}_q &= \boldsymbol{\varphi}_q + \rho_4(\boldsymbol{d}_q - \overline{\boldsymbol{B}}_q \boldsymbol{s}) \end{aligned} \tag{5.63}$$

重复步骤 1～步骤 3 直至收敛。

5.5 仿真结果

本节将评估仿真算法的特性。在本章所有仿真中，单天线通信用户数为 K=2，通信信道采用瑞利衰减过程，即独立通道系数属于正态分布 $\mathrm{CN}(0, \sigma_h^2)$，信道矩阵 $\boldsymbol{H}$ 各元素的方差为 $\sigma_h^2 = 0.2$。采用归一化单位能量的 QPSK 信号进行星座图符号矩阵的调制。

5.5.1 测试两种算法的收敛性

算法 1 考虑由 16 个半波长间距的天线构成的均匀线性阵列。对于雷达性能，主瓣和旁瓣区域分别设定为$[-8^\circ,8^\circ]$和$[-90^\circ,-12^\circ]\cup[12^\circ,90^\circ]$；一个脉冲内码元数量为 16；最大发射功率设定为 256；波形失真上边界设定为$\varepsilon_1=0.3$，阈值$\eta_1=10$；算法 1 的各惩罚系数设定为$\rho_1=\rho_2=\rho_3=\rho_5=0.02,\ \rho_4=0.2$；最大迭代次数设定为 400。除此之外，波形向量采用$\frac{\sqrt{E_s}}{\|\boldsymbol{a}\|}\boldsymbol{a}$进行初始化。

图 5.3（a）给出了残差随迭代次数变化曲线。从图中可以看出，当迭代次数足够大时，残差接近于 0，表明式（5.27）的等式约束总能达成。图 5.3（b）给出了算法 1 执行 200 次蒙特卡罗模拟时获得的失真波束方向图。从图中可以看出，最小比率为 14.68dB，均高于设定的阈值$\eta_1=10$。图 5.3（c）表明，随着迭代次数的增加，目标函数值收敛于局部极小值。

接下来我们探究在不同初始值的收敛行为。从图 5.4（a）的结果可以看出，在经过 10000 次迭代之后，不同初始值得到的最终结果是差不多的，因此说明算法 1 对初始值是不敏感的。

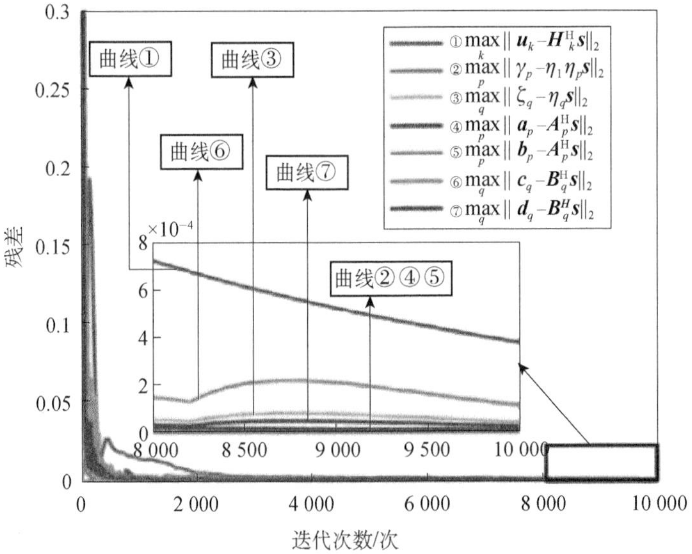

(a) 残差随迭代次数收敛情况

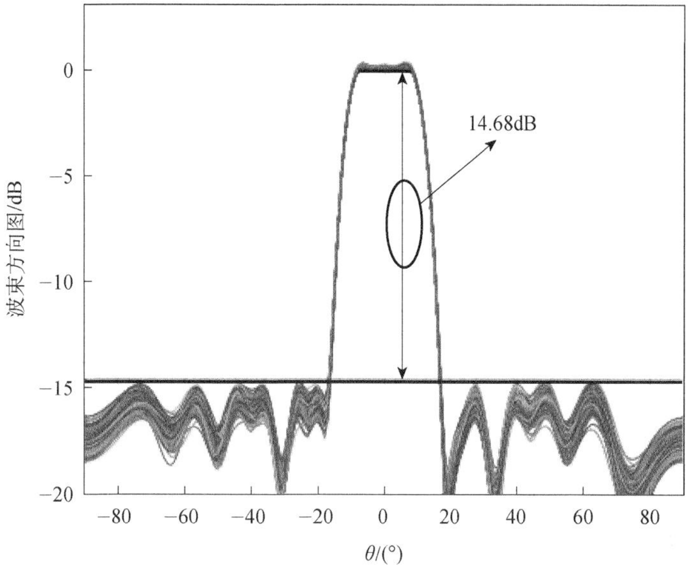

（b）失真波束方向图

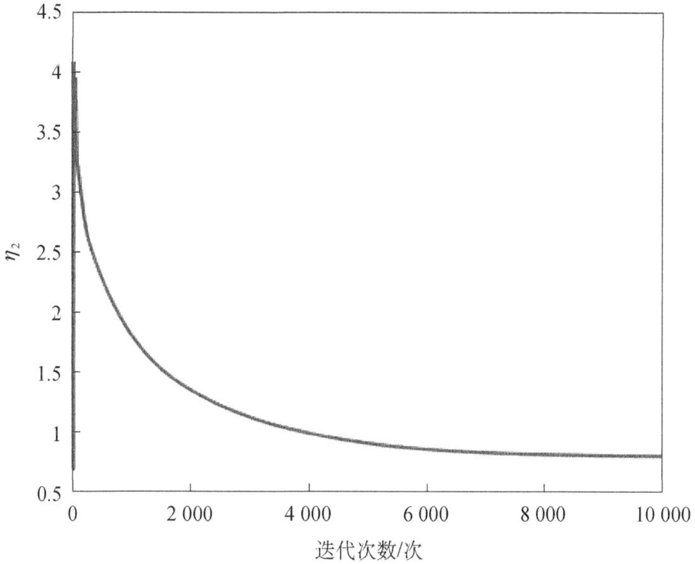

（c）目标函数值随迭代次数收敛情况

图 5.3　算法 1 的收敛特性

接着我们研究惩罚因子对收敛结果的影响。惩罚因子被设置为 $\rho_1=\rho_2=\rho_3=\rho_5=0.02\rho_0$ 以及 $\rho_4=0.2\rho_0$，其中，ρ_0 以 0.5 为间隔从 0.5 变化到 3.5，从图 5.4（b）中可以看出，经过迭代，不同惩罚因子得到相似的结果，并且 ρ_0 的数值越小，算法收敛速度越快。

算法 2 考虑采用与算法 1 同样的发射阵列。对于雷达性能，主瓣和旁瓣区域分别设定为 $[-2^\circ,2^\circ]$ 和 $[-90^\circ,-8^\circ]\cup[8^\circ,90^\circ]$；一个脉冲内码元数量为 16；最大

发射功率设定为256；离散傅里叶变换（discrete Fourier transform，DFT）的点数设定为48。波形失真上边界设定为$\varepsilon_1 = 0.001$，阈值$\varepsilon_2 = 5$，$\eta_3 = 5$；算法2的各惩罚系数设定为$\rho_1 = \rho_4 = 0.03, \rho_2 = \rho_3 = 0.01$；最大迭代次数设定为1000。除此之外，波形向量采用$\dfrac{\sqrt{E_s}}{\|\boldsymbol{a}\|}\boldsymbol{a}$进行初始化。

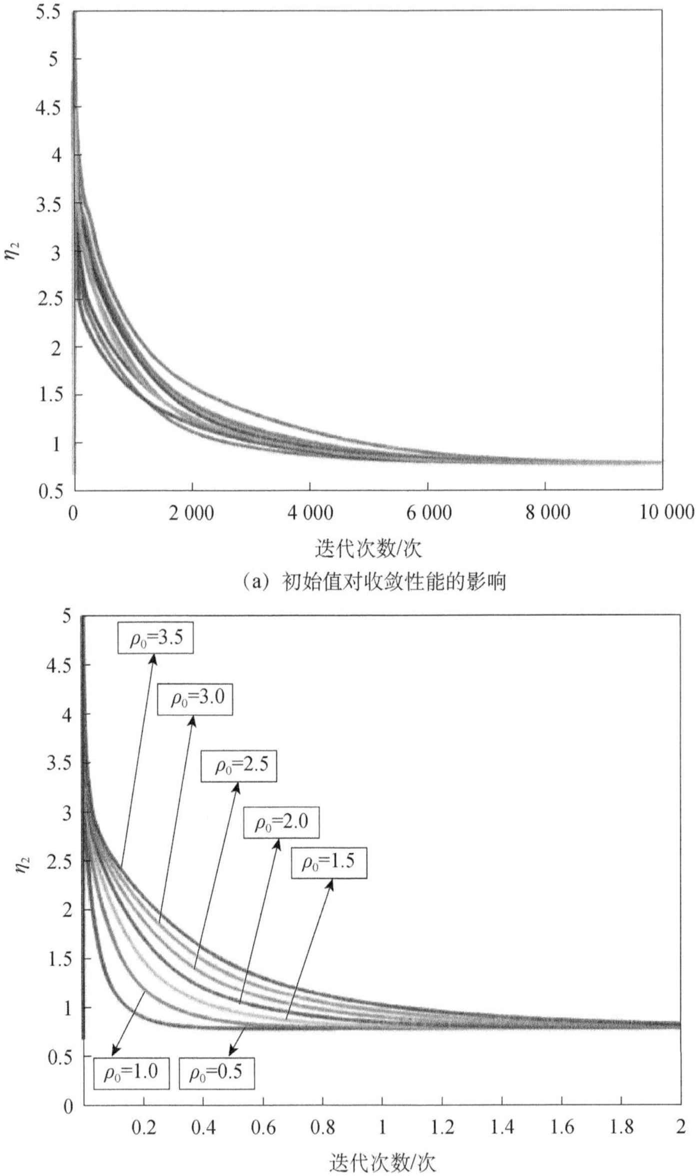

（a）初始值对收敛性能的影响

（b）惩罚因子对收敛性能的影响

图5.4　不同初始值、惩罚因子时算法1收敛性能

图 5.5（a）和图 5.5（b）给出了残差值、目标函数值随迭代次数变化曲线。可以看出，当迭代次数超过 1000 时，残差接近于 0，而目标函数值收敛于局部极小值。

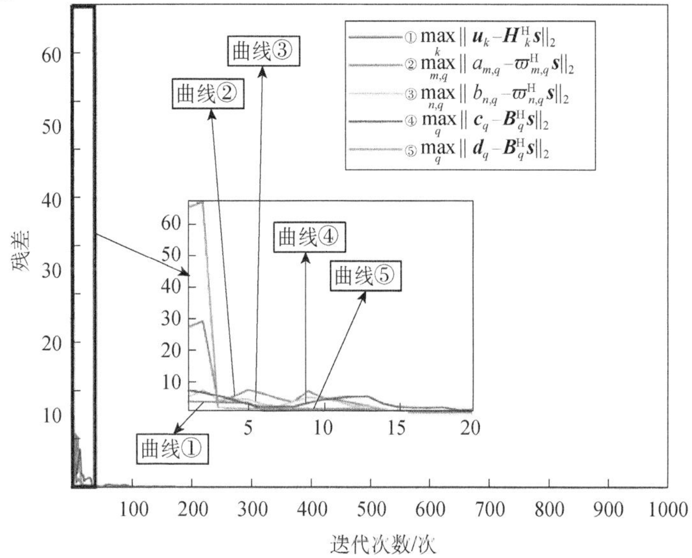

（a）残差随迭代次数收敛情况

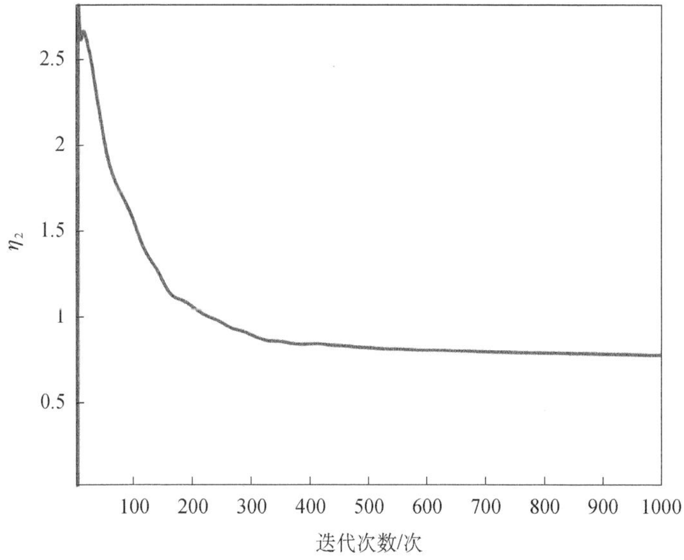

（b）目标函数值随迭代次数收敛情况

图 5.5　算法 2 收敛曲线

5.5.2　算法 1 的波束图及误码率

首先考虑极小的发射波形失真，即 $\varepsilon_1 = 0.001$ 时算法 1 的特性。主瓣和旁瓣区域分别设定为$[-8^\circ,8^\circ]$和$[-90^\circ,-12^\circ]\cup[12^\circ,90^\circ]$。为了便于评估，执行文献[4,12]中的方法进行比较，如图5.6（a）所示。相应的误码率在图5.6（b）给出。表5.1给出了各算法中主瓣层最小电平与旁瓣层最大电平比率（minimum mainlobe to peak sidelobe level ratio, MMPSLR）。从图5.6以及表5.1可以看出如下情况。

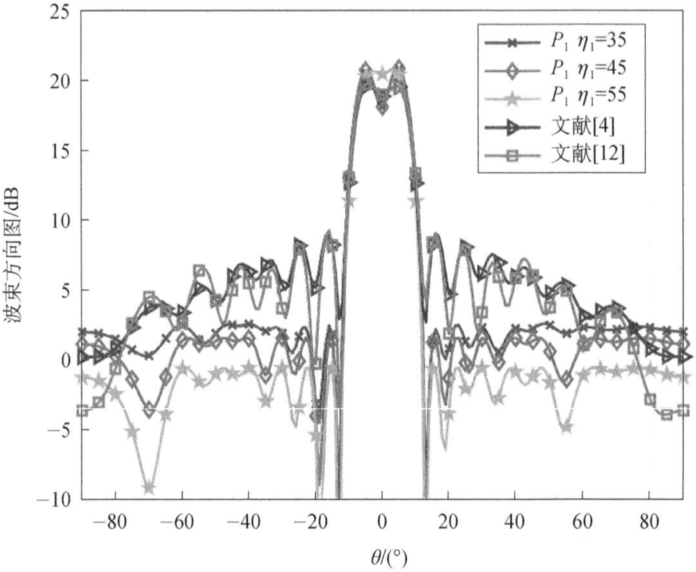

（a）残差随迭代次数收敛情况

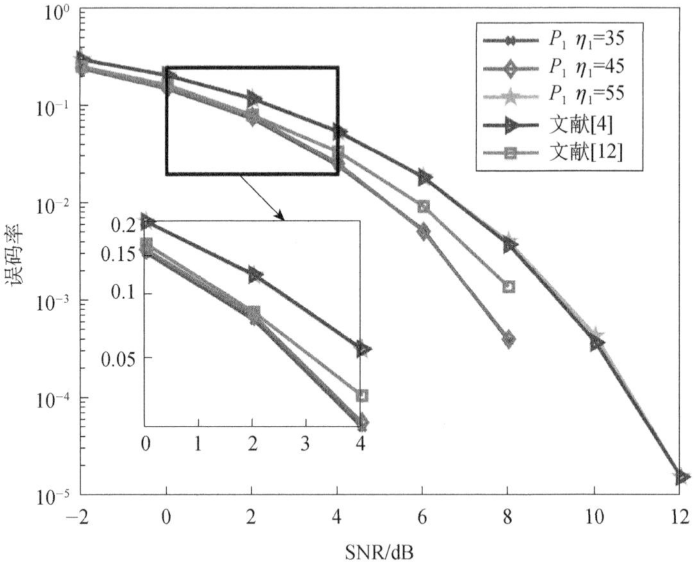

（b）不同SNR下的误码率比较

图5.6 算法1的发射方向图及误码率

（1）阈值η_1越大则波束图特性越好，但误码率越差；换句话说，阈值η_1越小则波束图特性越差，但误码率越好。

（2）算法 1 相较于文献[4,12]中的方法提供了更好的波束图特性。阈值 η_1 本质上影响雷达和通信波形设计的自由度分配，即 η_1 越大，更多的自由度分配给了雷达部分（主瓣层最小电平与旁瓣层最大电平的比率），较少自由度分配给了通信部分（MUI 能量）；而 η_1 越小，更少的自由度分配给了雷达部分。

表 5.1 主瓣层最小电平与旁瓣层最大电平的比率

	算法 1			文献[12]	文献[4]
η_1	35（15.44dB）	45（16.53dB）	55（17.40dB）	—	—
MMPSLR/dB	15.49	16.55	17.43	8.13	8.33

5.5.3 算法 1 对波形失真的鲁棒性测试

本实验主要测试波形失真对算法 1 特性的影响。主瓣区域和旁瓣区域设定与 5.5.2 节相同。通信部分的信噪比设定为 SNR=3dB。图 5.7（a）和图 5.7（b）分别给出了 MMPSLR 的累积分布图（cumulative distribution function，CDF）以及平均误码率的累积分布图，并和文献[4,12]进行了比较，将相应的评价指标展示在表 5.2 和表 5.3 中，其中，η_{mr} 表示波束方向图的 MMPSLR。η_{mr} 和平均 SER 的最大值、最小值及范围（$\Delta\eta_{mr} = \max\eta_{mr} - \min\eta_{mr}$ 和 $\Delta\text{SER} = \max\text{SER} - \min\text{SER}$），以及间隔值（$\text{Gap} = \min\eta_{mr} - \eta_1$）分别列在表 5.2 和表 5.3 中。

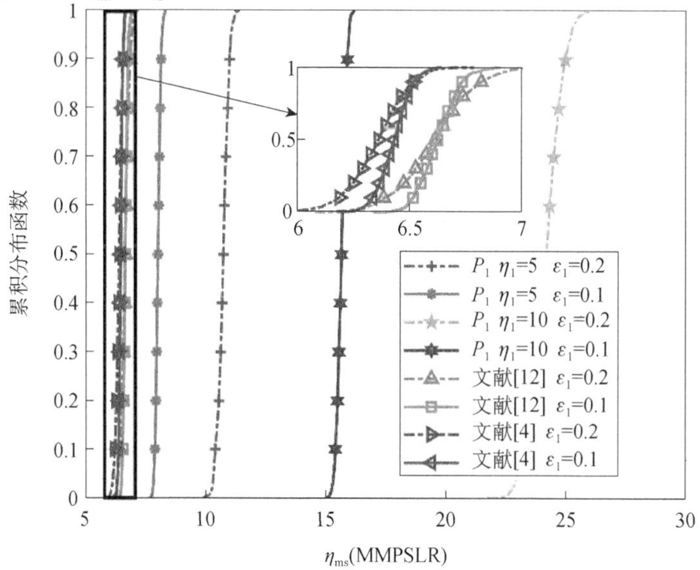

(a) 不同MMPSLR的累积分布函数

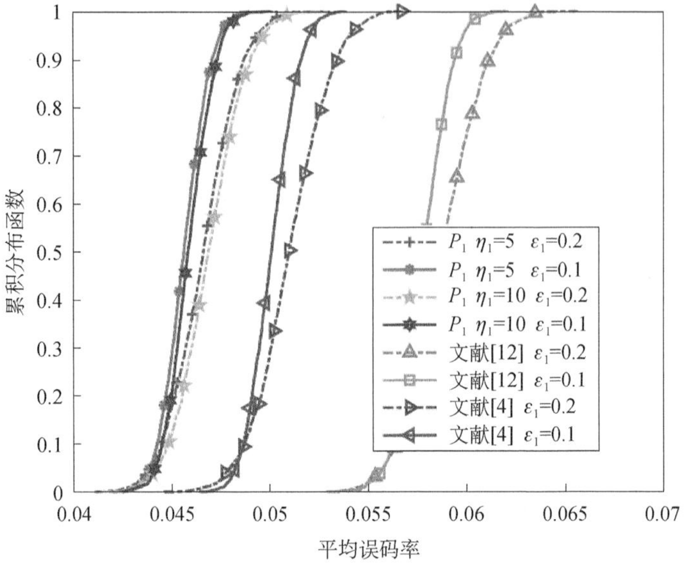

（b）不同平均误码率的累积分布函数

图 5.7　算法 1 的发射方向图及误码率

表 5.2　鲁棒方向图性能

方法	参数设置与评价指标				
算法 1	η_1	$\eta_1=5$		$\eta_1=10$	
	ε_1	$\varepsilon_1=0.1$	$\varepsilon_1=0.2$	$\varepsilon_1=0.1$	$\varepsilon_1=0.2$
	$\max\eta_{mr}$	8.27	11.33	16.12	25.97
	$\min\eta_{mr}$	7.66	9.87	15.01	21.70
	$\Delta\eta_{mr}$	0.63	1.46	1.11	4.27
	Gap	2.66	4.87	5.01	11.70
文献[12]	ε_1	$\varepsilon_1=0.1$		$\varepsilon_1=0.2$	
	$\max\eta_{mr}$	6.90		7.13	
	$\min\eta_{mr}$	6.33		6.07	
	$\Delta\eta_{mr}$	0.57		1.06	
文献[4]	ε_1	$\varepsilon_1=0.1$		$\varepsilon_1=0.2$	
	$\max\eta_{mr}$	6.64		6.78	
	$\min\eta_{mr}$	6.17		5.91	
	$\Delta\eta_{mr}$	0.47		0.87	

表 5.3　鲁棒误码率性能

方法	参数设置与评价指标				
算法 1	η_1	$\eta_1=5$		$\eta_1=10$	
	ε_1	$\varepsilon_1=0.1$	$\varepsilon_1=0.2$	$\varepsilon_1=0.1$	$\varepsilon_1=0.2$
	max SER	0.0490	0.0530	0.0504	0.0531
	min SER	0.0418	0.0410	0.0424	0.0414
	ΔSER	0.0072	0.0120	0.0077	0.0117
文献[12]	ε_1	$\varepsilon_1=0.1$		$\varepsilon_1=0.2$	
	max SER	0.0621		0.0656	
	min SER	0.0529		0.0534	
	ΔSER	0.0092		0.0112	
文献[4]	ε_1	$\varepsilon_1=0.1$		$\varepsilon_1=0.2$	
	max SER	0.0539		0.0567	
	min SER	0.0464		0.0445	
	ΔSER	0.0075		0.0122	

从中可以看出，当η_1固定的时候，更严重的发射波形失真会导致更大的η_{mr}以及通信误码率的 CDF 极差，并且η_{mr}与η_1之间的差距也会变得更大。另外，更大的ε_1会导致更高的通信误码率并得到更好的方向图性能。这是因为，更大的ε_1意味着会有更多的波形设计自由度分配给雷达功能，因此保证了最差方向图性能能够满足约束条件。但是在ε_1固定的情况下，更大的η_1会得到更好的方向图性能以及更高的误码率；更小的η_1会得到更低的误码率以及更差的方向图性能，这与 5.5.2 节中的结论是一致的。然而，η_1越大，η_{mr}关于 CDF 的范围越大，但 SER 关于 CDF 的范围几乎相同。特别指出，使用本章所提算法①设计的波形得到的方向图以及误码率性能比文献[4,12]中的方法更优越。

5.5.4　算法 2 的波束图、误码率和空间频谱

在该实验中，我们研究算法 2 的方向图以及空间频谱性能。图 5.8 展示了综合成的方向图，表 5.4 展示了在不同ε_2阈值情况下的方向图峰值旁瓣大小（peak side lobe level，PSL）。在该实验中，我们设置方向图主瓣以及旁瓣区域分别为$\left[-2^\circ,2^\circ\right]$和$\left[-90^\circ,-8^\circ\right]\cup\left[8^\circ,90^\circ\right]$。另外，频谱的归一化通带以及阻带区域分别设置为$\left[-0.1667,0.1250\right]$和$\left[-1,-0.3333\right]\cup\left[0.2971,0.9583\right]$。最差空间频谱的 MMPSLR 阈值设置为$\eta_3=10$，并且方向图 PSL 阈值设置为$\varepsilon_2=5$。从图 5.8 中可以看出，$\varepsilon_2$阈值越小，辐射方向图的 PSL 越小，并且主瓣能量越大。因此更小的ε_2意味着方向图主瓣能量更加集中。另外，表 5.4 中的数据说明，综合得到的方向图的 PSL 是小于η_3阈值的，这说明了算法 2 的有效性。图 5.9 为综合

得到的空间频谱，表 5.5 列举了空间频谱的 MMPSLR 与 η_3 的关系。

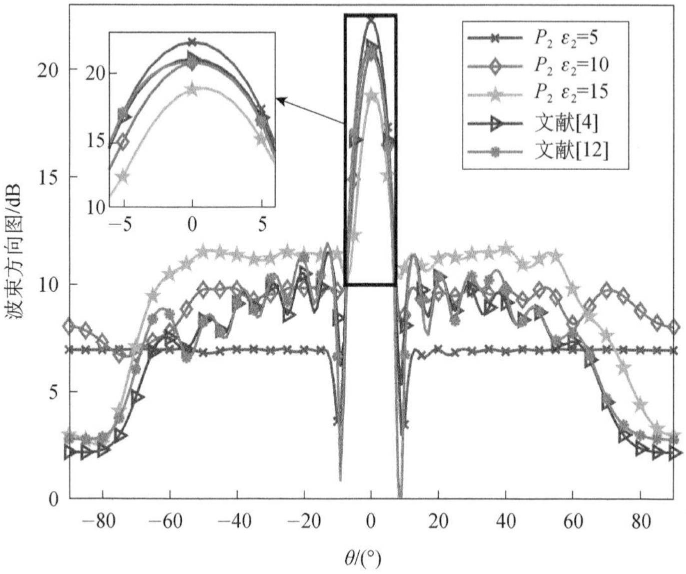

图 5.8 算法 2 形成方向图

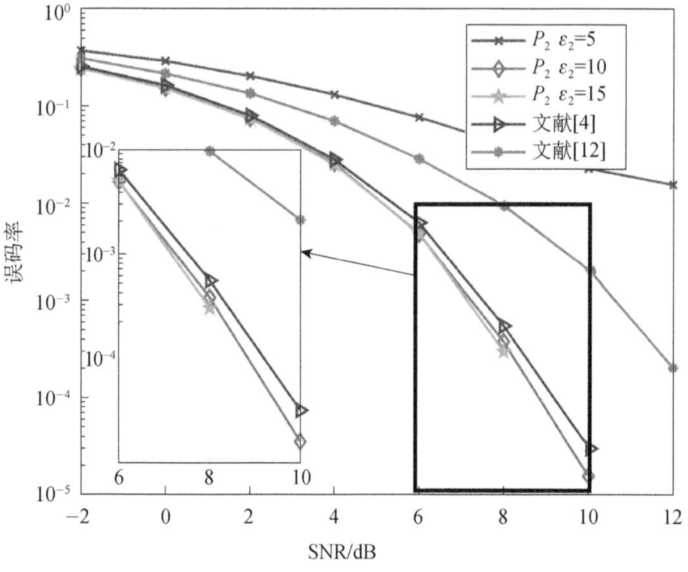

图 5.9 算法 2 误码率性能

表 5.4 方向图 PSL

参数设置与评价指标	数值		
ε_2	5	10	15
MSL	4.98	9.74	14.61

表 5.5　空间频谱 MMPSLR

参数设置与评价指标	数值		
η_3	5	10	15
MMPSLR	5.02	10.07	15.17

从图 5.9 中可以看出如下情况。

（1）ε_2 值越小，发射方向图的最大旁瓣电平（maximum sidelobe level，MSL）越小，这说明更小的 ε_2 意味着主瓣能量的集中。

（2）ε_2 值越大 SER 越低。

（3）当 ε_2 较大的时候，算法 2 相较于文献[4,12]而言，其 SER 值更低。

（4）当 ε_2 较小的时候，P_2 相较于文献[4,12]而言，可以提供更好的方向图性能，但是其 SER 性能更差。这是因为 ε_2 影响分配给雷达以及通信子系统的自由度。当 $\varepsilon_2 = 10$ 的时候，P_2 的 SER 比文献[4,12]中的方法更低，并且综合形成的方向图与文献[4,12]中的方法相当，但是更低的 MSL 表明了本章所提算法 2 的优越性。

从图 5.10 中可以看出，更大的 η_3 会得到更大的空间频谱 MMPSLR，因此频谱兼容性更好。另外，空间频谱的 MMPSLR 是要大于阈值 η_3 的，因此可以说明算法 2 的有效性。

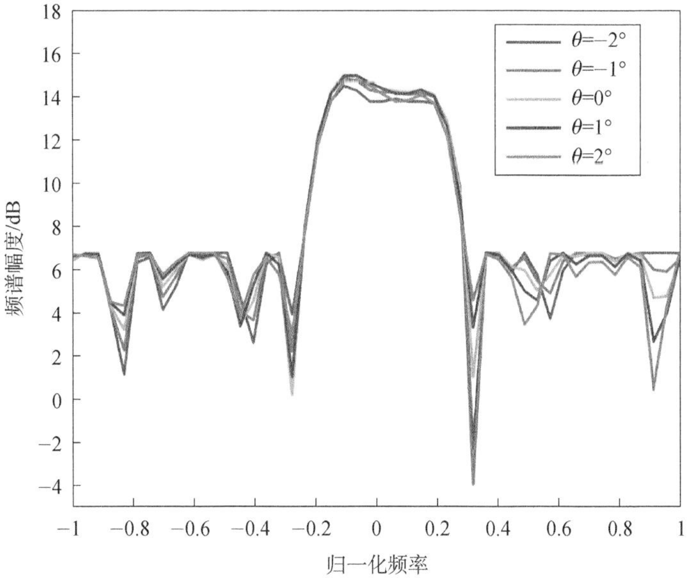

（a）方向图频谱η_3=5

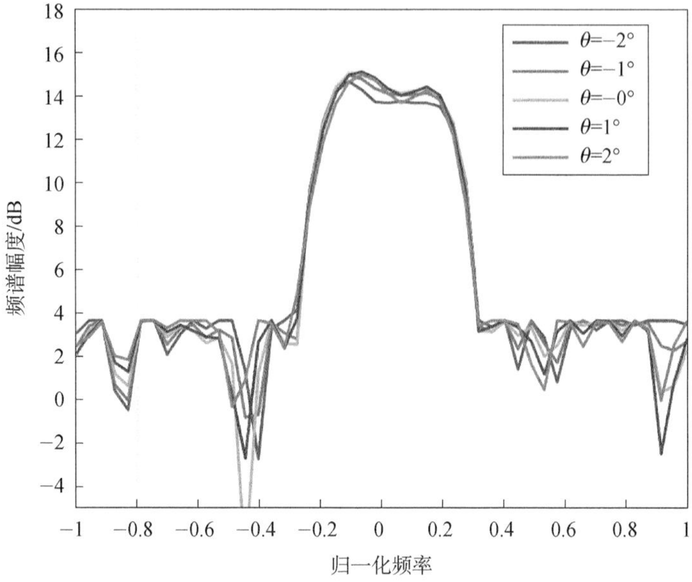

（b）方向图频谱η_3=10

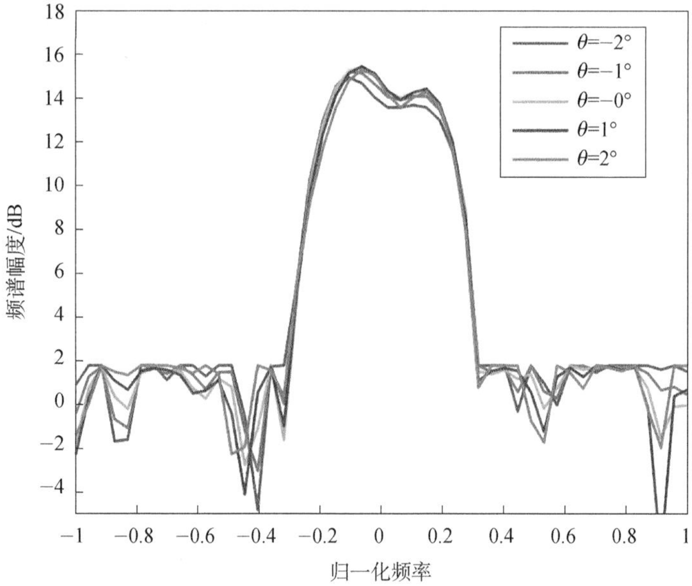

（c）方向图频谱η_3=15

图 5.10 算法 2 形成空间频谱

5.6 本 章 小 结

本章研究了存在硬件缺陷时 MIMO-DFRC 系统波形设计问题，实现了雷达部分拟合发射波束图以及通信部分传递多用户信息任务。仿真结果表明了本章所提算法的鲁棒性。

参 考 文 献

[1] Temiz M, Horne C, Peters N J, et al. An experimental study of radar-centric transmission for integrated sensing and communications[J]. IEEE Transactions on Microwave Theory and Techniques, 2023, 71(7): 3203-3216.

[2] Sturm C, Wiesbeck W. Waveform design and signal processing aspects for fusion of wireless communications and radar sensing[J]. Proceedings of the IEEE, 2011, 99(7): 1236-1259.

[3] Wen C, Huang Y, Davidson T N. Efficient transceiver design for MIMO dual-function radar-communication systems[J]. IEEE Transactions on Signal Processing, 2023, 71: 1786-1801.

[4] Tang B, Wang H, Qin L L, et al. Waveform design for dual-function MIMO radar-communication systems[C].2020 IEEE 11th Sensor Array and Multichannel Signal Processing Workshop (SAM). IEEE, 2020: 1-5.

[5] Yang R, Jiang H, Qu L D. Waveform design for MIMO dual-functional radar-communication system using MUI energy minimization with PAPR and CRB constraints[J]. IEEE Communications Letters, 2023, 27(5): 1417-1421.

[6] Wu W J, Tang B, Wang X Y. Constant-modulus waveform design for dual-function radar-communication systems in the presence of clutter[J]. IEEE Transactions on Aerospace and Electronic Systems, 2023, 59(4): 4005-4017.

[7] Wu W H, Han G, Cao Y H, et al. MIMO waveform design for dual functions of radar and communication with space-time coding[J]. IEEE Journal on Selected Areas in Communications, 2022, 40(6): 1906-1917.

[8] Su N C, Liu F, Wei Z X, et al. Secure dual-functional radar-communication transmission: Exploiting interference for resilience against target eavesdropping[J]. IEEE Transactions on Wireless Communications, 2022, 21(9): 7238-7252.

[9] Zhu J, Ng D W K, Wang N, et al. Analysis and design of secure massive MIMO systems in the presence of hardware impairments[J]. IEEE Transactions on Wireless Communications, 2017, 16(3): 2001-2016.

[10] Sarieddeen H, Alouini M S, Al-Naffouri T Y. An overview of signal processing techniques for terahertz communications[J]. Proceedings of the IEEE, 2021, 109(10): 1628-1665.

[11] Liu R, Li M, Liu Q, et al. Dual-functional radar-communication waveform design: A symbol-level precoding approach[J]. IEEE Journal of Selected Topics in Signal Processing, 2021, 15(6):

1316-1331.

[12] Liu F, Zhou L F, Masouros C, et al. Toward dual-functional radar-communication systems: Optimal waveform design[J]. IEEE Transactions on Signal Processing, 2018, 66(16): 4264-4279.

[13] Zhang Z B, Chang Q, Liu F, et al. Dual-functional radar-communication waveform design: Interference reduction versus exploitation[J]. IEEE Communications Letters, 2022, 26(1): 148-152.

[14] Xu C C, Clerckx B, Chen S W, et al. Rate-splitting multiple access for multi-antenna joint radar and communications[J]. IEEE Journal of Selected Topics in Signal Processing, 2021, 15(6): 1332-1347.

[15] Wang X Y, Fei Z S, Zheng Z, et al. Joint waveform design and passive beamforming for RIS-assisted dual-functional radar-communication system[J]. IEEE Transactions on Vehicular Technology, 2021, 70(5): 5131-5136.

[16] Stoica P, Li J, Xie Y. On probing signal design for MIMO radar[J]. IEEE Transactions on Signal Processing, 2007, 55(8): 4151-4161.

[17] Yang J, Aubry A, De Maio A, et al. Multi-spectrally constrained transceiver design against signal-dependent interference[J]. IEEE Transactions on Signal Processing, 2022, 70: 1320-1332.

[18] Greco Maria S, Fulvio G, Pietro S, et al. Cognitive radars: On the road to reality: Progress thus far and possibilities for the future[J]. IEEE Signal Processing Magazine, 2018, 35(4): 112-125.

[19] Fan W, Liang J L, Lu G S, et al. Spectrally-agile waveform design for wideband MIMO radar transmit beampattern synthesis via majorization-ADMM[J]. IEEE Transactions on Signal Processing, 2021, 69: 1563-1578.

[20] Cheng Z Y, Han C L, Liao B, et al. Communication-aware waveform design for MIMO radar with good transmit beampattern[J]. IEEE Transactions on Signal Processing, 2018, 66(21): 5549-5562.

[21] Kuhestani A, Mohammadi A, Wong K K, et al. Optimal power allocation by imperfect hardware analysis in untrusted relaying networks[J]. IEEE Transactions on Wireless Communications, 2018, 17(7): 4302-4314.

[22] Bjornson E, Hoydis J, Kountouris M, et al. Massive MIMO systems with non-ideal hardware: Energy efficiency, estimation, and capacity limits[J]. IEEE Transactions on Information Theory, 2014, 60(11): 7112-7139.

[23] Ribeiro L N, Schwarz S, Rupp M, et al. Energy efficiency of mmwave massive MIMO precoding with low-resolution DACs[J]. IEEE Journal of Selected Topics in Signal Processing, 2018, 12(2): 298-312.

[24] Tandur D, Moonen M. Joint adaptive compensation of transmitter and receiver IQ imbalance under carrier frequency offset in OFDM-based systems[J]. IEEE Transactions on Signal Processing, 2007, 55(11): 5246-5252.

[25] Tubbax J, Côme B, Van Der Perre L, et al. Compensation of IQ imbalance and phase noise in OFDM systems[J]. IEEE Transactions on Wireless Communications, 2005, 4(3): 872-877.

第 6 章　具有低旁瓣特性的雷达通信一体化波形设计

6.1　背 景 知 识

近年来，无线设备数量的指数级增长以及高速数据传输的高带宽需求导致了电磁频谱的过度拥挤[1–3]。在军事方面，面对日益增多的武器平台和复杂电磁环境的威胁，单一电子装备之间的对抗已难以满足未来战场作战形式多样化的需求，因此“探–干–侦–导–通”一体化平台是未来发展的必然趋势[4–7]。解决雷达和通信等电子设备频谱资源紧张问题的核心是实现雷达与通信的频谱共享，其中一种重要的方式是 DFRC 一体化。在 DFRC 方式下，雷达和通信共用一套硬件平台，其核心技术包括 DFRC 信息论、波形设计以及系统架构和协议设计[8,9]，本章将讨论的是基于 MIMO 系统的 DFRC 波形设计方法。

相较于常规体制雷达，MIMO 系统本身源自通信领域，因此集中式 MIMO 雷达的空间分集与波形分集优势使其具有足够的自由度实现频谱兼容、一体化等需求[10–13]。基于集中式 MIMO 系统的 DFRC 波形具有多种嵌入通信符号的方式，例如，通过波束图旁瓣电平嵌入通信符号、通过波形频谱嵌入通信符号，以及混合设计发射波形与预编码矩阵等方案[14–17]。不同于上述方案，直接设计发射波形拟合通信信号是指设计 MIMO 波形以使其经信道传输后，能在通信用户端合成期望的通信信号。由于波形的每一个码元均可用于拟合一个通信符号，因此通信速率较高。文献[18]以最小化发射能量为优化目标，对探测方向和通信方向的合成信号进行约束，使合成信号在探测方向上为 LFM 信号，在通信方向上为 QPSK 信号，最后采用交替投影方法求解。文献[8]以减少 MUI 能量为通信端优化目标，分别结合雷达波束图设计、波形的恒模约束与相似性约束，设计一体化波形。文献[19]考虑了最小化方向图模板拟合误差和 MUI 能量的权衡设计。文献[20]采用的权衡模型与文献[19]一致，但该方法进一步考虑了每个发射波形的相关性，采用相似性约束控制波形与正交 LFM 参考信号的欧氏距离，以保证探测性能。

上述基于 MUI 能量和波束图优化的雷达通信一体化波形设计方法[8,19,20]没有对空间合成信号的自相关函数（auto-correlation function，ACF）和互相关函数（cross-correlation function，CCF）进行设计，探测性能有待提高；然而，不同于各天线发射的波形（波形能量是恒定的），空间合成信号的能量会随优化过程而改变，即 ACF 主瓣能量是变值，因此，仅对旁瓣电平进行优化或约束无法获得确定的主旁瓣比，而对主旁瓣比进行约束或优化会导致复杂的高次多项式分式优化问题。此外，上述文献采用权衡优化模型[8,19,20]，无法对单一指标进行精确约束，当出现对雷达或通信有侧重需求的应用场景时，算法需要通过多次实验以确定合适的权值；此外，采用波束图模板匹配模型[19,20]容易存在拟合误差，无法对各波束能量进行精确控制。针对上述不足，本章将给出具有低旁瓣特性的 DFRC 波形设计方法。

6.2 问题描述

基于集中式 MIMO 的 DFRC 系统及应用场景如图 6.1 所示，系统通过设计发射波形使合成信号的能量聚焦于目标方向上，同时信号经信道传输后在下行通信用户端合成期望的通信信号。

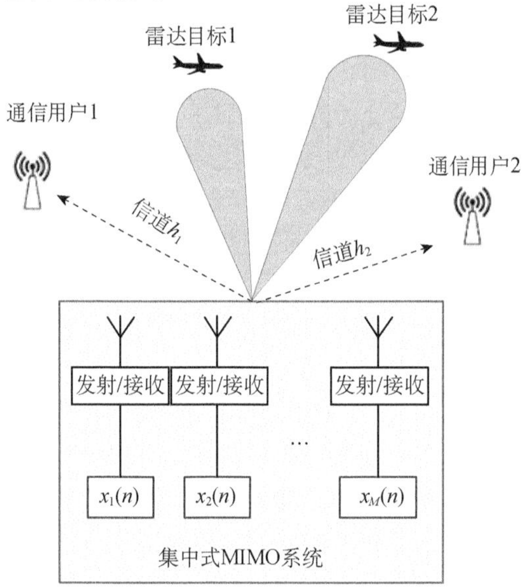

图 6.1 基于集中式 MIMO 的 DFRC 系统

设集中式 MIMO 系统的发射阵列为具有 M 个发射天线的均匀线阵，发射阵元间距为半波长。M 个发射波形集可表示为 $\{x(t)_m\}_{m=1}^{M}$。假设一个脉冲持续时间内信号经采样后得到 N 个采样点，则第 n 个时刻 MIMO 探测波形为 $\boldsymbol{x}(n)=[x_1(n),x_2(n),\cdots,x_M(n)]^{\mathrm{T}}$，在该脉冲时间内 M 个发射波形构成的矩阵为 $\boldsymbol{X}=[\boldsymbol{x}(1),\boldsymbol{x}(2),\cdots,\boldsymbol{x}(N)]\in\mathbb{C}^{M\times N}$。假设雷达在任意 θ_i 方向的合成探测信号为

$$r\left(\theta_i,n\right)=\boldsymbol{x}^{\mathrm{H}}(n)\boldsymbol{a}\left(\theta_i\right) \tag{6.1}$$

将 $\{r\left(\theta_i,n\right)\}_{n=1}^{N}$ 表示为向量形式：

$$\boldsymbol{r}\left(\theta_i\right)=\boldsymbol{X}^{\mathrm{H}}\boldsymbol{a}\left(\theta_i\right) \tag{6.2}$$

式中，$\boldsymbol{a}\left(\theta_i\right)=[1,\mathrm{e}^{\mathrm{j}\pi\sin\theta_i},\cdots,\mathrm{e}^{\mathrm{j}\pi(M-1)\sin\theta_i}]^{\mathrm{T}}$ 为发射阵列导向矢量。

在单个信号脉冲时间内，雷达向 θ_i 方向辐射的总功率为

$$P\left(\theta_i\right)=\boldsymbol{r}\left(\theta_i\right)^2=\boldsymbol{a}^{\mathrm{H}}\left(\theta_i\right)\boldsymbol{X}\boldsymbol{X}^{\mathrm{H}}\boldsymbol{a}\left(\theta_i\right) \tag{6.3}$$

当 θ_i 遍历方位角 $[-90^\circ,90^\circ]$ 时，$P\left(\theta_i\right)$ 称为波束图函数，表征信号的空间功率分布特性。通过对发射波形 $\boldsymbol{X}$ 进行设计，可改变波束图形状，以使能量集中于感兴趣区域。为了简化表示，下文分别将 $\boldsymbol{r}\left(\theta_i\right)$、$\boldsymbol{a}\left(\theta_i\right)$ 和 $P\left(\theta_i\right)$ 记为 $\boldsymbol{r}_i$、$\boldsymbol{a}_i$ 和 P_i。

除了考虑波形的空间辐射特性，还需要关注波束图主瓣指向方向合成信号 $\boldsymbol{r}\left(\theta_i\right)=\boldsymbol{X}^{\mathrm{H}}\boldsymbol{a}\left(\theta_i\right)$ 的相关特性定义 θ_i 和 $\theta_{i'}$，方向合成信号 $\boldsymbol{r}_i$ 和 $\boldsymbol{r}_{i'}$ 的相关函数（correlation function，CF）为[21,22]

$$\begin{aligned}\chi^{\text{MIMO-CF}}\left(\theta_i,\theta_{i'},k\right)&=\sum_{n=\max(1,1+k)}^{\min(N,N+k)}r\left(\theta_i,n\right)r^*\left(\theta_i,n-k\right)\\&=\boldsymbol{a}_{i'}^{\mathrm{H}}\boldsymbol{X}\boldsymbol{U}_k\boldsymbol{X}^{\mathrm{H}}\boldsymbol{a}_i\end{aligned} \tag{6.4}$$

式中，$k\in\{-N+1,-N+2,\cdots,N-1\}$ 为距离门索引；$\boldsymbol{U}_k\in\mathbb{R}^{N\times N}$ 为时移矩阵，矩阵的第 (m,n) 个元素为

$$\boldsymbol{U}_k(m,n)=\begin{cases}1, & n-m=k\\0, & \text{其他}\end{cases} \tag{6.5}$$

当 $\theta_i=\theta_{i'}$ 时，$\chi^{\text{MIMO-CF}}\left(\theta_i,\theta_{i'},k\right)$ 表示 θ_i 方向合成信号的 ACF；当 $\theta_i=\theta_{i'}$ 时，$\chi^{\text{MIMO-CF}}\left(\theta_i,\theta_{i'},k\right)$ 表示 θ_i 和 $\theta_{i'}$ 方向合成信号的 CCF。ACF 旁瓣越低，则越有利于微弱目标的探测，雷达成像效果越好；CCF 电平越低，来自不同方向回波信号的干扰则越小。

需要注意的是，式（6.4）的主瓣电平 $\left|\boldsymbol{a}_{i'}^{\mathrm{H}}\boldsymbol{X}\boldsymbol{U}_0\boldsymbol{X}^{\mathrm{H}}\boldsymbol{a}_i\right|$ 会随 $\boldsymbol{X}$ 而改变，对旁瓣电平进行归一化时会得到如下分式表达式：

$$\text{PSLR}=\frac{\max\limits_{i,i',k}\left|\boldsymbol{a}_{i'}^{\mathrm{H}}\boldsymbol{X}\boldsymbol{U}_k\boldsymbol{X}^{\mathrm{H}}\boldsymbol{a}_i\right|^2}{\min\limits_{i}\left|\boldsymbol{a}_i^{\mathrm{H}}\boldsymbol{X}\boldsymbol{U}_0\boldsymbol{X}^{\mathrm{H}}\boldsymbol{a}_i\right|^2} \tag{6.6}$$

可见，空间合成信号 CF 的优化将更为复杂，会导致高次多项式分式优化问题。

在通信方面，假设具有 M 个发射端与 D 个通信用户间的非视距信道（non-line-of-sight，NLoS）的响应矩阵为 $\boldsymbol{H}=[\boldsymbol{h}_1,\boldsymbol{h}_2,\cdots,\boldsymbol{h}_D]^{\mathrm{T}}\in\mathbb{C}^{D\times M}$，为瑞利平坦衰落，且在数个脉冲重复时间内保持不变，其信道状态信息可利用导频信号获得[23]。

发射波形经信道传输后，通信下行用户端接收到的信号为

$$Y = HX + N \tag{6.7}$$

式中，$\boldsymbol{Y}=[\boldsymbol{y}_1,\boldsymbol{y}_2,\cdots,\boldsymbol{y}_D]^{\mathrm{T}}\in\mathbb{C}^{D\times N}$ 为 D 个通信下行用户接收到的信号；$\boldsymbol{N}$ 为复高斯分布的噪声矩阵。

另外，假设期望的通信信号矩阵为 $\boldsymbol{S}=[\boldsymbol{s}_1\boldsymbol{s}_2\cdots\boldsymbol{s}_D]^{\mathrm{T}}\in\mathbb{C}^{D\times N}$，接收信号矩阵可重新表示为

$$\boldsymbol{Y}=\boldsymbol{S}+(\boldsymbol{HX}-\boldsymbol{S})+\boldsymbol{N} \tag{6.8}$$

式（6.8）中的（$\boldsymbol{HX}-\boldsymbol{S}$）即 MUI，定义 MUI 能量为

$$E_{\mathrm{MUI}}=\|\boldsymbol{HX}-\boldsymbol{S}\|_F^2 \tag{6.9}$$

文献[24]表明，E_{MUI} 越低，下行用户的可达总速率越高；因此需要通过优化发射波形，降低 E_{MUI}，提升总速率 Sum-Rate。具体地，Sum-Rate（bps/Hz）计算公式如下：

$$\text{Sum-Rate}=\sum_{d=1}^{D}\log_2(1+\gamma_d) \tag{6.10}$$

式中：

$$\gamma_d=\frac{1}{N}\sum_{n=1}^{N}\frac{|S(d,N)|^2}{|\boldsymbol{H}(d,:)\boldsymbol{X}(:,n)-S(d,N)|^2-N_0} \tag{6.11}$$

γ_d 表示第 d 个用户端的信干噪比；N_0 表示噪声功率。

本章对集中式 MIMO 雷达波形进行设计，需求如下：①将波形辐射能量集中于重点探测的方位，即所得波束图具有指向性；②各指向方向合成信号的 ACF 和 CCF 要尽可能低，以提升探测性能；③需要对 MUI 进行抑制以提升 Sum-Rate。根据雷达或通信有不同侧重需求的应用场景，本章将建立如下两个优化模型。

6.2.1　给定 MUI 并最小化 PSLR

在系统对雷达端有侧重需求时，本章考虑对空间合成信号 CF 的 PSLR 和波束图进行优化，而 MUI 只需被约束在系统的最低要求范围内即可。因此本章首先考虑在约束 MUI 能量的情况下，最小化探测方向合成信号 PSLR 的优化模型[25]，即

$$P^{\mathrm{PSLR}}=\begin{cases}\min\limits_{\boldsymbol{X}}\dfrac{\max\limits_{(i,i',k)\in\Omega}\left|\boldsymbol{a}_{i'}^{\mathrm{H}}\boldsymbol{X}\boldsymbol{U}_k\boldsymbol{X}^{\mathrm{H}}\boldsymbol{a}_i\right|^2}{\min\limits_{i\in\Theta}\left|\boldsymbol{a}_i^{\mathrm{H}}\boldsymbol{X}\boldsymbol{U}_0\boldsymbol{X}^{\mathrm{H}}\boldsymbol{a}_i\right|^2}\\ \text{s.t. }\left\|\boldsymbol{X}^{\mathrm{T}}\boldsymbol{h}_d-\boldsymbol{s}_d\right\|^2\leqslant\varepsilon,\ \forall d\\ |X(m,n)|=1,\quad\forall m,n\end{cases} \tag{6.12}$$

在该模型中，$\Omega=\Omega_a\cup\Omega_c$ 为旁瓣索引集合，其中，$\Omega_a=\{(i,i',k)|\ i=i'\in\Theta,k=$

$1,2,\cdots,K\}$ 表示 ACF 的旁瓣索引集合，$\Omega_c=\{(i,i',k)|(i,i')\in\Theta,i\neq i',k=0,2,\cdots,K\}$ 表示 CCF 的旁瓣索引集合；Θ 为波束指向角度集合。$\|\boldsymbol{X}^{\mathrm{T}}\boldsymbol{h}_d-\boldsymbol{s}_d\|^2\leqslant\varepsilon$ 表示第 d 个通信用户的 MUI 能量小于给定值 ε，即系统能够接受的最大 MUI。另外，恒模约束 $|X(m,n)|=1$ 用于保证雷达发射机功率放大器工作在饱和状态。

需要指出的是，尽管 P^{PSLR} 模型似乎没有对波束图进行设计，但实际上由于 $\left|\boldsymbol{a}_i^{\mathrm{H}}\boldsymbol{X}\boldsymbol{U}_0\boldsymbol{X}^{\mathrm{H}}\boldsymbol{a}_i\right|^2=\boldsymbol{X}^{\mathrm{H}}\boldsymbol{a}_i^{\ 4}=P_i^2$，该模型等效于最大化指向方向的波束图辐射能量。

6.2.2 给定 PSLR 并最小化 MUI 与主瓣能量比

在系统对通信速率有侧重需求时，本章考虑对 MUI 能量和波束图进行优化，而合成信号 CF 的 PSLR 只需被约束在系统的最低要求范围内即可。本章首先考虑对 D 个通信用户中最大的 MUI 能量进行抑制，即

$$\min_{\boldsymbol{X}}\max_{d}\left\|\boldsymbol{X}^{\mathrm{T}}\boldsymbol{h}_d-\boldsymbol{s}_d\right\|^2 \tag{6.13}$$

同时，为了保证波束具有指向性，需要最大化指向方向中最小的波束图能量，即

$$\max_{\boldsymbol{X}}\min_{i\in\Theta}\left\|\boldsymbol{X}^{\mathrm{H}}\boldsymbol{a}_i\right\|^2 \tag{6.14}$$

为了实现上述两个优化目标，可将式（6.14）和式（6.13）联合为分式优化问题：

$$\min_{\boldsymbol{X}}\frac{\max\limits_{(i,i',k)\in\Omega}\left|\boldsymbol{a}_{i'}^{\mathrm{H}}\boldsymbol{X}\boldsymbol{U}_k\boldsymbol{X}^{\mathrm{H}}\boldsymbol{a}_i\right|^2}{\min\limits_{i\in\Theta}\left\|\boldsymbol{X}^{\mathrm{H}}\boldsymbol{a}_i\right\|^2} \tag{6.15}$$

再结合 PSLR 约束，本章构建如下最小化 MUI 与波束主瓣能量比的优化模型[25]：

$$P^{\mathrm{MUI}}=\begin{cases}\min\limits_{\boldsymbol{X}}\dfrac{\max\limits_{d}\left\|\boldsymbol{X}^{\mathrm{T}}\boldsymbol{h}_d-\boldsymbol{s}_d\right\|^2}{\min\limits_{i\in\Theta}\left\|\boldsymbol{X}^{\mathrm{H}}\boldsymbol{a}_i\right\|^2}\\ \text{s.t.}\dfrac{\left\{\left|\boldsymbol{a}_{i'}^{\mathrm{H}}\boldsymbol{X}\boldsymbol{U}_k\boldsymbol{X}^{\mathrm{H}}\boldsymbol{a}_i\right|^2\right\}_{(i,i',k)\in\Omega}}{\min\limits_{i\in\Theta}\left|\boldsymbol{a}_i^{\mathrm{H}}\boldsymbol{X}\boldsymbol{U}_0\boldsymbol{X}^{\mathrm{H}}\boldsymbol{a}_i\right|^2}\leqslant\eta\\ |X(m,n)|=1,\quad\forall m,n\end{cases} \tag{6.16}$$

与 P^{PSLR} 模型相比，P^{MUI} 的约束中包含高次多项式分式约束，更为复杂。接下来本章将利用广义最大块上升（generalized maximum block improvement，GMBI）算法框架对上述两个模型进行求解，分别命名为 GMBI- P^{PSLR} 算法和 GMBI- P^{MUI} 算法。

6.3 算法推导

6.3.1 GMBI–P^{PSLR}算法推导

式（6.12）描述的问题是一个复杂的分式优化问题，首先，目标函数分母$\left|\boldsymbol{a}_i^{\mathrm{H}}\boldsymbol{X}\boldsymbol{U}_0\boldsymbol{X}^{\mathrm{H}}\boldsymbol{a}_i\right|^2$可改写为$\left(\left\|\boldsymbol{X}^{\mathrm{H}}\boldsymbol{a}_i\right\|^2\right)^2$。而后，为了将四次多项式从分式中分离，GMBI框架首先定义指数变量e^{α}和$\mathrm{e}^{2\beta}$分别作为分子$\left|\boldsymbol{a}_{i'}^{\mathrm{H}}\boldsymbol{X}\boldsymbol{U}_k\boldsymbol{X}^{\mathrm{H}}\boldsymbol{a}_i\right|^2$的上界和分母$\left(\left\|\boldsymbol{X}^{\mathrm{H}}\boldsymbol{a}_i\right\|^2\right)^2$的下界，那么式（6.12）中的目标函数可等价为

$$
\begin{aligned}
&\min_{\boldsymbol{X},\alpha,\beta} \frac{\mathrm{e}^{\alpha}}{\mathrm{e}^{2\beta}} \\
&\text{s.t.} \quad \left|\boldsymbol{a}_{i'}^{\mathrm{H}}\boldsymbol{X}\boldsymbol{U}_k\boldsymbol{X}^{\mathrm{H}}\boldsymbol{a}_i\right|^2 \leqslant \mathrm{e}^{\alpha}, \quad (i,i',k)\in\Omega \\
&\qquad \left\|\boldsymbol{X}^{\mathrm{H}}\boldsymbol{a}_i\right\|^2 \geqslant \mathrm{e}^{\beta}, \quad i\in\Theta
\end{aligned} \tag{6.17}
$$

对于式（6.12）以及式（6.17）中的多项式约束，可引入辅助变量$\left\{u_{i,i',k}=\boldsymbol{a}_i^{\mathrm{H}}\boldsymbol{X}\boldsymbol{U}_k\boldsymbol{X}^{\mathrm{H}}\boldsymbol{a}_{i'}\right\}$、$\left\{\boldsymbol{v}_i=\boldsymbol{X}^{\mathrm{H}}\boldsymbol{a}_i\right\}$和$\left\{\boldsymbol{w}_d=\boldsymbol{X}^{\mathrm{T}}\boldsymbol{h}_d-\boldsymbol{s}_d\right\}$，以进一步将多项式与$\mathrm{e}^{\alpha}$和$\mathrm{e}^{\beta}$解耦分解。另外，根据指数运算规则$\mathrm{e}^{\alpha}/\mathrm{e}^{2\beta}=\mathrm{e}^{\alpha-2\beta}$，以及指数函数的单调性，最小化$\mathrm{e}^{\alpha}/\mathrm{e}^{2\beta}$是等价于最小化$\alpha-2\beta$的。因此，式（6.12）描述的问题可等价为

$$
\begin{aligned}
&\min_{\boldsymbol{X},\alpha,\beta} \quad \alpha-2\beta \\
&\text{s.t.} \quad \left|u_{i,i',k}\right|^2 \leqslant \mathrm{e}^{\alpha}, \quad (i,i',k)\in\Omega \\
&\qquad \boldsymbol{v}_i^2 \geqslant \mathrm{e}^{\beta}, \quad i\in\Theta \\
&\qquad \boldsymbol{w}_d^2 \leqslant \varepsilon, \quad \forall d \\
&\qquad u_{i,i',k}=\boldsymbol{a}_i^{\mathrm{H}}\boldsymbol{X}\boldsymbol{U}_k\boldsymbol{X}^{\mathrm{H}}\boldsymbol{a}_{i'}, \quad (i,i',k)\in\Omega \\
&\qquad \boldsymbol{v}_i=\boldsymbol{X}^{\mathrm{H}}\boldsymbol{a}_i, \quad i\in\Theta \\
&\qquad \boldsymbol{w}_d=\boldsymbol{X}^{\mathrm{T}}\boldsymbol{h}_d-\boldsymbol{s}_d, \quad \forall d \\
&\qquad \left|X(m,n)\right|=1, \quad \forall m,n
\end{aligned} \tag{6.18}
$$

然而，式（6.18）中的多项式等式约束依然难以求解，因此，考虑借助拉格朗日乘子，将多项式等式约束转移至目标函数中。根据文献[26]，增广拉格朗日函数可定义为

$$\begin{aligned}
&\mathcal{L}_1\left(\boldsymbol{X},\left\{\alpha,\beta,u_{i,i',k},\boldsymbol{v}_i,\boldsymbol{w}_d\right\},\left\{\mu_{i,i',k},\boldsymbol{\kappa}_i,\boldsymbol{\lambda}_d\right\}\right)\\
&=\alpha-2\beta+\frac{\rho_1}{2}\sum_{(i,i',k)\in\Omega}\left(\left|u_{i,i',k}-\boldsymbol{a}_i^{\mathrm{H}}\boldsymbol{X}\boldsymbol{U}_k\boldsymbol{X}^{\mathrm{H}}\boldsymbol{a}_{i'}+\mu_{i,i',k}\right|^2-\left|\mu_{i,i',k}\right|^2\right)\\
&\quad+\frac{\rho_2}{2}\sum_{i\in\Theta}\left(\left\|\boldsymbol{v}_i-\boldsymbol{X}^{\mathrm{H}}\boldsymbol{a}_i+\boldsymbol{\kappa}_i\right\|^2-\left\|\boldsymbol{\kappa}_i\right\|^2\right)\\
&\quad+\frac{\rho_3}{2}\sum_{d}\left(\left\|\boldsymbol{w}_d-\boldsymbol{X}^{\mathrm{T}}\boldsymbol{h}_d+\boldsymbol{s}_d+\boldsymbol{\lambda}_d\right\|^2-\left\|\boldsymbol{\lambda}_d\right\|^2\right)
\end{aligned} \tag{6.19}$$

式中，$\left\{\rho_1,\rho_2,\rho_3\right\}>0$ 是用户自定义的迭代步长；$\{\mu_{i,i',k},\boldsymbol{\kappa}_i,\boldsymbol{\lambda}_d\}$ 为等式约束对应的对偶变量。最终，优化问题式（6.18）可转化为

$$\begin{aligned}
\min_{\boldsymbol{x},\Psi_1,\Psi_2}\quad & \mathcal{L}_1\left(\boldsymbol{X},\Psi_1,\Psi_2\right)\\
\text{s.t.}\quad & \left|u_{i,i',k}\right|^2\leqslant \mathrm{e}^{\alpha},\quad (i,i',k)\in\Omega\\
& \left\|\boldsymbol{v}_i\right\|^2\geqslant \mathrm{e}^{\beta},\quad i\in\Theta\\
& \left\|\boldsymbol{w}_d\right\|^2\leqslant \varepsilon,\quad \forall d\\
& \left|X(m,n)\right|=1,\quad \forall m,n
\end{aligned} \tag{6.20}$$

为了简化表示，本章将式（6.19）中的变量组 $\{\alpha,\beta,u_{i,i',k},\boldsymbol{v}_i,\boldsymbol{w}_d\}$ 定义为 Ψ_1；将 $\{\mu_{i,i',k},\boldsymbol{\kappa}_i,\boldsymbol{\lambda}_d\}$ 定义为 Ψ_2。

式（6.20）的交替迭代求解步骤如下。

步骤 1：在固定 $\Psi_{1,(t)}$ 和 $\Psi_{2,(t)}$ 的情况下（t 表示当前迭代次数），求解变量 $\boldsymbol{X}_{(t+1)}$。将式（6.20）中与变量 $\boldsymbol{X}$ 无关的项（可视为常数项）和约束移除，可得

$$\begin{aligned}
\min_{\boldsymbol{X}}\quad & \rho_1\sum_{(i,i',k)\in\Omega}\left(\left|\boldsymbol{a}_i^{\mathrm{H}}\boldsymbol{X}\boldsymbol{U}_k\boldsymbol{X}^{\mathrm{H}}\boldsymbol{a}_{i'}\right|^2-\bar{\mu}_{i,i',k}^{*}\boldsymbol{a}_{i'}^{\mathrm{H}}\boldsymbol{X}\boldsymbol{U}_k\boldsymbol{X}^{\mathrm{H}}\boldsymbol{a}_i-\bar{\mu}_{i,i',k}\boldsymbol{a}_i^{\mathrm{H}}\boldsymbol{X}\boldsymbol{U}_k^{\mathrm{H}}\boldsymbol{X}^{\mathrm{H}}\boldsymbol{a}_{i'}\right)\\
&+\rho_2\sum_{i\in\Theta}\boldsymbol{a}_i^{\mathrm{H}}\boldsymbol{X}\boldsymbol{X}^{\mathrm{H}}\boldsymbol{a}_i+\rho_3\sum_{d}\boldsymbol{h}_d^{\mathrm{T}}\boldsymbol{X}\boldsymbol{X}^{\mathrm{H}}\boldsymbol{h}_d^{*}\\
&-\rho_2\sum_{i\in\Theta}2\Re\left\{\boldsymbol{a}_i^{\mathrm{H}}\boldsymbol{X}\bar{\boldsymbol{\kappa}}_i\right\}-\rho_3\sum_{d}2\Re\left\{\boldsymbol{h}_d^{\mathrm{T}}\boldsymbol{X}\bar{\boldsymbol{\lambda}}_d\right\}\\
\text{s.t.}\quad & \left|X(m,n)\right|=1,\quad \forall m,n,
\end{aligned} \tag{6.21}$$

式中，$\bar{\mu}_{i,i',k}=u_{i,i',k,(t)}+\mu_{i,i',k,(t)}$；$\bar{\boldsymbol{\kappa}}_i=\boldsymbol{v}_{i,(t)}+\boldsymbol{\kappa}_{i,(t)}$，$\bar{\boldsymbol{\lambda}}_n=\boldsymbol{w}_{n,(t)}^{*}+\boldsymbol{s}_n^{*}+\boldsymbol{\lambda}_{n,(t)}^{*}$。

对于如式（6.21）所示的这种关于矩阵变量 $\boldsymbol{X}$ 的复数非齐次四次多项式优化问题，可以用低复杂度多项式函数的 MBI 方法（MBI method with a low-complexity polynomial function，MBILP）求解[25]。

在引入一常数项 $\varphi\mathrm{Tr}\left(\boldsymbol{X}^{\mathrm{H}}\boldsymbol{X}\right)^2$ 使目标函数凸化后，优化问题式（6.21）变为

$$\begin{aligned}\max_{\boldsymbol{X}}\ & H(\boldsymbol{X})=\varphi\mathrm{Tr}\left(\boldsymbol{X}^{\mathrm{H}}\boldsymbol{X}\right)^2-\rho_1\sum_{(i,i',k)\in\Omega}\left(\left|\boldsymbol{a}_i^{\mathrm{H}}\boldsymbol{X}\boldsymbol{U}_k\boldsymbol{X}^{\mathrm{H}}\boldsymbol{a}_{i'}\right|^2\right.\\ & \left.-\bar{\mu}_{i,i',k}^*\boldsymbol{a}_{i'}^{\mathrm{H}}\boldsymbol{X}\boldsymbol{U}_k\boldsymbol{X}^{\mathrm{H}}\boldsymbol{a}_i-\bar{\mu}_{i,i',k}\boldsymbol{a}_i^{\mathrm{H}}\boldsymbol{X}\boldsymbol{U}_k^{\mathrm{H}}\boldsymbol{X}^{\mathrm{H}}\boldsymbol{a}_{i'}\right)\\ & -\rho_2\sum_{i\in\Theta}\boldsymbol{a}_i^{\mathrm{H}}\boldsymbol{X}\boldsymbol{X}^{\mathrm{H}}\boldsymbol{a}_i-\rho_3\sum_d\boldsymbol{h}_d^{\mathrm{T}}\boldsymbol{X}\boldsymbol{X}^{\mathrm{H}}\boldsymbol{h}_d^*\\ & +\rho_2\sum_{i\in\Theta}2\Re\left\{\boldsymbol{a}_i^{\mathrm{H}}\boldsymbol{X}\bar{\boldsymbol{\kappa}}_i\right\}+\rho_3\sum_d 2\Re\left\{\boldsymbol{h}_d^{\mathrm{T}}\boldsymbol{X}\bar{\boldsymbol{\lambda}}_d\right\}\\ \text{s.t.}\ & \left|X(m,n)\right|=1,\quad\forall m,n\end{aligned}\tag{6.22}$$

然后，根据 MBILP 算法步骤，将式（6.22）进一步松弛为以下多线性多项式优化问题：

$$\begin{aligned}\max_{\{\boldsymbol{X}^l\}}\ & f_M\left(\boldsymbol{X}^1,\boldsymbol{X}^2,\boldsymbol{X}^3,\boldsymbol{X}^4\right)\\ \text{s.t.}\ & \left|X^l(m,n)\right|=1,\quad\forall m,n,\quad l=1,2,3,4\end{aligned}\tag{6.23}$$

式中：

$$\begin{aligned}& f_M\left(\boldsymbol{X}^1,\boldsymbol{X}^2,\boldsymbol{X}^3,\boldsymbol{X}^4\right)\\ & =\frac{1}{24}\sum_{(l_1,l_2,l_3,l_4)\in\Pi_4(1,2,3,4)}\left(\varphi\mathrm{Tr}\left(\boldsymbol{X}^{l_1\mathrm{H}}\boldsymbol{X}^{l_2}\right)\mathrm{Tr}\left(\boldsymbol{X}^{l_3\mathrm{H}}\boldsymbol{X}^{l_4}\right)\right.\\ & -\rho_1\sum_{(i,i',k)\in\Omega}\left(\left(\boldsymbol{a}_i^{\mathrm{H}}\boldsymbol{X}^{l_1}\boldsymbol{U}_k\boldsymbol{X}^{l_2\mathrm{H}}\boldsymbol{a}_i\right)\left(\boldsymbol{a}_i^{\mathrm{H}}\boldsymbol{X}^{l_3}\boldsymbol{U}_k^{\mathrm{H}}\boldsymbol{X}^{l_4\mathrm{H}}\boldsymbol{a}_{i'}\right)\right.\\ & \left.\left.-\bar{\mu}_{i,i',k}^*\boldsymbol{a}_i^{\mathrm{H}}\boldsymbol{X}^{l_1}\boldsymbol{U}_k\boldsymbol{X}^{l_2\mathrm{H}}\boldsymbol{a}_{i'}-\bar{\mu}_{i,i',k}\boldsymbol{a}_i^{\mathrm{H}}\boldsymbol{X}^{l_3}\boldsymbol{U}_k^{\mathrm{H}}\boldsymbol{X}^{l_4\mathrm{H}}\boldsymbol{a}_{i'}\right)\right)\\ & +\frac{1}{12}\sum_{(l_1,l_2)\in\Pi_4(1,2,3,4)}\left(\rho_2\sum_{i\in\Theta}\boldsymbol{a}_i^{\mathrm{H}}\boldsymbol{X}^{l_1}\boldsymbol{X}^{l_2\mathrm{H}}\boldsymbol{a}_i+\rho_3\sum_d\boldsymbol{h}_d^{\mathrm{T}}\boldsymbol{X}^{l_1}\boldsymbol{X}^{l_2\mathrm{H}}\boldsymbol{h}_d^*\right)\\ & -\frac{1}{4}\sum_{l_1\in\{1,2,3,4\}}\left(\rho_2\sum_{i\in\Theta}2\Re\left\{\boldsymbol{a}_i^{\mathrm{H}}\boldsymbol{X}^{l_1}\bar{\boldsymbol{\kappa}}_i\right\}+\rho_3\sum_d 2\Re\left\{\boldsymbol{h}_d^{\mathrm{T}}\boldsymbol{X}^{l_1}\bar{\boldsymbol{\lambda}}_d\right\}\right)\end{aligned}\tag{6.24}$$

是由 $H(\boldsymbol{x})$ 松弛而来的多线性多项式函数。

对于松弛后的优化问题式（6.23），MBILP 通过以下迭代步骤求解。

步骤 1.1：对于 $l=1,2,3,4$，固定 $\left\{\boldsymbol{X}_{(\tau)}^1,\boldsymbol{X}_{(\tau)}^2,\boldsymbol{X}_{(\tau)}^3,\boldsymbol{X}_{(\tau)}^4\right\}$ 中除了 $\boldsymbol{X}_{(\tau)}^l$ 外的三个变量，求解以下线性优化问题：

$$\begin{aligned}& \hat{\boldsymbol{X}}^l=\arg\max_{\boldsymbol{X}^l}f_M\left(\boldsymbol{X}_{(\tau)}^1,\cdots,\boldsymbol{X}^l,\cdots,\boldsymbol{X}_{(\tau)}^4\right)=2\Re\left\{\mathrm{Tr}\left(\boldsymbol{\varGamma}_{(\tau)}^{l\mathrm{H}}\boldsymbol{X}^l\right)\right\}+\delta_{(\tau)}^l\\ & \text{s.t.}\ \left|\boldsymbol{X}^l(m,n)\right|=1,\quad\forall m,n\end{aligned}\tag{6.25}$$

式中：

$$\boldsymbol{\varGamma}_{(\tau)}^l=\sum_{(l_1,l_2,l_3)\in\Pi_3(\{1,2,3,4\}\setminus l)}\boldsymbol{B}_{(\tau)}^{l_1,l_2,l_3}+\boldsymbol{C}_{(\tau)}+\boldsymbol{D}\tag{6.26}$$

$$\boldsymbol{B}_{(\tau)}^{l_1,l_2,l_3}=\frac{\varphi}{12}\mathrm{Tr}\left(\boldsymbol{X}^{l_1\mathrm{H}}\boldsymbol{X}^{l_2}\right)\boldsymbol{X}^{l_3}-\frac{\rho_1}{24}\sum_{(i,i',k)\in\Omega}\left(\boldsymbol{a}_i\boldsymbol{b}_{i,i',l,k,(\tau)}^{l_1,l_2,l_3\mathrm{H}}+\boldsymbol{a}_{i'}\bar{\boldsymbol{b}}_{i,i',k,(\tau)}^{l_1,l_1,l_3\mathrm{H}}\right)\tag{6.27}$$

$$\boldsymbol{C}_{(\tau)}=\frac{\rho_2}{12}\sum_{i\in\Theta}\boldsymbol{a}_i\sum_{l_1\in(\{1,2,3,4\}\setminus l)}\boldsymbol{r}_{i,(\tau)}^{l_1\mathrm{H}}+\frac{\rho_3}{12}\sum_d\boldsymbol{h}_d\sum_{l_1\in(\{1,2,3,4\}\setminus l)}\bar{\boldsymbol{r}}_{d,(\tau)}^{l_1\mathrm{H}}\tag{6.28}$$

$$\boldsymbol{D} = -\frac{\rho_2}{4}\sum_{i\in\Theta}\boldsymbol{a}_i\overline{\boldsymbol{k}}_i^{\mathrm{H}} - \frac{\rho_3}{4}\sum_{d}\boldsymbol{h}_d\overline{\boldsymbol{\lambda}}_d^{\mathrm{H}} \tag{6.29}$$

$$\boldsymbol{b}_{i,i',k,(\tau)}^{l_1,l_2,l_3} = \boldsymbol{U}_k\boldsymbol{r}_{i',(\tau)}^{l_1}\left(\chi_{i,i',k,(\tau)}^{l_2,l_3} - \overline{\mu}_{i,i',k}^{*}\right) \tag{6.30}$$

$$\overline{\boldsymbol{b}}_{i,i',k,(\tau)}^{l_1,l_2,l_3} = \boldsymbol{U}_k^{\mathrm{H}}\boldsymbol{r}_{i,(\tau)}^{l_1}\left(\chi_{i,i',k,(\tau)}^{l_3,l_2^*} - \overline{\mu}_{i,i',k}\right) \tag{6.31}$$

$$\boldsymbol{r}_{i,(\tau)}^{l_1} = \boldsymbol{X}_{(\tau)}^{l_1\mathrm{H}}\boldsymbol{a}_i \tag{6.32}$$

$$\overline{\boldsymbol{r}}_{d,(\tau)}^{l_1} = \boldsymbol{X}_{(\tau)}^{l_1\mathrm{H}}\boldsymbol{h}_d^{*} \tag{6.33}$$

$$\chi_{i,i',k,(\tau)}^{l_1,l_2} = \boldsymbol{r}_{i,(\tau)}^{l_1\mathrm{H}}\boldsymbol{U}_k\boldsymbol{r}_{i,(\tau)}^{l_2} \tag{6.34}$$

以及

$$\begin{aligned}\delta_{(\tau)}^{l} = &\frac{1}{12}\sum_{(l_1,l_2)\in\Pi_2(\{1,2,3,4\}\setminus l)}\Bigg(\rho_1\sum_{(i,i',k)\in\Omega}\left(\overline{\mu}_{i,i',k}^{*}\chi_{i,i',k,(\tau)}^{l_1,l_2} + \overline{\mu}_{i,i',k}\chi_{i,i',k,(\tau)}^{l_2,l_1*}\right)\\ &-\rho_2\sum_{i\in\Theta}\boldsymbol{r}_{i,(\tau)}^{l_1\mathrm{H}}\boldsymbol{r}_{i,(\tau)}^{l_2} - \rho_3\sum_{d}\overline{\boldsymbol{r}}_{d,(\tau)}^{l_1\mathrm{H}}\overline{\boldsymbol{r}}_{d,(\tau)}^{l_2}\Bigg)\\ &+\frac{1}{4}\sum_{l_1\in(\{1,2,3,4\}\setminus l)}\left(\rho_2\sum_{i\in\Theta}2\Re\left\{\boldsymbol{r}_{i,(\tau)}^{l_1\mathrm{H}}\overline{\boldsymbol{k}}_i\right\} + \rho_3\sum_{d}2\Re\left\{\overline{\boldsymbol{r}}_{d,(\tau)}^{l_1\mathrm{H}}\overline{\boldsymbol{\lambda}}_d\right\}\right)\end{aligned} \tag{6.35}$$

考虑到 $\mathrm{Tr}\left(\boldsymbol{X}^{l\mathrm{H}}\boldsymbol{X}^{l}\right) - N$ 为一常量，经配方后优化问题式（6.25）可等价为

$$\begin{aligned}\hat{\boldsymbol{X}}^{l} &= \arg\min_{\boldsymbol{X}^l}\mathrm{Tr}\left(\boldsymbol{X}^{l\mathrm{H}}\boldsymbol{X}^{l} - 2R\left\{\boldsymbol{\Gamma}_{(\tau)}^{l\mathrm{H}}\boldsymbol{X}^{l}\right\} + \boldsymbol{\Gamma}_{(\tau)}^{l\mathrm{H}}\boldsymbol{\Gamma}_{(\tau)}^{l}\right)\\ &= \arg\min_{\boldsymbol{X}^l}\left\|\boldsymbol{X}^{l} - \boldsymbol{\Gamma}_{(\tau)}^{l}\right\|_F^2\\ &\quad \text{s.t.}\quad \left|X^{l}(m,n)\right| = 1,\quad \forall m,n\end{aligned} \tag{6.36}$$

容易求得该问题的解为

$$\hat{\boldsymbol{X}}_{(\tau+1)}^{l} = \exp\left(j\angle\boldsymbol{\Gamma}_{(\tau)}^{l}\right) \tag{6.37}$$

将 $\{\hat{\boldsymbol{X}}^{l}\}$ 代入目标函数中，可得 $w_{(\tau+1)}^{l} = f_{\mathrm{M}}\left(\boldsymbol{X}_{(\tau)}^{1},\cdots,\hat{\boldsymbol{X}}^{l},\cdots,\boldsymbol{X}_{(\tau)}^{4}\right)$

步骤 1.2：令 $l^{\star} = \arg\max_{1\leqslant l\leqslant 4} w_{(\tau+1)}^{l}$，则有

$$\boldsymbol{X}_{(\tau+1)}^{l} = \begin{cases}\hat{\boldsymbol{X}}^{l^{\star}}, & l = l^{\star}\\ \boldsymbol{X}_{(\tau)}^{l}, & l \neq l^{\star}\end{cases},\quad l = 1,2,3,4 \tag{6.38}$$

重复步骤 1.1～步骤 1.2 直至算法收敛或达到设定的最大迭代次数 T_{MBI}，最终得到优化波形 $\boldsymbol{X}_{(t+1)}$。

步骤 2：给定 $\boldsymbol{X}_{(t+1)}$ 和 $\Psi_{2,(t)}$，更新变量 $\Psi_{1,(t+1)}$。将式（6.19）代入式（6.20）并化简后可重写为

$$\begin{aligned}\min_{\psi_1}\ & \alpha-2\beta+\frac{\rho_1}{2}\sum_{(i,i',k)\in\Omega}\left|u_{i,i',k}-\bar{u}_{i,i',k}\right|^2+\frac{\rho_2}{2}\sum_{i\in\Theta}\left\|\boldsymbol{v}_i-\bar{\boldsymbol{v}}_i\right\|^2+\frac{\rho_3}{2}\sum_{d}\left\|\boldsymbol{w}_d-\bar{\boldsymbol{w}}_d\right\|^2\\ \text{s.t. }& \left|u_{i,i',k}\right|^2\leqslant \mathrm{e}^{\alpha},\quad (i,i',k)\in\Omega\\ & \left\|\boldsymbol{v}_i\right\|^2\geqslant \mathrm{e}^{\beta},\quad i\in\Theta\\ & \left\|\boldsymbol{w}_d\right\|^2\leqslant\varepsilon,\quad \forall d\end{aligned}\tag{6.39}$$

式中：

$$\bar{u}_{i,i',k}=\boldsymbol{a}_i^{\mathrm{H}}\boldsymbol{X}_{(t+1)}\boldsymbol{U}_k\boldsymbol{X}_{(t+1)}^{\mathrm{H}}\boldsymbol{a}_{i'}-\mu_{i,i',k,(t)}\tag{6.40}$$

$$\bar{\boldsymbol{v}}_i=\boldsymbol{X}_{(t+1)}^{\mathrm{H}}\boldsymbol{a}_i-\boldsymbol{\kappa}_{i,(t)}\tag{6.41}$$

$$\bar{\boldsymbol{w}}_d=\boldsymbol{X}_{(t+1)}^{\mathrm{T}}\boldsymbol{h}_d-\boldsymbol{s}_d-\boldsymbol{\lambda}_{d,(t)}\tag{6.42}$$

由于变量组$\{\boldsymbol{w}_d\}$、$\{\alpha,u_{i,i',k}\}$以及$\{\beta,\boldsymbol{v}_i\}$相互独立，式（6.39）可分解为如下三个子问题：

$$\begin{aligned}\min_{\alpha,u_{i,i',k}}\ & \alpha+\frac{\rho_1}{2}\sum_{(i,i',k)\in\Omega}\left|u_{i,i',k}-\bar{u}_{i,i',k}\right|^2\\ \text{s.t. }& \left|u_{i,i',k}\right|^2\leqslant \mathrm{e}^{\alpha},\quad (i,i',k)\in\Omega\end{aligned}\tag{6.43}$$

$$\begin{aligned}\min_{\beta,\boldsymbol{v}_i}\ & -2\beta+\frac{\rho_2}{2}\sum_{i\in\Theta}\left\|\boldsymbol{v}_i-\bar{\boldsymbol{v}}_i\right\|^2\\ \text{s.t. }& \left\|\boldsymbol{v}_i\right\|^2\geqslant \mathrm{e}^{\beta},\quad i\in\Theta\end{aligned}\tag{6.44}$$

$$\begin{aligned}\min_{\boldsymbol{w}_d}\ & \sum_{d=1}^{D}\left\|\boldsymbol{w}_d-\bar{\boldsymbol{w}}_d\right\|^2\\ \text{s.t. }& \left\|\boldsymbol{w}_d\right\|^2\leqslant\varepsilon,\quad \forall d\end{aligned}\tag{6.45}$$

容易求得，式（6.45）的解为

$$\boldsymbol{w}_{d,(t+1)}=\begin{cases}\sqrt{\varepsilon}\dfrac{\bar{\boldsymbol{w}}_d}{\left\|\bar{\boldsymbol{w}}_d\right\|}, & \left\|\bar{\boldsymbol{w}}_n\right\|>\sqrt{\varepsilon}\\ \bar{\boldsymbol{w}}_d, & \text{其他}\end{cases},\quad \forall d\tag{6.46}$$

对于式（6.43）和式（6.44），其形式与第 7 章中式（7.25）和式（7.26）完全相同，这两个问题的求解将在第 7 章详细讨论，此处不再赘述。在求解得到$\alpha_{(t+1)}$和$\beta_{(t+1)}$后，可得式（6.43）和式（6.44）中变量$\{u_{i,i',k}\}$和$\{\boldsymbol{v}_i\}$的解分别为

$$u_{i,i',k,(t+1)}=\begin{cases}\sqrt{\mathrm{e}^{\alpha_{(t+1)}}}\dfrac{\bar{u}_{i,i',k}}{\left|\bar{u}_{i,i',k}\right|}, & \left|\bar{u}_{i,i',k}\right|>\sqrt{\mathrm{e}^{\alpha_{(t+1)}}}\\ \bar{u}_{i,i',k}, & \text{其他}\end{cases},\quad (i,i',k)\in\Omega\tag{6.47}$$

$$\boldsymbol{v}_{i,(t+1)}=\begin{cases}\sqrt{\mathrm{e}^{\beta_{(t+1)}}}\dfrac{\bar{\boldsymbol{v}}_i}{\left\|\bar{\boldsymbol{v}}_i\right\|}, & \left\|\bar{\boldsymbol{v}}_i\right\|<\sqrt{\mathrm{e}^{\beta_{(t+1)}}}\\ \bar{\boldsymbol{v}}_i, & \text{其他}\end{cases},\quad i\in\Theta\tag{6.48}$$

步骤 3：更新对偶变量 $\Psi_2(t+1)$：

$$\mu_{i,i',k,(t+1)} = \mu_{i,i',k,(t)} + u_{i,i',k,(t+1)} - \boldsymbol{a}_{i'}^{\mathrm{H}} \boldsymbol{X}_{(t+1)} \boldsymbol{U}_k \boldsymbol{X}_{(t+1)}^{\mathrm{H}} \boldsymbol{a}_i, \quad (i,i',k) \in \Omega \tag{6.49}$$

$$\boldsymbol{\kappa}_{i,(t+1)} = \boldsymbol{\kappa}_{i,(t)} + \boldsymbol{v}_{i,(t+1)} - \boldsymbol{X}_{(t+1)}^{\mathrm{H}} \boldsymbol{a}_i, \quad i \in \Theta \tag{6.50}$$

$$\boldsymbol{\lambda}_{d,(t+1)} = \boldsymbol{\lambda}_{d,(t)} + \boldsymbol{w}_{d,(t+1)} - \boldsymbol{X}_{(t+1)}^{\mathrm{T}} \boldsymbol{h}_d + \boldsymbol{s}_d, \quad d = 1,2,\cdots,D \tag{6.51}$$

重复步骤 1～步骤 3，直到收敛或达到最大迭代次数 T_0，即可最终得到满足需求的波形集 $\boldsymbol{X}(t)$。GMBI-P^{PSLR} 的算法伪代码在算法 6.1 中给出。

算法 6.1：GMBI-P^{PSLR}

输入： M、N、K、D、Θ、T_0 以及 T_{MBI}。

初始化： $\boldsymbol{X}_{(0)}$、$\left\{\mu_{i,i',k,(0)}, \boldsymbol{\kappa}_{i,(0)}, \boldsymbol{\lambda}_{d,(0)}\right\}$。

while 算法未收敛且 $t \leqslant T_0$ **do**
　设 $\tau = 0$，$\left\{\boldsymbol{X}_{(\tau)}^1, \boldsymbol{X}_{(\tau)}^2, \boldsymbol{X}_{(\tau)}^3, \boldsymbol{X}_{(\tau)}^4\right\} = \left\{\boldsymbol{X}_{(0)}, \boldsymbol{X}_{(0)}, \boldsymbol{X}_{(0)}, \boldsymbol{X}_{(0)}\right\}$
　while $\left|\overline{w}_{(\tau+1)} - \overline{w}_{(\tau)}\right| \geqslant 10^{-8}$ 且 $\tau \leqslant T_{\mathrm{MBI}}$ do（MBILP）
　　for $l = 1,2,3,4$
　　　根据式（6.26）和式（6.35）计算 $\boldsymbol{\Gamma}_{(\tau)}^l$ 和 $\delta_{(\tau)}^l$
　　　$\hat{\boldsymbol{X}}^l = \exp\left(j\angle \boldsymbol{\Gamma}_{(\tau)}^l\right)$，$w_{\tau+1}^l = 2\Re\left\{\mathrm{Tr}\left(\boldsymbol{\Gamma}_{(\tau)}^{l\ \mathrm{H}} \hat{\boldsymbol{X}}^l\right)\right\} + \delta_{(\tau)}^l$
　　end for
　　令 $l^* = \underset{1 \leqslant l \leqslant 4}{\arg\max}\, w_{(\tau+1)}^l$，更新 $\boldsymbol{X}_{(\tau+1)}^l = \hat{\boldsymbol{X}}^{l^*}$，$\overline{w}_{(\tau+1)} = w_{(\tau+1)}^{l^*}$，$\tau = \tau + 1$
　end while
　$\boldsymbol{X}_{(\tau+1)} - \boldsymbol{X}_{(\tau)}^{l^*}$
　根据式（6.46）更新 $\boldsymbol{w}_{d,(t+1)}$
　更新 $\alpha_{(t+1)}$，再代入式（6.47）更新 $u_{i,i',k,(t+1)}$
　更新 $\beta_{(t+1)}$，再代入式（6.48）更新 $\boldsymbol{v}_{i,(t+1)}$
　根据式（6.49）～式（6.51）更新 $\left\{\mu_{i,i',k,(t+1)}, \boldsymbol{\kappa}_{i,(t+1)}, \boldsymbol{\lambda}_{d,(t+1)}\right\}$
　$t = t + 1$
end while

输出： $\boldsymbol{X}_{(t)}$。

6.3.2　GMBI-P^{MUI} 算法推导

P^{MUI} 模型的难点在于高次多项式（high order polynomial，HOP）分式约束，为了求解该模型，需要对分式约束中的分子和分母进行解耦。根据 $\left\|\boldsymbol{a}_i^{\mathrm{H}} \boldsymbol{X} \boldsymbol{U}_0 \boldsymbol{X}^{\mathrm{H}} \boldsymbol{a}_i\right\|^2 = \left\|\boldsymbol{X}^{\mathrm{H}} \boldsymbol{a}_i\right\|^4$，$P^{\mathrm{MUI}}$ 模型中的分式约束可重新表示为

$$\frac{\left\{\left|\boldsymbol{a}_{i'}^{\mathrm{H}}\boldsymbol{X}\boldsymbol{U}_k\boldsymbol{X}^{\mathrm{H}}\boldsymbol{a}_i\right|^2\right\}_{(i,i',k)\in\Omega}}{\min\limits_{i\in\Theta}\left\|\boldsymbol{X}^{\mathrm{H}}\boldsymbol{a}_i\right\|^4}\leqslant\eta \tag{6.52}$$

引入辅助变量$\left\{u_{i,i',k}=\boldsymbol{a}_i^{\mathrm{H}}\boldsymbol{X}\boldsymbol{U}_k\boldsymbol{X}^{\mathrm{H}}\boldsymbol{a}_{i'}\right\}$、$\left\{\boldsymbol{v}_i=\boldsymbol{X}^{\mathrm{H}}\boldsymbol{a}_i\right\}$用于分离分子分母，同时引入指数边界变量简化目标函数，那么优化问题P^{MUI}可重新表示为

$$\begin{aligned}
\min_{\boldsymbol{X},\alpha,\beta}\ & \alpha-\beta \\
\text{s.t.}\ & \left\|\boldsymbol{w}_d\right\|^2\leqslant \mathrm{e}^{\alpha},\quad \forall d \\
& \left\|\boldsymbol{v}_i\right\|^2\geqslant \mathrm{e}^{\beta},\quad \forall i\in\Theta \\
& \frac{\left\{\left|u_{i,i',k}\right|^2\right\}_{(i,i',k)\in\Omega}}{\min\limits_{i\in\Theta}\left\|\boldsymbol{v}_i\right\|^4}\leqslant\eta \\
& u_{i,i',k}=\boldsymbol{a}_i^{\mathrm{H}}\boldsymbol{X}\boldsymbol{U}_k\boldsymbol{X}^{\mathrm{H}}\boldsymbol{a}_{i'},\quad \forall\left(i,i',k\right)\in\Omega \\
& \boldsymbol{v}_i=\boldsymbol{X}^{\mathrm{H}}\boldsymbol{a}_i,\quad i\in\Theta \\
& \boldsymbol{w}_d=\boldsymbol{X}^{\mathrm{T}}\boldsymbol{h}_d-\boldsymbol{s}_d,\quad \forall d \\
& \left|X(m,n)\right|=1,\quad \forall m,n
\end{aligned} \tag{6.53}$$

借助拉格朗日乘子，将式（6.53）中的等式约束$\left\{u_{i,i',k}=\boldsymbol{a}_i^{\mathrm{H}}\boldsymbol{X}\boldsymbol{U}_k\boldsymbol{X}^{\mathrm{H}}\boldsymbol{a}_i\right\}$、$\left\{\boldsymbol{v}_i=\boldsymbol{X}^{\mathrm{H}}\boldsymbol{a}_i\right\}$以及$\left\{\boldsymbol{w}_d=\boldsymbol{X}^{\mathrm{T}}\boldsymbol{h}_d-\boldsymbol{s}_d\right\}$转移至拉格朗日函数中。由于式（6.53）中的目标函数和等式约束与式（6.18）中的几乎完全相同，仅目标函数中β前的系数略有不同，因此定义的拉格朗日函数$L_2\left(\boldsymbol{X},\varPsi_1,\varPsi_2\right)$只需将式（6.19）第二项$\beta$的系数改为 2 即可。最终式（6.53）可转化为

$$\begin{aligned}
\min_{\boldsymbol{X},\varPsi_1,\varPsi_2}\ & \mathcal{L}_2\left(\boldsymbol{X},\varPsi_1,\varPsi_2\right) \\
\text{s.t.}\ & \boldsymbol{w}_d^{\ 2}\leqslant \mathrm{e}^{\alpha},\quad \forall d \\
& \frac{\left|u_{i,i',k}\right|^2}{\min\limits_{i}\boldsymbol{v}_i^{\ 4}}\leqslant\eta,\quad \forall\left(i,i',k\right)\in\Omega \\
& \boldsymbol{v}_i^{\ 2}\geqslant \mathrm{e}^{\beta},\quad \forall i\in\Theta \\
& \left|X(m,l)\right|=1,\quad \forall m,l
\end{aligned} \tag{6.54}$$

式中，变量组$\varPsi_1=\left\{\alpha,\beta,u_{i,i',k},\boldsymbol{v}_i,\boldsymbol{w}_d\right\}$；$\varPsi_2=\left\{\mu_{i,i',k},\boldsymbol{\kappa}_i,\boldsymbol{\lambda}_d\right\}$。对于式（6.54），同样可以把问题划分为三个步骤以交替求解变量$\boldsymbol{X}$、$\varPsi_1$和$\varPsi_2$。对比式（6.54）和式（6.20）可知，两个问题的区别仅在变量组$\varPsi_1$的求解，而$\boldsymbol{X}$和$\varPsi_2$的更新方法与 6.3.1 节的步骤 1 和步骤 3 是完全相同的，所以本节仅讨论步骤 2，即变量$\varPsi_1$的求解方法。

给定$\boldsymbol{X}_{(t+1)}$和$\varPsi_{2,(t)}$，更新变量$\varPsi_{1,(t+1)}$：

$$\begin{aligned}
&\min_{\Psi_1} \ \mathcal{L}_2\left(\boldsymbol{X}_{(t+1)}, \Psi_1, \Psi_{2,(t)}\right) \\
&\text{s.t.} \ \left\|\boldsymbol{w}_d\right\|^2 \leqslant \mathrm{e}^{\alpha}, \quad \forall d \\
&\quad \left\|\boldsymbol{v}_i\right\|^2 \geqslant \mathrm{e}^{\beta}, \quad \forall i \in \Theta \\
&\quad \frac{\left\{\left|u_{i,i',k}\right|^2\right\}_{(i,i',k)\in\Omega}}{\min\limits_{i\in\Theta}\left\|\boldsymbol{v}_i\right\|^4} \leqslant \eta
\end{aligned} \tag{6.55}$$

将式（6.19）代入式（6.55）可得

$$\begin{aligned}
&\min_{\Psi_1} \ \alpha - \beta + \frac{\rho_1}{2}\sum_{(i,i',k)\in\Omega}\left|u_{i,i',k} - \bar{u}_{i,i',k}\right|^2 + \frac{\rho_2}{2}\sum_{i\in\Theta}\left\|\boldsymbol{v}_i - \bar{\boldsymbol{v}}_i\right\|^2 + \frac{\rho_3}{2}\sum_{d}\left\|\boldsymbol{w}_d - \bar{\boldsymbol{w}}_d\right\|^2 \\
&\text{s.t.} \ \left\|\boldsymbol{w}_d\right\|^2 \leqslant \mathrm{e}^{\alpha}, \quad \forall d \\
&\quad \left\|\boldsymbol{v}_i\right\|^2 \geqslant \mathrm{e}^{\beta}, \quad \forall i \in \Theta \\
&\quad \frac{\left\{\left|u_{i,i',k}\right|^2\right\}_{(i,i',k)\in\Omega}}{\min\limits_{i\in\Theta}\left\|\boldsymbol{v}_i\right\|^4} \leqslant \eta
\end{aligned} \tag{6.56}$$

式中，$\bar{u}_{i,i',k} = \boldsymbol{a}_i^{\mathrm{H}}\boldsymbol{X}_{(t+1)}\boldsymbol{U}_k\boldsymbol{X}_{(t+1)}^{\mathrm{H}}\boldsymbol{a}_{i'} - \mu_{i,i',k,(t)}$，$\bar{\boldsymbol{v}}_i = \boldsymbol{X}_{(t+1)}^{\mathrm{H}}\boldsymbol{a}_i - \boldsymbol{\kappa}_{i,(t)}$，$\bar{\boldsymbol{w}}_d = \boldsymbol{X}_{(t+1)}^{\mathrm{T}}\boldsymbol{h}_d - \boldsymbol{s}_d - \boldsymbol{\lambda}_{d,(t)}$。

由于变量组$\left\{\alpha, \boldsymbol{w}_d\right\}$以及$\left\{\beta, \boldsymbol{v}_i, u_{i,i',k}\right\}$不互相耦合，式（6.56）可分解为如下两个子问题：

$$\begin{aligned}
&\min_{\alpha,\boldsymbol{w}_d} \ \alpha + \frac{\rho_3}{2}\sum_{d}\left\|\boldsymbol{w}_d - \bar{\boldsymbol{w}}_d\right\|^2 \\
&\text{s.t.} \ \left\|\boldsymbol{w}_d\right\|^2 \leqslant \mathrm{e}^{\alpha}, \quad \forall d
\end{aligned} \tag{6.57}$$

$$\begin{aligned}
&\min_{\beta,\boldsymbol{v}_i,u_{i,i',k}} \ -\beta + \frac{\rho_1}{2}\sum_{(i,i',k)\in\Omega}\left|u_{i,i',k} - \bar{u}_{i,i',k}\right|^2 + \frac{\rho_2}{2}\sum_{i\in\Theta}\left\|\boldsymbol{v}_i - \bar{\boldsymbol{v}}_i\right\|^2 \\
&\text{s.t.} \ \left\|\boldsymbol{v}_i\right\|^2 \geqslant \mathrm{e}^{\beta}, \quad \forall i \in \Theta \\
&\quad \frac{\left\{\left|u_{i,i',k}\right|^2\right\}_{(i,i',k)\in\Omega}}{\min\limits_{i\in\Theta}\left\|\boldsymbol{v}_i\right\|^4} \leqslant \eta
\end{aligned} \tag{6.58}$$

式中，式（6.57）的求解方法与式（6.43）是类似的，此处不再赘述，这里重点讨论式（6.58）的求解方法。

式（6.58）的复杂之处在于其不仅包含分式约束，各变量还在目标函数和约束中相互耦合。首先需要简化约束集的形式，假设式（6.58）中对于任意$i \in \Theta$，都满足约束$\boldsymbol{v}_i^2 \geqslant \mathrm{e}^{\beta}$，那么就有以下不等式关系成立：

$$\frac{\left|u_{i,i',k}\right|^2}{\min\limits_{i\in\Theta}\left\|\boldsymbol{v}_i\right\|^4}\leqslant\frac{\left|u_{i,i',k}\right|^2}{\mathrm{e}^{2\beta}},\quad\forall\left(i,i',k\right)\in\Omega \tag{6.59}$$

因此可将式（6.58）约束中的第二项分式不等式约束替换为如下更严格的约束：

$$\frac{\left|u_{i,i',k}\right|^2}{\mathrm{e}^{2\beta}}\leqslant\eta,\quad\forall\left(i,i',k\right)\in\Omega \tag{6.60}$$

经整理后，式（6.58）可重写为

$$\begin{aligned}\min_{\beta,u_{i,i},\boldsymbol{v}_i}\quad & -\beta+\frac{\rho_1}{2}\sum_{(i,i',k)\in\Omega}\left|u_{i,i',k}-\bar{u}_{i,i',k}\right|^2+\frac{\rho_2}{2}\sum_{i\in\Theta}\left\|\boldsymbol{v}_i-\bar{\boldsymbol{v}}_i\right\|^2\\ \text{s.t.}\quad & \ln\frac{\left|u_{i,i,k}\right|}{\sqrt{\eta}}\leqslant\beta\leqslant\ln\left\|\boldsymbol{v}_i\right\|^2,\quad\forall i\in\Theta,\quad\forall\left(i,i',k\right)\in\Omega\end{aligned} \tag{6.61}$$

可见，经过该处理后，变量 $\boldsymbol{v}_i$ 与 $u_{i,i',k}$ 从分式中解耦。

对于式（6.61），若假设 β 是已知的，那么，变量 $\boldsymbol{v}_i$ 与 $u_{i,i',k}$ 的解为

$$u_{i,i',k,(t+1)}=\begin{cases}\sqrt{\eta}\mathrm{e}^{\beta}\dfrac{\bar{u}_{i,i',k}}{\left|\bar{u}_{i,i',k}\right|}, & \ln\dfrac{\left|\bar{u}_{i,i',k}\right|}{\sqrt{\eta}}>\beta\\ \bar{u}_{i,i',k}, & \text{其他}\end{cases},\quad g\in\Omega \tag{6.62}$$

$$\boldsymbol{v}_{i,(t+1)}=\begin{cases}\sqrt{\mathrm{e}^{\beta}}\dfrac{\bar{\boldsymbol{v}}_i}{\left\|\bar{\boldsymbol{v}}_i\right\|}, & \ln\left\|\bar{\boldsymbol{v}}_i\right\|^2<\beta\\ \bar{\boldsymbol{v}}_i, & \text{其他}\end{cases},\quad i\in\Theta \tag{6.63}$$

利用该分段特性，可将式（6.61）转化为关于 β 的单变量优化问题。首先，将 $\left\{\ln\left(\left\|\boldsymbol{v}_i\right\|^2\right)\right\}_{i\in\Omega}$ 与 $\left\{\ln\left(\left|u_{i,i',k}\right|/\sqrt{\eta}\right)\right\}_{(i,i',k)\in\Omega}$ 按升序分别构成新序列 $\left\{\tilde{v}_i\right\}_{i=1}^{G_\Theta}$ 和 $\left\{\tilde{u}_p\right\}_{p=1}^{G_\Omega}$，其中，$G_\Theta=\mathrm{Card}(\Theta)$，$G_\Omega=\mathrm{Card}(\Omega)$。再将这两个序列合并成新的序列并按升序排列得到 $\left\{z_g\right\}_{g=1}^{G}$。然后，将 β 的可行域分为 $G=G_\Theta+G_\Omega$ 个区间，即 $\left\{\left[z_1,z_2\right),\cdots,\left[z_{G-1},z_G\right]\right\}$。

假设 β 在区间 $\left[z_g,z_{g+1}\right)$ 内，将式（6.63）、式（6.62）代入式（6.61）可得关于 β 的单变量优化问题：

$$\begin{aligned}\min_{\beta}\quad & -\beta+\frac{\rho_1}{2}\sum_{p=G(g)+1}^{G_\Omega}\left(\sqrt{\eta}\mathrm{e}^{\beta}-\tilde{u}_p\right)^2+\frac{\rho_2}{2}\sum_{i=1}^{P(g)}\left(\sqrt{\mathrm{e}^{\beta}}-\sqrt{\tilde{v}_i}\right)^2\\ \text{s.t.}\quad & z_g\leqslant\beta<z_{g+1}\end{aligned} \tag{6.64}$$

式中，$G(g)$ 表示 $\left\{z_1,z_2,\cdots,z_g\right\}$ 中属于序列集 $\left\{\tilde{u}_p\right\}$ 的元素个数；$P(g)$ 则表示 $\left\{z_1,z_2,\cdots,z_g\right\}$ 中属于序列集 $\left\{\tilde{v}_i\right\}$ 的元素个数，即

$$G(g)=\mathrm{Card}\left(\left\{z_1,z_2,\cdots,z_g\right\}\cap\left\{\tilde{u}_p\right\}_{p=1}^{G_n}\right) \tag{6.65}$$

$$P(g)=\mathrm{Card}\left(\left\{z_1,z_2,\cdots,z_g\right\}\cap\left\{\tilde{v}_i\right\}_{i=1}^{G_\theta}\right) \tag{6.66}$$

将式（6.64）的目标函数整理后可表示为

$$T(\beta):=\epsilon_{0,g}\mathrm{e}^{2\beta}+\epsilon_{1,g}\mathrm{e}^{\beta}-\epsilon_{2,g}\sqrt{\mathrm{e}^{\beta}}-\beta+\epsilon_{3,g} \tag{6.67}$$

式中，各系数为

$$\epsilon_{0,g}=\frac{\rho_1}{2}(G-G(g))\eta \tag{6.68}$$

$$\epsilon_{1,p}=\frac{\rho_2}{2}P(g)-\sum_{g=G(p)+1}^{G}\rho_1\tilde{u}_g\sqrt{\eta} \tag{6.69}$$

$$\epsilon_{2,g}=\sum_{i=1}^{P(g)}\rho_2\sqrt{\tilde{v}_i} \tag{6.70}$$

$$\epsilon_{3,g}=\sum_{i=1}^{P(g)}\frac{\rho_2}{2}\tilde{v}_i+\sum_{p=G(g)+1}^{G}\frac{\rho_1}{2}\tilde{u}_p^2 \tag{6.71}$$

$T(\beta)$ 一阶导数为 $T'(\beta)=2\epsilon_{0,g}\mathrm{e}^{2\beta}+\epsilon_{1,g}\mathrm{e}^{\beta}-0.5\epsilon_{2,g}\sqrt{\mathrm{e}^{\beta}}-1$，其也可视为 $\sqrt{\mathrm{e}^{\beta}}$ 的四次函数，表示为 $\overline{T}\left(\sqrt{\mathrm{e}^{\beta}}\right)$。令一阶导数为 0 并利用 MATLAB 的求根函数 root 求解四次方程 $\overline{T}\left(\sqrt{\mathrm{e}^{\beta}}\right)=0$，可得 $T(\beta)$ 的驻点为

$$\ddot{\beta}_p=2\ln\left(\mathrm{root}\left(\overline{T}\left(\sqrt{\mathrm{e}^{\beta}}\right)\right)\right) \tag{6.72}$$

选取满足可行域的实根作为式（6.64）的驻点，即 $\dot{\beta}_g=\left\{\ddot{\beta}\middle|\ddot{\beta}\in\left(z_g,z_{g+1}\right]\right\}$。比较驻点处以及区间端点处的目标函数值，即可得到该区间 $\left[z_g,z_{g+1}\right)$ 内变量 β 的最优解为

$$\hat{\beta}_g=\arg\min_{z_g,\dot{\beta}_g,z_{g+1}}\left\{T\left(z_g\right),T\left(\dot{\beta}_g\right),T\left(z_{g+1}\right)\right\} \tag{6.73}$$

对每个区间执行上述步骤，最终可得到全局最优的 β，即

$$\beta_{(t+1)}=\arg\min_{\hat{\beta}_g}\left\{T\left(\hat{\beta}_g\right)\right\}_{g=1}^{G} \tag{6.74}$$

将 $\beta_{(t+1)}$ 代入式（6.62）和式（6.63）更新 $u_{i,i',k,(t+1)}$ 和 $v_{i,(t+1)}$。

GMBI-P^{MUI} 的算法伪代码流程在算法 6.2 中给出。

算法 6.2：GMBI-P^{MUI}

输入：M、N、K、D、Θ、T_0 以及 T_{MBI}。

初始化：$\boldsymbol{X}_{(0)}$、$\left\{\mu_{i,i',k,(0)},\boldsymbol{\kappa}_{i,(0)},\boldsymbol{\lambda}_{d,(0)}\right\}$。

while 算法未收敛且 $t\leqslant T_0$ **do**

　根据 MBILP 算法更新 $\boldsymbol{X}_{(t+1)}$（与算法 6.1 中 2～10 行一致）

　更新 $\alpha_{(t+1)}$，将式（6.47）中的 $\overline{u}_{i,i',k}$ 替换为 $\overline{\boldsymbol{w}}_d$ 以更新 $\boldsymbol{w}_{d,(t+1)}$

　根据式（6.64）～式（6.74）更新 $\beta_{(t+1)}$，再代入式（6.62）和式（6.63）更新 $u_{i,i',k,(t+1)}$ 和 $\boldsymbol{v}_{i,(t+1)}$

　根据式（6.49）～式（6.51）更新 $\left\{\mu_{i,i',k,(t+1)},\boldsymbol{\kappa}_{i,(t+1)},\boldsymbol{\lambda}_{d,(t+1)}\right\}$

```
| t = t + 1
end while
```
输出： $\boldsymbol{X}_{(t)}$。

6.4 仿真及分析

本节通过仿真实验对本章所提算法进行分析。首先 6.4.1 节给出 GMBI-P^{PSLR} 算法和 GMBI-P^{MUI} 算法的设计结果，并分析算法性能。6.4.2 节给出波形的空间鲁棒性分析。6.4.3 节给出本章算法与现有算法的对比，以说明其优势。实验环境为 MATLAB 2020b，AMD R7-4800h CPU，主频 2.9GHz，24GB RAM。

6.4.1 GMBI-P^{PSLR} 与 GMBI-P^{MUI} 算法分析

1. 算法收敛性与设计结果

本节对 GMBI-P^{PSLR} 算法与 GMBI-P^{MUI} 算法收敛性、设计结果以及各参数影响进行分析。设天线个数 $M=10$；每个波形序列长度 $N=32$；合成信号局部低旁瓣区域 $K=8$；波束指向方向为-40°和 30°。设下行通信用户个数 $D=2$，采用 QPSK 通信信号。GMBI 算法最大迭代次数为 $T_0=20000$；MBILP 算法最大迭代次数为 $T_{\text{MBI}}=50$。在 GMBI-P^{PSLR} 算法中设迭代步长 $\rho_1=10^{-3}$、$\rho_2=10^{-2}$、$\rho_3=10^{-2}$，设 MUI 上限 $\varepsilon=0.5$；在 GMBI-P^{MUI} 算法中设 $\rho_1=10^{-4}$、$\rho_2=10^{-2}$、$\rho_3=10^{-2}$，设期望的 PSLR 为 −30 dB，即设 $\eta=10^{\text{PSLR}/10}$。

本实验以各对偶变量的迭代误差函数来说明算法收敛性，即 max $\left\|\mu_{i,i',k,(t+1)}-\mu_{i,i',k,(t)}\right\|$、max $\left\|\boldsymbol{\kappa}_{i,(t+1)}-\boldsymbol{\kappa}_{i,(t)}\right\|$ 和 max $\left\|\boldsymbol{\lambda}_{d,(t+1)}-\boldsymbol{\lambda}_{d,(t)}\right\|$。GMBI-$P^{\text{PSLR}}$ 算法和 GMBI-P^{MUI} 算法以 $10\log_{10}$ 为对数尺度绘制的收敛曲线如图 6.2 所示。可以看出 GMBI-P^{PSLR} 算法在约 1100 次迭代后收敛至 −40dB，约 4500 次迭代后收敛至 −80 dB；GMBI-P^{MUI} 约 2500 次迭代后收敛至 −40dB，约 8000 次迭代后收敛到 −80 dB。GMBI-P^{MUI} 与 GMBI-P^{PSLR} 算法均能在 20000 次迭代内收敛。

接下来对 GMBI-P^{PSLR} 算法和 GMBI-P^{MUI} 算法所得波形的波束图、Sum-Rate、合成信号相关函数（correlation function，CF）等特性进行分析。本章实验设通信用户接收端 SNR 为 10 dB，根据式（6.10），在 $D=2$ 的情况下 Sum-Rate 上界为 6.92 bps/Hz。图 6.3 展示了波形的发射波束图，两种波形的发射波束图基本一致，GMBI-P^{PSLR} 在 −26° 到 −18° 之间的旁瓣电平比 GMBI-P^{MUI} 略高。

图 6.4 给出了-40°和 30°方向上合成信号的归一化 ACF 和 CCF，可以看出 GMBI-P^{MUI} 的 PSLR 被精确地约束在-30dB，GMBI-P^{PSLR} 的 PSLR 经优化后可达 −121.35 dB。图 6.5 给出了发射信号波形经信号传输后在用户端的合成信号

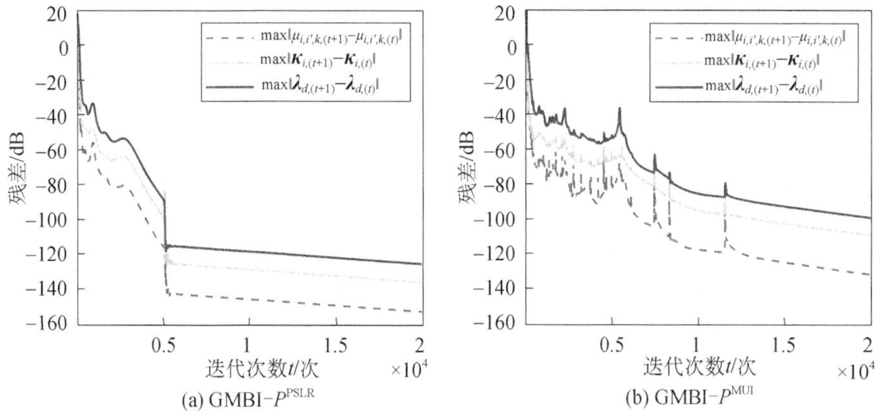

图 6.2　算法收敛曲线

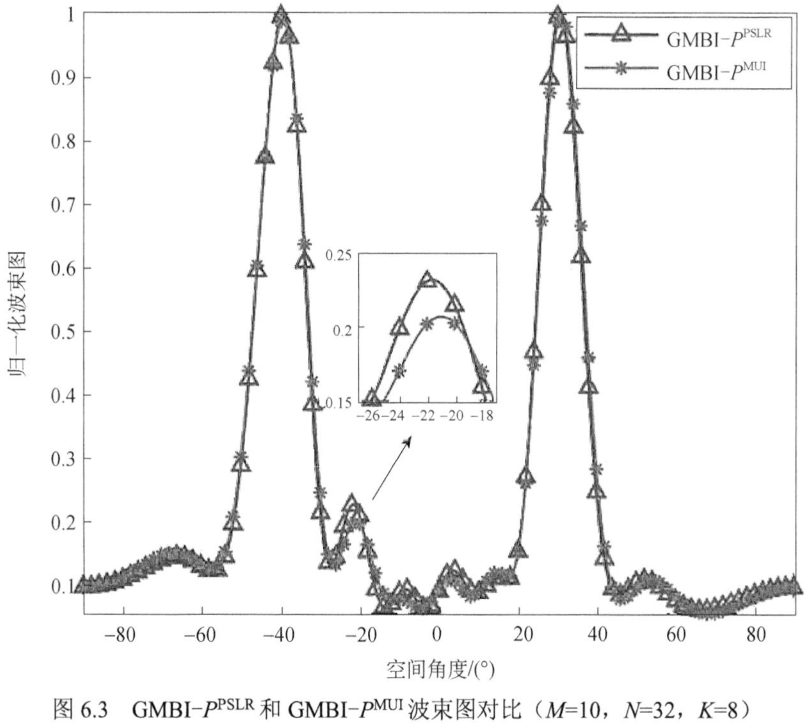

图 6.3　GMBI-P^{PSLR} 和 GMBI-P^{MUI} 波束图对比（M=10，N=32，K=8）

HX 与期望通信信号 ***S*** 的实部虚部对比，可以看出 GMBI-P^{MUI} 对通信信号的拟合性要好于 GMBI-P^{PSLR}。这是因为 GMBI-P^{PSLR} 的 MUI 被约束为 $\varepsilon = 0.5$，对应的 Sum-Rate 为 6.58 bps/Hz；GMBI-P^{MUI} 则是在约束 PSLR 为−30dB 的情况下对 MUI 能量进行优化，Sum-Rate 可达 6.91 bps/Hz。

2. 参数 ε 与 η 变化对算法的影响

在 GMBI-P^{PSLR} 算法和 GMBI-P^{MUI} 算法中，参数 ε 和 η 分别控制着每个下

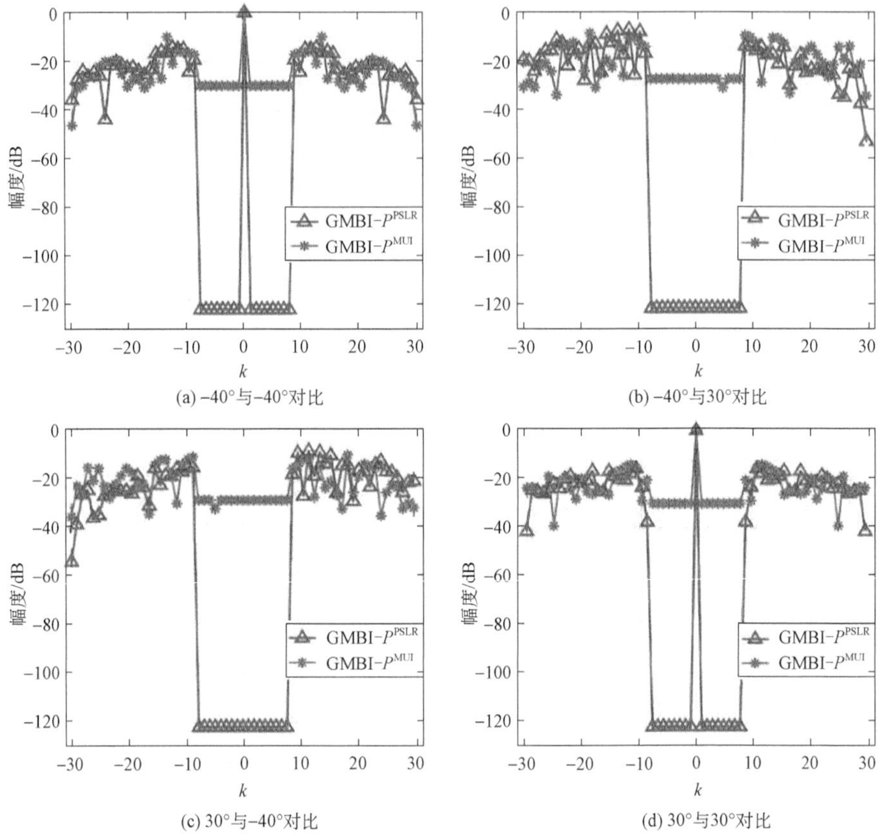

(a) −40°与−40°对比　(b) −40°与30°对比

(c) 30°与−40°对比　(d) 30°与30°对比

图 6.4　GMBI-P^{PSLR}和 GMBI-P^{MUI}的合成信号 CF（M=10，N=32，K=8）

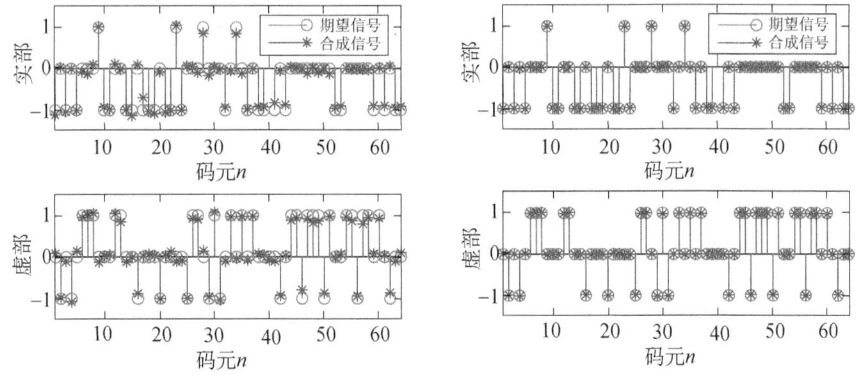

(a) GMBI-P^{PSLR}(Sum-Rate=6.58 bps/Hz)　(b) GMBI-P^{MUI}(Sum-Rate=6.91 bps/Hz)

图 6.5　GMBI-P^{PSLR}和 GMBI-P^{MUI}的合成信号与期望通信信号实虚部对比
（前 32 个码元表示用户 1 的合成信号，后 32 个码元表示用户 2 的合成信号）

行用户的 MUI 能量和 PSLR，ε 和 η 越小，目标函数的优化自由度越低，本节给出参数 ε 和 η 变化对算法中各指标影响的定量结果。波形参数设置不变，实验结果取 50 次蒙特卡罗实验的平均值。

图 6.6 给出了 ε 从 2^{-8} 变化到 2^{6} 时 GMBI-P^{PSLR} 算法各指标的变化曲线，可以看出：①随着 ε 增大，优化自由度提升，图 6.6（a）中目标函数的分子逐渐降低，分母逐步提升；②图 6.6（a）中分子分母的比值即 PSLR，由图 6.6（b）可知，该值随着 ε 的增大由 −110 dB 逐渐降低到 −123 dB，均达到了极低的旁瓣电平；③图 6.6（b）中 Sum−Rate 随 ε 的增大而降低，当 $\varepsilon \leqslant 2^{-4}$ 时 Sum−Rate 高于 6.92 bps/Hz，与理论上界接近。综合考虑 PSLR 和 Sum−Rate 指标，在当前波形参数设置下，ε 的推荐取值范围是 $\left[2^{-8}, 2^{-4}\right]$。图 6.7 给出了 η 从 10^{-1} 变化到 10^{-15} 时 GMBI-P^{MUI} 算法各指标的变化曲线，由图 6.7 可知：①随着 ε 增大，图 6.7（a）中目标函数的分子（MUI 能量）逐渐降低，分母（波束指向能量）逐步提升；②η 从 10^{-15} 变化到 10^{-1} 对应的 PSLR 应从 −10 dB 降低至−150dB，以 20dB 为间隔，从图 6.7（b）可知 PSLR 仅在 $\eta = 10^{-15}$ 时无法满足约束，为−143dB。③在本实验波形参数设置下 MUI 能量均维持在较低的值，图 6.7（b）中最低的 Sum−Rate 也有 6.90 bps/Hz，因此综合考虑波束能量和 PSLR，η 的推荐取值范围是 $\left[10^{-11}, 10^{-3}\right]$。

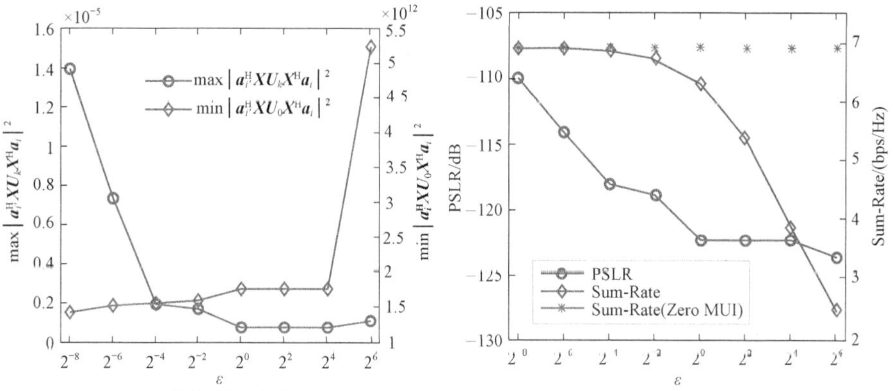

(a) 目标函数分子分母随ε变化曲线　　(b) PSLR和Sum-Rate随ε变化曲线

图 6.6　GMBI-P^{PSLR} 算法各参数随 ε 的变化曲线（M=10，N=32，K=8）

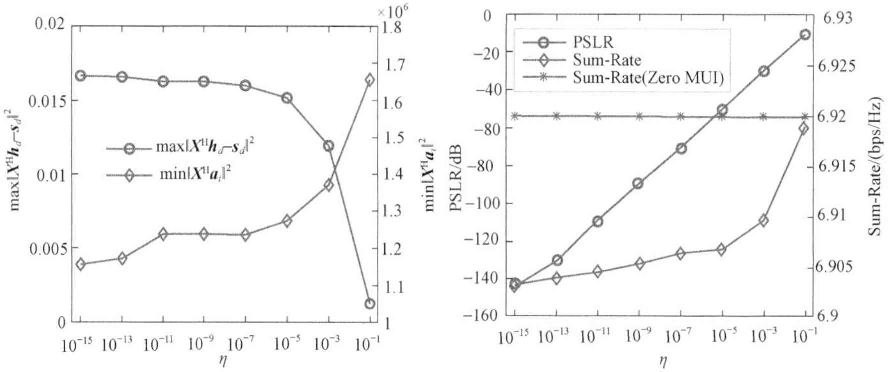

(a) 目标函数分子分母随η变化曲线　　(b) PSLR和Sum-Rate随η变化曲线

图 6.7　GMBI-P^{PSLR} 算法各参数随 η 的变化曲线（M=10，N=32，K=8）

6.4.2 空间合成信号鲁棒性分析

图 6.4 表明-40°和 30°方向的合成信号 CF 的旁瓣特性满足设计指标（如对于 GMBI-P^{MUI}，PSLR 满足预设的-30dB）。然而有一个需要探究的问题是，当目标没有精确位于设定的指向方向上时，即存在一定角度偏差时，合成信号还是否能满足设计指标。因此本节对合成信号的空间鲁棒性进行分析。

图 6.8（a）展示的是 6.4.1 节中 GMBI-P^{MUI}所得波形的发射波束图以及所有角度合成信号的 PSLR。从图 6.8（a）中可知，合成信号出现低旁瓣特性的角度范围大致与波束宽度相同。更具体地，图 6.8（a）中波束图的 3dB 主瓣宽度约为 14°，而从局部放大图可知，在指向角度约 3.2°范围内该算法能保证 PSLR 减小不超过 3dB，即认为在该范围内 PSLR 指标的鲁棒性较好（下文中称其为 3dB PSLR 宽度）。图 6.8（a）的波束图为窄波束的“笔状”波束图，为了探索宽波束情况下的空间鲁棒性，本实验增加一组主瓣区域，设为$[-50^\circ,-30^\circ]\cup[20^\circ,-40^\circ]$，在天线个数 $M=32$ 情况下的设计结果作为对比。实验结果如图 6.8（b）所示，可以看出此时合成信号低旁瓣角度范围远小于主瓣宽度。具体地，波束的 3dB 主瓣宽度为 23.01°，但 3dB PSLR 宽度仅为 0.28°。该实验表明：①合成信号 3dB PSLR 宽度与天线个数有关，且小于“笔状”波束的 3dB 主瓣宽度；②宽主瓣不会影响合成信号低旁瓣覆盖角度范围，因此若要在较宽的波束范围内都保持低旁瓣特性，则需要每隔一定角度就对合成信号旁瓣特性进行优化，以覆盖波束范围。

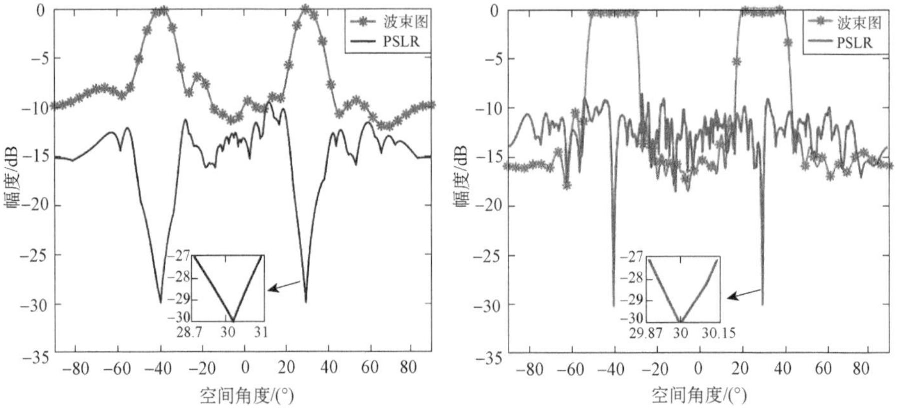

(a) M=10，3dB主瓣宽度约为14°　　(b) M=32，3dB主瓣宽度约为23°

图 6.8 发射波束图与各角度合成信号的 PSLR（N=32，K=8）

6.4.3　与现有算法对比

本节考虑与现有的基于 MUI 与发射波束图优化 DFRC 波形设计算法进行对比，包括基于上界最小化（minorization-maximization，MM）算法的设计方法[19]、基于块逐次上界最小化（block successive upper-bound minimization，BSUM）算法的设计方法[20]。另外，本节还与没有考虑通信需求但对合成信号的相关性进行优化的有限存储鲍威尔法（limited-memory Broyden-Fletcher-Goldfarb-Shanno，L-BFGS）方法[21]进行对比。

1. 与现有雷达通信一体化波形对比

基于 MM 算法[19]的设计方法采用权衡优化模型最小化发射波形的 MUI 能量以及波束图与模板的拟合误差，BSUM 方法在考虑该权衡优化模型的同时采用相似性约束优化每个发射波形的 CF。由于这两种算法都没有考虑合成信号 CF 的优化，因此本实验仅考虑发射波束图以及 Sum-Rate 两项指标，与之对比的是 GMBI-P^{MUI} 算法。波形参数采用文献[20]中的配置，即天线个数 $M=10$；波形序列长度 $N=32$；波束指向角度为−40°、0°和 40°。BSUM 方法中相似性参数 ε 设为 2，即相似性约束失效；GMBI-P^{MUI} 算法中将 ρ_1 置零，即可不优化合成信号 CF。各算法所得的发射波束图如图 6.9 所示，Sum-Rate 在表 6.1 中列出，可以看出各算法优化得到的 Sum-Rate 非常接近，都逼近于上界值 6.92 bps/Hz。而 GMBI-P^{MUI} 算法得到的发射波束图中各指向方向的能量更为平均，且旁瓣电平更低，这是因为本章算法没有采用模板匹配模型，而是最大化能量最小的波束能量，以避免模板拟合模型带来拟合误差。

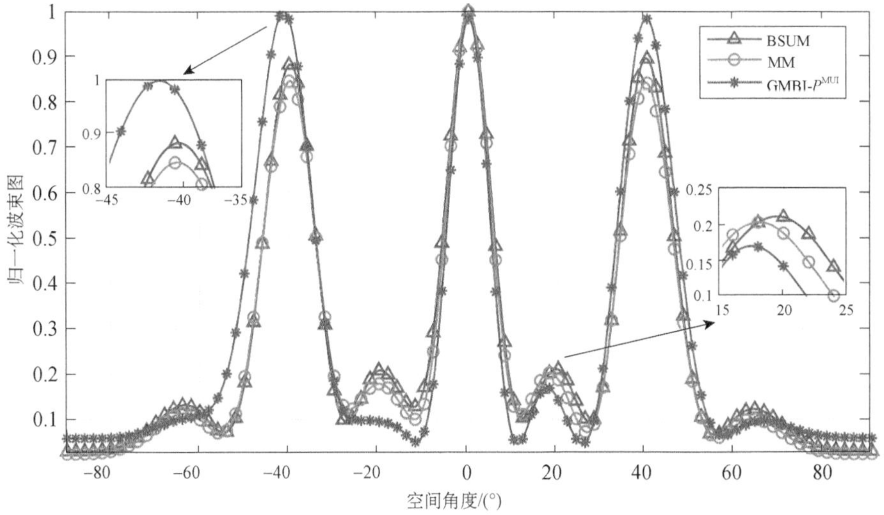

图 6.9　BSUM、MM 和 GMBI-P^{MUI} 的发射波束图（M=10，N=32）

表 6.1　BSUM、MM 和 GMBI-P^{MUI} 的 Sum-Rate　（单位：bps/Hz）

	BSUM	MM	GMBI-P^{MUI}
Sum-Rate（上界 6.92 bps/Hz）	6.92	6.91	6.91

2. 与现有抑制合成信号相关函数的 MIMO 波形对比

L-BFGS 方法[21]同样采用的是权衡优化模型，最小化合成信号 CF 的积分旁瓣电平（integrated sidelobe level，ISL）以及波束图模板拟合误差的加权和，且没有考虑通信需求。本节采用 GMBI-P^{PSLR} 算法与之对比，将算法中 ρ_3 置零，即可不优化通信指标。波形参数采用文献[21]中的配置，即天线个数 $M=8$；波形序列长度 $N=64$；合成信号局部低旁瓣区域 $K=16$；波束指向角度为-40°和 30°。两种算法所得的-40°和 30°的合成信号的 ACF/CCF 以及发射波束图如图 6.10 和图 6.11 所示。可以看出：①在合成信号的 CF 上，GMBI-P^{PSLR} 算法的 PSLR 为-137.21dB，远低于 L-BFGS 算法的-63.38dB。因此当回波信噪比足够高时，GMBI-P^{PSLR} 算法所得波形要更有利于微弱目标的探测；②GMBI-P^{PSLR} 算法的发射波束图旁瓣低于 L-BFGS 算法，且主瓣能量更为平均。

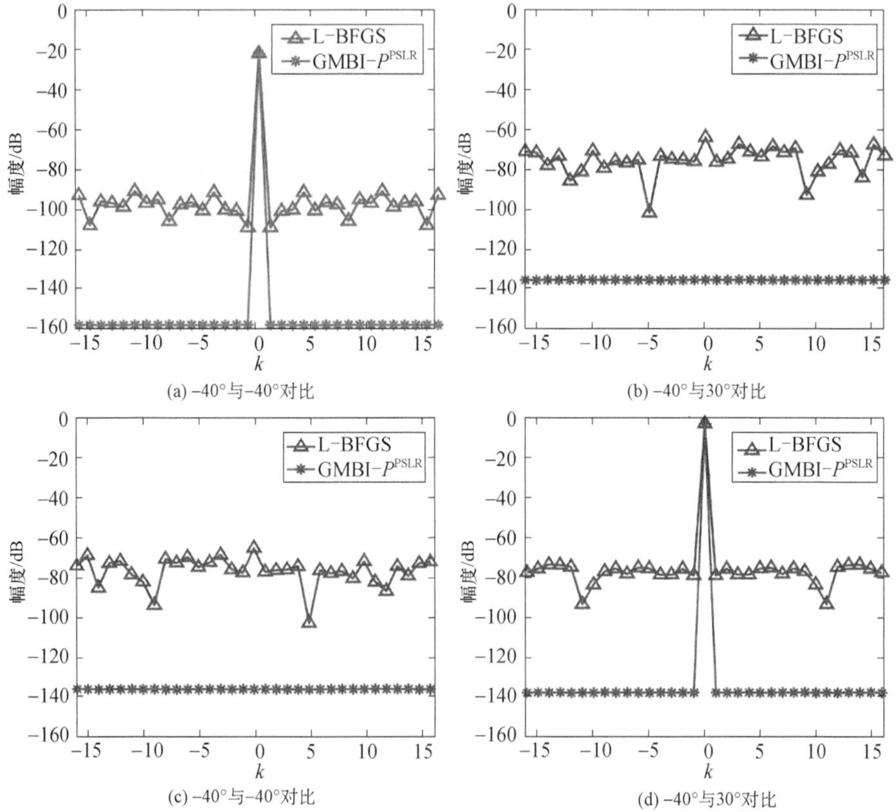

图 6.10　L-BFGS 算法和 GMBI-P^{PSLR} 算法的合成信号 CF（M=8，N=64，K=16）

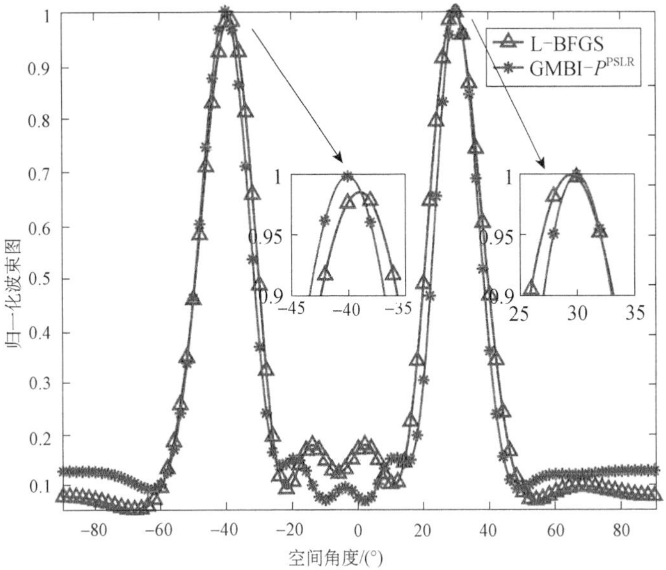

图 6.11 L-BFGS 和 GMBI-P^{PSLR} 的发射波束图（M=8，N=64，K=16）

6.5 本章小结

在多波束跟踪模式下的雷达通信一体化任务中，为了提升发射波形波束图能量、降低合成信号相关函数旁瓣、提升总速率，本章提出了给定 MUI 能量下最小化 PSLR 的 GMBI-P^{PSLR} 算法以及给定 PSLR 下最小化 MUI 能量与主瓣能量比的 GMBI-P^{MUI} 算法。实验表明，本章提出的算法可获得与现有方法相媲美的总速率，同时可获得更好的波束图性能和更低的空间合成信号相关函数旁瓣。

参考文献

[1] Zheng L, Lops M, Eldar Y C, et al. Radar and communication coexistence: An overview: A review of recent methods[J]. IEEE Signal Processing Magazine, 2019, 36(5): 85-99.

[2] 刘凡，袁伟杰，原进宏，等. 雷达通信频谱共享及一体化：综述与展望[J]. 雷达学报，2021, 10(3): 467-484.

[3] 马丁友，刘祥，黄天耀，等. 雷达通信一体化：共用波形设计和性能边界[J]. 雷达学报，2022, 11(2): 198-212.

[4] 马定坤，匡银，杨新权. 侦干探通一体化现状与关键技术研究[J]. 中国电子科学研究院学报，2016, 11(5): 457-462.

[5] Moo P W, Difilippo D J. Overview of naval multifunction RF systems[C].2018 15th European Radar Conference (EuRAD). Madrid:IEEE, 2018: 178-181.

[6] 吴健，何晓明，朱晓锦. 面向机载电子侦察设备的雷达与通信信号一体化测向技术[J]. 舰船电子对抗，2020, 43(3): 13-16, 21.

[7] 肖国尧，廖桂生，柯华锋，等. 一种侦干探多功能一体化微系统设计[J]. 系统工程与电子技术，2024, 46(3): 868-881.

[8] Liu F, Zhou L F, Masouros C, et al. Toward dual-functional radar-communication systems: Optimal waveform design[J]. IEEE Transactions on Signal Processing, 2018, 66(16): 4264-4279.

[9] Liu F, Garcia-Rodriguez A, Masouros C, et al. Interfering channel estimation in radar-cellular coexistence: How much information do we need?[J]. IEEE Transactions on Wireless Communications, 2019, 18(9): 4238-4253.

[10] Tang B, Li J. Spectrally constrained MIMO radar waveform design based on mutual information[J]. IEEE Transactions on Signal Processing, 2019, 67(3): 821-834.

[11] Cui Y H, Liu F, Jing X J, et al. Integrating sensing and communications for ubiquitous IoT: Applications, trends, and challenges[J]. IEEE Network, 2021, 35(5): 158-167.

[12] Liu F, Cui Y H, Masouros C, et al. Integrated sensing and communications: Toward dual-functional wireless networks for 6G and beyond[J]. IEEE Journal on Selected Areas in Communications, 2022, 40(6): 1728-1767.

[13] 王旭，刘宏伟，纠博，等. 一种 MIMO 雷达多模式波形优化设计方法[J]. 电子与信息学报，2015, 37(6): 1416-1423.

[14] 杨婧，余显祥，沙明辉，等. MIMO 系统探通一体化信号矩阵设计方法[J]. 雷达学报，2023, 12(2): 262-274.

[15] Hassanien A, Amin M G, Zhang Y D, et al. A dual function radar-communications system using sidelobe control and waveform diversity[C].2015 IEEE Radar Conference (RadarConf). IEEE, 2015: 1260-1263.

[16] Hassanien A, Amin M G, Zhang Y D, et al. Dual-function radar-communications: Information embedding using sidelobe control and waveform diversity[J]. IEEE Transactions on Signal Processing, 2016, 64(8): 2168-2181.

[17] Hassanien A, Amin M G, Zhang Y D, et al. Phase-modulation based dual-function radar-communications[J]. IET Radar, Sonar & Navigation, 2016, 10(8): 1411-1421.

[18] McCormick P M, Blunt S D, Metcalf J G. Simultaneous radar and communications emissions from a common aperture, part I: Theory[C].2017 IEEE Radar Conference (RadarConf). IEEE, 2017: 1685-1690.

[19] Tang B, Wang H, Qin L L, et al. Waveform design for dual-function MIMO radar-communication systems[C].2020 IEEE 11th Sensor Array and Multichannel Signal Processing Workshop (SAM).

IEEE, 2020: 1-5.

[20] Shi S N, Wang Z Y, He Z S, et al. Constrained waveform design for dual-functional MIMO radar-Communication system[J]. Signal Processing, 2020, 171: 107530.

[21] Wang Y C, Wang X, Liu H W, et al. On the design of constant modulus probing signals for MIMO radar[J]. IEEE Transactions on Signal Processing, 2012, 60(8): 4432-4438.

[22] Wang J T, Wang Y C. On the design of constant modulus probing waveforms with good correlation properties for MIMO radar via consensus-ADMM approach[J]. IEEE Transactions on Signal Processing, 2019, 67(16): 4317-4332.

[23] 刘凡. MIMO 雷达与多用户 MIMO 通信频谱共享关键技术研究[D]. 北京：北京理工大学，2018.

[24] Mohammed S K, Larsson E G. Per-antenna constant envelope precoding for large multi-user MIMO systems[J]. IEEE Transactions on Communications, 2013, 61(3): 1059-1071.

[25] 陈梓浩. 基于多线性最大增量优化的 MIMO 雷达波形设计算法研究[D]. 西安：西北工业大学，2023.

[26] Boyd S. Distributed Optimization and Statistical Learning via the Alternating Direction Method of Multipliers[M]. Hanover: Now Publishers Inc, 2010.

第 7 章　具有高多普勒容忍性的波形设计

7.1　背景知识

相位编码信号具有相位组合灵活多样、信号模型简单且易于优化等特点，被广泛应用于各种波形优化算法中。相位编码信号相对易实现低旁瓣特性，但其特点是模糊函数①（ambiguity function，AF）呈“图钉形”，如图 7.1（a）所示，即距离维和多普勒维不相耦合，具有较高的距离-多普勒分辨率。然而，这也意味着此类波形多普勒容忍性较差，对于导弹、高超音速飞行器等速度极高的目标，脉冲压缩后会造成严重的失配，从而无法有效检测（图 7.1（c）），因此，其只适用于目标速度较慢的民用感知领域。目前被广泛应用的 LFM 信号②则具有良好的多普勒容忍性，其 AF 呈“斜脊形”，如图 7.1（b）所示，即在每一个多普勒频移上均存在较高的峰值，因此高速运动目标能够有效匹配。但 LFM 波形存在的问题是旁瓣较高，且形式简单、参数固定，易被敌方截获。因此，研究如何结合两种波形的优势，获得既具有高多普勒容忍性又有低旁瓣特性的正交波形集具有重要意义。

在早期多相码设计阶段，文献[1]在相位中引入了谐波相关结构以提升多普勒容忍性并采用了交叉熵方法优化。文献[2]将 AF 中不同多普勒频移下的 0 延时点的倒数纳入目标函数中，并采用遗传算法求解。这两种方法所得正交波形的容忍性略好于普通的正交波形[3]，但远无法满足高速目标的搜索需求。文献[4]将单频信号和文献[3]的多相码相结合，通过在单频间隙对目标的多普勒频率进行估计后对回波进行多普勒补偿，从而探测运动目标。该方法虽能有效探测运动目标，但需要额外的信号处理步骤。文献[5]同样采用了遗传算法对波形进行优化，与文献[2]不同的是，该方法将不同多普勒频移下的峰值点的倒数纳入到目标函数中，最终多普勒容忍性较文献[1～3]有明显提升。

---

① 模糊函数是关于时延和多普勒的二维相关函数，可评估信号在不同多普勒偏移下的相关特性。

② LFM 信号以及任何恒模信号（$|x(t)|=1$）经采样后均可视为相位编码信号，因为恒模离散信号 $x(n)$可以表示为 $x(n) = \exp(\mathrm{j}\phi_n)$，即相位编码信号。因此本书中的相位编码信号特指相位无法用连续可微函数表示的恒模信号。

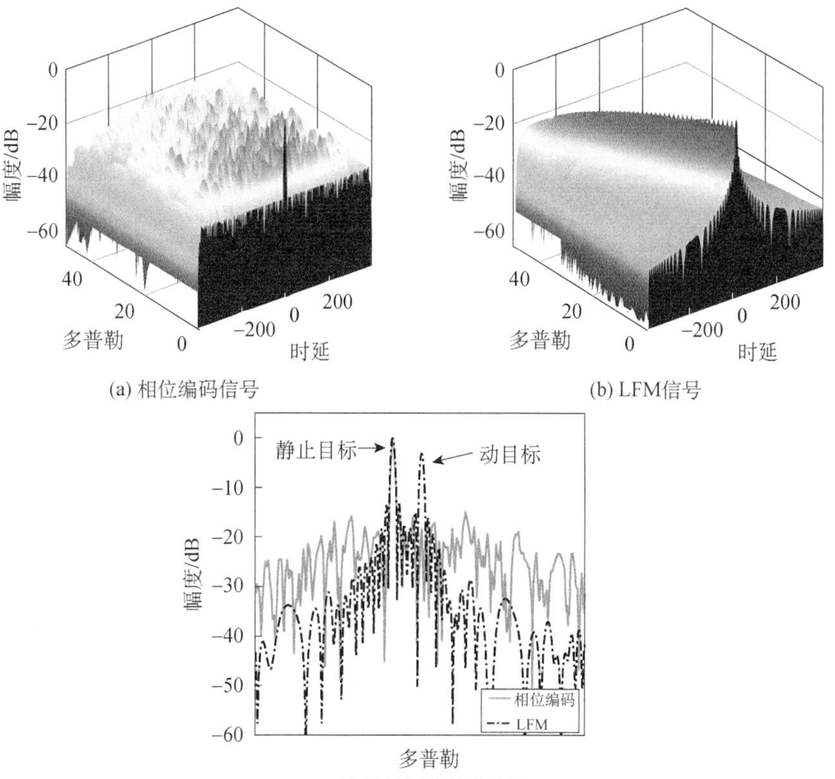

(a) 相位编码信号　　(b) LFM信号

(c) 脉冲压缩输出对比

图 7.1　相位编码信号和 LFM 信号的 AF 对比，以及包含运动目标场景下脉冲压缩输出对比

近十年内，研究人员开始对连续相位编码信号的高多普勒容忍性设计进行研究，其方法大致可分为两类：第一类直接对 AF 的形状进行优化，使连续相位编码信号具有类似 LFM 信号的“斜脊形”AF；第二类是采用相似性约束，控制波形与给定 LFM 参考信号之间的相似性，与 LFM 信号的相似性越好，则多普勒容忍性越高。首先分析第一类，文献[6,7]最小化波形的相关矩阵与理想“斜脊形”AF 相关矩阵的均方误差，并采用循环算法（cyclic algorithm，CA）求解。文献[8,9]均以最小化波形 AF 与理想“斜脊形”AF 模板的均方误差为优化目标，前者考虑了连续相位码和离散相位码的优化，且采用坐标下降（coordinate descent，CD）方法求解，后者只考虑了连续相位码的优化并采用 MM 算法求解。对于第二类方案，文献[10]对相关函数（correlation function，CF）旁瓣进行抑制并采用相似性约束控制多普勒容忍性。文献[11]则考虑了相似性约束下最小化多输入多输出雷达波形集自相关函数和互相函数的加权积分旁瓣电平（weighed integrated sidelobe level，WISL），并采用 CD 方法求解。文献[10,11]均只对波形的 CF 进行设计，没有考虑抑制 AF 的旁瓣；且在上述针对连续相位编码的设计方案中，仅有文献[11]考虑了 MIMO 波形的设计，其他均考虑的是单输入单输出

（single input single output，SISO）系统。

在上述高多普勒容忍波形设计方案中，采用相似性约束[10,11]来控制多普勒容忍性不够“直观”，难以充分发挥优化自由度用于旁瓣抑制。在本书看来，旁瓣电平以及多普勒容忍性这两项指标都是由 AF 来评估的，因此直接设计 AF 的形状要比采用相似性约束更“直观”，优化自由度更高。而现有基于 AF 模板拟合的方案[6,8,9]本质上是实现最小化 WISL 准则，因此也无法对 AF 进行精确控制，当抑制的旁瓣范围较大时容易导致较高的 PSL。此外，在上述方法中[6–11]，仅有文献[11]针对的是 MIMO 雷达系统（不考虑早期的离散相位码设计，性能较差），且也仅抑制了 CF 旁瓣，没有抑制 AF 旁瓣，不适合对高速微弱目标进行探测。基于上述不足，本章给出一种同时具备高多普勒容忍性和低旁瓣特性的正交波形集设计方法。

7.2 问 题 描 述

考虑一码长为 N 的相位编码序列 $\boldsymbol{X}=[x(1),\cdots,x(N)]^{\mathrm{T}}$，根据离散 AF 的定义[12]，有

$$\begin{aligned}\chi^{\mathrm{AF}}(p,k)&=\sum_{n=\max(1,1+k)}^{\min(N,N+k)}x(n)x^{*}(n-k)\mathrm{e}^{-\mathrm{j}2\pi\frac{(n-k)p}{N}}\\&=\boldsymbol{x}^{\mathrm{H}}\boldsymbol{A}_{p,k}\boldsymbol{x}\end{aligned}\tag{7.1}$$

式中，$\boldsymbol{A}_{p,k}\in\mathbb{R}^{N\times N}$ 为多普勒-时移矩阵，矩阵的第 (m,n) 个元素为

$$U_k(m,n)=\begin{cases}1, & n-m=k\\0, & 其他\end{cases}\tag{7.2}$$

由于 AF 能量恒定，抑制所有距离-多普勒单元上的旁瓣是难以实现的，因此可对局部 AF 旁瓣进行抑制。如图 7.2 所示，浅灰色单元是需要优化的局部区域，定义为 $\Omega=\{(p,k)\,|\,p=-P,-P+1,\cdots,P;k=1,2,\cdots,K\}$，其中，$P\leqslant N/2-1$，以及 $K\leqslant N-1$。深灰色单元表示在不同多普勒频移下匹配滤波输出的主瓣峰值所在的距离-多普勒单元①。在浅灰色区域 Ω 中，除去表示主瓣区域的深灰色单元格外，剩余的部分定义为旁瓣区域。主瓣区域和旁瓣区域分别定义为 $\varXi$ 和 $\varPsi$，即

$$\begin{aligned}\varXi&=\{(m,m',p,k)|\ m=m'=1,\quad p=k=1,2,\cdots,P\}\\\varPsi&=\{(m,m',p,k)|\ m=m'=1,\quad (p,k)\in\Omega:(p,k)\notin\varXi\}\end{aligned}\tag{7.3}$$

为了使波形同时具有低 PSL 特性和高多普勒容忍性，本章最小化 Ω 区域中的 PSL 与最小主瓣电平（minimum mainlobe level，MML）之比，以使旁瓣更

---

① 通常来说，当 AF 为“图钉形”而非“斜脊形”时，主瓣仅指的是中间峰值区域，其他区域均称为旁瓣；然而在讨论多普勒容忍性指标时，为方便表述和定义，本书将不同多普勒频移下的 CF 峰值均称为主瓣。

低、主瓣更突出。此外，为了保证雷达发射机功率放大器工作在饱和状态，需要对波形 $\boldsymbol{x}$ 施加恒模约束。最终优化问题可以构建为[13]

$$\begin{aligned}&\min_{\boldsymbol{x}} \quad \frac{\max\limits_{s\in\Psi}\left|\boldsymbol{x}^{\mathrm{H}}\boldsymbol{R}_s\boldsymbol{x}\right|^2}{\min\limits_{d\in\Xi}\left|\boldsymbol{x}^{\mathrm{H}}\boldsymbol{Q}_d\boldsymbol{x}\right|^2} \\ &\text{s.t.} \quad |x(n)|=1, \quad n=1,2,\cdots,N\end{aligned} \tag{7.4}$$

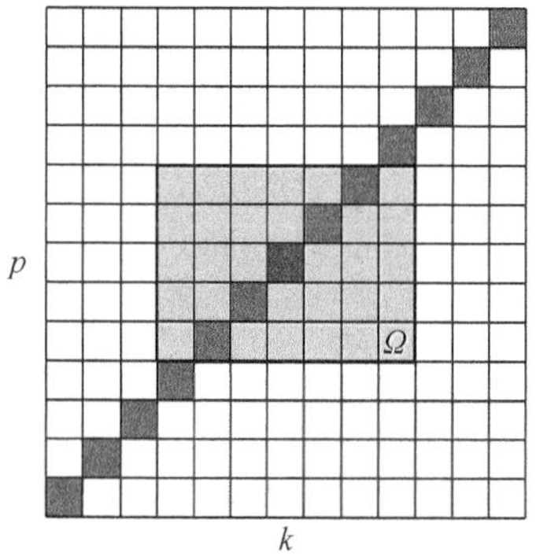

图 7.2　AF 低旁瓣区域设置

该问题是一个复杂的高次多项式分式优化问题，且约束集为恒模非凸约束，下面将给出对该问题的求解方法和过程。

7.3　算法推导

在式（7.4）中，目标函数的分子和分母都是四次多项式，这就导致了一个复杂的分式规划问题。为了解决这一问题，GMBI 算法框架首先分别为 $\max\limits_{s\in\Psi}\left|\boldsymbol{x}^{\mathrm{H}}\boldsymbol{R}_s\boldsymbol{x}\right|^2$ 和 $\min\limits_{d\in\Xi}\left|\boldsymbol{x}^{\mathrm{H}}\boldsymbol{Q}_d\boldsymbol{x}\right|^2$ 引入指数边界辅助变量 α 和 β，即保证对任意的 $s\in\Psi$ 有 $\max\limits_{s\in\Psi}\left|\boldsymbol{x}^{\mathrm{H}}\boldsymbol{R}_s\boldsymbol{x}\right|^2 \leqslant \mathrm{e}^{\alpha}$，对任意的 $d\in\Xi$，有 $\left|\boldsymbol{x}^{\mathrm{H}}\boldsymbol{Q}_d\boldsymbol{x}\right|^2 \geqslant \mathrm{e}^{\beta}$。因此式（7.4）可以等价为如下优化问题：

$$\begin{aligned}&\min_{\boldsymbol{x},\alpha,\beta} \quad \frac{\mathrm{e}^{\alpha}}{\mathrm{e}^{\beta}} \\ &\text{s.t.} \quad \left|\boldsymbol{x}^{\mathrm{H}}\boldsymbol{R}_s\boldsymbol{x}\right|^2 \leqslant \mathrm{e}^{\alpha}, \quad s\in\Psi \\ &\qquad \left|\boldsymbol{x}^{\mathrm{H}}\boldsymbol{Q}_d\boldsymbol{x}\right|^2 \geqslant \mathrm{e}^{\beta}, \quad d\in\Xi \\ &\qquad |x(n)|=1, \quad n=1,2,\cdots,N\end{aligned} \tag{7.5}$$

根据指数运算规则 $\mathrm{e}^{\alpha}/\mathrm{e}^{\beta}=\mathrm{e}^{\alpha-\beta}$ 以及指数函数的单调性，最小化 $\mathrm{e}^{\alpha}/\mathrm{e}^{\beta}=\mathrm{e}^{\alpha-\beta}$ 等价于最小化 $\alpha-\beta$。因此式（7.5）可等价为

$$\begin{aligned}\min_{\boldsymbol{x},\alpha,\beta}\quad & \alpha-\beta \\ \text{s.t.}\quad & \left|\boldsymbol{x}^{\mathrm{H}}\boldsymbol{R}_s\boldsymbol{x}\right|^2 \leqslant \mathrm{e}^{\alpha},\quad s\in\varPsi \\ & \left|\boldsymbol{x}^{\mathrm{H}}\boldsymbol{Q}_d\boldsymbol{x}\right|^2 \geqslant \mathrm{e}^{\beta},\quad d\in\varXi \\ & |x(n)|=1,\quad n=1,2,\cdots,N\end{aligned} \tag{7.6}$$

然而，在该问题中，约束集里的高次多项式不等式约束仍然是一个难以求解的问题。为此，考虑借助辅助变量u_s和v_d将不等式约束解耦，则式（7.6）可表示为

$$\begin{aligned}\min_{\boldsymbol{x},\alpha,\beta}\quad & \alpha-\beta \\ \text{s.t.}\quad & |u_s|^2 \leqslant \mathrm{e}^{\alpha},\quad s\in\varPsi \\ & |v_d|^2 \geqslant \mathrm{e}^{\beta},\quad d\in\varXi \\ & u_s=\boldsymbol{x}^{\mathrm{H}}\boldsymbol{R}_s\boldsymbol{x},\quad s\in\varPsi \\ & v_d=\boldsymbol{x}^{\mathrm{H}}\boldsymbol{Q}_d\boldsymbol{x},\quad d\in\varXi \\ & |x(n)|=1,\quad n=1,2,\cdots,N\end{aligned} \tag{7.7}$$

然后，进一步借助拉格朗日乘子，将式（7.7）中的多项等式约束$\{u_s=\boldsymbol{x}^{\mathrm{H}}\boldsymbol{R}_s\boldsymbol{x}\}$和$\{v_d=\boldsymbol{x}^{\mathrm{H}}\boldsymbol{Q}_d\boldsymbol{x}\}$转移至目标函数中。根据文献[14]，增广拉格朗日函数可表示为

$$\begin{aligned}&\mathcal{L}\left(\boldsymbol{x},\alpha,\beta,u_s,v_d,\lambda_s,\kappa_d\right)\\ &=\alpha-\beta\\ &\quad+\frac{\rho}{2}\sum_{s=1}^{S}\left(\left|u_s-\boldsymbol{x}^{\mathrm{H}}\boldsymbol{R}_s\boldsymbol{x}+\lambda_s\right|^2-|\lambda_s|^2\right)\\ &\quad+\frac{\rho}{2}\sum_{d=1}^{D}\left(\left|v_d-\boldsymbol{x}^{\mathrm{H}}\boldsymbol{Q}_d\boldsymbol{x}+\kappa_d\right|^2-|\kappa_d|^2\right)\end{aligned} \tag{7.8}$$

其中，λ_s和κ_d为对偶变量；$\rho>0$，是一个用户自定义的迭代步长；$S=\mathrm{Card}(\varPsi)$；$D=\mathrm{Card}(\varXi)$。这时优化问题就转变为

$$\begin{aligned}\min_{\boldsymbol{x},\alpha,\beta,u_z,v_d,\lambda_x,\kappa_d}\quad & \mathcal{L}\left(\boldsymbol{x},\alpha,\beta,u_s,v_d,\lambda_s,\kappa_d\right) \\ \text{s.t.}\quad & |u_s|^2 \leqslant \mathrm{e}^{\alpha},\quad s\in\varPsi \\ & |v_d|^2 \geqslant \mathrm{e}^{\beta},\quad d\in\varXi \\ & |x(n)|=1,\quad n=1,2,\cdots,N\end{aligned} \tag{7.9}$$

可以看出，通过上述约束的转移，约束集里不再含有复杂度的四次多项式。借助 ADMM 方法[14]可以交替地对式（7.9）中各原变量和辅助变量迭代求解。迭代求解式（7.9）的步骤如下（下标(t)表示迭代次数）。

步骤 1：在给定$\alpha_{(t)}$、$\beta_{(t)}$、$u_{s,(t)}$、$v_{d,(t)}$、$\lambda_{s,(t)}$和$\kappa_{d,(t)}$的情况下更新变量$\boldsymbol{x}_{(t+1)}$：

$$\begin{aligned}\min_{\boldsymbol{x}}\quad & \mathcal{L}\left(\boldsymbol{x},\alpha_{(t)},\beta_{(t)},u_{s,(t)},v_{d,(t)},\lambda_{s,(t)},\kappa_{d,(t)}\right) \\ \text{s.t.}\quad & |x(n)|=1,\quad n=1,2,\cdots,MN\end{aligned} \tag{7.10}$$

首先将式（7.8）代入式（7.10），在给定$\alpha_{(t)}$、$\beta_{(t)}$、$u_{s,(t)}$、$v_{d,(t)}$、$\lambda_{s,(t)}$和$\kappa_{d,(t)}$的情况下，不包含变量$\boldsymbol{x}$部分可视为常数项舍去，经整理后式（7.10）可写为

$$\begin{aligned}\min_{\boldsymbol{x}} \quad & \sum_{s=1}^{S}\left|\boldsymbol{x}^{\mathrm{H}}\boldsymbol{R}_s\boldsymbol{x}\right|^2+\sum_{d=1}^{D}\left|\boldsymbol{x}^{\mathrm{H}}\boldsymbol{Q}_d\boldsymbol{x}\right|^2+\boldsymbol{x}^{\mathrm{H}}\boldsymbol{T}\boldsymbol{x} \\ \text{s.t.} \quad & |x(n)|=1, \quad n=1,2,\cdots,N\end{aligned} \tag{7.11}$$

其中：

$$\boldsymbol{T}=-\sum_{s=1}^{S}\left(\left(u_s+\lambda_s\right)\boldsymbol{R}_s^{\mathrm{H}}+\left(u_s^*+\lambda_s^*\right)\boldsymbol{R}_s\right)-\sum_{d=1}^{D}\left(\left(v_d+\kappa_d\right)\boldsymbol{Q}_d^{\mathrm{H}}+\left(v_d^*+\kappa_d^*\right)\boldsymbol{Q}_d\right) \tag{7.12}$$

可以看出，式（7.11）是一个恒模约束下的复数非齐次四次多项式优化问题。对于该问题，首先需要引入一常数项$\mu(\boldsymbol{x}^{\mathrm{H}}\boldsymbol{x})$使目标函凸化，其中，$\mu>0$，为一个足够大的常量。于是式（7.11）可进一步等价为

$$\begin{aligned}\max_{\boldsymbol{x}} \quad & h(\boldsymbol{x})=\mu\left(\boldsymbol{x}^{\mathrm{H}}\boldsymbol{x}\right)^2-\sum_{s=1}^{S}\left|\boldsymbol{x}^{\mathrm{H}}\boldsymbol{R}_s\boldsymbol{x}\right|^2-\sum_{d=1}^{D}\left|\boldsymbol{x}^{\mathrm{H}}\boldsymbol{Q}_d\boldsymbol{x}\right|^2-\boldsymbol{x}^{\mathrm{H}}\boldsymbol{T}\boldsymbol{x} \\ \text{s.t.} \quad & |x(n)|=1, \quad n=1,2,\cdots,N\end{aligned} \tag{7.13}$$

对于该目标函数为凸的复数非齐次四次多项式优化问题，可采用多项式（MBI method with a polynomial function，MBIP）求解[15]。

MBIP首先将式（7.13）松弛为多线性多项式优化问题：

$$\begin{aligned}\max_{\boldsymbol{x}^l} \quad & f\left(\boldsymbol{x}^1,\boldsymbol{x}^2,\boldsymbol{x}^3,\boldsymbol{x}^4\right) \\ \text{s.t.} \quad & \left|x^l(n)\right|=1, \quad n=1,2,\cdots,N, \quad l=1,2,3,4\end{aligned} \tag{7.14}$$

其中，$f\left(\boldsymbol{x}^1,\boldsymbol{x}^2,\boldsymbol{x}^3,\boldsymbol{x}^4\right)$是由非齐次四次多项式函数$h(\boldsymbol{x})$松弛得到的多线性多项式函数，具体表达式为

$$\begin{aligned}f\left(\boldsymbol{x}^1,\boldsymbol{x}^2,\boldsymbol{x}^3,\boldsymbol{x}^4\right)=&\frac{1}{24}\sum_{\substack{(h_1,l_2,l_l,l_l)\in\\ \Pi_4(1,2,3,4)}}\left(\mu\left(\boldsymbol{x}^{h_3\mathrm{H}}\boldsymbol{x}^{l_2}\right)\left(\boldsymbol{x}^{l_3\mathrm{H}}\boldsymbol{x}^{l_4}\right)-\left(\boldsymbol{\beta}^{h_1,l_2}\right)^{\mathrm{H}}\boldsymbol{\beta}^{l_3l_4}\right) \\ &-\frac{1}{12}\sum_{(l_1,l_2)\in\Pi_2(1,2,3,4)}\boldsymbol{x}^{l_1\mathrm{H}}\boldsymbol{T}\boldsymbol{x}^{l_2}\end{aligned} \tag{7.15}$$

其中，$\boldsymbol{\beta}^{p,q}=\left[\boldsymbol{x}^{p\mathrm{H}}\boldsymbol{R}_1\boldsymbol{x}^q,\cdots,\boldsymbol{x}^{p\mathrm{H}}\boldsymbol{R}_S\boldsymbol{x}^q,\boldsymbol{x}^{p\mathrm{H}}\boldsymbol{Q}_1\boldsymbol{x}^q,\cdots,\boldsymbol{x}^{p\mathrm{H}}\boldsymbol{Q}_D\boldsymbol{x}^q\right]^{\mathrm{T}}\in\mathbb{C}^{G\times1}$；$G=S+D$。

对于松弛后的式（7.14），MBIP迭代求解步骤如下。

对于$l=1,2,3,4$，固定$\left\{\boldsymbol{x}_{(\tau)}^1,\boldsymbol{x}_{(\tau)}^2,\boldsymbol{x}_{(\tau)}^3,\boldsymbol{x}_{(\tau)}^4\right\}$中除$\boldsymbol{x}_{(\tau)}^l$外的三个变量，求解以下线性优化问题：

$$\begin{aligned}\hat{\boldsymbol{x}}^l&=\arg\max_{\boldsymbol{x}^l}f\left(\boldsymbol{x}_{(\tau)}^1,\cdots,\boldsymbol{x}^l,\cdots,\boldsymbol{x}_{(\tau)}^4\right) \\ &=\boldsymbol{x}^{l\mathrm{H}}\boldsymbol{\zeta}_{(\tau)}^l+\boldsymbol{\zeta}_{(\tau)}^{l\ \mathrm{H}}\boldsymbol{x}^l+\sigma_{(\tau)}^l \\ \text{s.t.}\quad & \left|x^l(n)\right|=1, \quad n=1,2,\cdots,N\end{aligned} \tag{7.16}$$

其中，$\sigma_{(\tau)}^l$和$\boldsymbol{\zeta}_{(\tau)}^l$分别是与线性函数有关的变量和向量，具体表达式为

$$\sigma_{(\tau)}^{l}=\frac{1}{24}\sum_{(l_1,l_2)\in\Pi_2(\{1,2,3,4,4\}\backslash l)}\boldsymbol{x}_{(\tau)}^{l_1\ \mathrm{H}}\boldsymbol{T}\boldsymbol{x}_{(t)}^{l_2} \tag{7.17}$$

$$\boldsymbol{\zeta}_{(\tau)}^{l}=\frac{1}{24}\sum_{\substack{(l_1,l_2,l_j)\in\\ \Pi_3(\{1,2,3,4\}3\backslash l)}}\left(2\mu\left(\boldsymbol{x}_{(\tau)}^{l_1\ \mathrm{H}}\boldsymbol{x}_{(\tau)}^{l_2}\right)\boldsymbol{x}_{(\tau)}^{l_3}-\boldsymbol{\Phi}_{(\tau)}^{l_1}\left(\boldsymbol{\beta}_{(\tau)}^{l_2,l_3}\right)^{*}-\bar{\boldsymbol{\Phi}}_{(\tau)}^{l_1}\boldsymbol{\beta}_{(\tau)}^{l_2,l_3}\right)-\frac{1}{12}\sum_{l_1=1,l_1\neq l}^{4}\boldsymbol{T}\boldsymbol{x}_{(\tau)}^{l_1} \tag{7.18}$$

其中：

$$\begin{aligned}\boldsymbol{\Phi}_{(\tau)}^{q}&=\left[\boldsymbol{R}_1\boldsymbol{x}_{(\tau)}^{q},\cdots,\boldsymbol{R}_S\boldsymbol{x}_{(\tau)}^{q},\boldsymbol{Q}_1\boldsymbol{x}_{(\tau)}^{q},\cdots,\boldsymbol{Q}_D\boldsymbol{x}_{(\tau)}^{q}\right]^{\mathrm{T}}\\ \bar{\boldsymbol{\Phi}}_{(\tau)}^{q}&=\left[\boldsymbol{R}_1^{\mathrm{H}}\boldsymbol{x}_{(\tau)}^{q},\cdots,\boldsymbol{R}_S^{\mathrm{H}}\boldsymbol{x}_{(\tau)}^{q},\boldsymbol{Q}_1^{\mathrm{H}}\boldsymbol{x}_{(\tau)}^{q},\cdots,\boldsymbol{Q}_D^{\mathrm{H}}\boldsymbol{x}_{(\tau)}^{q}\right]^{\mathrm{T}}\end{aligned} \tag{7.19}$$

在恒模约束下，$\|\hat{\boldsymbol{x}}^l\|^2=N$ 为一常数，因此式（7.16）经配方后可等价为

$$\begin{aligned}&\hat{\boldsymbol{x}}^{l}=\arg\max_{\boldsymbol{x}^l}\left\|\boldsymbol{x}^{l}-\zeta_{(t)}^{l}\right\|^{2}\\ &\text{s.t.}\quad \left|x^{l}(n)\right|=1,\quad n=1,2,\cdots,N\end{aligned} \tag{7.20}$$

容易求得该优化问题的解为

$$\hat{\boldsymbol{x}}^{l}=\mathrm{e}^{\mathrm{j}\angle\zeta_{(t)}^{l}} \tag{7.21}$$

将 $\hat{\boldsymbol{x}}^l$ 回代入目标函数中，可得

$$w_{(\tau+1)}^{l}=f\left(\boldsymbol{x}_{(\tau)}^{1},\cdots,\hat{\boldsymbol{x}}^{l},\cdots,\boldsymbol{x}_{(\tau)}^{4}\right)=\hat{\boldsymbol{x}}^{l\mathrm{H}}\boldsymbol{\zeta}_{(\tau)}^{l}+\boldsymbol{\zeta}_{(\tau)}^{l\ \mathrm{H}}\hat{\boldsymbol{x}}^{l}+\sigma_{(\tau)}^{l} \tag{7.22}$$

令 $l^{\star}=\arg\max\limits_{1\leqslant l\leqslant 4}w_{(\tau+1)}^{l}$，则有

$$\boldsymbol{x}_{(\tau+1)}^{l}=\begin{cases}\hat{\boldsymbol{x}}^{l^{*}}, & l=l^{\star}\\ \boldsymbol{x}_{(\tau)}^{l}, & l\neq l^{\star}\end{cases},\quad l=1,2,3,4 \tag{7.23}$$

重复迭代 MBIP 求解步骤直至收敛或达到最大迭代次数 T_{MBI}，最终得到子问题式（7.10）的优化波形 $\boldsymbol{x}_{(\tau+1)}^{l}=\boldsymbol{x}_{(\tau+1)}^{l^{*}}$。

步骤 2：在给定 $\boldsymbol{x}_{(t+1)}$、$\lambda_{s,(t)}$ 和 $\kappa_{d,(t)}$ 的情况下更新变量 $\alpha_{(t)}$、$\beta_{(t)}$、$u_{s,(t)}$、$v_{d,(t)}$：

$$\begin{aligned}&\min_{\alpha,\beta,u_z,v_d}\ L(\boldsymbol{x}_{(t+1)},\alpha,\beta,u_s,v_d,\lambda_{s,(t)},\kappa_{d,(t)})\\ &\text{s.t.}\quad |u_s|^2\leqslant \mathrm{e}^{\alpha},\quad s\in\Psi\\ &\qquad\ |v_d|^2\geqslant \mathrm{e}^{\beta},\quad d\in\Xi\end{aligned} \tag{7.24}$$

在式（7.24）中，变量组 $\{\alpha,u_s\}$ 和 $\{\beta,v_d\}$ 是相互独立的，因此式（7.24）可以被拆分为如下两个优化问题：

$$\begin{aligned}&\min_{\alpha,u_z}\quad \alpha+\frac{\rho}{2}\sum_{s=1}^{s}\left|u_s-\bar{u}_s\right|^2\\ &\text{s.t.}\quad |u_s|^2\leqslant \mathrm{e}^{\alpha},\quad s\in\Psi\end{aligned} \tag{7.25}$$

$$\begin{aligned}&\min_{\beta,v_d}\quad -\beta+\frac{\rho}{2}\sum_{d=1}^{D}\left|v_d-\bar{v}_d\right|^2\\ &\text{s.t.}\quad |v_d|^2\geqslant \mathrm{e}^{\beta},\quad d\in\Xi\end{aligned} \tag{7.26}$$

求解式（7.25）和式（7.26）的难点在于变量同时出现在目标函数和约束集中，互相耦合。若变量α和β是已知的，则容易求得式（7.25）和式（7.26）中变量u_s和v_d的解，分别为

$$u_{s,(t+1)}=\begin{cases}\sqrt{\mathrm{e}^{\alpha}}\dfrac{\bar{u}_s}{|\bar{u}_x|}, & |\bar{u}_s|>\sqrt{\mathrm{e}^{\alpha}}\\ \bar{u}_s, & 其他\end{cases},\quad s\in\Psi \tag{7.27}$$

$$v_{d,(t+1)}=\begin{cases}\sqrt{\mathrm{e}^{\beta}}\dfrac{\bar{v}_d}{|\bar{v}_d|}, & |\bar{v}_d|<\sqrt{\mathrm{e}^{\beta}}\\ \bar{v}_d, & 其他\end{cases},\quad d\in\Xi \tag{7.28}$$

可以看出，$u_{s,(t+1)}$和$v_{d,(t+1)}$分别为关于α和β的分段函数，借助该分段特性，可将α和β的可行域划分为若干个区间，在每个区间内，式（7.25）和式（7.26）可简化为关于α和β的单变量优化问题。

首先分析式（7.25）的求解步骤。将α的可行域分割为S个区间，即$\{(\tilde{u}_{\mathrm{LB}},\tilde{u}_1],(\tilde{u}_1,\tilde{u}_2],\cdots,(\tilde{u}_{S-1},\tilde{u}_S]\}$，其中，序列$\{\tilde{u}_s\}_{s=1}^{S}$是序列$\{2\ln|\bar{u}_s|\}_{s=1}^{S}$的升序排列。$\tilde{u}_{\mathrm{LB}}$是$\alpha$的下界，由于$|\bar{u}_s|\geqslant 0$，所以$\tilde{u}_{\mathrm{LB}}$应该是一个足够小的值，在实际中，将$\tilde{u}_{\mathrm{LB}}$设为一小于$\tilde{u}_1$的值即可（本章中设$\tilde{u}_{\mathrm{LB}}=0.5\tilde{u}_1$）。

假设α位于其中一个确定的区间$(\tilde{u}_{S-1},\tilde{u}_S]$内，那么可以将式（7.27）代入式（7.25）中，从而消除变量$\{u_s\}$，使式（7.25）变为如下关于α的单变量优化问题：

$$\begin{aligned}\min_{\alpha}\quad & g(\alpha)=\alpha+\frac{\rho_1}{2}\sum_{i=s}^{s}\left(\sqrt{\mathrm{e}^{\alpha}}-\sqrt{\mathrm{e}^{n_i}}\right)^2\\ \text{s.t.}\quad & \tilde{u}_{s-1}<\alpha\leqslant\tilde{u}_s\end{aligned} \tag{7.29}$$

求解该问题即可得到区间$(\tilde{u}_{s-1},\tilde{u}_s]$内变量$\alpha$的最优解$\hat{\alpha}_s$。

对式（7.29）中目标函数求一阶偏导，并令其为0，可得

$$g'(\alpha)=1+\epsilon_{0,s}\mathrm{e}^{\alpha}-\epsilon_{1,s}\sqrt{\mathrm{e}^{\alpha}}=0 \tag{7.30}$$

其中，系数$\epsilon_{0,s}=0.5\rho(S-s+1)$；$\epsilon_{1,s}=0.5\rho\sum_{i=s}^{S}\sqrt{\mathrm{e}^{\tilde{u}_i}}$。式（7.30）的两个根为

$$\ddot{\alpha}_s=2\ln\left(\left(\epsilon_{1,s}\pm\sqrt{\epsilon_{1,s}^2-4\epsilon_{0,s}}\right)\Big/\left(2\epsilon_{0,s}\right)\right) \tag{7.31}$$

式（7.31）中可能存在复数根（当$\epsilon_{1,s}^2<4\epsilon_{0,s}$时），因此需要选取满足可行域的实根作为式（7.29）的驻点，即$\dot{\alpha}_s=\{\ddot{\alpha}_s|\ \ddot{\alpha}_s\in(\tilde{u}_{s-1},\tilde{u}_s]\}$。比较驻点处以及区间端点处的目标函数值（objective function value，OBJ）即可得到该区间$(\tilde{u}_{S-1},\tilde{u}_S]$内变量$\alpha$的最优解为

$$\hat{\alpha}_s=\arg\min_{\tilde{u}_{z-1},\dot{\alpha}_z,\tilde{u}_z}\left\{g(\tilde{u}_{s-1}),g(\dot{\alpha}_s),g(\tilde{u}_s)\right\} \tag{7.32}$$

类似地，在每个区间内都可求得该区间内变量 α 的最优解 $\hat{\alpha}_s$ 以及对应的 OBJ $g(\hat{\alpha}_s)$。比较所有区间，选取最小 OBJ 对应的 $\hat{\alpha}_s$ 作为全局最优的 α，即

$$\alpha_{(t+1)} = \arg\min_{\hat{\alpha}_s} \left\{ g\left(\hat{\alpha}_s\right) \right\}_{s=1}^{S} \tag{7.33}$$

式（7.26）的求解步骤类似，但具体细节有所不同。具体地，将 β 的可行域分割为 D 个区间，即 $\left\{[\tilde{v}_1,\tilde{v}_2),[\tilde{v}_2,\tilde{v}_3),\cdots,[\tilde{v}_D,\tilde{v}_{\mathrm{UB}})\right\}$，其中，序列 $\{\tilde{v}_d\}_{d=1}^{D}$ 是序列 $\left\{2\ln|\overline{v}_d|\right\}_{d=1}^{D}$ 的升序排列。由于 $|\overline{v}_d| \leqslant N$，因此的 β 上界为 $\tilde{v}_{\mathrm{UB}} = 2\ln N$。

根据式（7.28）可得到任意一区间 $[\tilde{v}_D,\tilde{v}_{\mathrm{UB}})$ 内关于 β 的单变量优化问题为

$$\begin{aligned} \min_{\beta} \quad & \overline{g}(\beta) = -\beta + \frac{\rho}{2}\sum_{i=1}^{d}\left(\sqrt{\mathrm{e}^{\beta}} - \sqrt{\mathrm{e}^{\tilde{v}_i}}\right)^2 \\ \text{s.t.} \quad & \tilde{v}_d \leqslant \beta \leqslant \tilde{v}_{d+1} \end{aligned} \tag{7.34}$$

令 $\overline{g}(\beta)$ 的一阶导为 0，可得驻点为

$$\dot{\beta}_d = 2\ln\left(\left(\varepsilon_{1,d} + \sqrt{\varepsilon_{1,d}^2 + 4\varepsilon_{0,d}}\right)\Big/\left(2\varepsilon_{0,d}\right)\right) \tag{7.35}$$

其中，$\varepsilon_{0,d} = \rho d/2$；$\varepsilon_{1,d} = \rho\sum_{i=1}^{d}\sqrt{\mathrm{e}^{\tilde{v}_i}}\Big/2$。

比较驻点处与区间端点处的 OBJ，可得该区间内的最优 β，即

$$\hat{\beta}_d = \begin{cases} \arg\min\limits_{\tilde{v}_d,\dot{\beta}_d,\tilde{v}_{d+1}} \left\{\overline{g}(\tilde{v}_d),\overline{g}(\dot{\beta}_d),\overline{g}(\tilde{v}_{d+1})\right\}, & \dot{\beta}_d \in [\tilde{v}_d,\tilde{v}_{d+1}) \\ \arg\min\limits_{\tilde{v}_d,\tilde{v}_{d+1}} \left\{\overline{g}(\tilde{v}_d),\overline{g}(\tilde{v}_{d+1})\right\}, & \text{其他} \end{cases} \tag{7.36}$$

求得所有区间内变量 β 的最优解 $\dot{\beta}_d$ 以及对应的 OBJ $\overline{g}(\dot{\beta}_d)$。比较所有区间，选取最小 OBJ 对应的 $\dot{\beta}_d$ 作为全局最优的 β，即

$$\beta_{(t+1)} = \arg\min_{\beta_d}\{\overline{g}(\hat{\beta}_d)\}_{d=1}^{D} \tag{7.37}$$

将 $\beta_{(t+1)}$ 回代入式（7.28）以更新 $v_{d,(t+1)}$。

步骤 3：在给定 $\boldsymbol{x}_{(t+1)}$、$\alpha_{(t+1)}$、$\beta_{(t+1)}$、$u_{s,(t+1)}$ 和 $v_{d,(t+1)}$ 的情况下更新对偶变量 $\lambda_{s,(t+1)}$ 和 $\kappa_{d,(t+1)}$：

$$\lambda_{s,(t+1)} = \lambda_{s,(t)} + u_{s,(t+1)} - \boldsymbol{x}_{(t+1)}^{\mathrm{H}}\boldsymbol{R}_s\boldsymbol{x}_{(t+1)}, \quad s \in \varPsi \tag{7.38}$$

$$\kappa_{d,(t+1)} = \kappa_{d,(t)} + v_{d,(t+1)} - \boldsymbol{x}_{(t+1)}^{\mathrm{H}}\boldsymbol{Q}_d\boldsymbol{x}_{(t+1)}, \quad d \in \varXi \tag{7.39}$$

重复步骤 1～步骤 3，直到收敛或达到最大迭代次数 T_0，即可得到具有高多普勒容忍性和低旁瓣特性的波形 $\boldsymbol{x}$。本章将该算法命名为高多普勒容忍性分式规划（good Doppler tolerance waveform with fractional programming，GDTW-FP）算法，算法伪代码在算法 7.1 中给出。

算法 7.1：GDTW-FP

输入： M 、 N 、 Ω 、 Ξ 、 Ψ 、 ρ 、 T_0 以及 T_{MBI} 。

初始化： $\boldsymbol{x}_{(0)}$ 、 $\{\lambda_{s,(0)}\}$ 和 $\{\kappa_{d,(0)}\}$ 。

while $\left|\mathrm{OBJ}_{(t+1)}-\mathrm{OBJ}_{(t)}\right| \geqslant \mathrm{tol}$ 且 $t \leqslant T_0$ **do**

　设 $\tau=0$ ， $\left\{\boldsymbol{x}_{(\tau)}^1, \boldsymbol{x}_{(\tau)}^2, \boldsymbol{x}_{(\tau)}^3, \boldsymbol{x}_{(\tau)}^4\right\}=\left\{\boldsymbol{x}_{(t)}, \boldsymbol{x}_{(t)}, \boldsymbol{x}_{(t)}, \boldsymbol{x}_{(t)}\right\}$

　while $\left|\bar{w}_{(\tau+1)}-\bar{w}_{(\tau)}\right| \geqslant 10^{-8}$ 且 $\tau \leqslant T_{\mathrm{MBI}}$ **do**

　　for $l=1,2,3,4$

　　　根据式（7.17）和式（7.18）计算 $\sigma_{(\tau)}^l$ 和 $\boldsymbol{\zeta}_{(\tau)}^l$

　　　$\boldsymbol{y}_{(\tau+1)}^l=\mathrm{e}^{j\angle\zeta_{(\tau)}^l}$ ， $w_{\tau+1}^l=\boldsymbol{y}_{(\tau+1)}^{l\,\mathrm{H}}\boldsymbol{\zeta}_{(\tau)}^l+\boldsymbol{\zeta}_{(\tau)}^{l\,\mathrm{H}}\boldsymbol{y}_{(\tau+1)}^l+\sigma_{(\tau)}^l$

　　end for

　　令 $l^{\star}=\arg\max_{1\leqslant l\leqslant 4} w_{(\tau+1)}^l$ ，根据式（7.23）更新 $\boldsymbol{x}_{(\tau+1)}^l$ ， $\bar{w}_{(\tau+1)}=w_{(\tau+1)}^{l^{\star}}$

　　$\tau=\tau+1$

　end while

　$\boldsymbol{x}_{(t)}=\boldsymbol{x}_{(\tau)}^{l^{\star}}$

　for $i=1,2,\cdots,S$

　　由式（7.31）和式（7.32）计算 $\hat{\alpha}_i$

　end for

　for $i=1,2,\cdots,D$

　　由式（7.35）和式（7.36）计算 $\hat{\beta}_i$

　end for

　更新 $\alpha_{(t+1)}=\arg\min_{\hat{\alpha}_i}\left\{g(\hat{\alpha}_i)\right\}_{i=1}^{S}$ 、 $\beta_{(t+1)}=\arg\min_{\hat{\beta}_i}\left\{\bar{g}(\hat{\beta}_i)\right\}_{i=1}^{D}$

　根据式（7.27）和式（7.28）更新 $u_{\{s,(t+1)\}}$ 、 $v_{d,(t+1)}$

　更新 $\lambda_{s,(t+1)}=\lambda_{s,(t)}+u_{s,(t+1)}-\boldsymbol{x}_{(t+1)}^{\mathrm{H}}\boldsymbol{R}_s\boldsymbol{x}_{(t+1)}$ 、 $\kappa_{d,(t+1)}=\kappa_{d,(t)}+v_{d,(t+1)}-\boldsymbol{x}_{(t+1)}^{\mathrm{H}}\boldsymbol{Q}_d\boldsymbol{x}_{(t+1)}$

　$\mathrm{OBJ}_{(t+1)}=\max_{s\in\Psi}\left|\boldsymbol{x}^{\mathrm{H}}\boldsymbol{R}_s\boldsymbol{x}\right|^2 \Big/ \min_{d\in\Xi}\left|\boldsymbol{x}^{\mathrm{H}}\boldsymbol{Q}_d\boldsymbol{x}\right|^2$

　$t=t+1$

end while

输出： $\boldsymbol{x}_{(t)}$ 。

7.4　仿真结果

本节通过仿真实验分析 GDTW-FP 算法的性能，并与相关算法进行对比以说明本章所提算法的优势。首先 7.4.1 节给出算法的收敛性测试、波形的旁瓣性能和多普勒容忍性分析、参数变化对波形性能的影响，并与各算法进行对比。7.4.2 节研究不同采样率-带宽比对多普勒容忍性的影响。最后 7.4.3 节通过一个多目标回波信号脉冲压缩的案例来说明低旁瓣且高多普勒容忍波形的优势。实验环境为 MATLAB 2020b，AMD R7-4800h CPU，主频 2.9GHz，16GB RAM。

7.4.1 算法性能分析与对比

本实验测试算法收敛性以及其设计的波形性能。设波形信号带宽 $B=20$ MHz，采样率 $f_s=B$，波形脉冲时宽 $T=10\mu s$，因此波形采样点数 $N=f_sT=200$。AF 局部区域设置为 $\Omega=\{(p,k)|\ p=-3,-2,\cdots,3;k=1,2,\cdots,30\}$，对应的多普勒频率范围为 $f_U=\pm 3/T=\pm 300$ kHz，对应的距离范围为 $R_U=\pm 30c/(2f_s)=\pm 225$m。设算法迭代停止条件为 $\text{tol}=10^{-3}$，最大迭代次数 $T_0=20000$，其中，MBI 算法最大迭代次数 $T_{\text{MBI}}=10$。波形分别采用随机初始化和 LFM 波形作为初始化，LFM 波形表示为 $s_{\text{LFM}}(t)=\exp(\mathrm{j}\pi Bt^2/T)$。算法的 PSL、MML 以及 OBJ 的收敛曲线如图 7.3 所示，其中，图 7.3（a）和图 7.3（b）分别为随机初始化和以 LFM 波形为初始化的收敛曲线。可以看出，两种初始化算法都能收敛到相近的结果，而以 LFM 波形初始化时算法收敛消耗的时间要更短，因此后续实验均采用 LFM 波形作为初始化。

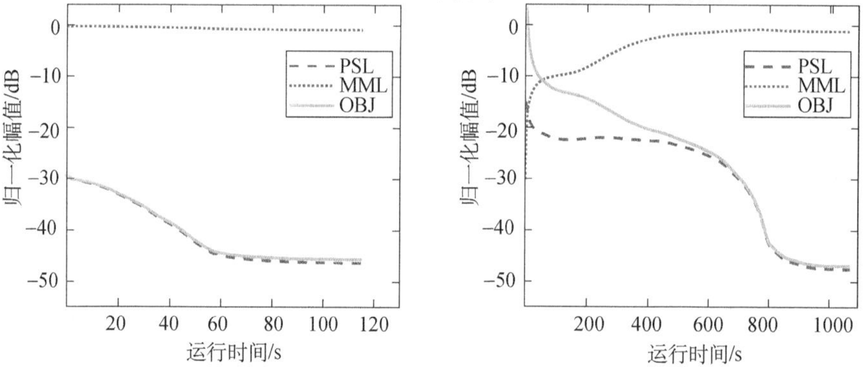

(a) PSL、MML、OBJ随运行时间变化曲线　　(b) 不同步长ρ下目标函数收敛情况

图 7.3　算法收敛曲线

将设计结果与现基于 CA 方法[6]的高多普勒容忍波形设计算法以及模板匹配序列优化（template matching sequence optimization，TMSO）算法[9]进行对比。图 7.4 和图 7.5 分别给出了波形的局部 AF 对比和多普勒容忍性曲线对比，相应的 PSL、ISL、MML 和算法运行时间等参数记录在表 7.1 中。从图 7.4、图 7.5 以及表 7.1 中可知：①以最小化 PSL 与 MML 之比作为优化目标的 GDTW-FP 算法可以实现比 CA 和 TMSO 算法更低的 PSL，且在 ISL 指标上也有一定优势；②在多普勒容忍性即 MML 指标上，GDTW-FP 算法介于 CA 和 TMSO 算法之间，三种方法都获得了较高的多普勒容忍性；③在运行时间上，CA 算法具有较大优势。

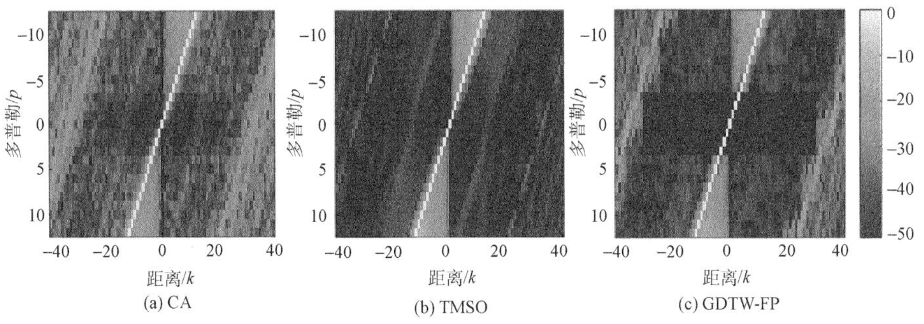

图 7.4 单波形 AF（R_U=±225m，f_U=±300 kHz）（见彩图）

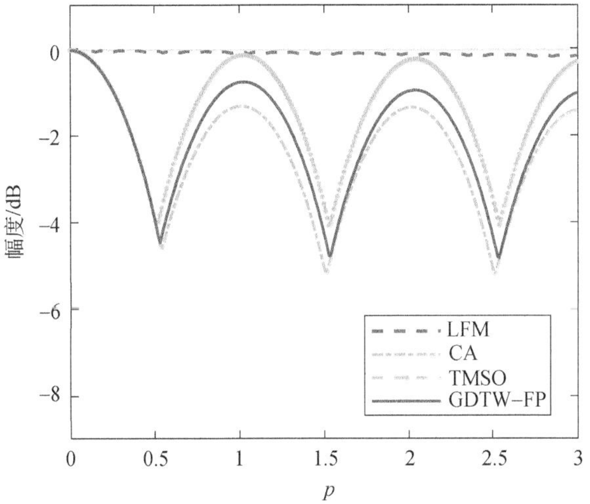

图 7.5 多普勒容忍性曲线（单波形）（f_U=±300 kHz）

表 7.1 GDTW–FP 与 CA、TMSO 算法性能对比

算法	PSL/dB	ISL/dB	MML/dB	运行时间/s
CA	-19.95	-37.13	-1.39	4.85
TMSO	-29.88	-47.14	-0.31	225.38
GDTW–FP	-49.53	-50.28	-0.99	116.12

需要指出的是，图 7.5 中 GDTW–FP 波形的失配损失只有在多普勒采样点为 $p=\{1,2,3\}$ 时才满足 MML 指标。而在算法没有优化到的采样点上，多普勒容忍性曲线则呈现波谷状，依然存在较大的失配损失，曲线最低点超过-5dB。为了减轻失配损失，一种很自然的想法是在算法中增加 p 的密度，以优化更多的多普勒采样点。但我们在实验中发现单纯地增加 p 的密度并不能减轻损失，因为这种波谷是由于信号经采样后造成的，7.4.2 节将对这个问题进一步详细分析。

7.4.2 采样率–带宽比与多普勒容忍性的关系

1. 不同采样率–带宽比 LFM 信号分析

7.4.1 节提到多普勒采样点 p 之间的波谷是由于信号经采样后造成的，本节采用两种不同采样率-带宽比之下的 LFM 信号来说明这种特性。图 7.6（a）为 $f_s = B$ 情况下的 AF，图 7.6（c）为对应的不同延时 k 下的多普勒切面，不同切面主瓣相互交叠，形成的包络即多普勒容忍性曲线。可以看出，与图 7.5 中 LFM 波形理想的多普勒容忍性曲线相比，采样后的 LFM 波形的多普勒容忍性曲线同样呈波浪形。而每个“波浪”的主瓣宽度是由波形的多普勒分辨率决定的，即 $\Delta f_d = 1/T$，即使增加多普勒采样点个数，也无法改变图 7.6（c）中每个切面的主瓣宽度，因此无法减小波峰与波峰间波谷的深度。图 7.6（b）和图 7.6（d）为 $f_s = 2B$ 情况下的 AF 和多普勒切面。可以看出，在采样率不变、带宽减小的情况下，AF 斜脊区的斜率降低，多普勒切面主瓣在多普勒轴上更为密集，正好填补了图 7.6（c）中采样点 $p = \pm 0.5, \pm 1.5, \pm 2.5$ 处的波谷，因此失配损失得到了改善。上述过程也可以表述为在带宽不变的情况下，采用两倍时域采样率，使 $k = \pm 0.5, \pm 1.5, \cdots$ 这些点上的多普勒切面主瓣得到填补，对应到多普勒轴上表现为主瓣更为密集，因此改善了失配损失。综上，为了减轻多普勒采样点之间的失配损失，在设计波形时，一方面需要增加多普勒采样点 p 的密度；另一方面需要增加时域采样点 k 的密度，具体表现为增加时域采样率 f_s 或降低信号带宽 B。然而代价也是显而易见的，增加采样率意味着增加硬件实现成本，而减小带宽会导致距离分辨率的降低。以下将给出双波形设计和单波形设计实例以证明上述观点。

2. 两倍采样率下的波形设计

本实验给出 $f_s = 2B$ 情况下的单波形设计，并增加了与采用相似性约束的 CD 方法[11]及基于间接模板的松弛交替投影相位控制方法（relaxed alternating projection phase control-indi rect template，RAPPC-IDT）[10]的对比。设信号带宽 $B = 10$ MHz，脉冲时宽 $T = 10\,\mu$s，波形采样点数 $N = f_s T = 200$。在采样率固定的情况下，基于相似性约束的方法可通过修改 LFM 参考信号的带宽来调整设计波形的带宽。而本章所提算法是直接对 AF 的形状进行设计，从图 7.6（a）和图 7.6（b）可以看出，不同带宽信号斜脊区斜率不同，占据的距离-多普勒单元不同，因此可通过设置斜脊（主瓣）区集合 Ξ 间接地改变信号带宽。当 $f_s = 2B$ 时，多普勒采样点个数只需增加一倍，即 $p = -N/2, -(N+1)/2, \cdots, (N-1)/2$，因此可设波形 1 的主瓣区域为 $\Xi = \{(m, m', p, k) |\ m = m' = 1, p = 0.5, 1, 1.5, \cdots, 3; k = 2p\}$。考虑到 CD 方法[11]只对 CF 进行设计而没有考虑 AF，因此本实验只抑制 CF 旁瓣。需要注意的是，在 $f_s = 2B$ 时，ACF 主瓣所占距离门数会增加一倍，因此在设置旁瓣区域

时，主瓣两侧的单元$(p,k+1)$和$(p,k-1)$不应包含在集合Ψ中，其中，$(p,k)\in\Xi$。图 7.7（a）和图 7.7（b）分别绘制了各波形的 CF 和多普勒容忍性曲线，并将各参数总结于表 7.2 中。结合图 7.7 和表 7.2 可以看出，本章提出的 GDTW-FP 算法在 PSL 指标和多普勒容忍性上优于 RAPPC-IDT 算法和 CD 方法；GDTW-FP 算法和 CD 方法的 ISL 接近，略优于 RAPPC-IDT 算法；在运行时间上 GDTW-FP 算法要长于其他两种算法。

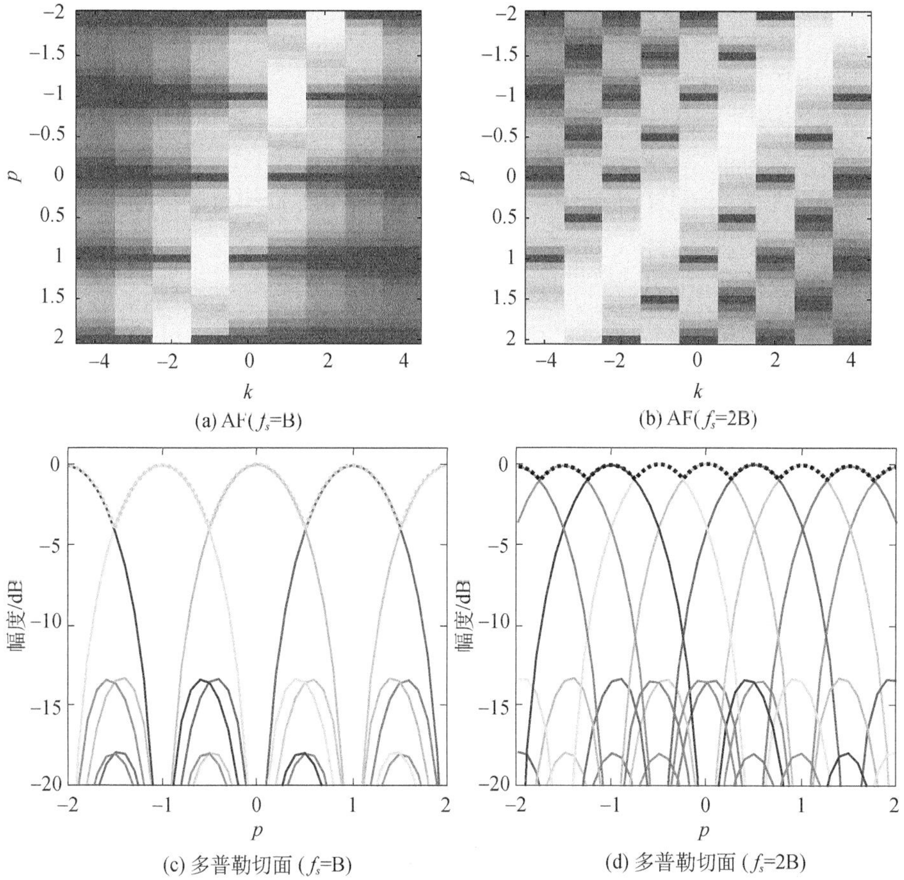

图 7.6　不同带宽 LFM 波形的 AF 以及不同延时 k 对应的多普勒切面

表 7.2　两倍采样率下单波形设计各算法性能对比

算法	PSL/dB	ISL/dB	MML/dB	运行时间/s
RAPPC-IDT	−29.99	−39.24	−3.27	0.73
CD	−28.97	−43.20	−2.65	41.76
GDTW-FP	−41.44	−43.30	−2.13	551.47

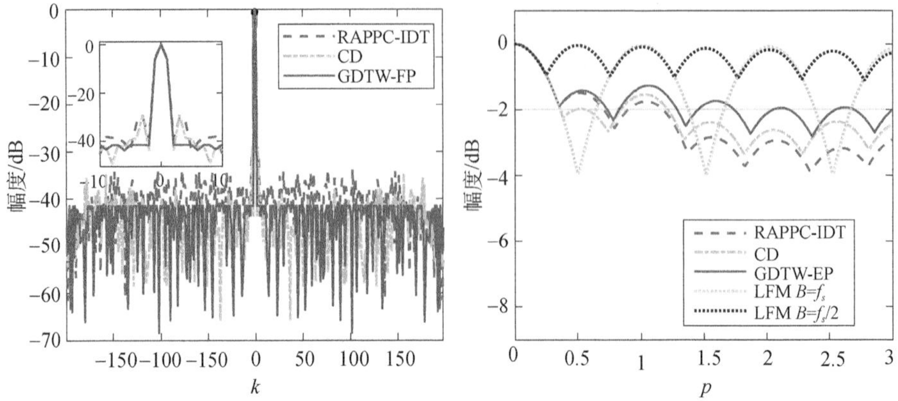

(a) 单波形ACF　　(b) 多普勒容忍性曲线 (f_U=±300 kHz)

图 7.7　f_s=2B 情况下所设计单波形的 ACF 和多普勒容忍性曲线

7.4.3　多目标脉冲压缩实验

本实验给出一个多目标脉冲压缩仿真实例，以说明本章算法所设计波形在高速目标探测时的优势，对比算法包括具有“图钉形”AF 的 GMBI-P^{ac} 算法、仅优化了 CF 的 RAPPC-IDT 算法[10]以及 CA 方法[6]。

假设两个高速运动目标分别位于距离雷达 $R_1 = 10\text{km}$ 和 $R_2 = 10.14\text{km}$ 的位置，相对于雷达的径向速度分别为 1.5km/s 和 3.0km/s，目标回波信号功率分别为 0dB 和−25dB。假设噪声是方差为−30dB 的零均值圆对称复高斯随机过程。假设雷达工作波长 $\lambda = 0.03\text{m}$，信号带宽 $B = 20\text{MHz}$，采样率 $f_s = B$，波形脉冲时宽 $T = 10\mu\text{s}$，波形采样点数 $N = f_s T = 200$。为了保证探测性能，AF 局部区域 Ω 应覆盖上述目标，Ω 的最大距离和速度范围分别为 $R_U = K\Delta R = Kc/(2B)$ 和 $V_U = P\Delta V = P\lambda/(2T)$。因此设 $\Omega = \{(p,k) | \, p = -3,\cdots,3; k = 1,\cdots,30\}$ 可覆盖上述目标分布范围。

图 7.8 为各算法所得波形在 100 次蒙特卡罗实验下脉冲压缩输出的平均结果。对比各图可得出以下结论：①GMBI-P^{ac} 算法的波形由于不具备高多普勒容忍性，因此高速运动目标严重失配，无法有效检测；②RAPPC-IDT 算法仅优化了 CF，没有抑制 AF 旁瓣，因此实际上对运动目标无法体现出低旁瓣波形的优势，弱目标被强目标旁瓣掩盖；③CA 方法和本章所提 GDTW-FP 算法均对 AF 旁瓣做出了抑制，因此弱目标能有效凸显；又因为 GDTW-FP 算法的波形的 PSL 低于 CA 方法，弱目标周围的旁瓣更低。

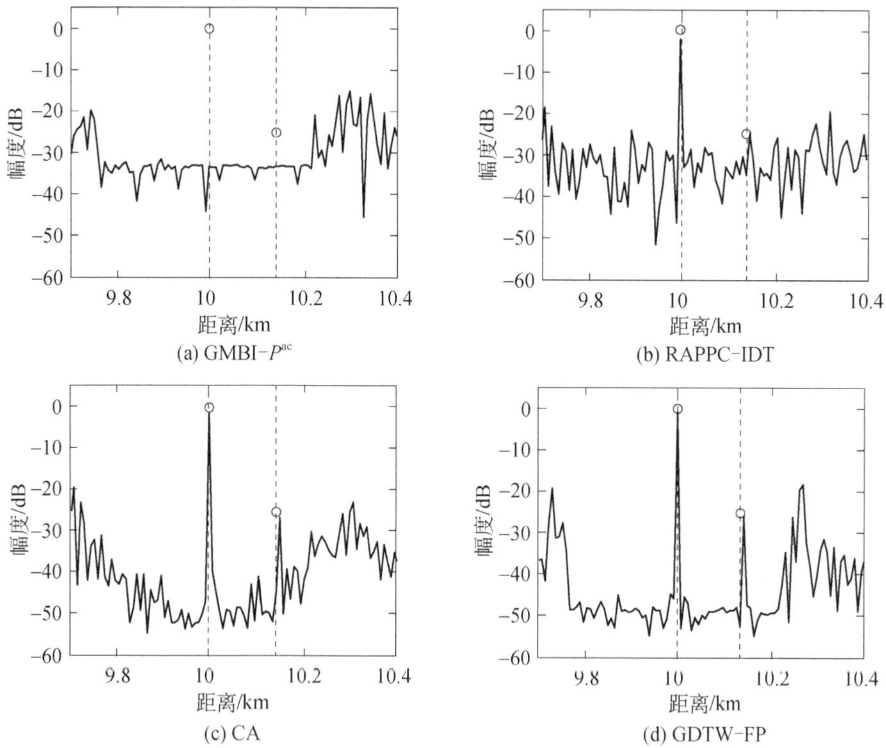

图 7.8 脉冲压缩输出（圆圈表示目标实际功率和位置）

7.5 本章小结

在集中式 MIMO 雷达全向波束搜索模式下的高速目标搜索任务中，为了改善基于相位编码信号的正交波形集较差的多普勒容忍性，本章提出了一种增强多普勒容忍性的同时抑制 AF 旁瓣的波形集设计方法。实验表明该方法设计的波形可获得良好的多普勒容忍性，且在双波形和单波形配置下均可获得比现有方法更低的旁瓣电平。最终多目标脉冲压缩仿真实例证明本章所提算法在高速目标探测中具有优势。

参考文献

[1] Khan H A, Zhang Y, Ji C, et al. Optimizing polyphase sequences for orthogonal netted radar[J]. IEEE Signal Processing Letters, 2006, 13(10): 589-592.

[2] Liu B, He Z S, Zeng J K. Optimization of polyphase code based on ambiguity function for MIMO radar[C]. 2007 International Conference on Communications, Circuits and Systems. IEEE, 2007:

111-114.
[3] Deng H. Polyphase code design for orthogonal netted radar systems[J]. IEEE Transactions on Signal Processing, 2004, 52(11): 3126-3135.
[4] Zhao Z, Shi X Q. Doppler compensation for orthogonal netted radar systems[C]. 2008 9th International Conference on Signal Processing. IEEE, 2008: 2246-2249.
[5] Chen W W, Cai Z Y, Chen R S, et al. Optimizing polyphase signals for orthogonal netted radar[C]. 2010 International Conference on Microwave and Millimeter Wave Technology. IEEE, 2010: 1614-1617.
[6] Li X Y, Guan J, Xue Y H, et al. High Doppler tolerance waveform design algorithm based on ambiguity function[C].IET International Radar Conference. Institution of Engineering and Technology, 2015: 1-5.
[7] 李秀友，关键，薛永华，等. 模糊函数约束下的高多普勒容忍性波形设计方法[J]. 信号处理，2015, 31(12): 1612-1618.
[8] Alaee-Kerahroodi M, Sedighi S, Shankar M R B, et al. Designing (In)finite-alphabet sequences via shaping the radar ambiguity function[C]. 2019 IEEE International Conference on Acoustics, Speech and Signal Processing (ICASSP). IEEE, 2019: 4295-4299.
[9] Zhang Q, Du X L, Cui G L, et al. Constant modulus waveform design for radar with Doppler tolerance based on local ambiguity function template matching[C].2022 IEEE 5th International Conference on Electronic Information and Communication Technology (ICEICT). IEEE, 2022: 642-646.
[10] Feng X, Zhao Y N, Zhou Z Q, et al. Waveform design with low range sidelobe and high Doppler tolerance for cognitive radar[J]. Signal Processing, 2017, 139: 143-155.
[11] Qiu H, Fan T, Bu Y, et al. Design of constant modulus sequence set with good Doppler tolerance via minimizing WISL[C]. 2021 IEEE Radar Conference (RadarConf21). IEEE, 2021: 1-5.
[12] Levanon N, Mozeson E. Radar Signals[M]. Hoboken: Wiley, 2004.
[13] Chen Z H, Liang J L, Song K M, et al. On designing good Doppler tolerance waveform with low PSL of ambiguity function[J]. Signal Processing, 2023, 210: 109075.
[14] Boyd S. Distributed Optimization and Statistical Learning via the Alternating Direction Method of Multipliers[M]. Hanover: Now Publishers Inc, 2010.
[15] Chen Z, Liang J, Wang T, et al. Generalized MBI algorithm for designing sequence set and mismatched filter bank with ambiguity function constraints[J]. IEEE Transactions on Signal Processing, 2022, 70: 2918-2933.

第 8 章　用于协同感知的多波形及非匹配滤波器组设计

8.1　背 景 知 识

当协同感知雷达工作在搜索和捕获模式时，其雷达子站将工作在 MIMO 模式，不同雷达子站发射相互独立的探测波形，在空域中形成宽波束扫描可能存在的目标，可以实现对目标更加全面的探测和捕获，克服目标的雷达截面积（radar cross section，RCS）闪烁效应。发射正交波形可以在空间中形成相互独立的传输信道，消除通道间的相互干扰，从而在接收端区分所有的发射信号，获取更多的目标信息。在传统的用于协同感知的正交波形设计过程中，接收端往往使用匹配滤波器进行回波分离，设计的波形需要具有良好的自相关特性和互相关特性，获得更好的距离分辨效果。但是在强杂波或者强干扰环境下，仅靠在发射端开展波形设计来满足更严格的低旁瓣要求和正交性要求具有挑战性。因此，我们通过开展发射端多波形和接收端滤波器组的联合设计，借助更高的设计自由度，来获得复杂环境下更好的探测性能。

8.2　问 题 描 述

假设工作在 MIMO 模式下的协同感知雷达共发射 M 种波形，每种波形由 N 个码元组合而成，令 $\{\boldsymbol{x}_m\}_{m=1}^{M}$ 表示发射波形集合，其中，$\boldsymbol{x}_m=[x_{m,1},x_{m,2},\cdots,x_{m,N}]^{\mathrm{T}}\in\mathbb{C}^{N\times 1}$，并令 $\{\boldsymbol{h}_m\}_{m=1}^{M}$ 表示接收端非匹配滤波器序列集合，其中，第 m 种非匹配滤波器序列的长度与发射波形长度相同，即 $\boldsymbol{h}_m=[h_{m,1},h_{m,2},\cdots,h_{m,N}]^{\mathrm{T}}\in\mathbb{C}^{N\times 1}$。在此仍需沿用选择矩阵的定义，构造如式（8.1）所示的第 p 种发射波形和第 m 种非匹配滤波器之间的互相关函数：

$$r_{m,p,d}=\left|\boldsymbol{h}_m^{\mathrm{H}}\boldsymbol{S}_d\boldsymbol{x}_p\right|^2,\quad d=1,2,\cdots,2M-1 \tag{8.1}$$

其中，$\{m,p\}$ 的值都是从 $\{1,2,\cdots,N\}$ 中任意取值。

由于在协同感知雷达探测过程中，雷达回波通常会将目标信息和环境信息混杂，因此在实际应用中，针对整个区间上的距离旁瓣抑制会降低设计自由度。因此，通过开展对某些特定区间的距离旁瓣抑制，可以有效削弱多径干扰、海杂波等对低散射强度目标的距离旁瓣干扰，及强散射体在特定距离区间上对弱目标的掩盖效应。并且相较于抑制整个距离区间，优化距离单元数量的减少会带来更大的设计自由度。

使用 $\Omega_{m,p}$ 表示第 m 种发射波形和第 p 种发射波形设定的低旁瓣区域，且 $d \in \Omega_{m,p}$。当 $m = p$ 的时候，$r_{m,p,d}$ 表示波形 $\boldsymbol{x}_m$ 和其对应的非匹配滤波器的互相关函数；当 $m \neq p$ 时，$r_{m,p,d}$ 表示波形 $\boldsymbol{x}_m$ 和其非对应的非匹配滤波器 $\boldsymbol{h}_p$ 的互相关函数。于是，我们基于 PSL 准则建立如式（8.2）所示的极小极大化分式优化模型：

$$\begin{aligned}
&\min_{\{\boldsymbol{x}_p,\boldsymbol{h}_m\}_{p,m=1}^{M}} \max_{d\in\Omega_{m,p}} \left\{ \frac{\left|\boldsymbol{h}_m^{\mathrm{H}}\boldsymbol{S}_d\boldsymbol{x}_p\right|^2}{\left|\boldsymbol{h}_m^{\mathrm{H}}\boldsymbol{x}_m\right|^2} \right\} \\
&\text{s.t.}\ \left|x_{m,n}\right| = 1,\quad m=1,2,\cdots,M,\quad n=1,2,\cdots,N \\
&\qquad \left\|\boldsymbol{h}_m\right\|^2 = C,\quad m=1,2,\cdots,M \\
&\qquad \sum_{m=1}^{M}\left\|\boldsymbol{x}_m-\boldsymbol{h}_m\right\|^2 \leqslant \beta
\end{aligned} \tag{8.2}$$

其中，β 为最大化发射机发射效率，在约束中对发射波形设置恒模约束，对非匹配滤波器序列施加恒模约束，并设置相似性约束来控制信噪比损失。

可以看出，式（8.2）是典型的非凸优化分式规划模型，目标函数的物理意义是最小化非匹配滤波器输出结果中的峰值旁瓣和主瓣峰值之比，为了方便后续的求解，在此定义包含波形变量和非匹配滤波器变量的新向量 $\boldsymbol{w} \in \mathbb{C}^{2MN\times 1}$：

$$\boldsymbol{w} = \left[\boldsymbol{x}_1^{\mathrm{T}},\boldsymbol{x}_2^{\mathrm{T}},\cdots,\boldsymbol{x}_M^{\mathrm{T}},\boldsymbol{h}_1^{\mathrm{T}},\boldsymbol{h}_2^{\mathrm{T}},\cdots,\boldsymbol{h}_M^{\mathrm{T}}\right]^{\mathrm{T}} \tag{8.3}$$

并定义如式（8.4）所示的选择矩阵 $\boldsymbol{U}_m \in \mathbb{R}^{N\times 2MN}$ 和选择矩阵 $\boldsymbol{V}_m \in \mathbb{R}^{N\times 2MN}$：

$$\begin{aligned}
\boldsymbol{U}_m &= \left[\boldsymbol{0}_{N\times(m-1)N},\boldsymbol{I}_{N\times N},\boldsymbol{0}_{N\times(2M-m)N}\right] \\
\boldsymbol{V}_m &= \left[\boldsymbol{0}_{N\times(m-1+M)N},\boldsymbol{I}_{N\times N},\boldsymbol{0}_{N\times(M-m)N}\right]
\end{aligned} \tag{8.4}$$

因此可以将发射波形 $\boldsymbol{x}_m$ 和非匹配滤波器 $\boldsymbol{h}_m$ 重新表示为如下形式：

$$\begin{aligned}
\boldsymbol{x}_m &= \boldsymbol{U}_m\boldsymbol{w} \\
\boldsymbol{h}_m &= \boldsymbol{V}_m\boldsymbol{w}
\end{aligned} \tag{8.5}$$

式（8.2）中的目标函数中的分子项和分母项转化为

$$\begin{aligned}
\boldsymbol{h}_m^{\mathrm{H}}\boldsymbol{S}_d\boldsymbol{x}_p &= \left(\boldsymbol{V}_m\boldsymbol{w}\right)^{\mathrm{H}}\boldsymbol{S}_d\left(\boldsymbol{U}_p\boldsymbol{w}\right) \\
\boldsymbol{h}_m^{\mathrm{H}}\boldsymbol{x}_m &= \left(\boldsymbol{V}_m\boldsymbol{w}\right)^{\mathrm{H}}\left(\boldsymbol{U}_m\boldsymbol{w}\right)
\end{aligned} \tag{8.6}$$

进而式（8.2）中目标函数的新形式为

$$\frac{\left|\boldsymbol{w}^{\mathrm{H}}\boldsymbol{V}_m^{\mathrm{H}}\boldsymbol{S}_d\boldsymbol{U}_p\boldsymbol{w}\right|^2}{\left|\boldsymbol{w}^{\mathrm{H}}\boldsymbol{V}_m^{\mathrm{H}}\boldsymbol{U}_m\boldsymbol{w}\right|^2} \tag{8.7}$$

可以看出，借助式（8.5）进行转化后，新的目标函数为关于变量的四次函数，并且约束中还包含非凸约束，因此该问题是个非确定性多项式时间困难（nondeterministic polynomial time hard，NP-Hard）问题。在后续环节中，我们将基于 ADMM 算法框架，同时结合 MM 方法开展该问题的求解，还将引入加速机制促进本章所提算法的高效实现。

8.3 算法推导

沿用式（8.5）中定义的长变量 $\boldsymbol{w}$，可以将式（8.2）简化为如下形式：

$$\begin{aligned}
&\min_{\boldsymbol{w}}\max_{d\in\Omega_{m,p}}\left\{\frac{\left|\boldsymbol{w}^{\mathrm{H}}\boldsymbol{V}_m^{\mathrm{H}}\boldsymbol{S}_d\boldsymbol{U}_p\boldsymbol{w}\right|^2}{\left|\boldsymbol{w}^{\mathrm{H}}\boldsymbol{V}_m^{\mathrm{H}}\boldsymbol{U}_m\boldsymbol{w}\right|^2}\right\}\\
&\text{s.t.}\ \ \left|w(l)\right|=1,\quad l=1,2,\cdots,MN\\
&\qquad\left\|\boldsymbol{V}_m\boldsymbol{w}\right\|^2=C,\quad m=1,2,\cdots,M\\
&\qquad\sum_{m=1}^{M}\left\|\boldsymbol{U}_m\boldsymbol{w}-\boldsymbol{V}_m\boldsymbol{w}\right\|^2\leqslant\beta
\end{aligned} \tag{8.8}$$

可以看出，简化后的优化问题从原来的关于 $\left\{\boldsymbol{x}_p,\boldsymbol{h}_m\right\}_{m,p=1}^{M}$ 的多变量优化问题转化为关于 $\boldsymbol{w}$ 的单变量优化问题，随后定义矩阵 $\boldsymbol{\varXi}\in\mathbb{R}^{MN\times 2MN}$：

$$\boldsymbol{\varXi}=\left[\boldsymbol{I}_{MN\times MN},-\boldsymbol{I}_{MN\times MN}\right] \tag{8.9}$$

借助矩阵 $\boldsymbol{\varXi}$ 可以将原相似性约束等价表示为 $\left\|\boldsymbol{\varXi}\boldsymbol{w}\right\|^2\leqslant\beta$。

可以看出，式（8.8）的分子分母中都存在变量 $\boldsymbol{w}$，因此分子分母之间存在耦合效应，为了实现分子分母的解耦，引入辅助变量：

$$\begin{aligned}
y_{m,p,d}&=\boldsymbol{w}^{\mathrm{H}}\boldsymbol{V}_m^{\mathrm{H}}\boldsymbol{S}_d\boldsymbol{U}_p\boldsymbol{w}\\
z_{m,p,d}&=\boldsymbol{w}^{\mathrm{H}}\boldsymbol{V}_m^{\mathrm{H}}\boldsymbol{U}_m\boldsymbol{w}l_{m,p,d}
\end{aligned} \tag{8.10}$$

同时，相似性约束和目标函数之间也存在着关于变量 $\boldsymbol{w}$ 的耦合关系，引入辅助变量，并建立等式约束 $\boldsymbol{k}=\boldsymbol{\varXi}\boldsymbol{w}$。通过引入关于辅助变量比值 $\left\{\left|y_{m,p,d}\right|^2/\left|z_{m,p,d}\right|^2\right\}_{m,p=1,2,\cdots,M;d\in\Omega_{m,p}}$ 的上界函数 η，可以将优化问题等价写为如下形式：

$$
\begin{aligned}
&\min_{\boldsymbol{w},\boldsymbol{k},y_{m,p,d},z_{m,p,d},\eta} \quad \eta \\
&\text{s.t.} \quad \frac{\left|y_{m,p,d}\right|^2}{\left|z_{m,p,d}\right|^2} \leqslant \eta, \quad m,p=1,2,\cdots,M, \quad \forall d \in \Omega_{m,p} \\
&\qquad y_{m,p,d} = \boldsymbol{w}^{\mathrm{H}}\boldsymbol{V}_m^{\mathrm{H}}\boldsymbol{S}_d\boldsymbol{U}_p\boldsymbol{w}, \quad m,p=1,2,\cdots,M, \quad \forall d \in \Omega_{m,p} \\
&\qquad z_{m,p,d} = \boldsymbol{w}^{\mathrm{H}}\boldsymbol{V}_m^{\mathrm{H}}\boldsymbol{U}_m\boldsymbol{w}l_{m,p,d}, \quad m,p=1,2,\cdots,M, \quad \forall d \in \Omega_{m,p} \\
&\qquad \boldsymbol{k} = \Xi\boldsymbol{w} \\
&\qquad \left|\boldsymbol{w}(l)\right| = 1, \quad l=1,2,\cdots,MN \\
&\qquad \left\|\boldsymbol{w}((((m-1)N+1)mN)+MN)\right\|^2 = C, \quad m=1,2,\cdots,M \\
&\qquad \left\|\boldsymbol{k}\right\|^2 \leqslant \beta
\end{aligned} \tag{8.11}
$$

可以看出，通过引入辅助变量$\{y_{m,p,d}, z_{m,p,d}, \boldsymbol{k}\}$，可以实现复杂优化问题式（8.2）中的分子分母解耦，并得到如式（8.11）所示的新形式。随后构造关于式（8.11）的拉格朗日增广函数：

$$
\begin{aligned}
&\mathcal{L}_3\left(\boldsymbol{w},\boldsymbol{k},y_{m,p,d},z_{m,p,d},\eta,\lambda_{m,p,d},\kappa_{m,p,d},\xi\right) = \eta \\
&+\sum_{m=1}^{M}\sum_{p=1}^{M}\sum_{d\in\Omega_{m,p}}\left(\Re\left\{\lambda_{m,p,d}^{*}\left(y_{m,p,d}-\boldsymbol{w}^{\mathrm{H}}\boldsymbol{V}_m^{\mathrm{H}}\boldsymbol{S}_d\boldsymbol{U}_p\boldsymbol{w}\right)\right\}+\frac{\rho}{2}\left|y_{m,p,d}-\boldsymbol{w}^{\mathrm{H}}\boldsymbol{V}_m^{\mathrm{H}}\boldsymbol{S}_d\boldsymbol{U}_p\boldsymbol{w}\right|^2\right) \\
&+\sum_{m=1}^{M}\sum_{p=1}^{M}\sum_{d\in\Omega_{m,p}}\left(\Re\left\{\kappa_{m,p,d}^{*}\left(z_{m,p,d}-\boldsymbol{w}^{\mathrm{H}}\boldsymbol{V}_m^{\mathrm{H}}\boldsymbol{U}_m\boldsymbol{w}\right)\right\}+\frac{\rho}{2}\left|z_{m,p,d}-\boldsymbol{w}^{\mathrm{H}}\boldsymbol{V}_m^{\mathrm{H}}\boldsymbol{U}_m\boldsymbol{w}\right|^2\right) \\
&+\Re\left\{\xi^{\mathrm{H}}(\boldsymbol{k}-\Xi\boldsymbol{w})\right\}+\frac{\rho}{2}\left\|\boldsymbol{k}-\Xi\boldsymbol{w}\right\|^2
\end{aligned} \tag{8.12}
$$

$$
\begin{aligned}
&\text{s.t.} \quad \frac{\left|y_{m,p,d}\right|^2}{\left|z_{m,p,d}\right|^2} \leqslant \eta, \quad m,p=1,2,\cdots,M, \quad \forall d \in \Omega_{m,p} \\
&\qquad \left|\boldsymbol{w}(l)\right| = 1, \quad l=1,2,\cdots,MN \\
&\qquad \left\|\boldsymbol{w}((((m-1)N+1)mN)+MN)\right\|^2 = C, \quad m=1,2,\cdots,M \\
&\qquad \left\|\boldsymbol{k}\right\|^2 \leqslant \beta
\end{aligned}
$$

其中，ρ 表示迭代步长；$\{\lambda_{m,p,d}, \kappa_{m,p,d}, \xi\}$为式（8.15）中三个等式约束对应的拉格朗日乘子。显然，式（8.12）借助辅助变量将原有分式形式的目标函数包含在约束中，并将建立的三个等式约束包含在式（8.12）的目标函数中。关于变量 $\boldsymbol{w}$ 的恒模和恒能量约束与相似性约束之间也不存在耦合关系。ADMM 算法在获得较好求解效果的同时，还具有很好的算法收敛性。

因此在本章中，将继续沿用 ADMM 算法框架，并结合 MM 算法开展如下所示的迭代更新求解步骤（其中，使用参数 t 表示迭代次数），使用交替优化的方式来获得式（8.12）中变量$\{\boldsymbol{w},\boldsymbol{k},y_{m,p,d},z_{m,p,d},\eta,\lambda_{m,p,d},\kappa_{m,p,d},\xi\}$的解：

步骤 1：使用$\{\boldsymbol{w}(t),\lambda_{m,p,d}(t),\kappa_{m,p,d}(t),\xi(t)\}$求解$\{\boldsymbol{k}(t+1),y_{m,p,d}(t+1),z_{m,p,d}(t+1),\eta(t+1)\}$：

$$\begin{aligned}&\{\boldsymbol{k}(t+1),y_{m,p,d}(t+1),z_{m,p,d}(t+1),\eta(t+1)\}\\&\quad=\arg\min_{\boldsymbol{k},y_{m,p,d},z_{m,p,d},\eta}\mathcal{L}_3\left(\boldsymbol{w}(t),\boldsymbol{k},y_{m,p,d},z_{m,p,d},\eta,\lambda_{m,p,d}(t),\kappa_{m,p,d}(t),\xi(t)\right)\\&\quad\text{s.t.}\ \frac{\left|y_{m,p,d}\right|^2}{\left|z_{m,p,d}\right|^2}\leqslant\eta,\quad m,p=1,2,\cdots,M,\quad\forall d\in\Omega_{m,p}\\&\qquad\ \ \|\boldsymbol{k}\|^2\leqslant\beta\end{aligned}\tag{8.13}$$

根据变量在目标函数和约束之间的耦合关系，可以将式（8.13）描述的优化问题拆分成两个子问题。

①关于变量$\left\{y_{m,p,d},z_{m,p,d},\eta\right\}$的子问题：

$$\begin{aligned}&\{y_{m,p,d}(t+1),z_{m,p,d}(t+1),\eta(t+1)\}\\&\quad=\arg\min_{y_{m,p,d},z_{m,p,d},\eta}\eta\\&\qquad+\sum_{m=1}^{M}\sum_{p=1}^{M}\sum_{d\in\Omega_{m,p}}\left(\Re\left\{\lambda_{m,p,d}^{*}\left(y_{m,p,d}-\boldsymbol{w}(t)^{\mathrm{H}}\boldsymbol{V}_m^{\mathrm{H}}\boldsymbol{S}_d\boldsymbol{U}_p\boldsymbol{w}(t)\right)\right\}\right.\\&\qquad\left.+\frac{\rho}{2}\left|y_{m,p,d}-\boldsymbol{w}(t)^{\mathrm{H}}\boldsymbol{V}_m^{\mathrm{H}}\boldsymbol{S}_d\boldsymbol{U}_p\boldsymbol{w}(t)\right|^2\right)\\&\qquad+\sum_{m=1}^{M}\sum_{p=1}^{M}\sum_{d\in\Omega_{m,p}}\left(\Re\left\{\kappa_{m,p,d}^{*}\left(z_{m,p,d}-\boldsymbol{w}(t)^{\mathrm{H}}\boldsymbol{V}_m^{\mathrm{H}}\boldsymbol{U}_m\boldsymbol{w}(t)\right)\right\}\right.\\&\qquad\left.+\frac{\rho}{2}\left|z_{m,p,d}-\boldsymbol{w}(t)^{\mathrm{H}}\boldsymbol{V}_m^{\mathrm{H}}\boldsymbol{U}_m\boldsymbol{w}(t)\right|^2\right)\\&\quad\text{s.t.}\ \frac{\left|y_{m,p,d}\right|^2}{\left|z_{m,p,d}\right|^2}\leqslant\eta,\quad m,p=1,2,\cdots,M,\quad\forall d\in\Omega_{m,p}\end{aligned}\tag{8.14}$$

②关于变量$\boldsymbol{k}$的子问题：

$$\begin{aligned}&\boldsymbol{k}(t+1)=\arg\min_{\boldsymbol{k}}\Re\left\{\xi(t)^{\mathrm{H}}(\boldsymbol{k}-\boldsymbol{\Xi}\boldsymbol{w}(t))\right\}+\frac{\rho}{2}\|\boldsymbol{k}-\boldsymbol{\Xi}\boldsymbol{w}(t)\|^2\\&\qquad\text{s.t.}\ \|\boldsymbol{k}\|^2\leqslant\beta\end{aligned}\tag{8.15}$$

忽略式（8.14）中目标函数中的常数项，可以将其简化为如下形式：

$$
\begin{aligned}
&\{y_{m,p,d}(t+1), z_{m,p,d}(t+1), \eta(t+1)\} \\
&= \arg\min_{y_{m,p,d}, z_{m,p,d}, \eta} \eta + \sum_{m=1}^{M}\sum_{p=1}^{M}\sum_{d\in\Omega_{m,p}} \left|y_{m,p,d} - \hat{y}_{m,p,d}(t+1)\right|^2 \\
&+ \sum_{m=1}^{M}\sum_{p=1}^{M}\sum_{d\in\Omega_{m,p}} \left|z_{m,p,d} - \hat{z}_{m,p,d}(t+1)\right|^2 \\
&\text{s.t. } \frac{\left|y_{m,p,d}\right|^2}{\left|z_{m,p,d}\right|^2} \leqslant \eta, \quad m,p = 1,2,\cdots,M, \quad \forall d \in \Omega_{m,p}
\end{aligned} \tag{8.16}
$$

其中，对于任意的$m,p=1,2,\cdots,M$，$d\in\Omega_{m,p}$，都存在如下等式关系：

$$
\begin{aligned}
\hat{y}_{m,p,d}(t+1) &= \boldsymbol{w}(t)^{\mathrm{H}}\boldsymbol{V}_m^{\mathrm{H}}\boldsymbol{S}_d\boldsymbol{U}_p\boldsymbol{w}(t) - \frac{\lambda_{m,p,d}(t)}{\rho} \\
\hat{z}_{m,p,d}(t+1) &= \boldsymbol{w}(t)^{\mathrm{H}}\boldsymbol{V}_m^{\mathrm{H}}\boldsymbol{U}_m\boldsymbol{w}(t)1_{m,p,d} - \frac{\kappa_{m,p,d}(t)}{\rho}
\end{aligned} \tag{8.17}
$$

假设式（8.16）的最优解为$\left\{\left\{y^{\blacktriangle}_{m,p,d}\right\}_{m,p=1,2,\cdots,M;\forall d\in\Omega_{m,p}}, \left\{z^{\blacktriangle}_{m,p,d}\right\}_{m,p=1,2,\cdots,M;\forall d\in\Omega_{m,p}}, \eta^{\blacktriangle}\right\}$，根据文献[1]的推导过程可以得到如下结论：

$$
\begin{cases}
\angle y^{\blacktriangle}_{m,p,d} = \angle \hat{y}_{m,p,d} \\
\angle z^{\blacktriangle}_{m,p,d} = \angle \hat{z}_{m,p,d}
\end{cases}
\quad \forall m,p = 1,2,\cdots,M, \quad \forall d\in\Omega_{m,p} \tag{8.18}
$$

可以看出，当变量$y_{m,p,d}$取最优值的时候，其将与已知的$\hat{y}_{m,p,d}$保持同相位；当变量$z_{m,p,d}$取最优值的时候，其也与已知的$\hat{z}_{m,p,d}$保持同相位。此时为了简化式（8.16）的表达形式，引入如式（8.19）所示的等式关系对其进行去绝对值操作：

$$
\begin{cases}
\overline{y}_{m,p,d} = \left|y_{m,p,d}\right| \\
\hat{\overline{y}}_{m,p,d}(t+1) = \left|\hat{y}_{m,p,d}(t+1)\right| \\
\overline{z}_{m,p,d} = \left|z_{m,p,d}\right| \\
\hat{\overline{z}}_{m,p,d}(t+1) = \left|\hat{z}_{m,p,d}(t+1)\right|
\end{cases}
\quad m,p = 1,2,\cdots,M, \quad \forall d\in\Omega_{m,p} \tag{8.19}
$$

式（8.16）等价转化为

$$
\begin{aligned}
&\{\overline{y}_{m,p,d}(t+1), \overline{z}_{m,p,d}(t+1), \eta(t+1)\} \\
&= \arg\min_{\overline{y}_{m,p,d}, \overline{z}_{m,p,d}, \eta} \eta + \sum_{m=1}^{M}\sum_{p=1}^{M}\sum_{d\in\Omega_{m,p}} \left(\overline{y}_{m,p,d} - \hat{\overline{y}}_{m,p,d}(t+1)\right)^2 \\
&+ \sum_{m=1}^{M}\sum_{p=1}^{M}\sum_{d\in\Omega_{m,p}} \left(\overline{z}_{m,p,d} - \hat{\overline{z}}_{m,p,d}(t+1)\right)^2 \\
&\text{s.t. } \frac{\overline{y}^2_{m,p,d}}{\overline{z}^2_{m,p,d}} \leqslant \eta, m,p = 1,2,\cdots,M, \quad \forall d\in\Omega_{m,p}
\end{aligned} \tag{8.20}
$$

再假设在优化问题（8.20）上界变量的最优解 $\eta^{\blacktriangle}$ 是已知的，可以得到如下结果：

①当 $\dfrac{\hat{\bar{y}}_{m,p,d}(t+1)^2}{\hat{\bar{z}}_{m,p,d}(t+1)^2} \leqslant \eta^{\blacktriangle}$ 的时候，可以得到如下等式关系：

$$\begin{cases} \bar{y}_{m,p,d}(t+1) = \hat{\bar{y}}_{m,p,d}(t+1) \\ \bar{z}_{m,p,d}(t+1) = \hat{\bar{z}}_{m,p,d}(t+1) \end{cases} \quad m,p=1,2,\cdots,M, \quad \forall d \in \Omega_{m,p} \tag{8.21}$$

②当 $\dfrac{\hat{\bar{y}}_{m,p,d}(t+1)^2}{\hat{\bar{z}}_{m,p,d}(t+1)^2} > \eta^{\blacktriangle}$ 的时候，可以得到如下等式关系：

$$\begin{cases} \bar{y}_{m,p,d}(t+1) = \dfrac{\eta\hat{\bar{y}}_{m,p,d}(t+1) + \sqrt{\eta}\hat{\bar{z}}_{m,p,d}(t+1)}{\eta+1} \\ \bar{z}_{m,p,d}(t+1) = \dfrac{\sqrt{\eta}\hat{\bar{y}}_{m,p,d}(t+1) + \hat{\bar{z}}_{m,p,d}(t+1)}{\eta+1} \end{cases} \quad m,p=1,2,\cdots,M, \quad \forall d \in \Omega_{m,p} \tag{8.22}$$

命题 8.1： 当 $\dfrac{\hat{\bar{y}}_{m,p,d}(t+1)^2}{\hat{\bar{z}}_{m,p,d}(t+1)^2} > \eta^{\blacktriangle}$ 的时候，式（8.22）中的等式关系成立。

证明： 当 $\dfrac{\hat{\bar{y}}_{m,p,d}(t+1)^2}{\hat{\bar{z}}_{m,p,d}(t+1)^2} > \eta^{\blacktriangle}$ 的时候，变量 $\left\{\bar{y}_{m,p,d}, \bar{z}_{m,p,d}\right\}_{m,p=1,2,\cdots,M,\ \forall d \in \Omega_{m,p}}$ 的取值关系为

$$\frac{\bar{y}_{m,p,d}^2}{\bar{z}_{m,p,d}^2} = \eta^{\blacktriangle}, \quad m,p=1,2,\cdots,M, \quad \forall d \in \Omega_{m,p} \tag{8.23}$$

将式（8.23）中的等式关系代入式（8.20）的目标函数中，可以得到关于变量 $\bar{z}_{m,p,d}$ 的单变量函数 $\bar{f}\left(\bar{z}_{m,p,d}\right)$ 为

$$\bar{f}\left(\bar{z}_{m,p,d}\right) - \left(\sqrt{\eta}\bar{z}_{m,p,d} - \hat{\bar{y}}_{m,p,d}(t+1)\right)^2 + \left(\bar{z}_{m,p,d} - \hat{\bar{z}}_{m,p,d}(t+1)\right)^2 \tag{8.24}$$

显然，$\bar{f}\left(\bar{z}_{m,p,d}\right)$ 是关于变量 $\bar{z}_{m,p,d}$ 的一元二次函数，对其分析可得如下结论：当函数 $g\left(\bar{z}_{m,p,d}\right)$ 取最小值的时候，变量 $\bar{z}_{m,p,d}$ 的最优取值为 $\dfrac{\sqrt{\eta}\hat{\bar{y}}_{m,p,d}(t+1) + \hat{\bar{z}}_{m,p,d}(t+1)}{\eta+1}$，再结合式（8.23）中的等式关系，可以得到变量 $\bar{y}_{m,p,d}$ 的最优取值为 $\dfrac{\eta\hat{\bar{y}}_{m,p,d}(t+1) + \sqrt{\eta}\hat{\bar{z}}_{m,p,d}(t+1)}{\eta+1}$。

至此，式（8.22）中的等式关系证毕。

根据式（8.21）和式（8.22）可得，变量 $\left\{\bar{y}_{m,p,d}, \bar{z}_{m,p,d}\right\}_{m,p=1,2,\cdots,M,\forall d \in \Omega_{m,p}}$ 的取值与上界变量 η 的取值之间存在耦合关系。结合文献[1]，本节定义输入变量为 η

和$\frac{\hat{\bar{y}}_{m,p,d}(t+1)^2}{\hat{\bar{z}}_{m,p,d}(t+1)^2}$的阶跃函数$T_{m,p,d}\left(\eta,\frac{\hat{\bar{y}}_{m,p,d}(t+1)^2}{\hat{\bar{z}}_{m,p,d}(t+1)^2}\right)$为

$$T_{m,p,d}\left(\eta,\frac{\hat{\bar{y}}_{m,p,d}(t+1)^2}{\hat{\bar{z}}_{m,p,d}(t+1)^2}\right)=\begin{cases}1, & \frac{\hat{\bar{y}}_{m,p,d}(t+1)^2}{\hat{\bar{z}}_{m,p,d}(t+1)^2}>\eta \\ 0, & \frac{\hat{\bar{y}}_{m,p,d}(t+1)^2}{\hat{\bar{z}}_{m,p,d}(t+1)^2}\leqslant\eta\end{cases} \tag{8.25}$$

借助式（8.25）中的阶跃函数的定义，可以将式（8.20）转化为如下形式：

$$\begin{aligned}\eta(t+1)=\arg\min_{\eta}\eta+\frac{\rho}{2}\sum_{m=1}^{M}\sum_{p=1}^{M}\sum_{d\in\Omega_{m,p}}&\left\{T_{m,p,d}\left(\eta,\frac{\hat{\bar{y}}_{m,p,d}(t+1)^2}{\hat{\bar{z}}_{m,p,d}(t+1)^2}\right)\right.\\&\left.\times\frac{\left(\hat{\bar{y}}_{m,p,d}(t+1)-\sqrt{\eta}\hat{\bar{z}}_{m,p,d}(t+1)\right)^2}{\eta+1}\right\}\end{aligned} \tag{8.26}$$

命题 8.2：借助式（8.25）中定义的阶跃函数$T_{m,p,d}\left(\eta,\frac{\hat{\bar{y}}_{m,p,d}(t+1)^2}{\hat{\bar{z}}_{m,p,d}(t+1)^2}\right)$可以将式（8.20）转化为式（8.26）的形式。

证明：假设$\frac{\hat{\bar{y}}_{m,p,d}(t+1)^2}{\hat{\bar{z}}_{m,p,d}(t+1)^2}\leqslant\eta^{\blacktriangle}$，则根据式（8.21）中变量$\left\{\bar{y}_{m,p,d},\bar{z}_{m,p,d}\right\}$的取值情况可以得出，此时式（8.20）中的求和项可以等价表示为如下形式：

$$\begin{aligned}&\sum_{m=1}^{M}\sum_{p=1}^{M}\sum_{d\in\Omega_{m,p}}\left(\bar{y}_{m,p,d}-\hat{\bar{y}}_{m,p,d}(t+1)\right)^2+\sum_{m=1}^{M}\sum_{p=1}^{M}\sum_{d\in\Omega_{m,p}}\left(\bar{z}_{m,p,d}-\hat{\bar{z}}_{m,p,d}(t+1)\right)^2\\&\Leftrightarrow\sum_{m=1}^{M}\sum_{p=1}^{M}\sum_{d\in\Omega_{m,p}}\left(\hat{\bar{y}}_{m,p,d}(t+1)-\hat{\bar{y}}_{m,p,d}(t+1)\right)^2\\&+\sum_{m=1}^{M}\sum_{p=1}^{M}\sum_{d\in\Omega_{m,p}}\left(\hat{\bar{z}}_{m,p,d}-\hat{\bar{z}}_{m,p,d}(t+1)\right)^2=0\end{aligned} \tag{8.27}$$

此时，根据式（8.25）中阶跃函数的定义，其函数值取 0，所以此时原式（8.20）中的求和项可以表示成

$$T_{m,p,d}\left(\eta,\frac{\hat{\bar{y}}_{m,p,d}(t+1)^2}{\hat{\bar{z}}_{m,p,d}(t+1)^2}\right)\times\frac{\left(\hat{\bar{y}}_{m,p,d}(t+1)-\sqrt{\eta}\hat{\bar{z}}_{m,p,d}(t+1)\right)^2}{\eta+1}$$

假设$\frac{\hat{\bar{y}}_{m,p,d}(t+1)^2}{\hat{\bar{z}}_{m,p,d}(t+1)^2}>\eta^{\blacktriangle}$，则根据式（8.21）中变量$\left\{\bar{y}_{m,p,d},\bar{z}_{m,p,d}\right\}$的取值情况可以得出，此时式（8.20）中的求和项可以等价表示为如下形式：

$$\sum_{m=1}^{M}\sum_{p=1}^{M}\sum_{d\in\Omega_{m,p}}\left(\overline{y}_{m,p,d}-\hat{\overline{y}}_{m,p,d}(t+1)\right)^2+\sum_{m=1}^{M}\sum_{p=1}^{M}\sum_{d\in\Omega_{m,p}}\left(\overline{z}_{m,p,d}-\hat{\overline{z}}_{m,p,d}(t+1)\right)^2$$

$$\begin{aligned}&\Leftrightarrow\sum_{m=1}^{M}\sum_{p=1}^{M}\sum_{d\in\Omega_{m,p}}\left(\left(\frac{\eta\hat{\overline{y}}_{m,p,d}(t+1)+\sqrt{\eta}\hat{\overline{z}}_{m,p,d}(t+1)}{\eta+1}-\hat{\overline{y}}_{m,p,d}(t+1)\right)^2\right.\\&\left.+\left(\frac{\sqrt{\eta}\hat{\overline{y}}_{m,p,d}(t+1)+\hat{\overline{z}}_{m,p,d}(t+1)}{\eta+1}-\hat{\overline{z}}_{m,p,d}(t+1)\right)^2\right)\\&=\frac{\left(\hat{\overline{y}}_{m,p,d}(t+1)-\sqrt{\eta}\hat{\overline{z}}_{m,p,d}(t+1)\right)^2}{\eta+1}\end{aligned}\tag{8.28}$$

此时，根据式（8.25）中阶跃函数的定义，其函数值取1，所以此时原式（8.20）中的求和项可以表示成

$$T_{m,p,d}\left(\eta,\frac{\hat{\overline{y}}_{m,p,d}(t+1)^2}{\hat{\overline{z}}_{m,p,d}(t+1)^2}\right)\times\frac{\left(\hat{\overline{y}}_{m,p,d}(t+1)-\sqrt{\eta}\hat{\overline{z}}_{m,p,d}(t+1)\right)^2}{\eta+1}$$

将式（8.25）定义的阶跃函数代入式（8.20）中，可以将原优化问题（8.20）上界变量η和变量$\left\{\overline{y}_{m,p,d},\overline{z}_{m,p,d}\right\}$之间的耦合关系解除，转化为式（8.26）所示的关于η的单变量优化问题。至此，命题8.2成立。

假设离散点集$\left\{\frac{\hat{\overline{y}}_{m,p,d}(t+1)^2}{\hat{\overline{z}}_{m,p,d}(t+1)^2}\right\}_{m,p=1,2,\cdots,M,\forall d\in\Omega_{m,p}}$中共有$L$个元素，使其按照升序排列得到新的点集$\{\alpha_1,\alpha_2,\cdots,\alpha_L\}$，根据点集可以将其作为间隔点形成$L$个子区间：$(0,\alpha_1]$，$(\alpha_2,\alpha_3]$，…，$(\alpha_{L-1},\alpha_L]$。在每个子区间内，阶跃函数$T_{m,p,d}\left(\eta,\frac{\hat{\overline{y}}_{m,p,d}(t+1)^2}{\hat{\overline{z}}_{m,p,d}(t+1)^2}\right)$具有固定的取值（0或1）。接着，基于式（8.26）中的目标函数，构造出L个关于上界变量η的单变量函数$\{h_l(\eta)\}_{l=1}^{L}$。在本节中，以第l个函数$h_l(\eta)$在第l个子区间$(\alpha_{l-1},\alpha_l]$上的取值情况为例，开展求解过程分析，假设$h_l(\eta)$可以用函数$f_l(\eta)$和函数$g_l(\eta)$表示为如下形式：

$$h_l(\eta)=\frac{f_l(\eta)}{g_l(\eta)}\tag{8.29}$$

其中：

$$\begin{aligned}&f_l(\eta)=\eta^2+A_l\eta+B_l\sqrt{\eta}+C_l\\&g_l(\eta)=\eta+1\end{aligned}\tag{8.30}$$

$$A_l = 1 + \frac{\rho}{2}\sum_{m=1}^{M}\sum_{p=1}^{M}\sum_{d\in\Omega_{m,p}} T_{m,p,d}\left(\eta, \frac{\hat{\hat{y}}_{m,p,d}(t+1)^2}{\hat{\hat{z}}_{m,p,d}(t+1)^2}\right) \times \hat{\hat{z}}_{m,p,d}(t+1)^2$$

$$B_l = -\rho\sum_{m=1}^{M}\sum_{p=1}^{M}\sum_{d\in\Omega_{m,p}} T_{m,p,d}\left(\eta, \frac{\hat{\hat{y}}_{m,p,d}(t+1)^2}{\hat{\hat{z}}_{m,p,d}(t+1)^2}\right) \times \hat{\hat{y}}_{m,p,d}(t+1)\hat{\hat{z}}_{m,p,d}(t+1) \tag{8.31}$$

$$C_l = \frac{\rho}{2}\sum_{m=1}^{M}\sum_{p=1}^{M}\sum_{d\in\Omega_{m,p}} T_{m,p,d}\left(\eta, \frac{\hat{\hat{y}}_{m,p,d}(t+1)^2}{\hat{\hat{z}}_{m,p,d}(t+1)^2}\right) \times \hat{\hat{y}}_{m,p,d}(t+1)^2$$

可以看出，单变量函数的分子项中含有根号项$\sqrt{\eta}$，不利于后续过程的求导。因此引入变量$\gamma = \sqrt{\eta}$，可以将关于η的原优化问题转化为关于变量γ的新优化问题：

$$\gamma = \arg\min_{\gamma} \frac{\gamma^4 + A_l\gamma^2 + B_l\gamma + C_l}{\gamma^2 + 1} \tag{8.32}$$

定义式（8.32）中的目标函数为$\hat{h}_l(\eta)$，并对其求导，可得

$$\hat{h}_l'(\gamma) = \frac{2\gamma^5 + 4\gamma^3 + (-B_l)\gamma^2 + (3A_l - 2C_l)\gamma + B_l}{\left(\gamma^2 + 1\right)^2} \tag{8.33}$$

通过令$\hat{h}_l(\gamma)$的导数$\hat{h}_l'(\gamma)$为0，有

$$\begin{cases} 2\gamma^5 + 4\gamma^3 + (-B_l)\gamma^2 + (3A_l - 2C_l)\gamma + B_l = 0 \\ \left(\gamma^2 + 1\right)^2 \neq 0 \end{cases} \tag{8.34}$$

式（8.34）中涉及一元五次方程的求解，由于在求解过程中无法明确地写出各个解的解析表达式，所以在此需要借助 MATLAB 求解方程工具箱中的 root 函数求解。

假设可以求得函数$\hat{h}_l(\eta)$的多个极值点，然后需要挑选出落在子区间$(\alpha_{l-1}, \alpha_l]$中的极值点（假设为$\hat{N}$个）：$\left\{\hat{\eta}_{l,1}, \hat{\eta}_{l,2}, \cdots, \hat{\eta}_{l,\hat{N}}\right\}$，并与子区间端点值组成新的离散点集：

$$\left\{\alpha_{l-1}, \alpha_l, \hat{\eta}_{l,1}, \hat{\eta}_{l,2}, \cdots, \hat{\eta}_{l,\hat{N}}\right\} \tag{8.35}$$

随后计算新点集的函数值：

$$\left\{\hat{h}_l(\alpha_{l-1}), \hat{h}_l(\alpha_l), \hat{h}_l(\hat{\eta}_{l,1}), \hat{h}_l(\hat{\eta}_{l,2}), \cdots, \hat{h}_l(\hat{\eta}_{l,\hat{N}})\right\} \tag{8.36}$$

通过对L个子区间进行遍历，可以得到L组函数值和L组点集：

$$\begin{gathered} \left\{\alpha_{l-1}, \alpha_l, \hat{\eta}_{l,1}, \hat{\eta}_{l,2}, \cdots, \hat{\eta}_{l,\hat{N}}\right\}_{l=1}^{L} \\ \left\{\hat{h}_l(\alpha_{l-1}), \hat{h}_l(\alpha_l), \hat{h}_l(\hat{\eta}_{l,1}), \hat{h}_l(\hat{\eta}_{l,2}), \cdots, \hat{h}_l(\hat{\eta}_{l,\hat{N}})\right\}_{l=1}^{L} \end{gathered} \tag{8.37}$$

从所有的函数值中求出最小值：

$$\hat{h}_e = \min\left\{\left\{\hat{h}_l(\alpha_{l-1}), \hat{h}_l(\alpha_l), \hat{h}_l(\hat{\eta}_{l,1}), \hat{h}_l(\hat{\eta}_{l,2}), \cdots, \hat{h}_l(\hat{\eta}_{l,\hat{N}})\right\}_{l=1}^{L}\right\} \tag{8.38}$$

其中，e 表示函数最小值的索引，据此可以求出最优的 $\eta^{\blacktriangle}$，即

$$\eta(t+1) = \eta^{\blacktriangle} = \alpha_e \tag{8.39}$$

如式（8.15）所示，关于变量 $\boldsymbol{k}$ 的子问题可以转化为如下形式：

$$\begin{aligned} \boldsymbol{k}(t+1) &= \arg\min_{\boldsymbol{k}} \left\|\boldsymbol{k} - \hat{\boldsymbol{k}}(t+1)\right\|^2 \\ \text{s.t.}\ & \|\boldsymbol{k}\|^2 \leqslant \beta \end{aligned} \tag{8.40}$$

其中：

$$\hat{\boldsymbol{k}}(t+1) = \boldsymbol{\Xi}\boldsymbol{w}(t) - \frac{\xi(t)}{\rho} \tag{8.41}$$

结合对式（8.16）的分析可以得出，式（8.40）的最优解 $\boldsymbol{k}^{\blacktriangle}$ 将与向量 $\hat{\boldsymbol{k}}(t+1)$ 保持相同的相位，即 $\angle\boldsymbol{k}^{\blacktriangle} = \angle\hat{\boldsymbol{k}}(t+1)$。由于变量 $\boldsymbol{k}$ 需要满足式（8.40）中的约束条件，因此可以得出以下结果。

①当 $\left\|\hat{\boldsymbol{k}}(t+1)\right\|^2 \leqslant \beta$ 的时候：

$$\boldsymbol{k}(t+1) - \hat{\boldsymbol{k}}(t+1) \tag{8.42}$$

②当 $\left\|\hat{\boldsymbol{k}}(t+1)\right\|^2 > \beta$ 的时候：

$$\boldsymbol{k}(t+1) = \frac{\hat{\boldsymbol{k}}(t+1)}{\left\|\hat{\boldsymbol{k}}(t+1)\right\|}\sqrt{\beta} \tag{8.43}$$

步骤 2：使用 $\{\boldsymbol{k}(t+1), y_{m,p,d}(t+1), z_{m,p,d}(t+1), \eta(t+1), \lambda_{m,p,d}(t), \kappa_{m,p,d}(t), \xi(t)\}$ 求解 $\{\boldsymbol{w}(t+1)\}$，即如下形式：

$$\begin{aligned} \{\boldsymbol{w}(t+1)\} = \arg\min_{\boldsymbol{w}} & \sum_{m=1}^{M}\sum_{p=1}^{M}\sum_{d\in\Omega_{m,p}} \left(\Re\left\{\lambda_{m,p,d}^{*}(t)\left(y_{m,p,d}(t+1) - \boldsymbol{w}^{\mathrm{H}}\boldsymbol{V}_m^{\mathrm{H}}\boldsymbol{S}_d\boldsymbol{U}_p\boldsymbol{w}\right)\right\}\right. \\ & \left. + \frac{\rho}{2}\left|y_{m,p,d}(t+1) - \boldsymbol{w}^{\mathrm{H}}\boldsymbol{V}_m^{\mathrm{H}}\boldsymbol{S}_d\boldsymbol{U}_p\boldsymbol{w}\right|^2\right) \\ & + \sum_{m=1}^{M}\sum_{p=1}^{M}\sum_{d\in\Omega_{m,p}} \left(\Re\left\{\kappa_{m,p,d}^{*}(t)\left(z_{m,p,d}(t+1) - \boldsymbol{w}^{\mathrm{H}}\boldsymbol{V}_m^{\mathrm{H}}\boldsymbol{U}_m\boldsymbol{w}\right)\right\}\right. \\ & \left. + \frac{\rho}{2}\left|z_{m,p,d}(t+1) - \boldsymbol{w}^{\mathrm{H}}\boldsymbol{V}_m^{\mathrm{H}}\boldsymbol{U}_m\boldsymbol{w}\right|^2\right) \\ & + \Re\left\{\xi(t)^{\mathrm{H}}\left(\boldsymbol{k}(t+1) - \boldsymbol{\Xi}\boldsymbol{w}\right)\right\} + \frac{\rho}{2}\left\|\boldsymbol{k}(t+1) - \boldsymbol{\Xi}\boldsymbol{w}\right\|^2 \\ \text{s.t.}\ & |\boldsymbol{w}(l)| = 1, \quad l = 1,2,\cdots,MN \\ & \left\|\boldsymbol{w}((((m-1)N+1)mN) + MN)\right\|^2 = C, \quad m = 1,2,\cdots,M \end{aligned} \tag{8.44}$$

可以看出，式（8.44）的目标函数中含有关于变量 $\boldsymbol{w}$ 的四次项，并且约束中既含有恒模非凸约束，还包含恒能量约束。通过忽略掉常数项，将其简化为以下形式：

$$
\begin{aligned}
\{\boldsymbol{w}(t+1)\} = \arg\min_{\boldsymbol{w}} & \sum_{m=1}^{M}\sum_{p=1}^{M}\sum_{d\in\Omega_{m,p}}\left|\tilde{y}_{m,p,d}(t+1)-\boldsymbol{w}^{\mathrm{H}}\boldsymbol{V}_m^{\mathrm{H}}\boldsymbol{S}_d\boldsymbol{U}_p\boldsymbol{w}\right|^2 \\
& +\sum_{m=1}^{M}\sum_{p=1}^{M}\sum_{d\in\Omega_{m,p}}\left|\tilde{z}_{m,p,d}(t+1)-\boldsymbol{w}^{\mathrm{H}}\boldsymbol{V}_m^{\mathrm{H}}\boldsymbol{U}_m\boldsymbol{w}1_{m,p,d}\right|^2 \\
& +\left\|\tilde{\boldsymbol{k}}(t+1)-\boldsymbol{\varXi}\boldsymbol{w}\right\|^2 \\
\text{s.t.}\ & |\boldsymbol{w}(l)|=1,\quad l=1,2,\cdots,MN \\
& \left\|\boldsymbol{w}((((m-1)N+1)mN)+MN)\right\|^2=C,\quad m=1,2,\cdots,M
\end{aligned} \tag{8.45}
$$

其中：

$$\tilde{y}_{m,p,d}(t+1)=y_{m,p,d}(t+1)+\frac{\lambda_{m,p,d}(t)}{\rho} \tag{8.46}$$

$$\tilde{z}_{m,p,d}(t+1)=z_{m,p,d}(t+1)+\frac{\kappa_{m,p,d}(t)}{\rho} \tag{8.47}$$

$$\tilde{\boldsymbol{k}}(t+1)=\boldsymbol{k}(t+1)+\frac{\xi(t)}{\rho} \tag{8.48}$$

根据矩阵迹运算的性质：

$$\mathrm{Tr}(\boldsymbol{ABC})=\mathrm{Tr}(\boldsymbol{BCA})=\mathrm{Tr}(\boldsymbol{CAB}) \tag{8.49}$$

其中，$\mathrm{Tr}(\cdot)$ 表示矩阵的迹运算。

根据式（8.49）可得

$$\boldsymbol{w}^{\mathrm{H}}\boldsymbol{V}_m^{\mathrm{H}}\boldsymbol{S}_d\boldsymbol{U}_p\boldsymbol{w}=\mathrm{Tr}\left(\boldsymbol{w}\boldsymbol{w}^{\mathrm{H}}\boldsymbol{V}_m^{\mathrm{H}}\boldsymbol{S}_d\boldsymbol{U}_p\right)=\mathrm{vec}\left(\boldsymbol{w}\boldsymbol{w}^{\mathrm{H}}\right)^{\mathrm{H}}\mathrm{vec}\left(\boldsymbol{V}_m^{\mathrm{H}}\boldsymbol{S}_d\boldsymbol{U}_p\right) \tag{8.50}$$

$$\boldsymbol{w}^{\mathrm{H}}\boldsymbol{V}_m^{\mathrm{H}}\boldsymbol{U}_m\boldsymbol{w}=\mathrm{Tr}\left(\boldsymbol{w}\boldsymbol{w}^{\mathrm{H}}\boldsymbol{V}_m^{\mathrm{H}}\boldsymbol{U}_m\right)=\mathrm{vec}\left(\boldsymbol{w}\boldsymbol{w}^{\mathrm{H}}\right)^{\mathrm{H}}\mathrm{vec}\left(\boldsymbol{V}_m^{\mathrm{H}}\boldsymbol{U}_m\right) \tag{8.51}$$

其中，$\mathrm{vec}(\cdot)$ 表示矩阵向量化操作，即将矩阵的所有列按顺序组成列向量形式。

通过式（8.50）和式（8.51）中推导的等式关系并忽略常数项，可以将式（8.45）简化为

$$
\begin{aligned}
\{\boldsymbol{w}(t+1)\} = \arg\min_{\boldsymbol{w}}\ & \mathrm{vec}\left(\boldsymbol{w}\boldsymbol{w}^{\mathrm{H}}\right)^{\mathrm{H}}\boldsymbol{R}_1\,\mathrm{vec}\left(\boldsymbol{w}\boldsymbol{w}^{\mathrm{H}}\right)+\boldsymbol{w}^{\mathrm{H}}\boldsymbol{R}_2\boldsymbol{w}-2\Re\left(\boldsymbol{w}^{\mathrm{H}}\boldsymbol{r}\right) \\
\text{s.t.}\ & |\boldsymbol{w}(l)|=1,\quad l=1,2,\cdots,MN \\
& \left\|\boldsymbol{w}((((m-1)N+1)mN)+MN)\right\|^2=C,\quad m=1,2,\cdots,M
\end{aligned} \tag{8.52}
$$

其中：

$$
\begin{aligned}
\boldsymbol{R}_1 &= \sum_{m=1}^{M}\sum_{p=1}^{M}\sum_{d\in\Omega_{m,p}} \operatorname{vec}\left(\boldsymbol{V}_m^{\mathrm{H}}\boldsymbol{S}_d\boldsymbol{U}_p\right)\operatorname{vec}\left(\boldsymbol{V}_m^{\mathrm{H}}\boldsymbol{S}_d\boldsymbol{U}_p\right)^{\mathrm{H}} \\
&\quad + \sum_{m=1}^{M}\operatorname{vec}\left(\boldsymbol{V}_m^{\mathrm{H}}\boldsymbol{U}_m\right)\operatorname{vec}\left(\boldsymbol{V}_m^{\mathrm{H}}\boldsymbol{U}_m\right)^{\mathrm{H}}\sum_{p=1}^{M}\sum_{d\in\Omega_{m,p}} 1_{m,p,d} \\
\boldsymbol{R}_2 &= -\sum_{m=1}^{M}\sum_{p=1}^{M}\sum_{d\in\Omega_{m,p}}\left(\tilde{y}_{m,p,d}(t+1)\left(\boldsymbol{V}_m^{\mathrm{H}}\boldsymbol{S}_d\boldsymbol{U}_p\right)^{\mathrm{H}} + \tilde{y}_{m,p,d}(t+1)^{\mathrm{H}}\left(\boldsymbol{V}_m^{\mathrm{H}}\boldsymbol{S}_d\boldsymbol{U}_p\right)\right) \\
&\quad - \sum_{m=1}^{M}\sum_{p=1}^{M}\sum_{d\in\Omega_{m,p}}\left(\tilde{z}_{m,p,d}(t+1)\left(\boldsymbol{V}_m^{\mathrm{H}}\boldsymbol{U}_m\right)^{\mathrm{H}} + \tilde{z}_{m,p,d}(t+1)^{\mathrm{H}}p\left(\boldsymbol{V}_m^{\mathrm{H}}\boldsymbol{U}_m\right)\right) + \boldsymbol{\Xi}^{\mathrm{H}}\boldsymbol{\Xi} \\
\boldsymbol{r} &= \boldsymbol{\Xi}^{\mathrm{H}}\tilde{\boldsymbol{k}}(t+1)
\end{aligned}
\tag{8.53}
$$

可以看出，由于式（8.52）中存在关于变量 $\boldsymbol{w}$ 的四次多项式，并且约束中包含恒模约束，因此该优化问题是个高度非线性且非凸的优化问题，常规方法难以求解。需要用到 8.2 节中的 MM 算法开展对该问题的求解，不过首先要根据如下所述的命题 8.3 构造式（8.52）中目标函数里四次项的上界函数[2]。

命题 8.3： 定义埃尔米特矩阵 $\boldsymbol{\Psi}\in\mathbb{C}^{N\times N}$ 和 $\boldsymbol{\Theta}\in\mathbb{C}^{N\times N}$，并且两者满足：$\boldsymbol{\Psi}\succeq\boldsymbol{\Theta}$，则 $\chi\in\mathbb{C}^{N\times 1}$ 的二次函数 $\chi^{\mathrm{H}}\boldsymbol{\Theta}\chi$ 可松弛为函数 $\chi^{\mathrm{H}}\boldsymbol{\Psi}\chi+2\operatorname{Re}\left(\chi^{\mathrm{H}}(\boldsymbol{\Theta}-\boldsymbol{\Psi})\chi_0\right)+\chi_0^{\mathrm{H}}(\boldsymbol{\Psi}-\boldsymbol{\Theta})\chi_0$，且 $\chi_0\in\mathbb{C}^{N\times 1}$ 任意取值。

证明： 首先证明当 $\chi=\chi_0$ 时，该关系成立，即

$$
\chi_0^{\mathrm{H}}\boldsymbol{\Psi}\chi_0+2\operatorname{Re}\left(\chi_0^{\mathrm{H}}(\boldsymbol{\Theta}-\boldsymbol{\Psi})\chi_0\right)+\chi_0^{\mathrm{H}}(\boldsymbol{\Psi}-\boldsymbol{\Theta})\chi_0=\chi_0^{\mathrm{H}}\boldsymbol{\Theta}\chi_0 \tag{8.54}
$$

当 $\chi\neq\chi_0$ 的时候，由于 $\boldsymbol{\Psi}\succeq\boldsymbol{\Theta}$，可以得到：

$$
\begin{aligned}
\chi^{\mathrm{H}}\boldsymbol{\Theta}\chi &= \chi_0^{\mathrm{H}}\boldsymbol{\Theta}\chi_0+(\chi-\chi_0)^{\mathrm{H}}\boldsymbol{\Theta}\chi_0+\chi_0^{\mathrm{H}}\boldsymbol{\Theta}(\chi-\chi_0)+(\chi-\chi_0)^{\mathrm{H}}\boldsymbol{\Theta}(\chi-\chi_0) \\
&\leqslant \chi_0^{\mathrm{H}}\boldsymbol{\Theta}\chi_0+(\chi-\chi_0)^{\mathrm{H}}\boldsymbol{\Theta}\chi_0+\chi_0^{\mathrm{H}}\boldsymbol{\Theta}(\chi-\chi_0)+(\chi-\chi_0)^{\mathrm{H}}\boldsymbol{\Psi}(\chi-\chi_0) \\
&= \chi^{\mathrm{H}}\boldsymbol{\Psi}\chi+\chi^{\mathrm{H}}(\boldsymbol{\Theta}-\boldsymbol{\Psi})\chi_0+\chi_0^{\mathrm{H}}(\boldsymbol{\Theta}-\boldsymbol{\Psi})\chi+\chi_0^{\mathrm{H}}(\boldsymbol{\Psi}-\boldsymbol{\Theta})\chi_0 \\
&= \chi^{\mathrm{H}}\boldsymbol{\Psi}\chi+2\operatorname{Re}\left(\chi^{\mathrm{H}}(\boldsymbol{\Theta}-\boldsymbol{\Psi})\chi_0\right)+\chi_0^{\mathrm{H}}(\boldsymbol{\Psi}-\boldsymbol{\Theta})\chi_0
\end{aligned}
\tag{8.55}
$$

至此，命题 8.3 得证。

在式（8.52）中，关于变量 $\boldsymbol{w}$ 的四次函数也可以视为向量 $\operatorname{vec}\left(\boldsymbol{w}\boldsymbol{w}^{\mathrm{H}}\right)$ 的二次函数，并且矩阵 $\boldsymbol{R}_1$ 也是埃尔米特矩阵，所以需要构造出 $\operatorname{vec}\left(\boldsymbol{w}\boldsymbol{w}^{\mathrm{H}}\right)^{\mathrm{H}}\boldsymbol{R}_1\operatorname{vec}\left(\boldsymbol{w}\boldsymbol{w}^{\mathrm{H}}\right)$ 的松弛函数，而构造松弛函数的重要条件是构造出矩阵 $\boldsymbol{\Psi}$，使其满足 $\boldsymbol{\Psi}\succeq\boldsymbol{R}_1$。结合文献[3]的推导可得，可以设置 $\boldsymbol{\Psi}_1=\lambda_{\max}\left(\boldsymbol{R}_1\right)\boldsymbol{I}$，其中，$\lambda_{\max}\left(\boldsymbol{R}_1\right)$ 表示矩阵 $\boldsymbol{R}_1$ 的最大特征值。

命题 8.4： 设置矩阵 $\boldsymbol{\Psi}_1=\lambda_{\max}\left(\boldsymbol{R}_1\right)\boldsymbol{I}$，满足 $\boldsymbol{\Psi}_1\succeq\boldsymbol{R}_1$，其可以用来构造命题 8.3 中的松弛函数。

证明： 对埃尔米特矩阵 $\boldsymbol{R}_1$ 进行特征值分解可得 $\boldsymbol{R}_1=\boldsymbol{\Phi}^{\mathrm{H}}\boldsymbol{\Lambda}\boldsymbol{\Phi}$。其中，$\boldsymbol{\Phi}$ 表示特征向量矩阵；$\boldsymbol{\Lambda}$ 表示特征值矩阵。则对于任意的 $\chi\in\mathbb{C}^{2MN\times 1}$，都存在如下

关系：

$$(\boldsymbol{\Phi}\boldsymbol{\chi})^{\mathrm{H}}\left(\lambda_{\max}(\boldsymbol{R}_1)\boldsymbol{I}-\boldsymbol{\Lambda}\right)\boldsymbol{\Phi}\boldsymbol{\chi}\geqslant 0 \tag{8.56}$$

又因为向量 $\boldsymbol{\chi}$ 是任意取值的，所以式（8.56）中的 $\boldsymbol{\Phi}\boldsymbol{\chi}$ 也可以写为 $\boldsymbol{\chi}$ 的形式：

$$\boldsymbol{\chi}^{\mathrm{H}}\left(\lambda_{\max}(\boldsymbol{R}_1)\boldsymbol{I}-\boldsymbol{\Lambda}\right)\boldsymbol{\chi}\geqslant 0 \tag{8.57}$$

即满足 $\boldsymbol{\Psi}_1=\lambda_{\max}(\boldsymbol{R}_1)\boldsymbol{I}\succeq\boldsymbol{R}_1$。因此可以构造出 $\mathrm{vec}\left(\boldsymbol{w}\boldsymbol{w}^{\mathrm{H}}\right)^{\mathrm{H}}\boldsymbol{R}_1\,\mathrm{vec}\left(\boldsymbol{w}\boldsymbol{w}^{\mathrm{H}}\right)$ 的松弛函数：

$$\begin{aligned}\mathrm{vec}\left(\boldsymbol{w}\boldsymbol{w}^{\mathrm{H}}\right)^{\mathrm{H}}\boldsymbol{R}_1\,\mathrm{vec}\left(\boldsymbol{w}\boldsymbol{w}^{\mathrm{H}}\right)&\leqslant\mathrm{vec}\left(\boldsymbol{w}\boldsymbol{w}^{\mathrm{H}}\right)^{\mathrm{H}}\boldsymbol{\Psi}_1\,\mathrm{vec}\left(\boldsymbol{w}\boldsymbol{w}^{\mathrm{H}}\right)\\&\quad+2\Re\left(\mathrm{vec}\left(\boldsymbol{w}\boldsymbol{w}^{\mathrm{H}}\right)^{\mathrm{H}}\left(\boldsymbol{R}_1-\boldsymbol{\Psi}_1\right)\mathrm{vec}\left(\boldsymbol{w}^{(l_1)}\boldsymbol{w}^{(l_1)\mathrm{H}}\right)\right)\\&\quad+\mathrm{vec}\left(\boldsymbol{w}^{(l_1)}\boldsymbol{w}^{(l_1)\mathrm{H}}\right)^{\mathrm{H}}\left(\boldsymbol{\Psi}_1-\boldsymbol{R}_1\right)\mathrm{vec}\left(\boldsymbol{w}^{(l_1)}\boldsymbol{w}^{(l_1)\mathrm{H}}\right)\end{aligned} \tag{8.58}$$

其中，$\boldsymbol{w}^{(l_1)}$ 任意取值，不妨令其为 MM 算法第 l_1 次迭代过程中变量 $\boldsymbol{w}$ 的取值。

此时，$\boldsymbol{w}=\boldsymbol{w}^{(l_1)}$，式（8.58）中等号成立；若 $\boldsymbol{w}\neq\boldsymbol{w}^{(l_1)}$，式（8.58）中左边目标函数恒小于右边的目标函数，因此小于号恒成立。这表明，在迭代过程中目标函数值保持递减趋势。至此，命题 8.4 证毕。

由于优化式（8.52）中进行了恒模约束和恒能量约束，并且 $\boldsymbol{R}_1$ 的值在求解变量 $\boldsymbol{w}$ 的环节中保持固定，因此构造出的矩阵 $\boldsymbol{\Psi}_1$ 也保持固定。根据式（8.58）构造出的松弛函数 $u_1(\boldsymbol{w},\boldsymbol{w}^{(l_1)})$ 可以写成如式（8.59）所示的新形式：

$$\begin{aligned}u_1(\boldsymbol{w},\boldsymbol{w}^{(l_1)})&=\lambda_{\max}(\boldsymbol{R}_1)\mathrm{Tr}\left(\boldsymbol{w}^{\mathrm{H}}\boldsymbol{w}\boldsymbol{w}^{\mathrm{H}}\boldsymbol{w}\right)\\&\quad+2\Re\left(\mathrm{vec}\left(\boldsymbol{w}\boldsymbol{w}^{\mathrm{H}}\right)^{\mathrm{H}}\left(\boldsymbol{R}_1-\boldsymbol{\Psi}_1\right)\mathrm{vec}\left(\boldsymbol{w}^{(l_1)}\boldsymbol{w}^{(l_1)\mathrm{H}}\right)\right)\\&\quad+\mathrm{vec}\left(\boldsymbol{w}^{(l_1)}\boldsymbol{w}^{(l_1)\mathrm{H}}\right)^{\mathrm{H}}\left(\boldsymbol{\Psi}_1-\boldsymbol{R}_1\right)\mathrm{vec}\left(\boldsymbol{w}^{(l_1)}\boldsymbol{w}^{(l_1)\mathrm{H}}\right)\end{aligned} \tag{8.59}$$

再结合式（8.52）中关于变量 $\boldsymbol{w}$ 的恒模和恒能量约束，可以看出函数 $u_1(\boldsymbol{w},\boldsymbol{w}^{(l_1)})$ 的第一项是常数。并且在 MM 算法的第 l_1+1 次迭代过程中，$\boldsymbol{w}^{(l_1)}$ 的取值已经给定，所以函数 $u_1(\boldsymbol{w},\boldsymbol{w}^{(l_1)})$ 的最后一项也是常数。此时，忽略掉常数项，可以将式（8.52）中关于变量 $\boldsymbol{w}$ 的四次项函数松弛为

$$\begin{aligned}\{\boldsymbol{w}(t+1)\}=\arg\min_{\boldsymbol{w}}&\,2\Re\left(\mathrm{vec}\left(\boldsymbol{w}\boldsymbol{w}^{\mathrm{H}}\right)^{\mathrm{H}}\left(\boldsymbol{R}_1-\boldsymbol{\Psi}_1\right)\mathrm{vec}\left(\boldsymbol{w}^{(l_1)}\boldsymbol{w}^{(l_1)\mathrm{H}}\right)\right)\\&+\boldsymbol{w}^{\mathrm{H}}\boldsymbol{R}_2\boldsymbol{w}-2\Re\left(\boldsymbol{w}^{\mathrm{H}}\boldsymbol{r}\right)\\\text{s.t.}&\,\left|\boldsymbol{w}(l)\right|=1,\quad l=1,2,\cdots,MN\\&\,\left\|\boldsymbol{w}((((m-1)N+1)mN)+MN)\right\|^2=C,\quad m=1,2,\cdots,M\end{aligned} \tag{8.60}$$

此时，$\boldsymbol{w}^{(l_1)}$ 可以视作已知项，将式（8.53）代入式（8.60）中，并对目标函数合并同类项，可以将式（8.52）中的目标函数转化为如下形式：

$$
\begin{aligned}
\{\boldsymbol{w}(t+1)\} = &\arg\min_{\boldsymbol{w}} \ \boldsymbol{w}^{\mathrm{H}}\boldsymbol{Q}_1^{(l_1)}\boldsymbol{w} - 2\Re\left(\boldsymbol{w}^{\mathrm{H}}\boldsymbol{r}\right) \\
&\text{s.t.} \ |\boldsymbol{w}(l)| = 1, \quad l = 1,2,\cdots,MN \\
&\quad \|\boldsymbol{w}((((m-1)N+1)mN)+MN)\|^2 = C, \quad m = 1,2,\cdots,M
\end{aligned} \tag{8.61}
$$

其中：

$$
\begin{aligned}
\boldsymbol{Q}_1^{(l_1)} &= \boldsymbol{A}^{(l_1)} + \left(\boldsymbol{A}^{(l_1)}\right)^{\mathrm{H}} + \boldsymbol{R}_2 \\
\boldsymbol{A}^{(l_1)} &= -\lambda_{\max}\left(\boldsymbol{R}_1\right)\left[\boldsymbol{w}^{(l_1)}\boldsymbol{w}^{(l_1)\mathrm{H}}\right] \\
&\quad + \sum_{m=1}^{M}\left[\left(\boldsymbol{V}_m\boldsymbol{w}^{(l_1)}\right)^{\mathrm{H}}\left(\boldsymbol{U}_m\boldsymbol{w}^{(l_1)}\right)\left(\boldsymbol{V}_m^{\mathrm{H}}\boldsymbol{U}_m\right)\right]^{\mathrm{H}}\sum_{p=1}^{M}\sum_{d\in\Omega_{m,p}} 1_{m,p,d} \\
&\quad + \sum_{m=1}^{M}\sum_{p=1}^{M}\sum_{d\in\Omega_{m,p}}\left[\left(\boldsymbol{V}_m\boldsymbol{w}^{(l_1)}\right)^{\mathrm{H}}\boldsymbol{S}_d\left(\boldsymbol{U}_p\boldsymbol{w}^{(l_1)}\right)\right]^{\mathrm{H}}\boldsymbol{V}_m^{\mathrm{H}}\boldsymbol{S}_d\boldsymbol{U}_p
\end{aligned} \tag{8.62}
$$

可以看出，转化后的式（8.61）虽然是关于变量 $\boldsymbol{w}$ 的二次规划问题，但是由于约束中的恒模和恒能量约束，解决此问题仍具有很大难度，因此需要对其中的目标函数再次进行松弛。再构造矩阵 $\boldsymbol{\Psi}_2^{(l_1)} = \lambda_{\max}(\boldsymbol{Q}_1^{(l_1)})\boldsymbol{I} \succeq \boldsymbol{Q}_1^{(l_1)}$，其中，$\lambda_{\max}(\boldsymbol{Q}_1^{(l_1)})$ 表示矩阵 $\boldsymbol{Q}_1^{(l_1)}$ 的最大特征值，参照式（8.52）的松弛函数建立过程，建立式（8.61）中目标函数二次项的松弛函数 $u_2(\boldsymbol{w},\boldsymbol{w}^{(l_2)})$：

$$
u_2(\boldsymbol{w},\boldsymbol{w}^{(l_1)}) = \boldsymbol{w}^{\mathrm{H}}\boldsymbol{\Psi}_2^{(l_1)}\boldsymbol{w} + 2\Re\left(\boldsymbol{w}^{\mathrm{H}}\left(\boldsymbol{Q}_1^{(l_1)} - \boldsymbol{\Psi}_2^{(l_1)}\right)\boldsymbol{w}^{(l_1)}\right) + \left(\boldsymbol{w}^{(l_1)}\right)^{\mathrm{H}}\left(\boldsymbol{\Psi}_2^{(l_1)} - \boldsymbol{Q}_1^{(l_1)}\right)\boldsymbol{w}^{(l_1)} \tag{8.63}
$$

同理可得，松弛函数 $u_2(\boldsymbol{w},\boldsymbol{w}^{(l_2)})$ 的第一项和第三项在第 l_1+1 次迭代过程中也可视为常数项，因此式（8.61）可以转化为以下形式：

$$
\begin{aligned}
\{\boldsymbol{w}(t+1)\} = &\arg\min_{\boldsymbol{w}} \ \left\|\boldsymbol{w} + \boldsymbol{a}^{(l_1)}\right\| \\
&\text{s.t.} \ |\boldsymbol{w}(l)| = 1, \quad l = 1,2,\cdots,MN \\
&\quad \|\boldsymbol{w}((((m-1)N+1)mN)+MN)\|^2 = C, \quad m = 1,2,\cdots,M
\end{aligned} \tag{8.64}
$$

其中：

$$
\boldsymbol{a}^{(l_1)} = \left(\boldsymbol{Q}_1^{(l_1)} - \boldsymbol{\Psi}_2^{(l_1)}\right)\boldsymbol{w}^{(l_1)} - \boldsymbol{r} \tag{8.65}
$$

再结合式（8.64）中涉及的恒模和恒能量约束，可以将其分解成 $MN+M$ 个子问题进行求解，于是可以得出第 l_1+1 次迭代过程中关于变量 $\boldsymbol{w}$ 的解：

$$
\begin{aligned}
w^{(l_1+1)}(l) &= \mathrm{e}^{\mathrm{j}\angle(-\boldsymbol{a}(l))}, \quad l = 1,2,\cdots,MN \\
w^{(l_1+1)}(l) &= \frac{\sqrt{C}\,|\boldsymbol{a}(l)|\,\mathrm{e}^{\mathrm{j}\angle(-\boldsymbol{a}(l))}}{\|\boldsymbol{a}(((M+m-1)N+1)(M+m)N)\|} \\
l &\in [(M+m-1)N+1,(M+m)N], \quad m = 1,2,\cdots,M
\end{aligned} \tag{8.66}
$$

此时需要开展 MM 算法的迭代步骤，并设置相应的迭代跳出条件，当满足该条件时，认为此时求得的 $\boldsymbol{w}^{(l_1+1)}$ 是式（8.64）的最优解，同时将其视作为步骤 2 初始优化问题式（8.44）的最优解 $\boldsymbol{w}(t+1)$。

步骤 3：使用 $\{\boldsymbol{w}(t+1),\boldsymbol{k}(t+1),y_{m,p,d}(t+1),z_{m,p,d}(t+1),\eta(t+1)\}$ 更新拉格朗日乘子 $\left\{\lambda_{m,p,d},\kappa_{m,p,d},\xi\right\}$：

$$\begin{cases}\lambda_{m,p,d}(t+1)=\lambda_{m,p,d}(t)+\rho\left(y_{m,p,d}(t+1)-\boldsymbol{w}(t+1)^{\mathrm{H}}\boldsymbol{V}_m^{\mathrm{H}}\boldsymbol{S}_d\boldsymbol{U}_p\boldsymbol{w}(t+1)\right)\\ \kappa_{m,p,d}(t+1)=\kappa_{m,p,d}(t)+\rho\left(z_{m,p,d}(t+1)-\boldsymbol{w}(t+1)^{\mathrm{H}}\boldsymbol{V}_m^{\mathrm{H}}\boldsymbol{U}_m\boldsymbol{w}(t+1)1_{m,p,d}\right)\\ \quad m,p=1,2,\cdots,M,\quad \forall d\in\Omega_{m,p}\\ \xi(t+1)=\xi(t)+\rho(\boldsymbol{k}(t+1)-\boldsymbol{\Xi}\boldsymbol{w}(t+1))\end{cases}\tag{8.67}$$

重复步骤 1～步骤 3，直至算法收敛。

8.4 仿真实验

在本节中，我们将多种正交多波形及非匹配滤波器组的设计方法纳入对比范围，在波形长度、波形种类和低旁瓣区域等方面设置相同的参数，通过对比不同方法接收滤波器的输出结果来体现提出算法的有效性。并且，除开展在无噪声情况下接收滤波器输出效果对比外，本节还将设置扩展目标探测场景，在不同协同感知雷达子站探测角度下建立不同的探测目标散射模型，并分析设计的波形集和非匹配滤波器组在该探测场景下的性能表现。

通过设置连续相位编码信号的码元长度 $N=128$，波形种类为两个，带宽为 $b=50\text{MHz}$，因此该相位编码信号的脉宽为 $2.56\mu\text{s}$。随后设置采样频率为 1 倍带宽，即 $f_s=B$。步长参数 ρ 设置为 0.01，非匹配滤波器序列的能量设置为 N，信噪比损失因子 $\beta=89.6$，ADMM 算法最大迭代次数为 15000，迭代跳出条件中的误差参数 $\psi=10^{-6}$；MM 算法最大迭代次数为 1000 次，迭代跳出条件中的收敛参数 $\varepsilon=10^{-5}$，并将所有的归一化旁瓣区域都设置为 $[-0.3359,0.3359]$。并在算法迭代开始前，对发射波形集、非匹配滤波器组、引入的辅助变量以及拉格朗日乘子进行随机初始化。

文献[4]提出的新型多重循环算法（multiple-cyclic algorithm new，Multi-CAN）算法和新型多重加权循环算法（multiple-weighted cyclic algorithm new，Multi-WeCAN）算法设计出的波形集在自相关域和互相关域上都有着良好的局部低旁瓣特性；文献[2]提出的非周期相关自适应旁瓣电平（aperiodic correlation adaptive sidelobe level，ACASL）算法可以确保控制波形集的自相关水平和互相关水平精确，并且该算法也是基于 MM 算法框架提出的，该文献中的实验结果表明 ACASL 算法具有很好的收敛性且自相关域和互相关域上的旁瓣水平都表现得很平坦；文献[5]通过开展模糊函数域上的发射波形集和非匹配滤波器组的联合设计，得到了在互模糊函数域上具有良好局部低旁瓣特性的波形集和滤波器组。因此本节将把前述的四种设计算法纳入对比，表明 8.2 和 8.3 节中提出算法的优越性。在仿真实验中图例命名规则如下：文献[4]中的 Multi-CAN 算法和 Multi-WeCAN 算法的图例分别为 CAN 和 WeCAN，文献[2]中的 ACASL 算法的图例为 ACASL，文献[5]中的波形集和滤波器组联合优化算法的图例为 GMBI。并且四种方法的波形长度、波形种类、带宽和采样率等参数都与前述实验参数设置相同。

在图 8.1～图 8.4 的仿真结果中，由于 CAN 算法、WeCAN 算法以及 ACASL 算法只进行波形设计，所以接收滤波器序列为对应的发射波形（接收端采用匹配滤波器）；对于 GMBI 算法和本章算法，接收滤波器采用的是优化得到的非匹配滤波器。在设定的低旁瓣区域中，有以下数据。

（1）CAN 算法设计的波形集的自相关 PSL 为−22.89dB，互相关 PSL 为−23.95dB。

（2）WeCAN 算法设计的波形集的自相关 PSL 为−28.27dB，互相关 PSL 为−29.21dB。

（3）ACASL 算法设计的波形集的自相关 PSL 为−52.84dB，互相关 PSL 为−24.97dB。

（4）GMBI 算法设计的波形集和非匹配滤波器组的互相关 PSL 为−159.50dB，信噪比损失为−2.7dB。

（5）本章算法设计的波形集和非匹配滤波器组的互相关 PSL 为−185.6dB，信噪比损失为−1.48dB。

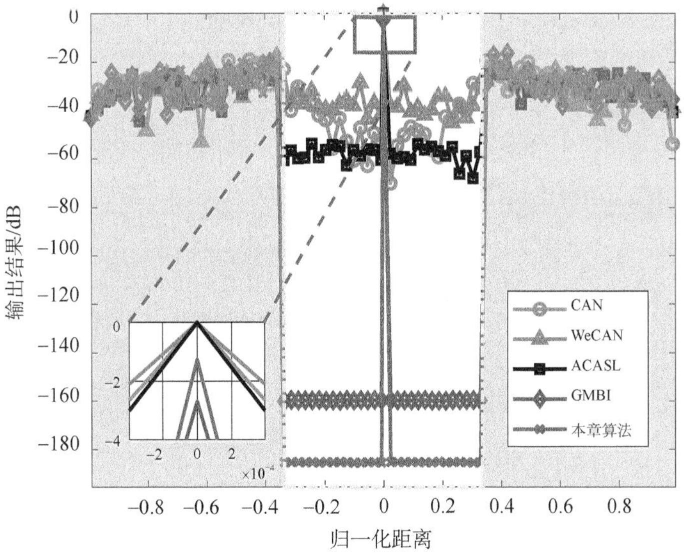

图 8.1　波形 1 和接收滤波器 1 的互相关

根据这些数值结果，可以得到如下结论。

（1）CAN 算法和 WeCAN 算法设计波形集的自相关旁瓣和互相关旁瓣都比

较高，并且旁瓣表现不够平坦，而 ACASL 算法设计的正交波形集不仅有较低的自相关 PSL 水平，并且该算法收敛性好，旁瓣表现平坦。

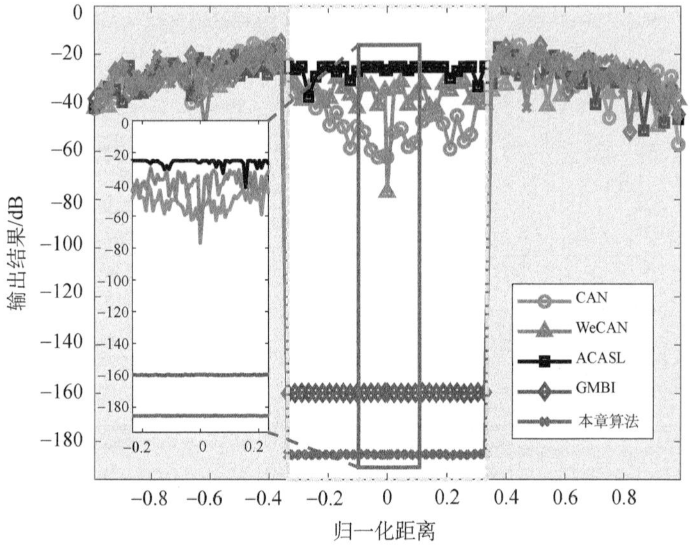

图 8.2　波形 1 和接收滤波器 2 的互相关

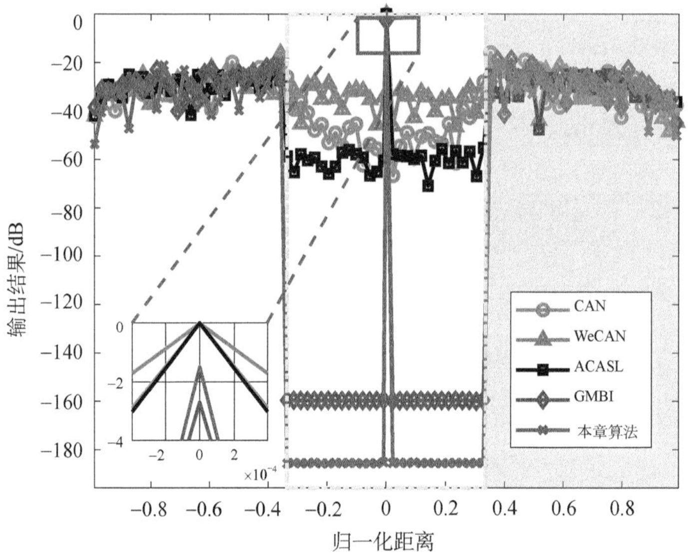

图 8.3　波形 2 和接收滤波器 2 的互相关

（2）与只在发射端开展波形设计集相比，结合接收端自由度并开展接收滤波器组和波形集的联合设计可以极大地抑制距离旁瓣。与 CAN 等算法相比，GMBI 算法设计出的非匹配滤波器输出结果显示，距离旁瓣抑制效果至少提升 107.5dB，并且信噪比损失较小。

（3）与 GMBI 算法相比，本章算法的非匹配滤波器输出结果显示，距离旁瓣抑制效果不仅提升了26.1dB，信噪比损失还减小了1.22dB。

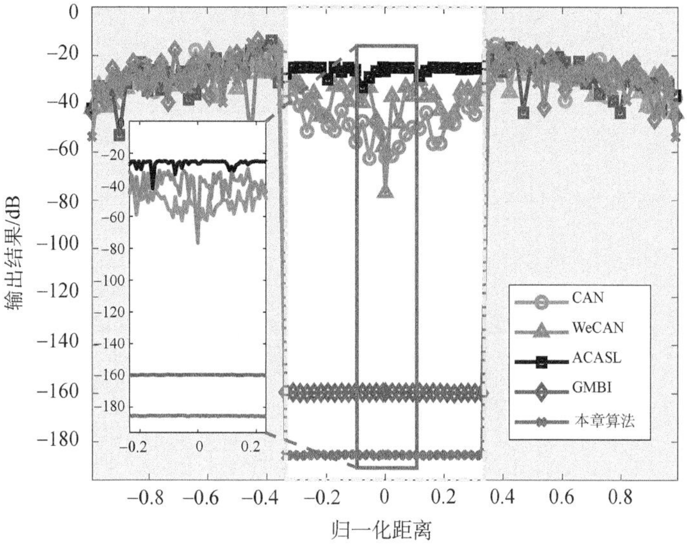

图 8.4 波形 2 和接收滤波器 1 的互相关

综上所述，本方法在保证更小的信噪比损失的同时，还可以获得更好的距离旁瓣抑制效果。

图 8.5～图 8.7 分别为优化得到的波形集序列的相位分布情况、非匹配滤波器组序列的幅度及相位分布情况。

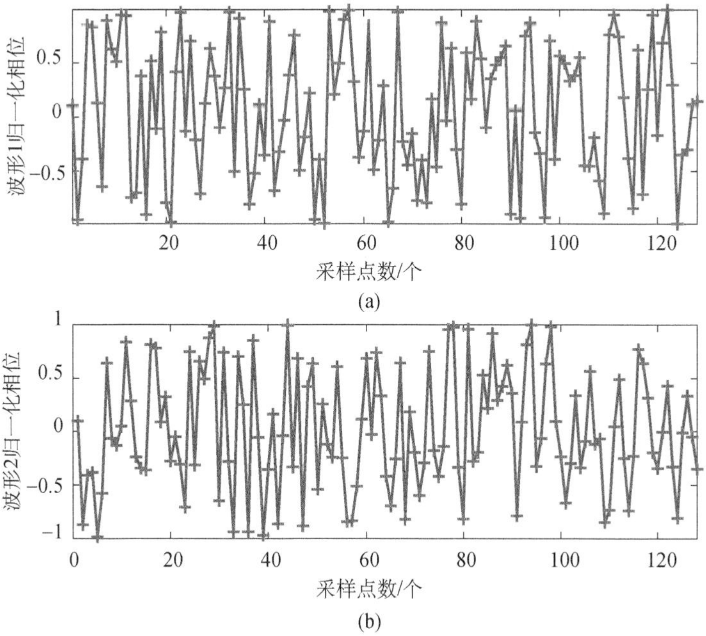

图 8.5 本章算法设计两种波形的相位情况

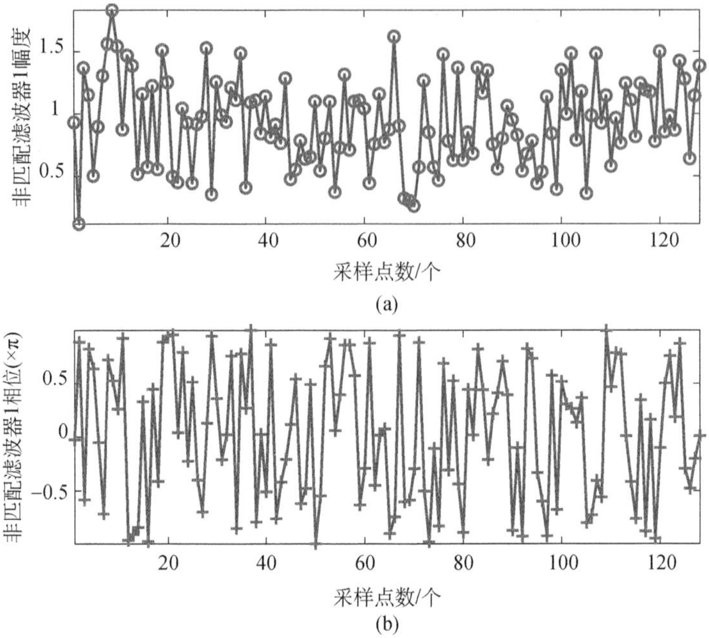

图 8.6　本章算法设计非匹配序列 1 的幅度和相位情况

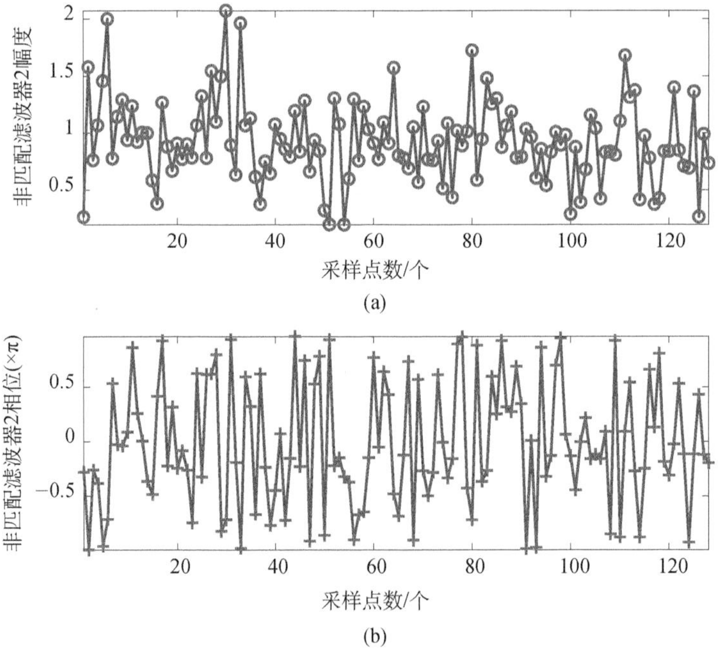

图 8.7　本方法设计非匹配序列 2 的幅度和相位情况

通过取消波形集和滤波器组联合设计的算法的迭代条件，并令其持续迭代 12000 次，得到图 8.8 和图 8.9 中的仿真结果。可以看出，辅助变量与滤波器输出误差（auxiliary variables and filter output，AVFO）随着迭代次数的增加呈现出下降的趋势，并逐渐趋于稳定，并且波形集和非匹配滤波器组的互相关 PSL 也随着迭代次数的增加逐渐下降。这也印证了 8.3 节中的收敛性分析推论。

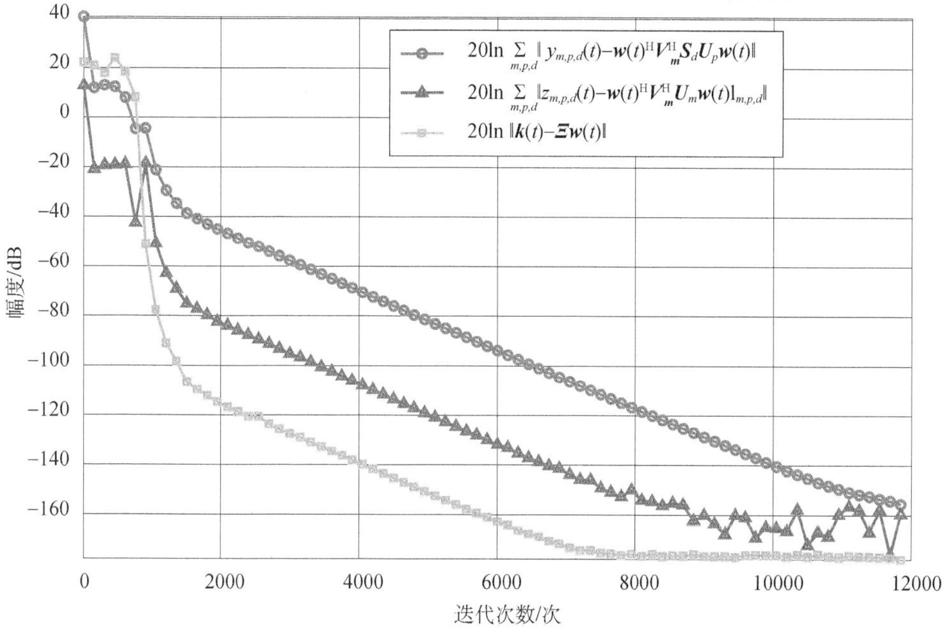

图 8.8　算法迭代过程中的 AVFO 误差变化情况

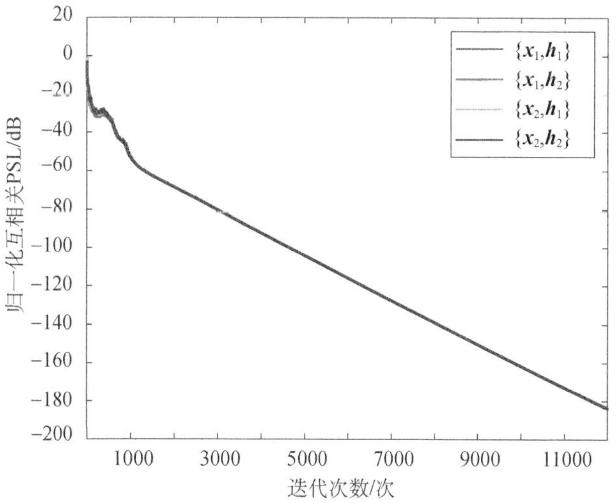

图 8.9　波形集和非匹配滤波器组的互相关 PSL 随迭代次数变化情况（见彩图）

假设某探测环境中布设两个协同感知雷达子站，某扩展目标在协同感知雷达子站 1 照射角度下的散射点分布特性如图 8.10 所示，该扩展目标在协同感知雷达子站 2 照射角度下的散射点分布特性如图 8.11 所示。

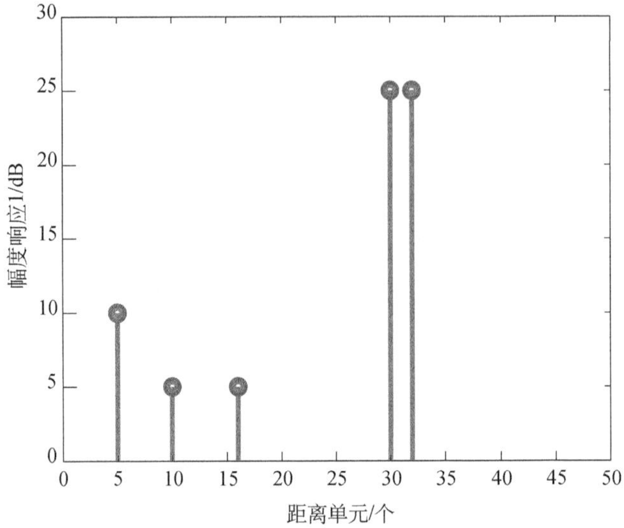

图 8.10　扩展目标的第 1 种散射点分布特性

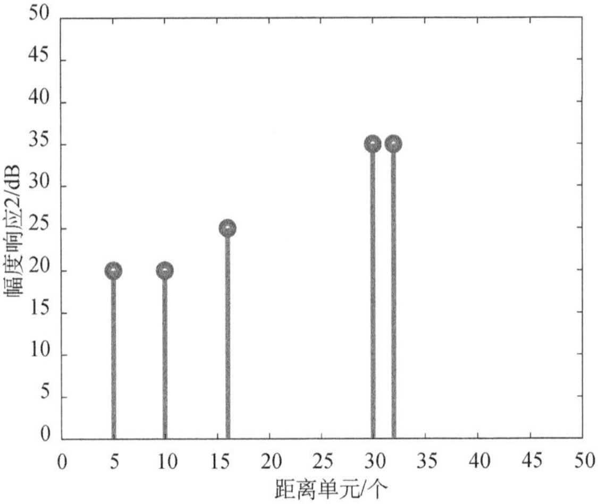

图 8.11　扩展目标的第 2 种散射点分布特性

随后，令雷达子站1发射图 8.5（a）所示的波形1，接收滤波器使用图 8.6 所示的非匹配滤波器1；雷达子站1发射图 8.5（b）所示的波形2，接收滤波器使用图 8.7 所示的非匹配滤波器 2 。假设发射脉冲占空比为50%，且共计发射 1000 个脉冲，则经过相参积累之后，可以得到如图 8.12 和图 8.13 所示的探测情况。

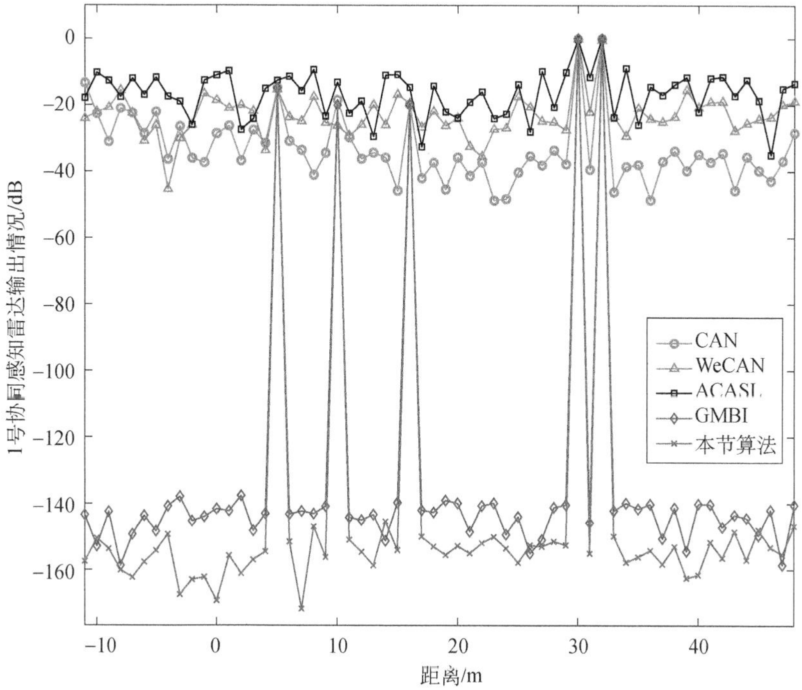

图 8.12 1 号子站的扩展目标探测情况

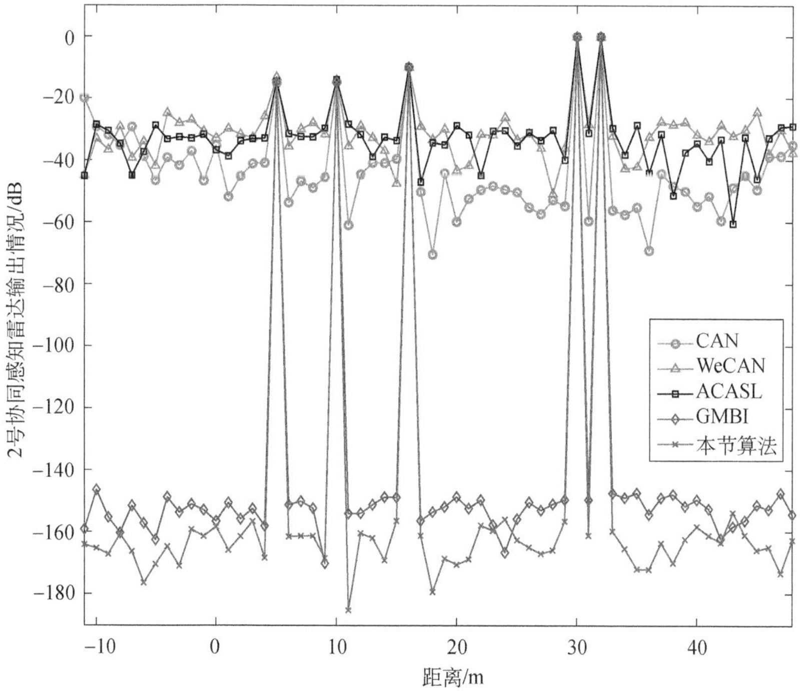

图 8.13 2 号子站的扩展目标探测情况

可以看出，第1种散射点分布特性中存在弱散射点，CAN 方法和 WeCAN 算法在目标特征提取过程中，会出现强散射点淹没弱散射点的现象；ACASL 算法对于波形的自相关抑制权重大，对于互相关抑制权重小，所以 ACASL 算法出现最高的距离旁瓣，完全无法提取弱强度散射点的特征。由于本章算法开展的发射波形集和非匹配滤波器组的联合设计具有最低的距离旁瓣抑制效果，所以在两个协同感知雷达子站的探测效果中，实现两种散射点分布特性有效提取的同时，还获得了最好的目标分辨率。

8.5 本章小结

当协同感知雷达系统用于目标搜索和目标捕获的时候，所有的雷达子站将工作在 MIMO 模式，此时各子站发射相互独立的波形。本章开展了用于协同感知雷达的多波形及非匹配滤波器组的联合设计，通过建立联合优化分式模型，并基于 ADMM 算法框架和 MM 算法对该非凸非线性优化问题进行求解。仿真结果表明，该算法收敛稳定，在有效实现旁瓣抑制的同时还拥有最小的信噪比损失。

参考文献

[1] Song J X, Babu P, Palomar D P. Sequence design to minimize the weighted integrated and peak sidelobe levels[J]. IEEE Transactions on Signal Processing, 2016, 64(8): 2051-2064.

[2] Golomb S W, Gong G. Signal Design for Good Correlation[M]. Cambridge: Cambridge University Press, 2005.

[3] Jang W M, Vojcic B R, Pickholtz R L. Joint transmitter-receiver optimization in synchronous multiuser communications over multipath channels[J]. IEEE Transactions on Communications, 1998, 46(2): 269-278.

[4] Stoica P, He H, Li J. New algorithms for designing unimodular sequences with good correlation properties[J]. IEEE Transactions on Signal Processing, 2009, 57(4): 1415-1425.

[5] Liang J L, So H C, Li J, et al. Unimodular sequence design based on alternating direction method of multipliers[J]. IEEE Transactions on Signal Processing, 2016, 64(20): 5367-5381.

第 9 章　雷达目标模式可分性驱动的波形设计

本章首先给出雷达波形特性的背景知识，接着推导基于雷达目标模式可分性的波形设计分式优化模型及算法，最后给出仿真结果验证本章所提方法的有效性。

9.1　背景知识

作为雷达系统的重要组成部分，波形在改善雷达分辨率、增强抗干扰能力、增加目标检测或识别率、压制杂波和干扰等方面发挥着重要作用。随着雷达硬件特性的改善，发射任意波形成为可能，此时可以充分利用波形来增强雷达感知能力[1]。

对于点目标而言，我们通常期望高信噪比以便增强雷达探测距离以及减小虚警率。当环境噪声为高斯白噪声且仅存在一个点目标时，可以应用匹配滤波器（matched filter，MF）最大化输出信噪比，完成脉冲压缩及点目标检测任务[2]。显然，MF 输出依赖于发射波形，具有良好的 ACF 特性，包括窄的主瓣以及低的旁瓣层。但当场景中存在多个点目标时，回波实际上是发射波形和点目标反射系数的卷积和。此时，良好的 ACF 特性可以确保 MF 输出中弱目标不被强目标的旁瓣遮蔽。因此，理想化脉冲形式的 ACF 可以作为设计目标去设计具有这种 ACF 形式的波形，如 Barker 码[3]、Frank 码[4]、P4 多相位编码[5]。近期，我们已从 ACF 或模糊函数（ambiguity function，ABF）特性角度对波形设计问题进行了深入的研究[6–11]。

当雷达具有较高分辨率时，目标会占用多个雷达距离单元。此时，目标不再被看作点目标而应被看作扩展目标，因此雷达回波包含关于目标结构和材质的丰富信息。因此，设计雷达波形提取目标丰富信息变成当前热点研究问题之一。目标脉冲响应（target impulse response，TIR）、目标频率响应（target frequency response，TFR）以及高分辨率距离像（high-resolution range profiles，HRRP）这些先验信息经常被用来设计波形以增强雷达系统特性。

在之前的研究中，互信息（mutual information，MI）以及信噪比（signal to

noise ratio，SNR）被广泛用于扩展目标的波形设计。例如，Bell[12]将信息论引入波形设计中，首次使用雷达回波和目标散射信号的互信息作为设计目标去最大化目标信息。此后，最大化 MI 成为一种广泛使用的准则[12–17]。MI 量化的是两个随机变量之间的相关性或依赖关系，较大的 MI 值表示减少了先验的不确定性[12]。显然，基于 MI 准则波形设计的目标是最大化目标信息的获取，而不是增强不同类别之间的差异，以提高分类性能。换句话说，MI 最大化准则平等地保持了各类目标的相似特征以及显著特征。因此，捕获和加强各类目标特征差异仍然是当前模式识别领域的重要研究内容之一。另外，一些研究通过最大化 SNR 来增强目标分类或识别特性[18–20]。值得注意的是，SNR 作为一种间接度量，广泛用于改善目标检测和跟踪，这意味着从 SNR 的角度进行优化不仅仅是由目标分类任务的特性驱动的。2014 年，Woodward 在文献[21]中指出，盲目追求 SNR 准则可能会误导雷达的设计及数据处理。除此之外，文献[22～24]提出了存在噪声和杂波环境下、最大化两类实值 TIR 之间马哈拉诺比斯（Mahalanobis）距离的时域波形设计方法。但该方法很难扩展至适合多类目标识别的问题中。此外，该方法并未涉及特征提取以及降维步骤来改善识别特性。文献[25]提出了一种基于扩展目标 TFR 特性、适合多类目标的波形和分类器联合设计方法。可是，这种基于费舍尔（Fisher）分析的方法受限于可降维的特征维数，可能会影响识别率。此外，这种分析方法并不适合非高斯分布的数据，而雷达 HRRP、TIR 以及 TFR 数据往往又呈现非高斯性。进一步地，该方法不能设计常模或者恒模波形，而这类波形经常用于最大限度地提高可实现的灵敏度并通过在饱和模式下操作功率放大器来获得最大的功率效率[26]。

众所周知，可分性（separability）是量化模式识别中不同类别特征折叠程度的标准，影响着不同类别或模式的区分程度。良好的可分性意味着显著区别的类别以及容易分类；然而，差的可分性暗含着严重的重叠，对于分类具有极大的挑战[27–30]。从这一角度出发，具有良好可分性的波形可以对特定目标提供可靠的判别能力，增强目标的独特特性，并区分他们。此外，具有良好可分性的波形还可以结合降维思想提供更多的自由度，进一步改善区分特性。因此，有必要从模式可分角度进行雷达波形的设计。

9.2 问题描述

9.2.1 可分性准则回顾

可分性是机器学习领域的重要概念。好的可分性意味着来自不同类别的样本在特征空间中有明显的边界或区域，使不同类别样本不易折叠或者彼此混叠。因此，好的可分性暗含准确的识别特性。此外，作为分类、聚类和回归的一项重要技术，降维技术通过映射原始样本至低维空间，放大各类之间的距离，来增强可分性。因此，本章结合降维技术一起来讨论模式的可分性，包括类间距离、类内距离、流型学习以及最大间隔。

类间距离和类内距离：类间距离和类内距离是衡量模式可分性的两个重要准则。基于类间距离降维技术的核心思想是寻找一个投影矩阵 $\boldsymbol{W}$ 使投影后的各类样本之间的类间距离尽可能大，进而各类样本在低维空间中可以很好分离。寻找最大化各类类间距离的投影矩阵 $\boldsymbol{W}$ 的过程可以通过最大化如下代价函数获得：

$$J_1(\boldsymbol{W})=\mathrm{Tr}\{\boldsymbol{W}^{\mathrm{T}}(\sum_{i=1}^{I}N_{C_i}(\boldsymbol{\mu}_i-\boldsymbol{\mu})(\boldsymbol{\mu}_i-\boldsymbol{\mu})^{\mathrm{T}})\boldsymbol{W}\} \tag{9.1}$$

其中，$\boldsymbol{\mu}_i=\dfrac{1}{N_{C_i}}\sum\limits_{\boldsymbol{y}_n\in C_i}\boldsymbol{y}_n$ 表示第 i 个类 C_i 所有样本的均值；$\boldsymbol{y}_n$ 表示属于第 i 个类 C_i 的第 n 个样本；N_{C_i} 表示第 i 个类 C_i 中样本的数目；而 $\boldsymbol{\mu}=\dfrac{1}{N}\sum\limits_{n=1}^{N}\boldsymbol{y}_n$ 表示所有类的所有样本 $\boldsymbol{y}_n$ 的均值。

不同于类间距离，类内距离测量的是属于同一类别的样本之间的距离。通常期望该距离越小越好，以便同一类别的样本在低维空间中彼此靠近。寻找最小化类内距离的投影矩阵 $\boldsymbol{W}$ 的过程可以通过最大化如下代价函数获得：

$$J_2(\boldsymbol{W})=\mathrm{Tr}\left\{\boldsymbol{W}^{\mathrm{T}}\left(\sum_{i=1}^{I}\sum_{\boldsymbol{y}_n\in C_i}(\boldsymbol{y}_n-\boldsymbol{\mu}_i)(\boldsymbol{y}_n-\boldsymbol{\mu}_i)^{\mathrm{T}}\right)\boldsymbol{W}\right\} \tag{9.2}$$

LDA 方法结合上述两种分离准则寻找投影矩阵 $\boldsymbol{W}$ 以便最大化类间距离和类内距离的比率达到最佳的线性可分离性，即

$$J(\boldsymbol{W})=\frac{J_2(\boldsymbol{W})}{J_1(\boldsymbol{W})} \tag{9.3}$$

流型学习：流型学习假设高维数据居住在低维流型空间中，并通过学习这种流型揭示内在结构。作为流型学习方法之一，局部投影保持（locality preserving projection，LPP）算法是一种利用各个样本之间的相似性构建近邻图保持局部信息的线性降维算法，即最小化如下代价函数获得投影矩阵 $\boldsymbol{W}$，保证在原始空间中彼此靠近的样本在新的低维空间中仍然靠近：

$$J_3(\boldsymbol{W})=\sum_{mn}H_{m,n}\left\|\boldsymbol{W}^{\mathrm{T}}(\boldsymbol{y}_m-\boldsymbol{y}_n)\right\|^2 \tag{9.4}$$

其中，描述两个样本之间相似性的 $H_{m,n}$ 可定义为

$$H_{m,n}=\begin{cases}\exp\left\{-\dfrac{\|\boldsymbol{y}_m-\boldsymbol{y}_n\|^2}{\sigma^2}\right\}, & \text{当 } \boldsymbol{y}_n \text{ 是第}k\text{个 } \boldsymbol{y}_m \text{ 的临近}\\ 0, & \text{其他}\end{cases} \tag{9.5}$$

其中，k 是近邻数目；σ^2 是用户给定的参数。

最大间隔：支持向量机（support vector machine，SVM）是最大化间隔最具代表性的方法之一。其通过优化如下问题寻找两类可分数据具有最大间隔的可分超平面：

$$\begin{aligned}&\max_{\boldsymbol{w},b}\ J_4(\boldsymbol{w},b)=\frac{2}{\|\boldsymbol{w}\|}\\&\text{s.t.}\ z_n\left(\boldsymbol{w}^{\mathrm{T}}\boldsymbol{y}_n+b\right)\geqslant 1,\quad n=1,2,\cdots,N\end{aligned}\tag{9.6}$$

其中，z_n 表示样本 $\boldsymbol{y}_n$ 的标签；$\boldsymbol{w}$ 和 b 表示优化变量。

9.2.2 问题形成

本章考虑波形设计来增强不同类目标回波的可分性。采用可分性作为准则的原因在于较好的可分性暗含设计的波形可以很好捕获不同目标显著的特征。令雷达系统长度为 L 的离散时间波形为 $\boldsymbol{x}=[x_1,x_2,\cdots,x_L]^{\mathrm{T}}$；$\boldsymbol{a}_{i,n}=[a_{i,n}(1),a_{i,n}(2),\cdots,a_{i,n}(P)]^{\mathrm{T}}$ 表示第 i 类第 n 个复目标响应向量，其中，$i=1,2,\cdots,I$，$n=1,2,\cdots,N_{C_i}$；P 表示距离单元的数目。借助波形及复目标响应向量的卷积可以将长度为 $L_c=L+P-1$ 的接收回波表示为

$$\boldsymbol{y}_{i,n}=\boldsymbol{a}_{i,n}\otimes\boldsymbol{x}\tag{9.7}$$

定义

$$\boldsymbol{A}_{i,n}=\begin{pmatrix}a_{i,n}(1) & 0 & \cdots & 0\\ a_{i,n}(2) & a_{i,n}(1) & \vdots & 0\\ \vdots & \vdots & \vdots & 0\\ a_{i,n}(P) & a_{i,n}(P-1) & \cdots & 0\\ 0 & a_{i,n}(P) & \cdots & 0\\ \vdots & \vdots & \vdots & \vdots\\ 0 & \cdots & \cdots & a_{i,n}(P)\end{pmatrix}\in\mathbb{C}^{L_c\times L}\tag{9.8}$$

则 $\boldsymbol{y}_{i,n}$ 可表示为 $\boldsymbol{y}_{i,n}=\boldsymbol{A}_{i,n}\boldsymbol{x}$，即本章考虑利用来自 $\boldsymbol{a}_{i,n}$ 的先验信息设计雷达波形 $\boldsymbol{x}$。基于投影矩阵 $\boldsymbol{W}$ 将回波 $\boldsymbol{y}_{i,n}$ 投影至低维空间可得

$$\boldsymbol{W}^{\mathrm{H}}\boldsymbol{y}_{i,n}=\boldsymbol{W}^{\mathrm{H}}\boldsymbol{A}_{i,n}\boldsymbol{x}\tag{9.9}$$

模型 1：由于高分辨率一维距离像及目标脉冲响应数据具有流型结构特点，本章考虑引入流型学习思想设计雷达波形 $\boldsymbol{x}$。首先利用局部投影保持思想约束每类数据，从而保持局部结构。这样，由波形 $\boldsymbol{x}$ 导致的回波样本在低维空间中的样本距离可以表示为

$$\left\|\boldsymbol{W}^{\mathrm{H}}\boldsymbol{A}_{i,n}\boldsymbol{x}-\boldsymbol{W}^{\mathrm{H}}\boldsymbol{A}_{i,n_k}\boldsymbol{x}\right\|^2\tag{9.10}$$

其中，$\boldsymbol{A}_{i,n}$ 和 $\boldsymbol{A}_{i,n_k}$ 表示复目标向量 $\boldsymbol{a}_{i,n}$ 和 $\boldsymbol{a}_{i,n_k}$ 经式（9.8）形成的矩阵。为了保持同类数据之间的局部流型，本章类似于式（9.4）那样，考虑每一个回波样本以及其对应的 K 个最近邻样本以保证他们在低维空间中仍然靠近彼此。在第 i 类中，本章计算每一个样本 $\boldsymbol{a}_{i,n}$ 到其最靠近的 K 个样本 $\boldsymbol{a}_{i,n_k}$ 的距离，这样保持该类所有样本局部结构信息的代价函数可表示为

$$\sum_{n=1}^{N_{C_i}}\sum_{k=1}^{K}H_{n,n_k}\left\|\boldsymbol{W}^{\mathrm{H}}\boldsymbol{A}_{i,n}\boldsymbol{x}-\boldsymbol{W}^{\mathrm{H}}\boldsymbol{A}_{i,n_k}\boldsymbol{x}\right\|^2=\sum_{n=1}^{N_{C_i}}\sum_{k=1}^{K}\left\|\boldsymbol{W}^{\mathrm{H}}\sqrt{H_{n,n_k}}(\boldsymbol{A}_{i,n}-\boldsymbol{A}_{i,n_k})\boldsymbol{x}\right\|^2 \tag{9.11}$$

其中，H_{n,n_k} 按照式（9.5）的方式获得，或者取为1。为了便于表达，定义 $\bar{\boldsymbol{D}}_{i,\bar{n}}=\sqrt{H_{n,n_k}}(\boldsymbol{A}_{i,n}-\boldsymbol{A}_{i,n_k})$，则式（9.11）可表示为

$$\sum_{\bar{n}=1}^{KN_{C_i}}\left\|\boldsymbol{W}^{\mathrm{H}}\boldsymbol{D}_{i,\bar{n}}\boldsymbol{x}\right\|^2 \tag{9.12}$$

为了描述不同类之间的可分离性，考虑如下代价函数：

$$\left\|\boldsymbol{W}^{\mathrm{H}}\hat{\boldsymbol{D}}_i\boldsymbol{x}\right\|^2 \tag{9.13}$$

其中，$\hat{\boldsymbol{D}}_i$ 由向量 $\hat{\boldsymbol{d}}_i=(\boldsymbol{\mu}_i-\boldsymbol{\mu})^{\mathrm{T}}$ 根据式（9.8）构建，$\boldsymbol{\mu}_i=\dfrac{1}{N_{C_i}}\sum_{n=1}^{N_{C_i}}\boldsymbol{a}_{i,n}$，$\boldsymbol{\mu}=\dfrac{1}{N}\sum_{i=1}^{I}\sum_{n=1}^{N_{C_i}}\boldsymbol{a}_{i,n}$。

从最差情况的角度讲，本章考虑式（9.13）和式（9.12）的比率作为可分性标准，最小化所有类中表现最差类（比率最大的那个）对应的代价函数。正交基变换已被证实具有很好的判别能力，而且避免了投影方向的冗余以及各个方向的尺度问题。同时，考虑波形的恒模特性使雷达发射机功放工作在饱和区。基于以上考虑，本章构造如下数学模型进行波形的设计：

$$\min_{\boldsymbol{W},\boldsymbol{x}}\max_i\frac{\sum_{\bar{n}=1}^{KN_{C_i}}\left\|\boldsymbol{W}^{\mathrm{H}}\boldsymbol{D}_{i,\bar{n}}\boldsymbol{x}\right\|^2}{\left\|\boldsymbol{W}^{\mathrm{H}}\hat{\boldsymbol{D}}_i\boldsymbol{x}\right\|^2} \tag{9.14}$$

$$\text{s.t.}\quad \boldsymbol{W}^{\mathrm{H}}\boldsymbol{W}=\boldsymbol{I}_M,\quad |x(n)|=\xi,\quad n=1,2,\cdots,L$$

其中，M 表示子空间的维数；$x(n)$ 表示波形向量 $\boldsymbol{x}$ 的第 n 个元素；ξ 为所有元素的模。

上述模型具有相当的灵活性，从而能更好地关注这些具有较差类内局部流型结构以及类间距离比率的类。这样，可以有效改善数据的可分性以及最小化类间的混淆。

模型 2：考虑到 LDA 是一种基于类间距离的算法，本章考虑从最差的情形对其进行扩展。首先，计算每个样本到其类均值之间的距离：$\bar{\boldsymbol{d}}_{i,n}=(\boldsymbol{a}_{i,n}-\boldsymbol{\mu}_i)$。

然后基于该向量按照式（9.8）并除以$\sqrt{N_{C_i}}$构造矩阵$\bar{\boldsymbol{D}}_{i,n}$以避免样本不平衡带来的影响。因此，衡量类内距离的代价函数可表示为

$$\sum_{n=1}^{N_{C_i}}\left\|\boldsymbol{W}^{\mathrm{H}}\bar{\boldsymbol{D}}_{i,n}\boldsymbol{x}\right\|^2 \tag{9.15}$$

定义$\tilde{\boldsymbol{D}}_{i,j}$是由$\tilde{\boldsymbol{d}}_{i,j}=(\boldsymbol{\mu}_i-\boldsymbol{\mu}_j)^{\mathrm{T}}$按照式（9.8）构造的矩阵，则衡量类间距离的代价函数可表示为

$$\left\|\boldsymbol{W}^{\mathrm{H}}\tilde{\boldsymbol{D}}_{ij}\boldsymbol{x}\right\|^2 \tag{9.16}$$

这样，最差情况时 LDA 模型构造的波形设计模型可表示为

$$\begin{aligned}&\min_{\boldsymbol{W},\boldsymbol{x}}\ \frac{\max\limits_{i}\sum\limits_{n=1}^{N_{C_i}}\left\|\boldsymbol{W}^{\mathrm{H}}\bar{\boldsymbol{D}}_{i,n}\boldsymbol{x}\right\|^2}{\min\limits_{ij,j\neq i}\left\|\boldsymbol{W}^{\mathrm{H}}\tilde{\boldsymbol{D}}_{ij}\boldsymbol{x}\right\|^2}\\&\ \text{s.t.}\quad \boldsymbol{W}^{\mathrm{H}}\boldsymbol{W}=\boldsymbol{I}_M,\quad |x(n)|=\xi,\quad n=1,2,\cdots,L\end{aligned} \tag{9.17}$$

因此，本章的主要目的是求解式（9.14）以及式（9.17），设计具有良好可分性的雷达波形。

9.3 算法发展

本节导出关于式（9.14）和式（9.17）的解，形成算法 1 和算法 2。为了便于表达，将多个变量合并在一起形成新的变量$\boldsymbol{g}$：

$$\boldsymbol{g}=\left[\boldsymbol{w}_1^{\mathrm{T}},\boldsymbol{w}_2^{\mathrm{T}},\cdots,\boldsymbol{w}_M^{\mathrm{T}},\boldsymbol{x}^{\mathrm{T}}\right]^{\mathrm{T}}\in\mathbb{C}^{(ML_c+L)\times 1} \tag{9.18}$$

引入选择矩阵$\boldsymbol{S}_{W_m}=[\boldsymbol{0}_{L_c\times(m-1)L_c}\ \boldsymbol{I}_{L_c}\ \boldsymbol{0}_{L_c\times(M-m)L_c+L}]$和$\boldsymbol{S}_x=[\boldsymbol{0}_{L\times ML_c}\ \boldsymbol{I}_L]$，这样，$\boldsymbol{x}=\boldsymbol{S}_x\boldsymbol{g}$，$\boldsymbol{w}_m=\boldsymbol{S}_{W_m}^{\mathrm{H}}\boldsymbol{g}$，则式（9.14）可重写为

$$\begin{aligned}&\min_{g}\max_{i}\frac{\sum\limits_{\bar{n}=1}^{KN_{C_i}}\sum\limits_{m=1}^{M}\left|\boldsymbol{g}^{\mathrm{H}}\boldsymbol{S}_{W_m}^{\mathrm{H}}\boldsymbol{D}_{i,\bar{n}}\boldsymbol{S}_x\boldsymbol{g}\right|^2}{\sum\limits_{m=1}^{M}\left|\boldsymbol{g}^{\mathrm{H}}\boldsymbol{S}_{W_m}^{\mathrm{H}}\hat{\boldsymbol{D}}_i\boldsymbol{S}_x\boldsymbol{g}\right|^2}\\&\ \text{s.t.}\quad \boldsymbol{g}^{\mathrm{H}}\boldsymbol{S}_{W_m}^{\mathrm{H}}\boldsymbol{S}_{W_{\hat{n}}}\boldsymbol{g}=1,\quad m=\hat{n}\\&\qquad\ \ \boldsymbol{g}^{\mathrm{H}}\boldsymbol{S}_{W_m}^{\mathrm{H}}\boldsymbol{S}_{W_{\hat{n}}}\boldsymbol{g}=0,\quad m\neq\hat{n}\\&\qquad\ \ \left|[\boldsymbol{S}_x\boldsymbol{g}]_\alpha\right|=\xi,\quad \alpha=1,2,\cdots,L\\&\qquad\ \ i=1,2,\cdots,I,\quad m,\hat{n}=1,2,\cdots,M\end{aligned} \tag{9.19}$$

而式（9.17）可重写为

$$\begin{aligned}&\min_{g}\ \frac{\max\limits_{i}\sum\limits_{n=1}^{N_{C_i}}\sum\limits_{m=1}^{M}\left|\boldsymbol{g}^{\mathrm{H}}\boldsymbol{S}_{W_m}^{\mathrm{H}}\bar{\boldsymbol{D}}_{i,n}\boldsymbol{S}_x\boldsymbol{g}\right|^2}{\min\limits_{i,j,j\neq i}\sum\limits_{m=1}^{M}\left|\boldsymbol{g}^{\mathrm{H}}\boldsymbol{S}_{W_m}^{\mathrm{H}}\tilde{\boldsymbol{D}}_{ij}\boldsymbol{S}_x\boldsymbol{g}\right|^2}\\&\text{s.t.}\quad \boldsymbol{g}^{\mathrm{H}}\boldsymbol{S}_{W_m}^{\mathrm{H}}\boldsymbol{S}_{W_{\hat{n}}}\boldsymbol{g}=1,\quad m=\hat{n}\\&\qquad \boldsymbol{g}^{\mathrm{H}}\boldsymbol{S}_{W_m}^{\mathrm{H}}\boldsymbol{S}_{W_{\hat{n}}}\boldsymbol{g}=0,\quad m\neq\hat{n},\quad m,\hat{n}=1,2,\cdots,M\\&\qquad \left|[\boldsymbol{S}_x\boldsymbol{g}]_\alpha\right|=\xi,\quad \alpha=1,2,\cdots,L,\quad i,j=1,2,\cdots,I,\quad i\neq j\end{aligned}\tag{9.20}$$

其中，$[\boldsymbol{S}_x\boldsymbol{g}]_\alpha=\xi$表示波形向量$\boldsymbol{x}$的第$\alpha$个元素满足恒模约束。另外，前两个约束是为了保证各个投影向量满足单位性和正交性。上述问题极其复杂，除分子、分母中都包含向量变量$\boldsymbol{g}$外，约束集中还包含非凸的单位性约束。显然上述两个问题均为非凸问题。

9.3.1　算法 1

为了求解式（9.19）描述的问题，本节引入辅助变量$\{u_{i,\bar{n},m},v_{i,m}\}$及等式约束$u_{i,\bar{n},m}=\boldsymbol{g}^{\mathrm{H}}\boldsymbol{S}_{W_m}^{\mathrm{H}}\boldsymbol{D}_{i,\bar{n}}\boldsymbol{S}_x\boldsymbol{g}$，$v_{i,m}=\boldsymbol{g}^{\mathrm{H}}\boldsymbol{S}_{W_m}^{\mathrm{H}}\hat{\boldsymbol{D}}_i\boldsymbol{S}_x\boldsymbol{g}$。此时，式（9.19）可重写为

$$\begin{aligned}&\min_{g,u_{i,\bar{n},m},v_{i,m}}\ \max_i\frac{\sum\limits_{\bar{n}=1}^{KN_{C_i}}\sum\limits_{m=1}^{M}\left|u_{i,\bar{n},m}\right|^2}{\sum\limits_{m=1}^{M}\left|v_{i,m}\right|^2}\\&\text{s.t.}\quad u_{i,\bar{n},m}=\boldsymbol{g}^{\mathrm{H}}\boldsymbol{S}_{W_m}^{\mathrm{H}}\boldsymbol{D}_{i,\bar{n}}\boldsymbol{S}_x\boldsymbol{g}\quad v_{i,m}=\boldsymbol{g}^{\mathrm{H}}\boldsymbol{S}_{W_m}^{\mathrm{H}}\hat{\boldsymbol{D}}_i\boldsymbol{S}_x\boldsymbol{g}\\&\qquad \boldsymbol{g}^{\mathrm{H}}\boldsymbol{S}_{W_m}^{\mathrm{H}}\boldsymbol{S}_{W_{\hat{n}}}\boldsymbol{g}=1,\quad m=\hat{n};\ \boldsymbol{g}^{\mathrm{H}}\boldsymbol{S}_{W_m}^{\mathrm{H}}\boldsymbol{S}_{W_{\hat{n}}}\boldsymbol{g}=0,\quad m\neq\hat{n}\\&\qquad \left|[\boldsymbol{S}_x\boldsymbol{g}]_\alpha\right|=\xi,\quad \alpha=1,2,\cdots,L,\ i=1,2,\cdots,I,\quad m,\hat{n}=1,2,\cdots,M\end{aligned}\tag{9.21}$$

进一步地，为了消除minmax操作，引入边界形式的辅助变量ε，将式（9.21）转换为如下等价形式：

$$\begin{aligned}&\min_{g,u_{i,\bar{n},m},v_{i,m}}\ \varepsilon\\&\text{s.t.}\quad \frac{\sum\limits_{\bar{n}=1}^{KN_{C_i}}\sum\limits_{m=1}^{M}\left|u_{i,\bar{n},m}\right|^2}{\sum\limits_{m=1}^{M}\left|v_{i,m}\right|^2}\leqslant\varepsilon\\&\qquad u_{i,\bar{n},m}=\boldsymbol{g}^{\mathrm{H}}\boldsymbol{S}_{W_m}^{\mathrm{H}}\boldsymbol{D}_{i,\bar{n}}\boldsymbol{S}_x\boldsymbol{g},\ v_{i,m}=\boldsymbol{g}^{\mathrm{H}}\boldsymbol{S}_{W_m}^{\mathrm{H}}\hat{\boldsymbol{D}}_i\boldsymbol{S}_x\boldsymbol{g}\\&\qquad \boldsymbol{g}^{\mathrm{H}}\boldsymbol{S}_{W_m}^{\mathrm{H}}\boldsymbol{S}_{W_{\hat{n}}}\boldsymbol{g}=1,\quad m=\hat{n};\ \boldsymbol{g}^{\mathrm{H}}\boldsymbol{S}_{W_m}^{\mathrm{H}}\boldsymbol{S}_{W_{\hat{n}}}\boldsymbol{g}=0,\quad m\neq\hat{n}\\&\qquad \left|[\boldsymbol{S}_x\boldsymbol{g}]_\alpha\right|=\xi,\quad \alpha=1,2,\cdots,L,\ i=1,2,\cdots,I,\quad m,\hat{n}=1,2,\cdots,M\end{aligned}\tag{9.22}$$

基于式（9.22）构造如下增广拉格朗日函数：

$$\begin{aligned}
&\mathcal{L}(\boldsymbol{g},\varepsilon,\{u_{i,\bar{n},m}\},\{v_{i,m}\},\{\lambda_{i,\bar{n},m}\},\{\hat{\lambda}_{i,m}\}) \\
&=\varepsilon+\sum_{i=1}^{I}\sum_{\bar{n}=1}^{KN_{C_i}}\sum_{m}\{\Re[\lambda_{i,\bar{n},m}^{*}(u_{i,\bar{n},m}-\boldsymbol{g}^{\mathrm{H}}\boldsymbol{S}_{W_m}^{\mathrm{H}}\boldsymbol{D}_{i,\bar{n}}\boldsymbol{S}_x\boldsymbol{g})] \\
&\quad+\frac{\rho}{2}\left|u_{i,\bar{n},m}-\boldsymbol{g}^{\mathrm{H}}\boldsymbol{S}_{W_m}^{\mathrm{H}}\boldsymbol{D}_{i,\bar{n}}\boldsymbol{S}_x\boldsymbol{g})\right|^2\} \\
&\quad+\sum_{i=1}^{I}\sum_{m}\{\Re[\hat{\lambda}_{i,m}^{*}(v_{i,m}-\boldsymbol{g}^{\mathrm{H}}\boldsymbol{S}_{W_m}^{\mathrm{H}}\hat{\boldsymbol{D}}_i\boldsymbol{S}_x\boldsymbol{g})]+\frac{\bar{\rho}}{2}\left|v_{i,m}-\boldsymbol{g}^{\mathrm{H}}\boldsymbol{S}_{W_m}^{\mathrm{H}}\hat{\boldsymbol{D}}_i\boldsymbol{S}_x\boldsymbol{g}\right|^2\} \\
&\text{s.t.}\quad \frac{\sum_{\bar{n}=1}^{KN_{C_i}}\sum_{m=1}^{M}\left|u_{i,\bar{n},m}\right|^2}{\sum_{m=1}^{M}\left|v_{i,m}\right|^2}\leqslant\varepsilon \\
&\qquad \boldsymbol{g}^{\mathrm{H}}\boldsymbol{S}_{W_m}^{\mathrm{H}}\boldsymbol{S}_{W_{\hat{n}}}\boldsymbol{g}=1,\quad m=\hat{n};\ \boldsymbol{g}^{\mathrm{H}}\boldsymbol{S}_{W_m}^{\mathrm{H}}\boldsymbol{S}_{W_{\hat{n}}}\boldsymbol{g}=0,\quad m\neq\hat{n} \\
&\qquad \left|[\boldsymbol{S}_x\boldsymbol{g}]_\alpha\right|=\xi,\quad \alpha=1,2,\cdots,L,\ i=1,2,\cdots,I,\quad m,\hat{n}=1,2,\cdots,M
\end{aligned}\tag{9.23}$$

其中，$\{\rho,\bar{\rho}\}$ 表示用户给定的步长参数；$\{\lambda_{i,\bar{n},m},\hat{\lambda}_{i,m}\}$ 分别为对应约束 $u_{i,\bar{n},m}=\boldsymbol{g}^{\mathrm{H}}\boldsymbol{S}_{W_m}^{\mathrm{H}}\boldsymbol{D}_{i,\bar{n}}\boldsymbol{S}_x\boldsymbol{g}$ 和 $v_{i,m}=\boldsymbol{g}^{\mathrm{H}}\boldsymbol{S}_{W_m}^{\mathrm{H}}\hat{\boldsymbol{D}}_i\boldsymbol{S}_x\boldsymbol{g}$ 的拉格朗日乘子。注意，此时式（9.22）的前两个等式约束已经被吸收到拉格朗日函数的目标函数部分。

这里通过以下迭代步骤完成对式（9.23）中拉格朗日函数的求解。

步骤 1：基于给定的$\left\{\boldsymbol{g}(t),\lambda_{i,\bar{n},m}(t),\hat{\lambda}_{i,m}(t)\right\}$，求解如下子问题，更新$\left\{\varepsilon,u_{i,\bar{n},m},v_{i,m}\right\}$：

$$\begin{aligned}
&\{\varepsilon(t+1),\{u_{i,\bar{n},m}(t+1)\},\{v_{i,m}(t+1)\}\} \\
&=\arg\min_{\varepsilon,\boldsymbol{u},\boldsymbol{v}}\mathcal{L}(\boldsymbol{g}(t),\varepsilon,\boldsymbol{u},\boldsymbol{v},\boldsymbol{\lambda}(t),\hat{\boldsymbol{\lambda}}(t)) \\
&\text{s.t.}\quad \frac{\sum_{n=1}^{N_{C_i}}\sum_{m=1}^{M}\left|u_{i,\bar{n},m}\right|^2}{\sum_{m=1}^{M}\left|v_{i,m}\right|^2}\leqslant\varepsilon,\quad i=1,2,\cdots,I,\quad m=1,2,\cdots,M
\end{aligned}\tag{9.24}$$

其中，$\boldsymbol{u}=\left\{u_{i,\bar{n},m}\right\},\boldsymbol{v}=\left\{v_{i,m}\right\},\boldsymbol{\lambda}=\left\{\lambda_{i,\bar{n},m}\right\},\hat{\boldsymbol{\lambda}}=\left\{\hat{\lambda}_{i,m}\right\}$，$t$ 为迭代次数。

去除无关项及常数项，则式（9.24）可写为如下简化形式：

$$\begin{aligned}
&\min_{\varepsilon,\boldsymbol{u},\boldsymbol{v}}\ \varepsilon+\frac{\rho}{2}\sum_{i=1}^{I}\sum_{\bar{n}=1}^{KN_{C_i}}\sum_{m=1}^{M}\left|u_{i,\bar{n},m}-\bar{u}_{i,\bar{n},m}\right|^2+\frac{\bar{\rho}}{2}\sum_{i=1}^{I}\sum_{m}\left|v_{i,m}-\bar{v}_{i,m}\right|^2 \\
&\text{s.t.}\quad \frac{\sum_{\bar{n}=1}^{KN_{C_i}}\sum_{m=1}^{M}\left|u_{i,\bar{n},m}\right|^2}{\sum_{m=1}^{M}\left|v_{i,m}\right|^2}\leqslant\varepsilon,\quad i=1,2,\cdots,I,\quad m=1,2,\cdots,M
\end{aligned}\tag{9.25}$$

其中：

$$\bar{u}_{i,\bar{n},m} = \boldsymbol{g}^{\mathrm{H}}(t)\boldsymbol{S}_{W_m}^{\mathrm{H}}\boldsymbol{D}_{i,\bar{n}}\boldsymbol{S}_x\boldsymbol{g}(t) - \frac{1}{\rho}\lambda_{i,\bar{n},m}(t) \tag{9.26}$$

$$\bar{v}_{i,m} = \boldsymbol{g}^{\mathrm{H}}(t)\boldsymbol{S}_{W_m}^{\mathrm{H}}\hat{\boldsymbol{D}}_i\boldsymbol{S}_x\boldsymbol{g}(t) - \frac{1}{\bar{\rho}}\hat{\lambda}_{i,m}(t) \tag{9.27}$$

定义 $\boldsymbol{u}_i = [u_{i,1,1},\cdots,u_{i,1,M},\cdots,u_{i,KN_{C_i},M}]^{\mathrm{T}}$，$\bar{\boldsymbol{u}}_i = [\bar{u}_{i,1,1},\cdots,\bar{u}_{i,1,M},\cdots,\bar{u}_{i,KN_{C_i},M}]^{\mathrm{T}}$，$\boldsymbol{v}_i = [v_{i,1}, v_{i,2},\cdots,v_{i,M}]^{\mathrm{T}}$，$\bar{\boldsymbol{v}}_i = [\bar{v}_{i,1},\bar{v}_{i,2},\cdots,\bar{v}_{i,M}]^{\mathrm{T}}$，式（9.24）可以表示为如下紧凑形式：

$$\begin{aligned} &\min_{\varepsilon,\boldsymbol{u}_i,\boldsymbol{v}_i} \quad \varepsilon + \frac{\rho}{2}\sum_{i=1}^{I}\left\|\boldsymbol{u}_i - \bar{\boldsymbol{u}}_i\right\|^2 + \frac{\bar{\rho}}{2}\sum_{i=1}^{I}\left\|\boldsymbol{v}_i - \bar{\boldsymbol{v}}_i\right\|^2 \\ &\text{s.t.} \quad \frac{\left\|\boldsymbol{u}_i\right\|^2}{\left\|\boldsymbol{v}_i\right\|^2} \leqslant \varepsilon, \quad i-1,2,\cdots,I \end{aligned} \tag{9.28}$$

其中，$\bar{\rho} = s\rho$。

定义 $\boldsymbol{z}_i = \sqrt{s}\boldsymbol{v}_i$，$\bar{\boldsymbol{z}}_i = \sqrt{s}\bar{\boldsymbol{v}}_i$，$\bar{\varepsilon} = \varepsilon / s$，上述问题可表示为如下等价形式：

$$\begin{aligned} &\min_{\bar{\varepsilon},\boldsymbol{u}_i,\boldsymbol{z}_i} s\bar{\varepsilon} + \frac{\rho}{2}\sum_{i=1}^{I}\left(\left\|\boldsymbol{u}_i - \bar{\boldsymbol{u}}_i\right\|^2 + \left\|\boldsymbol{z}_i - \bar{\boldsymbol{z}}_i\right\|^2\right) \\ &\text{s.t.} \quad \frac{\left\|\boldsymbol{u}_i\right\|^2}{\left\|\boldsymbol{z}_i\right\|^2} \leqslant \bar{\varepsilon}, \quad i=1,2,\cdots,I \end{aligned} \tag{9.29}$$

由于变量 $\left\{\bar{\varepsilon},\boldsymbol{u}_i,\boldsymbol{z}_i\right\}$ 耦合在一起，难以求解。本节考虑将其转换为单变量 $\bar{\varepsilon}$ 的优化问题。假设 $\bar{\varepsilon}$ 已知，最优的 $\left\{\boldsymbol{u}_i,\boldsymbol{z}_i\right\}$ 通过如下方式确定。

情况 A：如果 $\dfrac{\left\|\bar{\boldsymbol{u}}_i\right\|^2}{\left\|\bar{\boldsymbol{z}}_i\right\|^2} \leqslant \bar{\varepsilon}$，则 $\boldsymbol{u}_i = \bar{\boldsymbol{u}}_i, \boldsymbol{z}_i = \bar{\boldsymbol{z}}_i$。

情况 B：如果 $\dfrac{\left\|\bar{\boldsymbol{u}}_i\right\|^2}{\left\|\bar{\boldsymbol{z}}_i\right\|^2} > \bar{\varepsilon}$，则可以通过求解如下子问题获得：

$$\begin{aligned} &\min_{\boldsymbol{u}_i,\boldsymbol{z}_i} \quad \frac{\rho}{2}\left(\left\|\boldsymbol{u}_i - \bar{\boldsymbol{u}}_i\right\|^2 + \left\|\boldsymbol{z}_i - \bar{\boldsymbol{z}}_i\right\|^2\right) \\ &\text{s.t.} \quad \frac{\left\|\boldsymbol{u}_i\right\|^2}{\left\|\boldsymbol{z}_i\right\|^2} \leqslant \bar{\varepsilon} \end{aligned} \tag{9.30}$$

在该问题中，最优解在约束的边界处获得，即 $\dfrac{\left\|\bar{\boldsymbol{u}}_i\right\|^2}{\left\|\bar{\boldsymbol{z}}_i\right\|^2} = \bar{\varepsilon}$；此外，最优解 $\boldsymbol{u}_i$ 会和 $\bar{\boldsymbol{u}}_i$ 处在相同方向，$\boldsymbol{z}_i$ 会和 $\bar{\boldsymbol{z}}_i$ 处在相同方向。因此，只需优化向量 $\left\{\boldsymbol{u}_i,\boldsymbol{z}_i\right\}$ 的幅度即可，即

$$\begin{aligned} &\min_{\left\|\boldsymbol{u}_i\right\|,\left\|\boldsymbol{z}_i\right\|} \quad \frac{\rho}{2}\left[\left(\left\|\boldsymbol{u}_i\right\| - \left\|\bar{\boldsymbol{u}}_i\right\|\right)^2 + \left(\left\|\boldsymbol{z}_i\right\| - \left\|\bar{\boldsymbol{z}}_i\right\|\right)^2\right] \\ &\text{s.t.} \quad \frac{\left\|\bar{\boldsymbol{u}}_i\right\|}{\left\|\bar{\boldsymbol{z}}_i\right\|} = \tau \end{aligned} \tag{9.31}$$

其中，$\tau=\sqrt{\varepsilon},\tau>0$，则相应的解可表示为

$$\|\boldsymbol{u}_i\|=\frac{\tau^2\|\bar{\boldsymbol{u}}_i\|+\tau\|\bar{z}_i\|}{\tau^2+1} \tag{9.32}$$

$$\|z_i\|=\frac{\tau\|\bar{\boldsymbol{u}}_i\|+\|\bar{z}_i\|}{\tau^2+1} \tag{9.33}$$

将式（9.32）和式（9.33）代入式（9.31）的目标函数，可得

$$\frac{\rho}{2}\left[\left(\|\boldsymbol{u}_i\|-\|\bar{\boldsymbol{u}}_i\|\right)^2+\left(\|z_i\|-\|\bar{z}_i\|\right)\right]^2=\frac{\rho}{2}\frac{\left(\tau\|\bar{z}_i\|-\|\bar{\boldsymbol{u}}_i\|\right)^2}{\tau^2+1} \tag{9.34}$$

基于$\{\{\bar{u}_{i,\bar{n},m}\},\{\bar{z}_{i,m}\}\}_{i=1}^{I},\left\{\dfrac{\|\bar{\boldsymbol{u}}_i\|}{\|\bar{z}_i\|}\right\}_{i=1}^{I}$，确定$I$个可能的边界点$\{\tau_i\}_{i=1}^{I}$，并从中选择落入先验区域$[\tau_{\text{low}},\tau_{\text{upper}}]$的边界点，假设有$I$个，不妨假设升序排列为$\{\tau_1,\cdots,\tau_I\}$。这样可以把区间$[\tau_{\text{low}},\tau_{\text{upper}}]$分为$I+1$个子区间：$[\tau_{\text{low}},\tau_1),[\tau_1,\tau_2),\cdots,[\tau_I,\tau_{\text{upper}})$。在每一个子区间$[\tau_i,\tau_{i+1})$内，式（9.29）转换为单变量$\tau$的优化问题：

$$\min_{\tau}\quad s\tau^2+\frac{\rho}{2}\sum_{i=1}^{I}F\left(\frac{\|\bar{\boldsymbol{u}}_i\|}{\|\bar{z}_i\|},\tau\right)\frac{\left(\tau\|\bar{z}_i\|-\|\bar{\boldsymbol{u}}_i\|\right)^2}{\tau^2+1} \tag{9.35}$$

其中，单位阶跃函数$F\left(\dfrac{\|\bar{\boldsymbol{u}}_i\|}{\|\bar{z}_i\|},\tau\right)$定义为

$$F\left(\frac{\|\bar{\boldsymbol{u}}_i\|}{\|\bar{z}_i\|},\tau\right)=\begin{cases}1, & \dfrac{\|\bar{\boldsymbol{u}}_i\|}{\|\bar{z}_i\|}>\tau\\ 0, & \text{其他}\end{cases} \tag{9.36}$$

在区间$[\tau_i,\tau_{i+1})$内，式（9.35）可简化为

$$\min_{\tau}\quad \frac{s\tau^4+A\tau^2+B\tau+C}{\tau^2+1} \tag{9.37}$$

其中：

$$A=s+\sum_{i=1}^{I}\frac{\rho}{2}F\left(\frac{\|\bar{\boldsymbol{u}}_i\|}{\|\bar{z}_i\|},\tau\right)\|\bar{z}_i\|^2 \tag{9.38}$$

$$B=-\sum_{i=1}^{I}\rho F\left(\frac{\|\bar{\boldsymbol{u}}_i\|}{\|\bar{z}_i\|},\tau\right)\|\bar{\boldsymbol{u}}_i\|\cdot\|\bar{z}_i\| \tag{9.39}$$

$$C=\sum_{i=1}^{I}\frac{\rho}{2}F\left(\frac{\|\bar{\boldsymbol{u}}_i\|}{\|\bar{z}_i\|},\tau\right)\|\bar{\boldsymbol{u}}_i\|^2 \tag{9.40}$$

对τ求一阶导，可得

$$\frac{2s\tau^5+4s\tau^3-B\tau^2+(2A-2C)\tau+B}{(\tau^2+1)^2} \tag{9.41}$$

计算式（9.41）分子等于0时对应的根，并挑选位于区间$[\tau_i,\tau_{i+1})$内的根，记为$\hat{\tau}_{i+1}$，并计算区间边界$\{\tau_i,\tau_{i+1}\}$处的值，从中选择最小的值作为该区间的局部极小值。从$I+1$个局部极小值中获得全局最小值，其对应的自变量τ值记为$\tau(t+1)$。将$\tau(t+1)$代入式（9.32）和式（9.33）中，可得

$$\boldsymbol{u}_i(t+1)=\frac{\tau^2(t+1)\|\bar{\boldsymbol{u}}_i\|+\tau(t+1)\|\bar{z}_i\|}{\tau^2(t+1)+1}\frac{\bar{\boldsymbol{u}}_i}{\|\bar{\boldsymbol{u}}_i\|} \tag{9.42}$$

$$z_i(t+1)=\frac{\tau(t+1)\|\bar{\boldsymbol{u}}_i\|+\|\bar{z}_i\|}{\tau^2(t+1)+1}\frac{\bar{z}_i}{\|\bar{z}_i\|} \tag{9.43}$$

根据$\bar{\varepsilon}=\varepsilon/s$、$\tau=\sqrt{\bar{\varepsilon}}$，可以获得$\varepsilon(t+1)$、$u_{i,\bar{n},m}(t+1)$以及$v_{i,m}(t+1)$。

步骤2：基于给定的$\varepsilon(t+1)$以及$u_{i,\bar{n},m}(t+1)$、$v_{i,m}(t+1)$，求解如下子问题，确定$\boldsymbol{g}(t+1)$：

$$\begin{aligned}&\min_{\boldsymbol{g}}\ \mathcal{L}(\boldsymbol{g},\varepsilon(t+1),\boldsymbol{u}(t+1),\boldsymbol{v}(t+1),\boldsymbol{\lambda}(t),\hat{\boldsymbol{\lambda}}(t))\\&\text{s.t.}\quad \boldsymbol{g}\in\Omega_\infty\end{aligned} \tag{9.44}$$

其中，$\boldsymbol{g}\in\Omega_\infty$表示$\boldsymbol{g}$的可行域。

去除常数项及无关约束，式（9.44）可重写为

$$\begin{aligned}\min_{\boldsymbol{g}}\ &\sum_{i=1}^{I}\sum_{\bar{n}=1}^{KN_{C_i}}\sum_{m}\{\Re[\lambda_{i,\bar{n},m}^*(t)(u_{i,\bar{n},m}(t+1)-\boldsymbol{g}^{\mathrm{H}}\Theta_w\boldsymbol{g})]+\frac{\rho}{2}\left|u_{i,\bar{n},m}(t+1)-\boldsymbol{g}^{\mathrm{H}}\Theta_w\boldsymbol{g}\right|^2\}\\&+\sum_{i-1}^{I}\sum_{m}\{\Re[\lambda_{i,m}^*(t)(v_{i,m}(t+1)-\boldsymbol{g}^{\mathrm{H}}\Theta_b\boldsymbol{g})]+\frac{\bar{\rho}}{2}\left|v_{i,m}(t+1)-\boldsymbol{g}^{\mathrm{H}}\Theta_b\boldsymbol{g}\right|^2\}\\\text{s.t.}\quad&\boldsymbol{g}\in\Omega_\infty\end{aligned} \tag{9.45}$$

其中，$\Theta_w=\boldsymbol{S}_{W_m}^{\mathrm{H}}\boldsymbol{D}_{i,n}\boldsymbol{S}_x$；$\Theta_b-\boldsymbol{S}_{W_m}^{\mathrm{H}}\bar{\boldsymbol{D}}_i\boldsymbol{S}_x$。

进一步地，化简式（9.45）为如下复杂的非齐次四次多项式优化问题：

$$\begin{aligned}&\max_{\boldsymbol{g}}-\sum_{g}^{G}\left|\boldsymbol{g}^{\mathrm{H}}\Theta_g\boldsymbol{g}\right|^2-\boldsymbol{g}^{\mathrm{H}}\boldsymbol{Q}\boldsymbol{g}\\&\text{s.t.}\quad \boldsymbol{g}\in\Omega_\infty\end{aligned} \tag{9.46}$$

其中，$\boldsymbol{Q}=-\sum_{g}^{G}\left(\left(\varsigma_g^*+\frac{\lambda_g^*}{\rho}\right)\Theta_g+\left(\varsigma_g^*+\frac{\lambda_g}{\rho}\right)\Theta_g^H\right)$，$g$包含了式（9.46）中所有的求和集合；$\zeta_g\in\{u_{i,\bar{n},m},v_{i,m}\}$；$\lambda_g\in\{\lambda_{i,\bar{n},m},\hat{\lambda}_{i,m}\}$；$\Theta_g\in\{\Theta_w,\Theta_b\}$。

这一关于变量$\boldsymbol{g}$的四次多项式优化问题可以通过GMBI算法进行求解[11]。基本思路为设计一个等价的多项式函数代替原有MBI算法里的多线性张量函数，大大降低计算复杂度。

这里采用文献[31]中的方法，通过增加一个充分大的常数项$\mu\left(\boldsymbol{g}^{\mathrm{H}}\boldsymbol{g}\right)^2+\mu_{\max}(\boldsymbol{Q})\boldsymbol{g}^{\mathrm{H}}\boldsymbol{g}$凸化原先的目标函数。其中，$\mu>0$为充分大的常数；$\mu_{\max}(\boldsymbol{Q})$表示

埃尔米特矩阵 $\boldsymbol{Q}$ 的最大特征值。通过这种方式，式（9.46）可以转换为如下等价形式：

$$\begin{aligned}&\max_{\boldsymbol{g}} \quad \mu\left(\boldsymbol{g}^{\mathrm{H}}\boldsymbol{g}\right)^2-\sum_{g}^{G}\left|\boldsymbol{g}^{\mathrm{H}}\Theta_g\boldsymbol{g}\right|^2-\boldsymbol{g}^{\mathrm{H}}\tilde{\boldsymbol{Q}}\boldsymbol{g}\\&\text{s.t.} \quad \boldsymbol{g}\in\Omega_\infty\end{aligned} \tag{9.47}$$

其中，$\tilde{\boldsymbol{Q}}=\mu_{\max}(\boldsymbol{Q})\boldsymbol{I}-\boldsymbol{Q}$ 为半正定矩阵。

式（9.47）中复杂的非同态四次多项式可以转换为多线性多项式函数，即

$$\begin{aligned}&f\left(\boldsymbol{g}^1,\boldsymbol{g}^2,\boldsymbol{g}^3,\boldsymbol{g}^4\right)\\&=\frac{1}{12}\sum_{\substack{(l_1,l_2,l_3,l_4)\in\\ \Pi_4(1,2,3,4),l_1<l_3}}\Re\{\mu(\boldsymbol{g}^{l_1\mathrm{H}}\boldsymbol{g}^{l_2})(\boldsymbol{g}^{l_3\mathrm{H}}\boldsymbol{g}^{l_4})-(\boldsymbol{\beta}^{l_1,l_2})^{\mathrm{H}}\boldsymbol{\beta}^{l_3,l_4}\}\\&+\frac{1}{6}\sum_{(l_1,l_2)\in\Pi_2(1,2,3,4),l_1<l_2}\Re\{\boldsymbol{g}^{l_1\mathrm{H}}\boldsymbol{Q}\boldsymbol{g}^{l_2}\}\end{aligned} \tag{9.48}$$

其中，$\boldsymbol{\beta}^{p,q}\in\mathbb{C}^{K\times1}$ 是由元素 $\left\{\boldsymbol{g}^{p\mathrm{H}}\Theta_k\boldsymbol{g}^q\right\}_{k=1}^{K}$ 构成的向量，而 $\Pi_n(1,2,3,4)$ 是由 n 个元素的索引置换得到的集合。

当 $\boldsymbol{g}_1=\boldsymbol{g}_2=\boldsymbol{g}_3=\boldsymbol{g}_4=\boldsymbol{g}$ 时，可得

$$f\left(\boldsymbol{g}^1,\boldsymbol{g}^2,\boldsymbol{g}^3,\boldsymbol{g}^4\right)=\mu\left(\boldsymbol{g}^{\mathrm{H}}\boldsymbol{g}\right)^2-\sum_{k=1}^{K}\left|\boldsymbol{g}^{\mathrm{H}}\Theta_k\boldsymbol{g}\right|^2+\boldsymbol{g}^{\mathrm{H}}\boldsymbol{Q}\boldsymbol{g} \tag{9.49}$$

为了求解式（9.47）中的优化问题，首先产生满足可行域的初始值 $\{\boldsymbol{g}_0^1,\boldsymbol{g}_0^2,\boldsymbol{g}_0^3,\boldsymbol{g}_0^4\}$，并通过式（9.48）计算与之对应的目标函数值 $\varpi_0=f\left(\boldsymbol{g}_0^1,\boldsymbol{g}_0^2,\boldsymbol{g}_0^3,\boldsymbol{g}_0^4\right)$。在后续的块改进更新步骤中，固定 $\{\boldsymbol{g}_t^1,\boldsymbol{g}_t^2,\boldsymbol{g}_t^3,\boldsymbol{g}_t^4\}$ 中除 $\boldsymbol{g}_t^l$ 之外的其他三个变量，然后求解如下优化问题：

$$\begin{aligned}&\hat{\boldsymbol{g}}_{t+1}^l=\arg\max_{\boldsymbol{g}_t^l} f(\boldsymbol{g}_t^1,\cdots,\boldsymbol{g}_t^l,\cdots,\boldsymbol{g}_t^4)\\&\text{s.t.} \quad \boldsymbol{g}_t^l\in\Omega_\infty\end{aligned} \tag{9.50}$$

其中，t 表示迭代次数。在每轮迭代中，可以获得四个优化值 $\{\boldsymbol{g}_t^l\}_{l=1}^4$。从中选择具有最大目标函数值的 $\boldsymbol{g}_t^{\hat{l}}$ 进行本轮更新，其他几个保持不变，即

$$\begin{cases}\boldsymbol{g}_{t+1}^{\hat{l}}=\boldsymbol{g}^{\hat{l}}\\ \boldsymbol{g}_{t+1}^{l}=\boldsymbol{g}_t^l, \quad \forall l\neq\hat{l}\\ \varpi_{t+1}=\varpi_{t+1}^{\hat{l}}\end{cases} \tag{9.51}$$

当迭代结束时，选择最新迭代的 $\boldsymbol{g}^{\hat{l}}$ 作为最后的优化结果。在式（9.50）中，目标函数为关于 $\boldsymbol{g}^l$ 的线性函数，即

$$f(\boldsymbol{g}^1,\cdots,\boldsymbol{g}^l,\cdots,\boldsymbol{g}^4)=\boldsymbol{g}^{l\mathrm{H}}\xi^l+\xi^{l\mathrm{H}}\boldsymbol{g}^l+e^l \tag{9.52}$$

其中：

$$\zeta^l = \frac{1}{24} \sum_{\substack{(l_1,l_2,l_3)\in \\ \Pi_3((1,2,3,4)\setminus l)}} \left(2\mu\left(\boldsymbol{g}^{l_1\mathrm{H}}\boldsymbol{g}^{l_2}\right)\boldsymbol{g}^{l_3} - \boldsymbol{R}^{l_1}\left(\boldsymbol{\beta}^{l_2,l_3}\right)^* - \overline{\boldsymbol{R}}^{l_1}\boldsymbol{\beta}^{l_2,l_3}\right) + \frac{1}{12}\sum_{q=1,q\neq l}^{4} \tilde{\boldsymbol{Q}}\boldsymbol{g}^q \tag{9.53}$$

$$e^l = \frac{1}{12} \sum_{\substack{(l_1,l_2)\in\Pi_2((1,2,3,4)\setminus l) \\ l_1\leqslant l_2}} \Re\left\{\boldsymbol{g}^{l_1\mathrm{H}}\boldsymbol{Q}\boldsymbol{g}^{l_2}\right\} \tag{9.54}$$

$$\boldsymbol{R}^q = \left[\Theta_1\boldsymbol{g}^q, \Theta_2\boldsymbol{g}^q, \cdots, \Theta_K\boldsymbol{g}^q\right] \tag{9.55}$$

$$\overline{\boldsymbol{R}}^q = \left[\Theta_1^{\mathrm{H}}\boldsymbol{g}^q, \Theta_2^{\mathrm{H}}\boldsymbol{g}^q, \cdots, \Theta_K^{\mathrm{H}}\boldsymbol{g}^q\right] \tag{9.56}$$

完成配方，式（9.50）可转换为如下形式：

$$\begin{aligned} &\hat{\boldsymbol{g}}^l = \arg\max_{\boldsymbol{g}^l} \left\|\boldsymbol{g}^l - \xi^l\right\|^2 \\ &\text{s.t.} \quad \boldsymbol{g}^l \in \Omega_\infty \end{aligned} \tag{9.57}$$

我们注意到，向量 $\boldsymbol{g}$ 由投影矩阵 $\boldsymbol{W}$ 和波形 $\boldsymbol{x}$ 构成。根据式（9.18），将式（9.57）表示为如下关于 $\boldsymbol{W}$ 和 $\boldsymbol{x}$ 的优化问题：

$$\begin{aligned} &\min_{\boldsymbol{w}_m,\boldsymbol{x}} \sum_{m=1}^{M} \left\|\boldsymbol{w}_m - \overline{\boldsymbol{w}}_m\right\|^2 + \left\|\boldsymbol{x} - \overline{\boldsymbol{x}}\right\|^2 \\ &\text{s.t.} \quad |x(n)| - \xi, \quad n - 1,2,\cdots,L \\ &\qquad \boldsymbol{w}_m^{\mathrm{H}}\boldsymbol{w}_n = 0, \quad m,\hat{n} = 1,2,\cdots,M, \quad m \neq n \\ &\qquad \boldsymbol{w}_m^{\mathrm{H}}\boldsymbol{w}_n = 1, \quad m,\hat{n} = 1,2,\cdots,M, \quad m = n \end{aligned} \tag{9.58}$$

根据恒模特点，容易得到 $\boldsymbol{x}$ 的解为

$$\boldsymbol{x} = \mathrm{e}^{j\angle(\overline{x})} \tag{9.59}$$

对 $\left\{\overline{\boldsymbol{w}}_m\right\}_{m=1}^{M}$ 进行施密特正交化获得向量集 $\left\{\boldsymbol{w}_m\right\}_{m=1}^{M}$，即

$$\overline{\boldsymbol{w}}_m = \hat{\boldsymbol{w}}_m - \frac{\langle\hat{\boldsymbol{w}}_m, \overline{\boldsymbol{w}}_1\rangle}{\langle\overline{\boldsymbol{w}}_1, \overline{\boldsymbol{w}}_1\rangle}\overline{\boldsymbol{w}}_1 - \cdots - \frac{\langle\hat{\boldsymbol{w}}_m, \overline{\boldsymbol{w}}_{n-1}\rangle}{\langle\overline{\boldsymbol{w}}_{n-1}, \overline{\boldsymbol{w}}_{n-1}\rangle}\overline{\boldsymbol{w}}_{n-1} \tag{9.60}$$

$$\boldsymbol{w}_m = \frac{\overline{\boldsymbol{w}}_m}{\left\|\overline{\boldsymbol{w}}_m\right\|}, \quad m = 1,2,\cdots,M \tag{9.61}$$

步骤3：更新拉格朗日乘子：

$$\lambda_{i,\overline{n},m}(t+1) = \lambda_{i,\overline{n},m}(t) + \rho u_{i,\overline{n},m}(t+1) - \rho\boldsymbol{g}(t+1)^{\mathrm{H}}\boldsymbol{S}_{W_m}^{\mathrm{H}}\boldsymbol{D}_{i,\overline{n}}\boldsymbol{S}_x\boldsymbol{g}(t+1) \tag{9.62}$$

$$\hat{\lambda}_{i,m}(t+1) = \hat{\lambda}_{i,m}(t) + \overline{\rho}v_{i,m}(t+1) - \overline{\rho}\boldsymbol{g}(t+1)^{\mathrm{H}}\boldsymbol{S}_{W_m}^{\mathrm{H}}\widehat{\boldsymbol{D}}_i\boldsymbol{S}_x\boldsymbol{g}(t+1) \tag{9.63}$$

9.3.2 算法2

相似地，引入辅助变量 $\boldsymbol{g}^{\mathrm{H}}\boldsymbol{S}_{W_m}^{\mathrm{H}}\overline{\boldsymbol{D}}_{i,n}\boldsymbol{S}_x\boldsymbol{g} = u_{i,n,m}$、$\boldsymbol{g}^{\mathrm{H}}\boldsymbol{S}_{W_m}^{\mathrm{H}}\tilde{\boldsymbol{D}}_{ij}\boldsymbol{S}_x\boldsymbol{g} = v_{i,j,m}$，则式（9.17）可重写为

$$\begin{aligned}
&\min_{\boldsymbol{g},u_{i,n,m},v_{i,j,m}} \frac{\max\limits_{i}\sum_{n=1}^{N_{C_i}}\sum_{m=1}^{M}\left|u_{i,n,m}\right|^2}{\min\limits_{ij,j\neq i}\sum_{m=1}^{M}\left|v_{i,j,m}\right|^2}\\
&\text{s.t.}\quad \boldsymbol{g}^{\mathrm{H}}\boldsymbol{S}_{W_m}^{\mathrm{H}}\bar{\boldsymbol{D}}_{i,n}\boldsymbol{S}_x\boldsymbol{g}=u_{i,n,m}\\
&\qquad \boldsymbol{g}^{\mathrm{H}}\boldsymbol{S}_{W_m}^{\mathrm{H}}\tilde{\boldsymbol{D}}_{ij}\boldsymbol{S}_x\boldsymbol{g}=v_{i,j,m}\\
&\qquad \boldsymbol{g}^{\mathrm{H}}\boldsymbol{S}_{W_m}^{\mathrm{H}}\boldsymbol{S}_{W_{\hat{n}}}\boldsymbol{g}=1, m=\hat{n};\ \boldsymbol{g}^{\mathrm{H}}\boldsymbol{S}_{W_m}^{\mathrm{H}}\boldsymbol{S}_{W_{\hat{n}}}\boldsymbol{g}=0, m\neq\hat{n}\\
&\qquad \left|[\boldsymbol{S}_x\boldsymbol{g}]_\alpha\right|=\xi,\quad \alpha=1,2,\cdots,L,\quad i,j=1,2,\cdots,I,\quad i\neq j,\quad m,\hat{n}=1,2,\cdots,M
\end{aligned} \tag{9.64}$$

引入两个边界形式的辅助变量$\{p,q\}$，转换为如下等价问题：

$$\begin{aligned}
&\min_{\boldsymbol{g},u_{i,n,m},v_{i,j,m},p,q}\ \lg p-\lg q\\
&\text{s.t.}\quad \sum_{n=1}^{N_{C_i}}\sum_{m=1}^{M}\left|u_{i,n,m}\right|^2\leqslant p\\
&\qquad \sum_{m=1}^{M}\left|v_{i,j,m}\right|^2\geqslant q\\
&\qquad \boldsymbol{g}^{\mathrm{H}}\boldsymbol{S}_{W_m}^{\mathrm{H}}\bar{\boldsymbol{D}}_{i,n}\boldsymbol{S}_x\boldsymbol{g}=u_{i,n,m}\\
&\qquad \boldsymbol{g}^{\mathrm{H}}\boldsymbol{S}_{W_m}^{\mathrm{H}}\tilde{\boldsymbol{D}}_{ij}\boldsymbol{S}_x\boldsymbol{g}=v_{i,j,m}\\
&\qquad \boldsymbol{g}^{\mathrm{H}}\boldsymbol{S}_{W_m}^{\mathrm{H}}\boldsymbol{S}_{W_{\hat{n}}}\boldsymbol{g}=1,\ m=\hat{n};\ \boldsymbol{g}^{\mathrm{H}}\boldsymbol{S}_{W_m}^{\mathrm{H}}\boldsymbol{S}_{W_{\hat{n}}}\boldsymbol{g}=0, m\neq\hat{n}\\
&\qquad \left|[\boldsymbol{S}_x\boldsymbol{g}]_\alpha\right|=\xi,\quad \alpha=1,2,\cdots,L,\quad i,j=1,2,\cdots,I,\quad i\neq j,\quad m,\hat{n}=1,2,\cdots,M
\end{aligned} \tag{9.65}$$

构造如下拉格朗日函数：

$$\begin{aligned}
&\mathcal{L}\left(\boldsymbol{g},p,q,\left\{u_{i,n,m}\right\},\left\{v_{i,j,m}\right\},\left\{\lambda_{i,n,m}\right\},\left\{\tilde{\lambda}_{i,j,m}\right\}\right)\\
&=\lg p-\lg q+\sum_{i=1}^{I}\sum_{a\in C_i}\sum_{m}\left\{\Re\left[\bar{\lambda}_{i,n,m}^{*}\left(u_{i,n,m}-\boldsymbol{g}^{\mathrm{H}}\boldsymbol{S}_{W_m}^{\mathrm{H}}\bar{\boldsymbol{D}}_{i,n}\boldsymbol{S}_x\boldsymbol{g}\right)\right]\right.\\
&\quad\left.+\frac{\rho}{2}\left|u_{i,n,m}-\boldsymbol{g}^{\mathrm{H}}\boldsymbol{S}_{W_m}^{\mathrm{H}}\bar{\boldsymbol{D}}_{i,n}\boldsymbol{S}_x\boldsymbol{g}\right|^2\right\}\\
&\quad+\sum_{i,j=1,i\neq j}^{I}\sum_{m}\left\{\Re\left[\tilde{\lambda}_{i,j,m}^{*}\left(v_{i,j,m}-\boldsymbol{g}^{\mathrm{H}}\boldsymbol{S}_{W_m}^{\mathrm{H}}\tilde{\boldsymbol{D}}_{ij}\boldsymbol{S}_x\boldsymbol{g}\right)\right]+\frac{\bar{\rho}}{2}\left|v_{i,j,m}-\boldsymbol{g}^{\mathrm{H}}\boldsymbol{S}_{W_m}^{\mathrm{H}}\tilde{\boldsymbol{D}}_{ij}\boldsymbol{S}_x\boldsymbol{g}\right|^2\right\}
\end{aligned} \tag{9.66}$$

其中，$\{\rho,\bar{\rho}\}$为用户定义的步长；$\{\lambda_{m,\boldsymbol{a},i}\}$和$\{\tilde{\lambda}_{i,j,m}\}$为对应约束$\boldsymbol{g}^{\mathrm{H}}\boldsymbol{S}_{W_m}^{\mathrm{H}}\bar{\boldsymbol{D}}_{i,n}\boldsymbol{S}_x\boldsymbol{g}=u_{i,n,m}$和$\boldsymbol{g}^{\mathrm{H}}\boldsymbol{S}_{W_m}^{\mathrm{H}}\tilde{\boldsymbol{D}}_{ij}\boldsymbol{S}_x\boldsymbol{g}=v_{i,j,m}$的拉格朗日乘子。

接着，基于 ADMM 算法进行式（9.66）的求解。

步骤 1：基于给定的$\{\boldsymbol{g}(t),\bar{\lambda}_{i,n,m}(t),\tilde{\lambda}_{i,j,m}(t)\}$求解如下子问题，确定$\{p(t+1),q(t+1),u_{i,n,m}(t+1),v_{i,j,m}(t+1)\}$：

$$\min_{p,q,\{u_{i,n,m}\},\{v_{i,j,m}\}} \lg p - \lg q + \frac{\rho}{2}\sum_{i=1}^{I}\sum_{n=1}^{N_{C_i}}\sum_{m=1}^{M}\left|u_{i,n,m} - \overline{u}_{i,n,m}\right|^2 + \frac{\overline{\rho}}{2}\sum_{i,j=1,i\neq j}\sum_{m}\left|v_{i,j,m} - \overline{v}_{i,j,m}\right|^2$$

$$\text{s.t.} \ \sum_{n=1}^{N_{C_i}}\sum_{m=1}^{M}\left|u_{i,n,m}\right|^2 \leqslant p, \quad \sum_{m=1}^{M}\left|v_{i,j,m}\right|^2 \geqslant q, \quad i,j=1,2,\cdots,I, \quad i\neq j, \quad m=1,2,\cdots,M \tag{9.67}$$

其中：

$$\overline{u}_{i,n,m} = \boldsymbol{g}^{\mathrm{H}}(t)\boldsymbol{S}_{W_m}^{\mathrm{H}}\overline{\boldsymbol{D}}_{i,n}\boldsymbol{S}_x\boldsymbol{g}(t) - \frac{1}{\rho}\overline{\lambda}_{i,n,m}(t) \tag{9.68}$$

$$\overline{v}_{i,j,m} = \boldsymbol{g}^{\mathrm{H}}(t)\boldsymbol{S}_{W_m}^{\mathrm{H}}\tilde{\boldsymbol{D}}_{ij}\boldsymbol{S}_x\boldsymbol{g}(t) - \frac{1}{\overline{\rho}}\tilde{\lambda}_{i,j,m}(t) \tag{9.69}$$

定义$\boldsymbol{u}_i = [u_{i,1,1},\cdots,u_{i,1,M},\cdots,u_{i,N_{C_i},M}]^{\mathrm{T}}$，$\overline{\boldsymbol{u}}_i = [\overline{u}_{i,1,1},\cdots,\overline{u}_{i,1,M},\cdots,\overline{u}_{i,N_{C_i},M}]^{\mathrm{T}}$，$\boldsymbol{v}_{i,j} = [v_{i,j,1}, v_{i,j,2},\cdots,v_{i,j,M}]^{\mathrm{T}}$，$\overline{\boldsymbol{v}}_{i,j} = [\overline{v}_{i,j,1},\overline{v}_{i,j,2},\cdots,\overline{v}_{i,j,M}]^{\mathrm{T}}$。式（9.67）描述的子问题可以分裂为两个独立的子问题：

$$\begin{aligned}&\min_{p,\{\boldsymbol{u}_i\}} \quad \lg p + \frac{\rho}{2}\sum_{i=1}^{I}\left\|\boldsymbol{u}_i - \overline{\boldsymbol{u}}_i\right\|^2\\ &\text{s.t.} \quad \left\|\boldsymbol{u}_i\right\|^2 \leqslant p, \quad i=1,2,\cdots,I\end{aligned} \tag{9.70}$$

$$\begin{aligned}&\min_{q,\{\boldsymbol{v}_{\hat{j}}\}} \quad -\lg q + \frac{\overline{\rho}}{2}\sum_{\hat{j}=1}^{\hat{J}}\left\|\boldsymbol{v}_{\hat{j}} - \overline{\boldsymbol{v}}_{\hat{j}}\right\|^2\\ &\text{s.t.} \quad \left\|\boldsymbol{v}_{\hat{j}}\right\|^2 \geqslant q, \quad \hat{j}=1,2,\cdots,\hat{J}\end{aligned} \tag{9.71}$$

上述两个问题比较相似。以下以式（9.70）为例讨论其求解方法。如果 p 已知，则最优的 $\boldsymbol{u}_i$ 可从以下两个情况进行讨论。

情况 A：如果$\left\|\overline{\boldsymbol{u}}_i\right\|^2 \leqslant p$，则 $\boldsymbol{u}_i = \overline{\boldsymbol{u}}_i$。

情况 B：如果$\left\|\overline{\boldsymbol{u}}_i\right\|^2 > p$，则最优解发生在边界处，且向量 $\boldsymbol{u}_i$ 和 $\overline{\boldsymbol{u}}_i$ 具有相同方向，即向量的优化问题退化为幅度的优化问题：

$$\begin{aligned}&\min_{\|\overline{\boldsymbol{u}}_i\|} \quad \left(\left\|\boldsymbol{u}_i\right\| - \left\|\overline{\boldsymbol{u}}_i\right\|\right)^2\\ &\text{s.t.} \quad \left\|\overline{\boldsymbol{u}}_i\right\|^2 = p\end{aligned} \tag{9.72}$$

此时，目标函数等于：

$$\left(\left\|\boldsymbol{u}_i\right\| - \left\|\overline{\boldsymbol{u}}_i(t)\right\|\right)^2 = \left(\sqrt{p} - \left\|\overline{\boldsymbol{u}}_i(t)\right\|\right)^2 \tag{9.73}$$

相应地，式（9.70）转换为如下等价问题：

$$\min_{p} \quad \lg p + \sum_{i=1}^{I}\frac{\rho}{2}F_1\left(\left\|\overline{\boldsymbol{u}}_i\right\|,\sqrt{p}\right)\left(\sqrt{p} - \left\|\overline{\boldsymbol{u}}_i\right\|\right)^2 \tag{9.74}$$

其中，单位阶跃函数定义为

$$F_1\left(\left\|\overline{\boldsymbol{u}}_i\right\|,\sqrt{p}\right) = \begin{cases}1, & \left\|\overline{\boldsymbol{u}}_i\right\| > \sqrt{p}\\ 0, & \text{其他}\end{cases} \tag{9.75}$$

令 $\left[\overline{p}_1,\overline{p}_2,\cdots,\overline{p}_I\right]$ 表示 $\left\{\left\|\overline{\boldsymbol{u}}_i\right\|,\left\|\overline{\boldsymbol{u}}_{i_2}\right\|,\cdots,\left\|\overline{\boldsymbol{u}}_I\right\|\right\}$ 的升序，将先验区间 $\left[0,\overline{p}_I\right]$ 划分为 $I+1$ 个子区间。这样当 $\sqrt{p}\in\left[\overline{p}_{i-1},\overline{p}_i\right]$ 时，式（9.74）可表示为如下形式：

$$\begin{aligned}&\min_{p}\quad \lg p+\frac{\rho}{2}\sum_{n=i}^{I}F_1\left(\left\|\overline{\boldsymbol{u}}_i\right\|,\sqrt{p}\right)\left(\sqrt{p}-\overline{p}_n\right)^2\\&\text{s.t.}\quad \overline{p}_{i-1}\leqslant\sqrt{p}\leqslant\overline{p}_i\end{aligned}\tag{9.76}$$

为了便于表达，定义 $\hat{p}=\sqrt{p}$，将式（9.76）的目标函数转换为如下形式：

$$f_i(\hat{p})=2\lg\hat{p}+A_u\hat{p}^2+B_u\hat{p}+C_u\tag{9.77}$$

其中：

$$\begin{cases}A_u=\dfrac{\rho}{2}F\left({}_1\left\|\overline{\boldsymbol{u}}_i\right\|,\sqrt{p}\right)\\B_u=-\rho F\left({}_1\left\|\overline{\boldsymbol{u}}_i\right\|,\sqrt{p}\right)\left\|\overline{\boldsymbol{u}}_i\right\|\\C_u=\dfrac{\rho}{2}F\left({}_1\left\|\overline{\boldsymbol{u}}_i\right\|,\sqrt{p}\right)\left\|\overline{\boldsymbol{u}}_i\right\|^2\end{cases}\tag{9.78}$$

由于其三阶导 $f_i'''(\hat{p})=4\hat{p}^{-3}>0$，因此在此子区间内一阶导 $f_i'(\hat{p})=2\hat{p}^{-1}+2A_u\hat{p}+B_u$ 是凸的。令其一阶导为零，则可以获得两个根。将这两个根及子区间两个边界点代入目标函数，并进行比较，挑选这四个值中的最小值作为该子区间的局部极小值点。重复上述过程，直到挑选出 $I+1$ 个局部极小值并比较，获得全局最小值。记获得该全局最小值的变量取值为 $p(t+1)$，因此最优的 $\boldsymbol{u}_i(t+1)$ 可表示为如下形式：

$$\boldsymbol{u}_i(t+1)=\begin{cases}\sqrt{p(t+1)}\dfrac{\overline{\boldsymbol{u}}_i(t)}{\left\|\overline{\boldsymbol{u}}_i(t)\right\|}, & \left\|\overline{\boldsymbol{u}}_i(t)\right\|^2>p(t+1)\\\overline{\boldsymbol{u}}_i(t), & \text{其他}\end{cases}\tag{9.79}$$

类似于上述过程，进行式（9.71）的求解。

步骤 2：基于 $\left\{p(t+1),q(t+1),u_{i,n,m}(t+1),v_{i,j,m}(t+1)\right\}$，求解如下子问题更新 $\boldsymbol{g}(t+1)$：

$$\begin{aligned}&\min_{\boldsymbol{g}}\ \mathcal{L}(\boldsymbol{g},p(t+1),q(t+1),\boldsymbol{u}(t+1),\boldsymbol{v}(t+1),\boldsymbol{\lambda}(t),\hat{\boldsymbol{\lambda}}(t))\\&\text{s.t.}\quad \boldsymbol{g}\in\Omega_\infty\end{aligned}\tag{9.80}$$

上述问题可以参考文献[11]中的 GMBI 算法进行求解。

步骤 3：更新拉格朗日乘子：

$$\overline{\lambda}_{i,n,m}(t+1)=\overline{\lambda}_{i,n,m}(t)+\rho u_{i,n,m}(t+1)-\rho\,\boldsymbol{g}(t+1)^{\mathrm{H}}\boldsymbol{S}_{W_m}^{\mathrm{H}}\overline{\boldsymbol{D}}_{i,n}\boldsymbol{S}_x\boldsymbol{g}(t+1)\tag{9.81}$$

$$\tilde{\lambda}_{i,j,m}(t+1)=\tilde{\lambda}_{i,j,m}(t)+\overline{\rho}v_{i,j,m}(t+1)-\overline{\rho}\,\boldsymbol{g}(t+1)^{\mathrm{H}}\boldsymbol{S}_{W_m}^{\mathrm{H}}\overline{\boldsymbol{D}}_{i,j}\boldsymbol{S}_x\boldsymbol{g}(t+1)\tag{9.82}$$

9.4 仿真结果

本节提供仿真实例评价本章算法特性。所有仿真结果均在配置为 Intel Core i7-9700K CPU，3.60GHz，32GB RAM 的电脑上完成。

9.4.1 仿真数据

本节考虑处理仿真数据，并和经典算法 LDA、异质性最小最大化距离分析（heteroscedastic max-min distance analysis，OHMMDA）[27]、最差情况下线性判别分析（worst-case linear discriminant analysis，WLDA）[32]进行比较。除此之外，还和监督类算法 LPP、自适应邻域保持判别投影（adaptive neighborhood preserving discriminant projection，ANPDP）[33]、正交邻域保持判别分析（orthogonal neighborhood preserving discriminant analysis，ONPDA）[34]进行比较。

散射点模型（scattering point model，SPM）或叫作散射中心模型（scattering center model)，是雷达领域广泛用来描述目标散射特性的理论模型。该模型把整个目标看作多个点状散射中心的叠加，因此这个目标的整个散射特性就是来自这些点状散射中心散射特性的叠加。在本节中，我们考虑四类飞机目标：在三维空间中显示其散射点并考虑相应的 RCS，如图 9.1 所示。根据每个散射点的位置，计算其对应发射波形的相应时延以及强度，将其叠加并进行求和获得回波信号。接着根据发射波形及回波进行解卷积提取 HRRP，对数据进行归一化消除数据对强度的敏感。在方位角[0°,360°]范围内每隔 3.6°采样一次，总共获得 100 个角度采样。而对于俯仰角[15°,20°]范围内，每隔 1°进行采样，可获得 6 个角度采样。所得的四种飞机的归一化 HRRP 如图 9.2 所示，每个 HRRP 的长度为 36。每种飞机对应有 600 幅一维距离像。本章算法考虑用 50 幅进行训练，剩下的 550 幅用于测试。

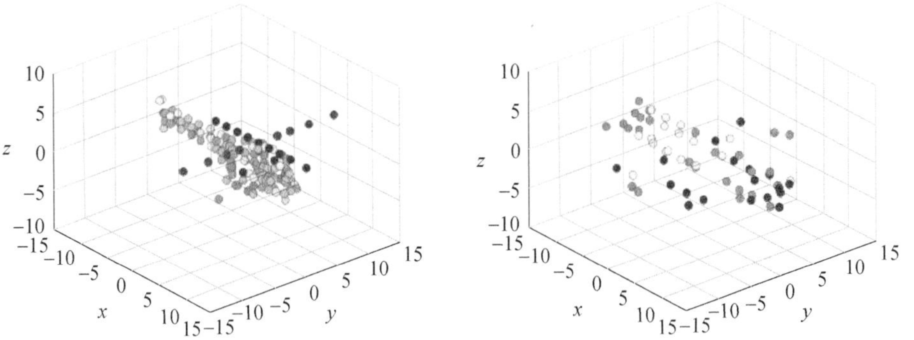

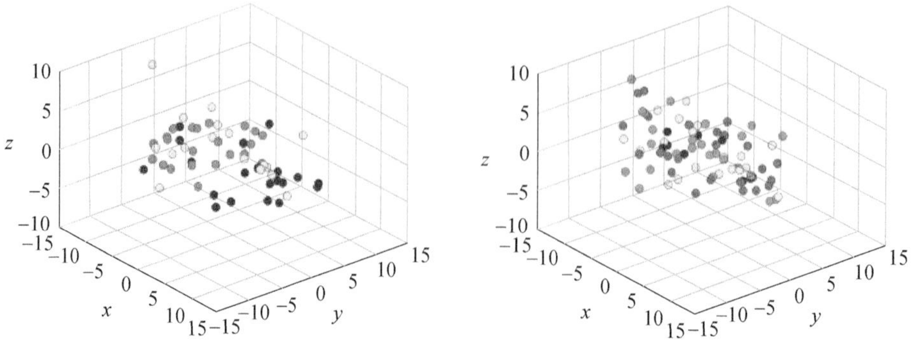

图 9.1 四种飞机的散射点模型

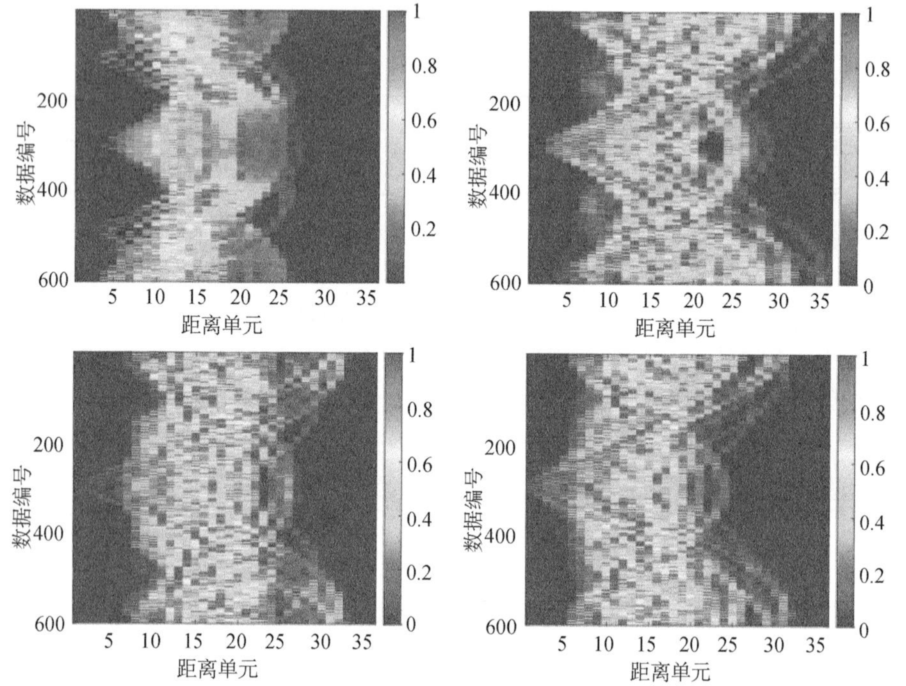

图 9.2 四种飞机的归一化 HRRP

首先考虑步长对算法收敛性的影响。图 9.3 给出了不同步长时算法 1 目标函数值随迭代次数的变化曲线。从图 9.3 可以看出，步长取较小值（如 0.05、0.07、0.1）时的收敛特性好于大步长（如 0.3、0.5）时。然而，步长取较大值时，振荡较小，更为稳定。图 9.4 给出了不同步长时算法 2 目标函数值随迭代次数变化曲线，可以得到和算法 1 相似的结论。基于以上讨论，考虑算法 1 的参数设定为 $T_0 = 50000$，$\rho = 0.1$，$\hat{e} = 10^{-8}$；而算法 2 的参数设定为 $T_0 = 5000$，$\rho = 0.1$。

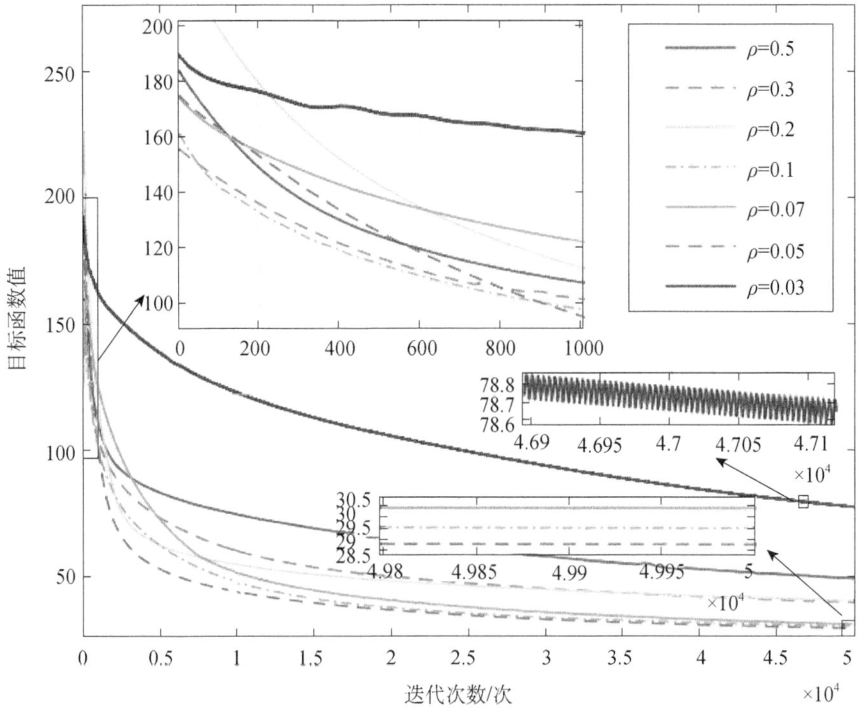

图 9.3　不同步长对算法 1 收敛性的影响测试

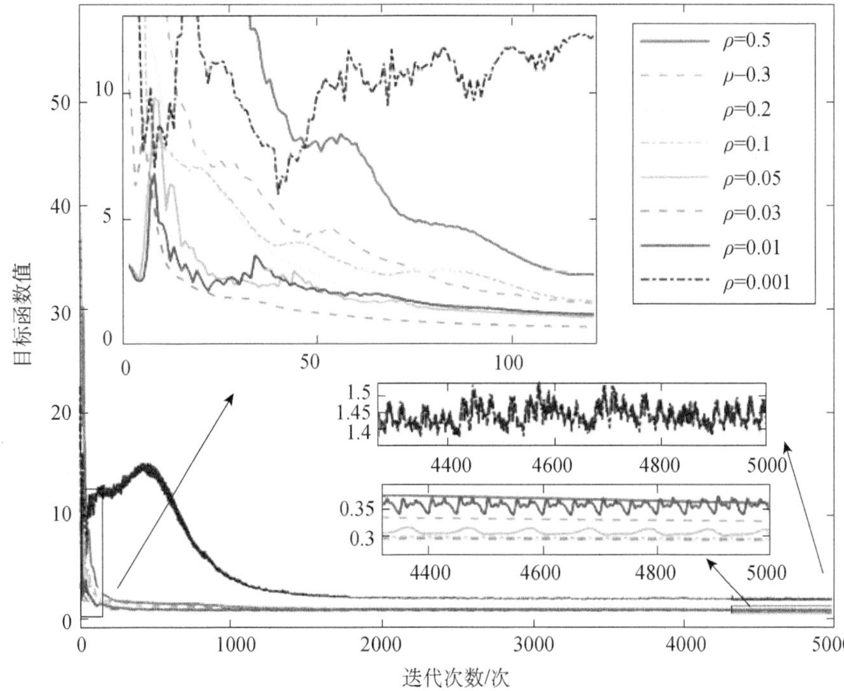

图 9.4　不同步长对算法 2 收敛性的影响测试

这里考虑随机初始化波形以及投影矩阵。本实验分别以 Chirp 和 P4 为发射波形，采用 TIR 数据对应的识别率作为评价标准。当波长长度分别为 32 和 64 时，本章算法和 LDA、WLDA、OHMMDA 等方法进行比较，如表 9.1 和表 9.2 所示。

表 9.1 编码长度为 32 时各个算法的识别率比较

维度		2d		3d		4d	
		k=1	*k*=5	*k*=1	*k*=5	*k*=1	*k*=5
LDA	chirp	0.5909	0.6245	0.6873	0.7218	—	—
	p4	0.5914	0.6232	0.6873	0.7218	—	—
WLDA	chirp	0.5655	0.5836	0.6145	0.5836	0.6350	0.6082
	p4	0.3932	0.4205	0.5091	0.5100	0.5050	0.5023
OHMMDA	chirp	0.4314	0.4359	0.4977	0.5041	0.5995	0.5891
	p4	0.4127	0.4018	0.4864	0.4705	0.5255	0.4877
LPP	chirp	0.4605	0.4814	0.4945	0.4536	0.4559	0.4414
	p4	0.4532	0.5023	0.5464	0.5445	0.6009	0.5741
ANPDP	chirp	0.3950	0.3927	0.4509	0.4414	0.5159	0.4941
	p4	0.4941	0.5059	0.4895	0.5091	0.5323	0.5405
ONPDA	chirp	0.4800	0.5086	0.5200	0.5464	0.5200	0.5455
	p4	0.4682	0.4973	0.4900	0.5345	0.4905	0.5341
算法 1		**0.7236**	0.7077	**0.7895**	**0.7836**	**0.8627**	**0.8436**
算法 2		0.6977	**0.7413**	0.7200	0.7559	0.7164	0.7455

表 9.2 编码长度为 64 时各个算法的识别率比较

维度		2d		3d		4d	
		k=1	*k*=5	*k*=1	*k*=5	*k*=1	*k*=5
LDA	chirp	0.5891	0.6282	0.6891	0.7236	—	—
	p4	0.5891	0.6250	0.6868	0.7232	—	—
WLDA	chirp	0.4650	0.4664	0.5236	0.4923	0.5214	0.5014
	p4	0.3582	0.3700	0.4573	0.4314	0.4736	0.4441
OHMMDA	chirp	0.4877	0.4791	0.5159	0.5000	0.5350	0.4832
	p4	0.3736	0.3945	0.4286	0.4232	0.4327	0.4373
LPP	chirp	0.3723	0.4100	0.4523	0.4586	0.5014	0.4864
	p4	0.3968	0.4036	0.5332	0.5650	0.5332	0.5650
ANPDP	chirp	0.3405	0.3268	0.4336	0.4464	0.4986	0.5014
	p4	0.4082	0.4377	0.5409	0.5618	0.5891	0.5573
ONPDA	chirp	0.4805	0.5032	0.4964	0.5418	0.5045	0.5455
	p4	0.4700	0.4977	0.4827	0.5259	0.4914	0.5314
算法 1		0.7209	0.7036	**0.7627**	**0.7236**	**0.8459**	**0.8200**
算法 2		**0.7218**	**0.7441**	0.7031	0.7177	0.7286	0.7427

从以上实验结果可以看出：①本章提出的算法在两种情况下识别率都优于其他算法，表明了算法的有效性；本章所提算法设计的波形以及联合的子空间

特征提取更加有利于回波的可分性；②当样本维数增大时算法 1 的识别率优于算法 2，算法 1 在不同维数时展现出显著的改善，而算法 2 对于降维维数影响不大。

9.4.2　电磁仿真数据

在本节中，我们采用电磁仿真软件 Altair Feko[35]产生的仿真数据来评估本章算法的有效性。这里考虑软件中提供的三类舰船目标。载频设置为 3GHz，带宽为 300MHz，总共 30 个频点。Physical Optics 用来计算目标每个单点上的 RCS。通过分析输出频率数据获得每个类别相对应长度为 30 的 TIR 数据。对于每一艘舰船，我们在俯仰角分别为 45° 和 60° 、方位角在 (0°,8°] 范围内采样 80 个样本。图 9.5 描述了三种舰船目标，并对 TIR 幅度进行了归一化操作。这里随机将数据进行 1∶7 划分，用于训练数据和测试数据。这里也考虑将波形长度 L 设置为 1（波形长度为 1，波形不起作用），以便评估是否投影矩阵 $\boldsymbol{W}$ 单纯地在发挥特征提取的作用。针对这种情况，使用标记 NDW（non-designed waveform）表示波形长度为 1 时的情况。

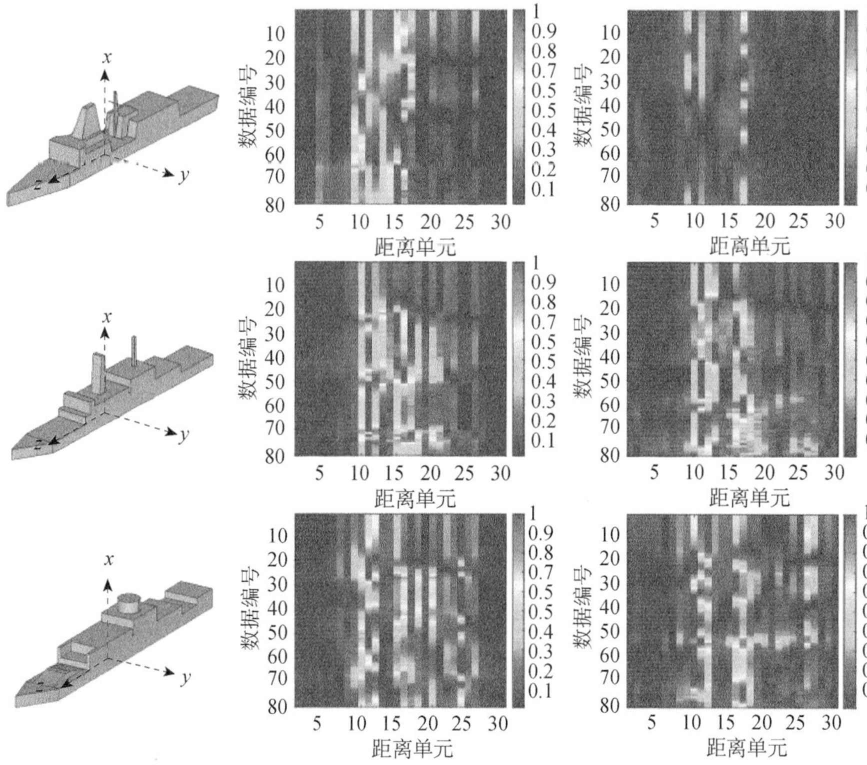

图 9.5　三类舰船目标以及在 45°和 60°俯仰角时对应的归一化 TIR

针对波形设计情况，我们设定编码长度为 32，带宽为 300MHz，持续时间为 0.1067μs 。为了保证收敛，这里考虑算法 1 的参数设定为 $T_0 = 30000$，$\rho = 0.3$，$\bar{\rho} = \rho$; 而算法 2 的参数设定为 $T_0 = 10000$，$\rho = 1$，$\bar{\rho} = 200\rho$。在 NDW 中，我们通过 TIR 数据和 Chirp 或 P4 波形卷积得到回波数据，聚焦于投影矩阵 $\boldsymbol{W}$ 对特征提取以及识别的效用。对于算法 1-NDW，参数设定为 $T_0 = 5000$，$\rho = 0.02$；而对于算法 2-NDW，参数设定为 $T_0 = 3000$，$\rho = 5$。

针对算法 1-NDW 或算法 2-NDW，我们直接执行相应降维操作获得特征提取数据。而对于算法 1 和算法 2，其降维操作和波形设计是集成完成的。图 9.6 给出了俯仰角为 45°、输入波形为 Chirp 时的分类识别结果；而图 9.7 给出了俯仰角为 45°、输入波形为 P4 时的分类识别结果。图 9.8 和图 9.9 给出了俯仰角为 60°、输入波形分别为 Chirp 以及 P4 波形时的分类识别结果。

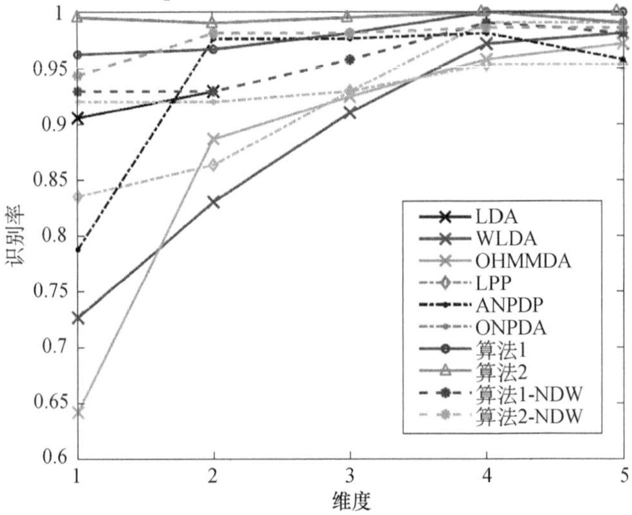

图 9.6 俯仰角 45°使用 Chirp 波形时三类舰船目标的识别率

从实验结果可以看出：①针对电磁仿真软件数据而言，本章提出的算法明显优于其他算法，证实了引入可分离准则有利于目标识别；②本章提出的算法甚至在低维呈现出鲁棒性；③在散射特性给定的情况下，发射波形的改变意味着回波的改变，就分类特性而言，好的波形选择更加有利于目标识别；④本章提出的同时优化 $\boldsymbol{W}$ 和波形的方法优于仅优化 $\boldsymbol{W}$ 的方法，表明了波形设计的增量意义。

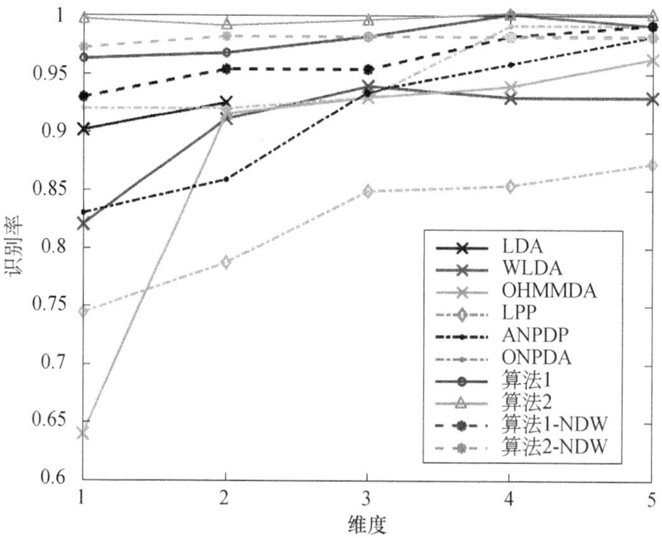

图 9.7　俯仰角 45°使用 P4 波形时三类舰船目标的识别率

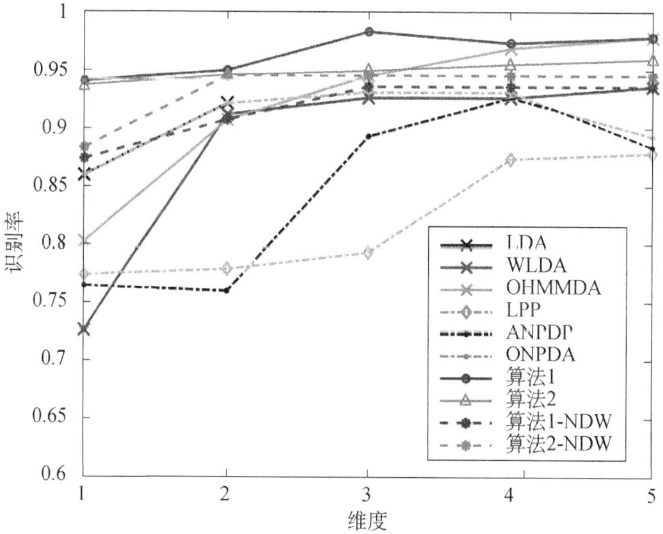

图 9.8　俯仰角 60°使用 Chirp 波形时三类舰船目标的识别率

9.4.3　MSTAR CSV 数据库

本节使用 MSTAR CSV 民用车辆数据集进行算法验证[36]。该数据集由美国空军在不同俯仰角下通过 X 波段全极化捕获的十辆民用车辆散射数据组成。目标方位角间隔 0.0625°，共 5760 个角度，频率的取值范围为 6.9226～12.2774GHz，共计 512 个频点。从民用车辆数据集中选取四种类型的目标使用，即丰田 Tacoma、马自达 MPV、吉普 99 和凯美瑞。从 512 个频点中均匀采样，获得 32 频点数

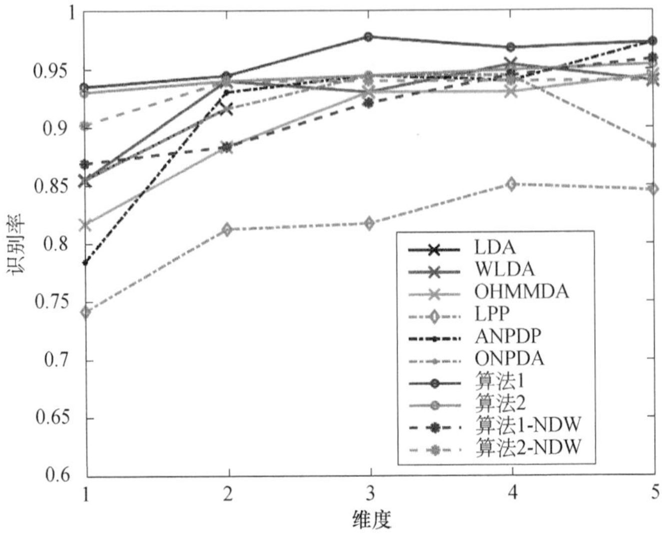

图 9.9 俯仰角 60°使用 P4 波形时三类舰船目标的识别率

据。对于每个车辆类别，从俯仰角为30°、方位角[0°,5°]的角度范围内选择，得到 80 个样本。

为了便于评估算法，本章首先把数据集按照 8∶2 进行划分，分别作为训练样本和测试样本，并通过加噪的方式获得 SNR 为 0～30dB 的数据。图 9.10 给出了 0～30dB 不同 SNR 情况下五种方法的识别率。从图 9.10 中可以看出：①当信噪比充分高的时候，所有算法均达到了满意的识别率；②在信噪比较低时，基于频域的线性判别分析（frequency-based LDA，FBLDA）算法具有较好的识别率；③算法 1 优于算法 2。

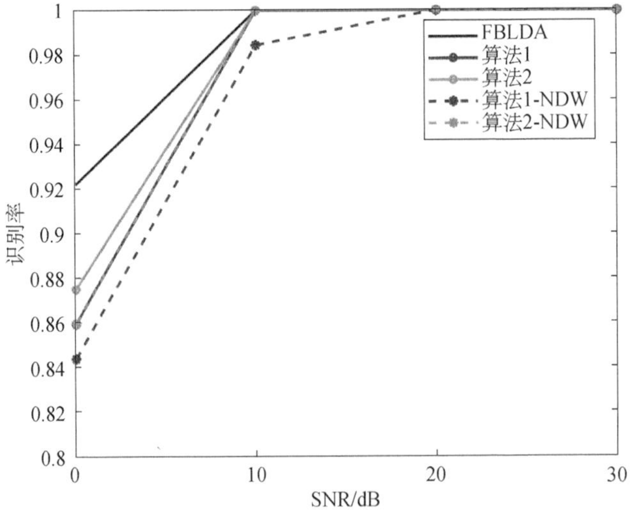

图 9.10 俯仰角 60°使用 P4 波形时三类舰船目标的识别率

此外，我们还对数据集按照 1∶7 的比例进行了划分，表明在小样本情况下的目标识别效果，如图 9.11 所示。实验结果表明了在小样本情况下本章所提两种鲁棒算法优于 FBLDA 算法，证实了其具有很好的鲁棒性。

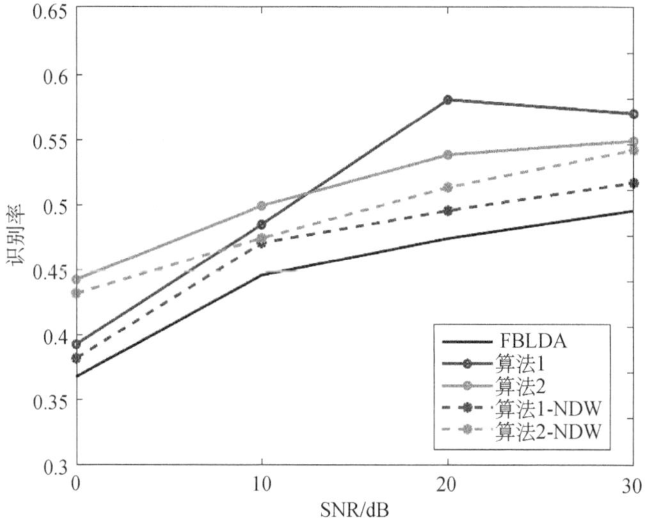

图 9.11 俯仰角 60°使用 P4 波形时三类舰船目标的识别率

9.5 本章小结

本章已提出了两种基于模式可分性驱动的波形设计方法。实验结果证实了基于该机制所设计的波形有助于增强目标识别效果，在小样本时具有很好的鲁棒性。

参考文献

[1] Blunt S D, Mokole E L. Overview of radar waveform diversity[J]. IEEE Aerospace and Electronic Systems Magazine, 2016, 31(11): 2-42.

[2] Klauder J R, Price A C, Darlington S, et al. The theory and design of chirp radars[J]. Bell System Technical Journal, 1960, 39(4): 745-808.

[3] Barker R H. Group synchronization of binary digital system[J]. Communication Theory, 1953: 273-287.

[4] Frank R. Polyphase codes with good nonperiodic correlation properties[J]. IEEE Transactions on Information Theory, 1963, 9(1): 43-45.

[5] Kretschmer F F, Gerlach K. Low sidelobe radar waveforms derived from orthogonal matrices[J].

IEEE Transactions on Aerospace and Electronic Systems, 1991, 27(1): 92-102.

[6] Liang J L, So H C, Li J, et al. Unimodular sequence design based on alternating direction method of multipliers[J]. IEEE Transactions on Signal Processing, 2016, 64(20): 5367-5381.

[7] Yu G Y, Liang J L, Li J, et al. Sequence set design with accurately controlled correlation properties[J]. IEEE Transactions on Aerospace and Electronic Systems, 2018, 54(6): 3032-3046.

[8] Jing Y, Liang J L, Tang B, et al. Designing unimodular sequence with low peak of sidelobe level of local ambiguity function[J]. IEEE Transactions on Aerospace and Electronic Systems, 2019, 55(3): 1393-1406.

[9] Jing Y, Liang J L, Vorobyov S A, et al. Joint design of radar transmit waveform and mismatched filter with low sidelobes[C]. 28th European Signal Processing Conference (EUSIPCO). IEEE, 2021: 1936-1940.

[10] Fan W, Liang J L, Chen Z H, et al. Spectrally compatible aperiodic sequence set design with low cross- and auto-correlation PSL[J]. Signal Processing, 2021, 183: 107960.

[11] Chen Z H, Liang J L, Wang T, et al. Generalized MBI algorithm for designing sequence set and mismatched filter bank with ambiguity function constraints[J]. IEEE Transactions on Signal Processing, 2022, 70: 2918-2933.

[12] Bell M R. Information theory and radar waveform design[J]. IEEE Transactions on Information Theory, 1993, 39(5): 1578-1597.

[13] Leshem A, Naparstek O, Nehorai A. Information theoretic adaptive radar waveform design for multiple extended targets[J]. IEEE Journal of Selected Topics in Signal Processing, 2007, 1(1): 42-55.

[14] Chen Y F, Nijsure Y, Yuen C, et al. Adaptive distributed MIMO radar waveform optimization based on mutual information[J]. IEEE Transactions on Aerospace and Electronic Systems, 2013, 49(2): 1374-1385.

[15] Tang B, Tang J, Peng Y N. MIMO radar waveform design in colored noise based on information theory[J]. IEEE Transactions on Signal Processing, 2010, 58(9): 4684-4697.

[16] Tang B, Liu J, Wang H, et al. Constrained radar waveform design for range profiling[J]. IEEE Transactions on Signal Processing, 2021, 69: 1924-1937.

[17] Zhang J W, Xu H P, Liu W, et al. Joint design of transmit weight sequence and receive filter for improved target information acquisition in high-resolution radar[J]. IEEE Transactions on Geoscience and Remote Sensing, 2022, 60: 1-14.

[18] Goodman N A, Venkata P R, Neifeld M A. Adaptive waveform design and sequential hypothesis testing for target recognition with active sensors[J]. IEEE Journal of Selected Topics in Signal Processing, 2007, 1(1): 105-113.

[19] Sowelam S M, Tewfik A H. Optimal waveform selection for radar target classification

[C].International Conference on Image Processing. IEEE, 1997, 3: 476-479.

[20] Wang L L, Wang H Q, Qin Y L. Adaptive waveform design for multi-target classification in signal-dependent interference[C].2014 19th International Conference on Digital Signal Processing. IEEE, 2014: 167-172.

[21] Woodward P M. Probability and information theory, with applications to radar[M]. London: Pergamon, 1964.

[22] Garren D A, Osborn M K, Odom A C, et al. Enhanced target detection and identification via optimised radar transmission pulse shape[J]. IET Radar, Sonar and Navigation, 2001, 148(3): 130.

[23] Garren D A, Osborn M K, Odom A C, et al. Optimal transmission pulse shape for detection and identification with uncertain target aspect[C]. 2001 IEEE Radar Conference (Cat. No.01CH37200). IEEE, 2001: 123-128.

[24] Garren D A, Odom A C, Osborn M K, et al. Full-polarization matched-illumination for target detection and identification[J]. IEEE Transactions on Aerospace and Electronic Systems, 2002, 38(3): 824-837.

[25] Alshirah S Z, Gishkori S, Mulgrew B. Frequency-based optimal radar waveform design for classification performance maximization using multiclass fisher analysis[J]. IEEE Transactions on Geoscience and Remote Sensing, 2021, 59(4): 3010-3021.

[26] Scheer J, Holm W A. Principles of modern radar: Basic Principles[M]. Raleigh: SciTech, 2010.

[27] Su B, Ding X Q, Liu C S, et al. Heteroscedastic max-min distance analysis[C].2015 IEEE Conference on Computer Vision and Pattern Recognition (CVPR). IEEE, 2015: 4539-4547.

[28] Bian W, Tao D C. Max-min distance analysis by using sequential SDP relaxation for dimension reduction[J]. IEEE Transactions on Pattern Analysis and Machine Intelligence, 2011, 33(5): 1037-1050.

[29] Zhou L G, Wang Z Y, Luo Y M, et al. Separability and compactness network for image recognition and superresolution[J]. IEEE Transactions on Neural Networks and Learning Systems, 2019, 30(11): 3275-3286.

[30] Guan S, Loew M. A distance-based separability measure for internal cluster validation[J]. International Journal on Artificial Intelligence Tools, 2022, 31(7): 1-23.

[31] Boyd S. Distributed optimization and statistical learning via the alternating direction method of multipliers[J]. Foundations and Trends in Machine Learning, 2010, 3(1): 1-122.

[32] Zhang Y, Yeung D Y. Worst-case linear discriminant analysis[J]. Advances in Neural Information Processing Systems, 2010, 23: 2568-2576.

[33] Zhang H H, Ding D Z, Fan Z H, et al. Adaptive neighborhood-preserving discriminant projection method for HRRP-based radar target recognition[J]. IEEE Antennas and Wireless Propagation Letters, 2015, 14: 650-653.

[34] Aubry A, De Maio A, Jiang B, et al. Ambiguity function shaping for cognitive radar via complex quartic optimization[J]. IEEE Transactions on Signal Processing, 2013, 61(22): 5603-5619.
[35] Ding B Y, Wen G J. Target reconstruction based on 3-D scattering center model for robust SAR ATR[J]. IEEE Transactions on Geoscience and Remote Sensing, 2018, 56(7): 3772-3785.
[36] Lei W, Zhang Y, Chen Z P. A real-time fine echo generation method of extended false target with radially high-speed moving[J]. IET Radar, Sonar and Navigation, 2023, 17(2): 312-325.

彩　　图

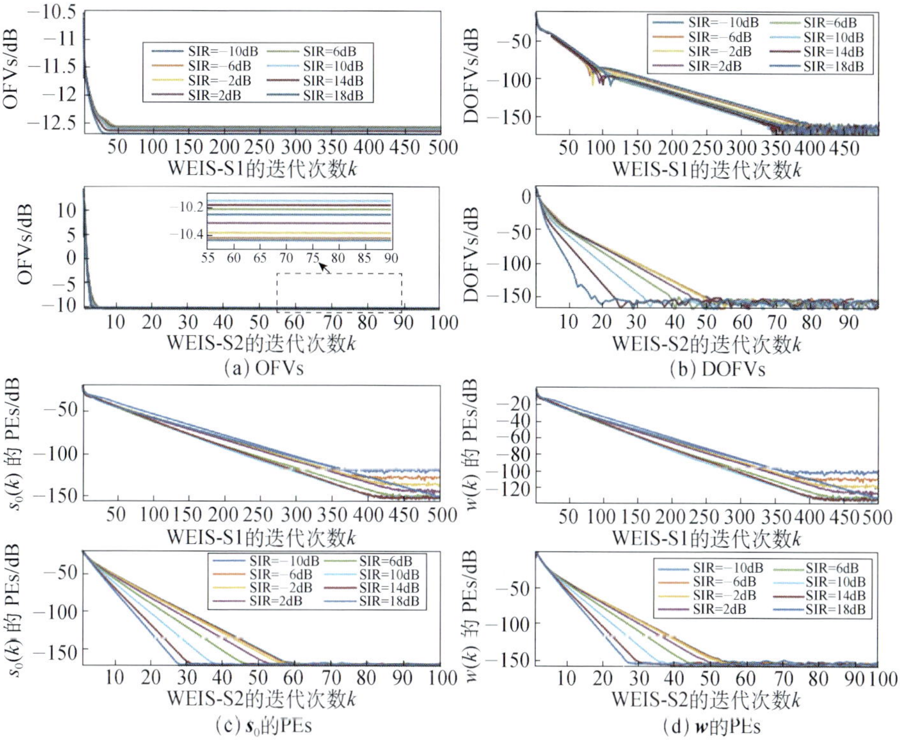

(a) OFVs　(b) DOFVs

(c) $\boldsymbol{s}_0$的PEs　(d) $\boldsymbol{w}$的PEs

图 2.1　WEIS 算法 AO 过程的收敛特性

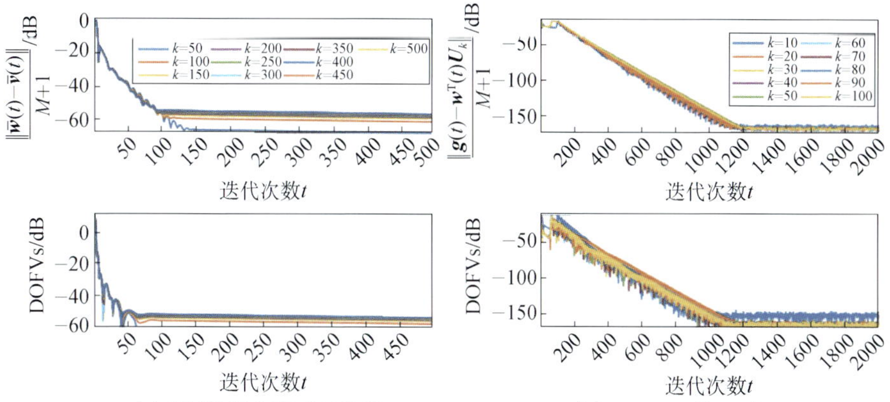

(a) WEIS-S1的CEs和DOFVs　(b) WEIS-S2的CEs和DOFVs

图 2.2　WEIS 算法 ADMM 过程的收敛特性

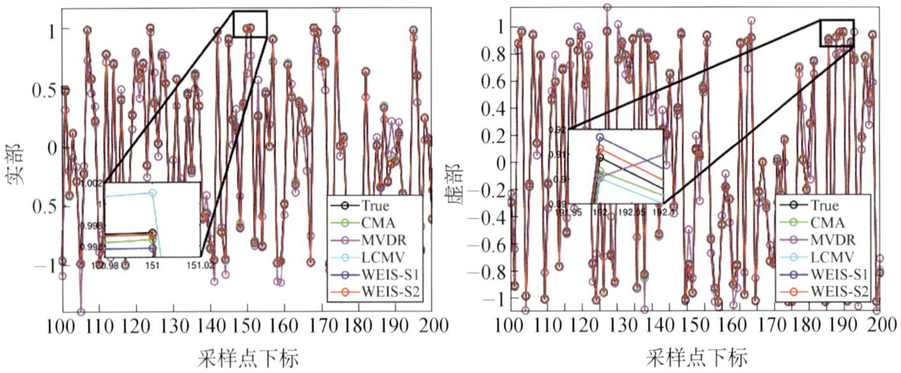

(a) 实部分量　　(b) 虚部分量

图 2.4　SOI 波形估计结果

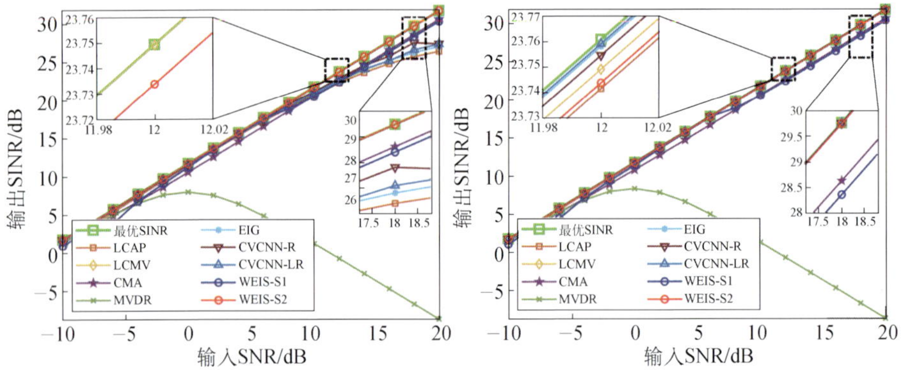

(a) 输出SINR随输入SNR变化的情况　　(b) 输出SNR随输入SNR变化的情况

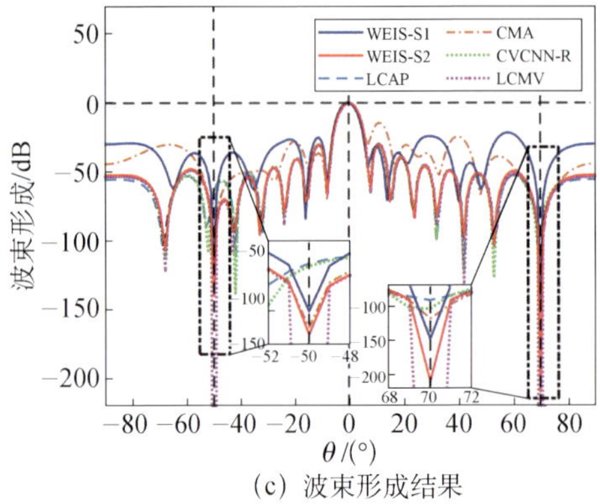

(c) 波束形成结果

图 2.6　输出 SINR、输出 SNR 以及波束形成结果

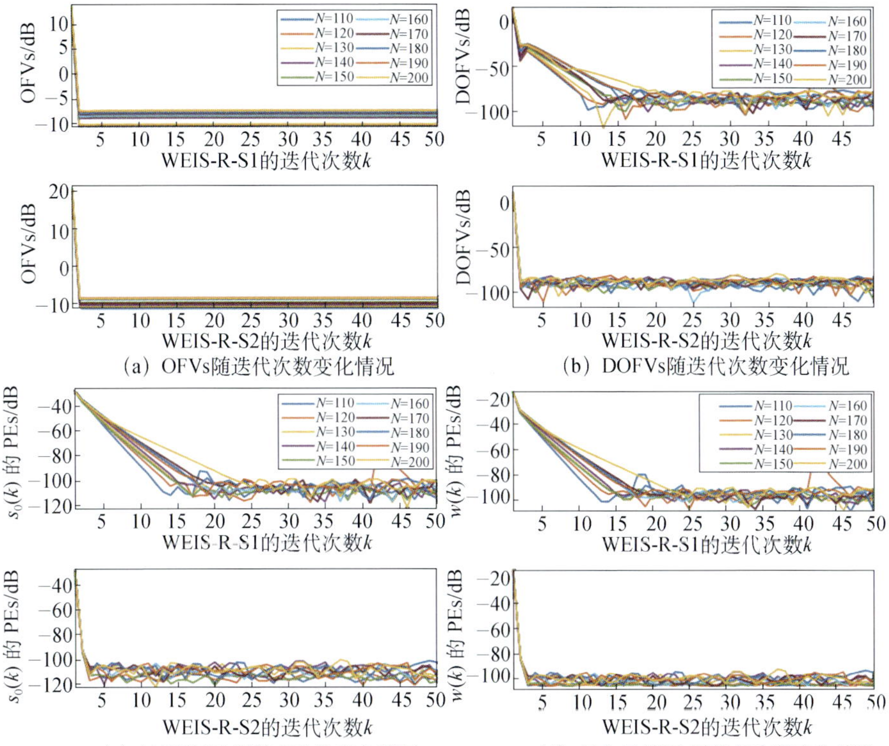

（a）OFVs随迭代次数变化情况　（b）DOFVs随迭代次数变化情况

（c）波形的PEs随迭代次数变化情况　（d）权向量的PEs随迭代次数变化情况

图 2.7　WEIS-R 算法的 AO 迭代过程性能

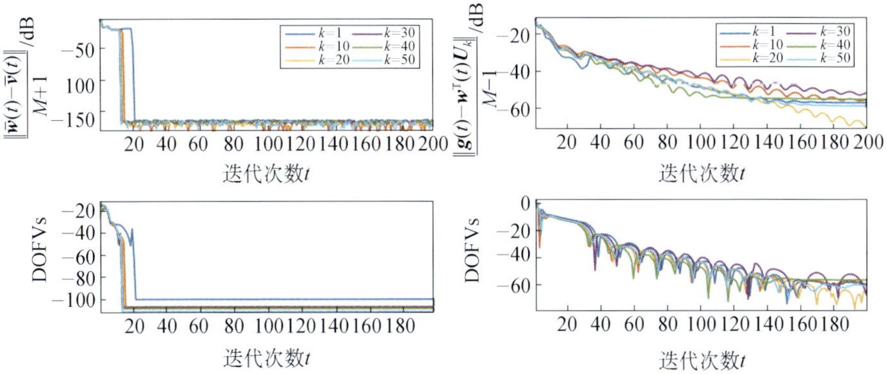

（a）WEIS-R-S1的CEs和DOFVs　（b）WEIS-R-S2的CEs和DOFVs

图 2.8　WEIS-R 算法的 ADMM 迭代过程特性

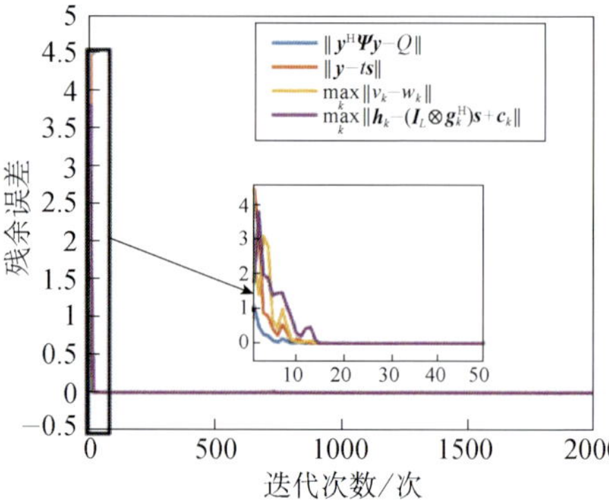

（a）残余误差随迭代次数变化曲线

图 3.1　算法 1 收敛特性测试

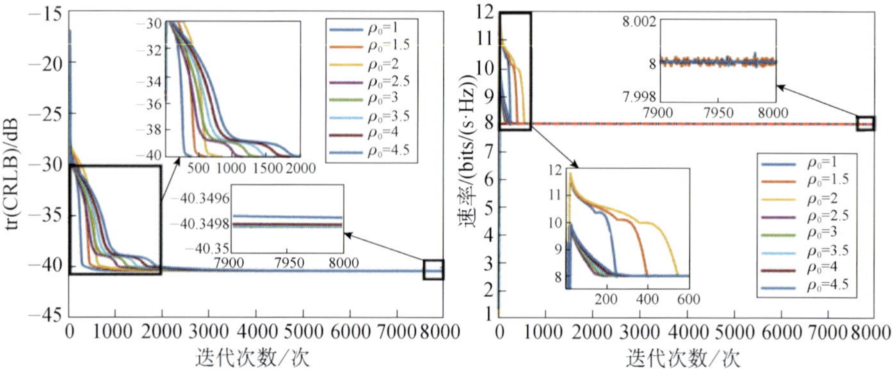

（a）不同惩罚参数时tr(CRLB)随迭代次数变化曲线　（b）不同惩罚参数时SR随迭代次数变化曲线

图 3.3　不同惩罚参数对算法 1 的影响分析

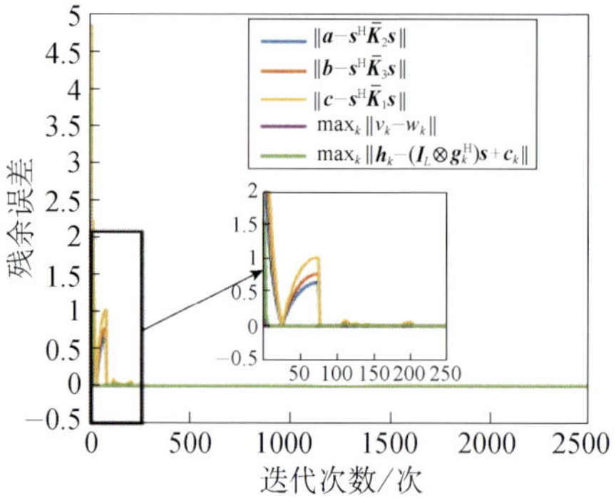

（a）残余误差随迭代次数变化曲线

图 3.4　算法 2 收敛特性测试

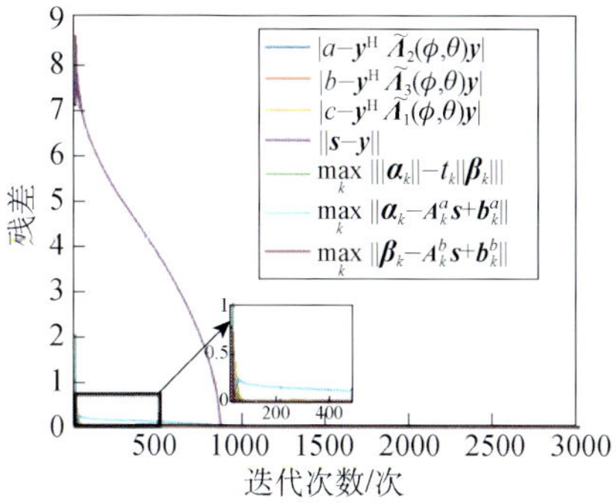

(a) 残差迭代曲线

图 4.3 算法 1 的收敛特性

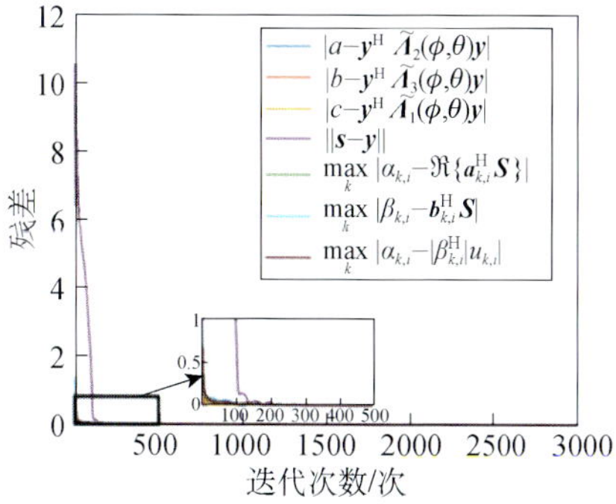

(a) 残差迭代曲线

图 4.4 算法 2 的收敛特性

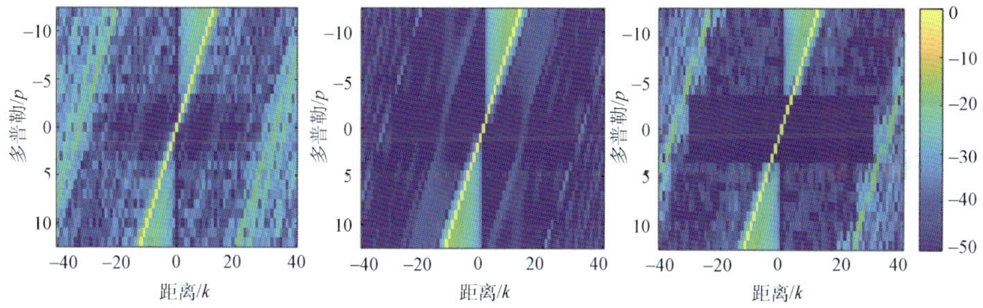

(a) CA
(b) TMSO
(c) GDTW-FP

图 7.4 单波形 AF（$R_U=\pm 225\mathrm{m}$，$f_U=\pm 300$ kHz）

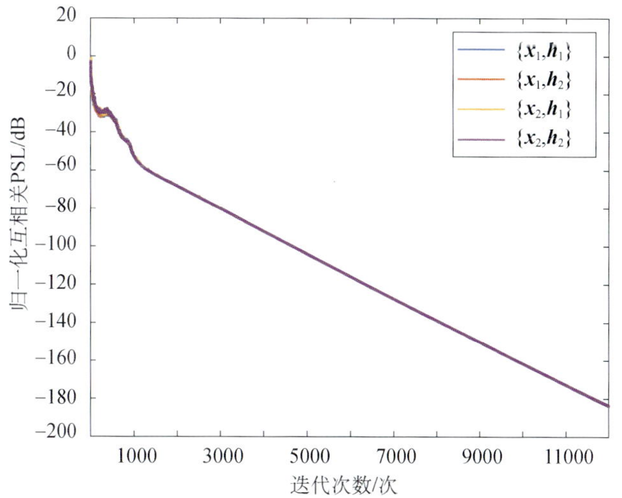

图 8.9 波形集和非匹配滤波器组的互相关 PSL 随迭代次数变化情况